精神分析的技术与实践

[美] 拉尔夫·格林森 著
（Ralph R. Greenson）

朱晓刚 李鸣 译

The Technique and Practice of Psychoanalysis

Volume I

机械工业出版社
China Machine Press

图书在版编目（CIP）数据

精神分析的技术与实践 /（美）拉尔夫·格林森（Ralph R. Greenson）著；朱晓刚，李鸣译 . —北京：机械工业出版社，2020.8（2025.5 重印）

书名原文：The Technique and Practice of Psychoanalysis, Volume I

ISBN 978-7-111-66166-5

I. 精… II. ① 拉… ② 朱… ③ 李… III. 精神分析 IV. B84-065

中国版本图书馆 CIP 数据核字（2020）第 141766 号

北京市版权局著作权合同登记　图字：01-2020-3407 号。

Ralph R. Greenson. The Technique and Practice of Psychoanalysis, Volume I.

ISBN 978-1-7822046-1-9.

Copyright © 2016 by The Estate of Ralph R. Greenson.

Authorized translation from English language edition published by Routledge, part of Taylor & Francis Group LLC. All rights reserved.

Simplified Chinese Edition Copyright © 2020 by China Machine Press.

China Machine Press is authorized to publish and distribute exclusively the Chinese (Simplified Characters) language edition. This edition is authorized for sale in the Chinese mainland (excluding Hong Kong SAR, Macao SAR and Taiwan).

No part of the publication may be reproduced or distributed by any means, or stored in a database or retrieval system, without the prior written permission of the publisher.

Copies of this book sold without a Taylor & Francis sticker on the back cover are unauthorized and illegal.

本书原版由 Taylor & Francis 出版集团旗下，Routledge 出版公司出版，并经其授权翻译出版。 版权所有，侵权必究。

本书中文简体翻译版授权由机械工业出版社独家出版，仅限在中国大陆地区（不包括香港、澳门特别行政区及台湾地区）销售。 未经出版者书面许可，不得以任何方式复制或发行本书的任何部分。

本书封底贴有 Taylor & Francis 公司防伪标签，无标签者不得销售。

精神分析的技术与实践

出版发行：机械工业出版社（北京市西城区百万庄大街 22 号　邮政编码：100037）	
责任编辑：刘利英	责任校对：殷 虹
印　　刷：保定市中画美凯印刷有限公司	版　　次：2025 年 5 月第 1 版第 7 次印刷
开　　本：170mm×230mm　1/16	印　　张：24.5
书　　号：ISBN 978-7-111-66166-5	定　　价：120.00 元

客服电话：（010）88361066　68326294

版权所有 · 侵权必究
封底无防伪标均为盗版

致
我的老师、学生和病人

译者序一

《精神分析的技术与实践》是我在加拿大英属哥伦比亚大学咨询心理系读研时的教材,也是1997~1999年中德心理治疗连续培训项目精神分析学组的教材。学习期间,我对此书的理解和思考,使我萌发了将它翻译成中文的想法。于是,从2012年开始,由精神分析案例督导班的学员朱晓刚领衔翻译,经历了数年,终于完成了全书的翻译,但因版权问题,始终未能正式出版。现在,机械工业出版社完成了版权购买,使之正式出版成为可能。

《精神分析的技术与实践》出版于1967年,未曾修订再版。作者在书中提到的第二卷,也至今未曾问世。其原因除了作者的离世外,我猜想,写一本精神分析实操技术的书实属不易,而阐明操作技术中的难点更是难上加难。因此,此类书并不多见。这也是为什么我在1993年读研时,用的居然是1967年出版的教材。回国后,中德班的德方教员也恰恰挑选了这本书,这足以证明本书在业内的稀缺性和知名度。作者拉尔夫·格林森是一位经验丰富的临床精神分析治疗师,他曾是玛丽莲·梦露的私人心理治疗师,在精神分析治疗领域享有很高的声誉。格林森将自己多年的临床经验总结汇集成册,与我们分享,这对于精神分析治疗的培训者无疑是个福音。

为了教学方便,我们常常人为地把精神分析治疗的学习分为三个阶段。第一个阶段为对"正常心理"的学习,主要学习精神分析的基本理论,即经典的精神分析理论和目前主流的精神分析关系学派。其形式主要为:阅读书籍和听取专题讲座。第二个阶段为理解"异常心理",即基于正常心理基础,推导和假设症状现象背后的心理动力学原因。其形式为:将理论知识应用于临床诊断实践,通过分析真实案例,根据潜意识水平、童年经历影响成人症状、理解各种心理力量的妥协平衡这些视角,来假设来访者症状的心理动力成因。第三个阶段为"矫正异常",即在获得诊断后,有的放矢地进行矫正和改变。其形式为:针对心理动力的各种力量,选择合适的切入点,通过识别、澄清、解释、修通步骤进行工作,使来访者的潜意识内容意识化,使其人格结构发生改变,最终提高自我力量、消除症状。这需要治疗师在实践中反复锤炼,不断内省,才能日臻完善。在治疗过程中,这三个阶段实际上互相重叠,密不可分。在学习过程中,除了扎实的理论基础和反复的实践,一本专门指导实际操作的书格外重要。《精神分析的技术与实践》正是这样一本好书。

另外,正如作者在前言中所说,明确精神分析治疗具体操作技术的概念、标准、定义已迫在眉睫,否则,这一行业的学习、交流、督导将可能充斥着含糊、分歧和偏见。大多数分析师坚信自己的分析源于经典精神分析理论,而彼此对同一现象的分析却结论迥异。很多治疗师认为自己的治疗遵循了精神分析治疗的原则,而实际上他们往往拘泥于个人风格,甚至指鹿为马。

本书通过提供一种具体、详细、系统、实用的参考,来帮助我们理解精神分析治疗应该如何循序渐进地展开,而不是仅凭自己的满腔热情,一厢情愿地执着努力。

正如作者希望的那样,本书中的许多观点可作为一个论点,供精神分析同道之间展开公开讨论,以促进精神分析的学习和督导。我也希望通过本书能达成一定共识,以利于治疗师对治疗过程进行评估、澄清和修正,尽可能地规避治疗师自身的潜意识幻想、主观思维、性格特征对治疗的影响。通过这样的论点和共识,各种技术间的区别、创新、修正和勘误才得以实现,才能使精神分析治疗技术更好地服务于治疗目标。

李鸣

2019 年冬于苏州

"心理治疗就是背后有理论支撑的言谈举止。"

回想10年前第一次听到李鸣老师的这句话时,刚刚涉足心理咨询行业的我,很是懵懂。彼时以为只要多读弗洛伊德理论及各流派大师的经典著作,提升理论功底,治疗结果自然会水到渠成,但随着学习的深入和咨询实践的积累,渐渐地发现困惑与日俱增。我的困惑主要来自以下三个方面。

1. 诊断的准确性、恰当性

精神分析治疗的理论流派众多,各流派理论体系的假设不同,每个流派都有其优势与不足。那么,对于具体的来访者来说,究竟何种理论对他的诊断更为适用?这种临床理解和诊断使得后续开的"药方",即干预策略和方法必然相应地有所不同。在众多可能的假设中,咨询师应该如何验证、甄别和权衡"相对"恰当的诊断呢?

2. 具体的干预技术

如果咨询师形成了"相对"恰当的诊断和对来访者的理解,那么如何将这样的理解和假设适时地传递给来访者呢?更进一步说,如何使来访者重新构建对自己症状的理解并诠释其意义呢?如果做不到这些,来访者自然无法接受咨询师的解释。比这更令人沮丧的是:"你说的我都理解和认可,但我该怎么改变?"这是来访者对咨询师最温柔的要求,也是最无情的攻击。"明白许多道理,仍然无济于事"既是来访者的感慨,也是咨询师的无奈。

3. 对同一技术概念的莫衷一是

相对浩如烟海的理论文献,精神分析操作技术标准方面的论著凤毛麟角。

对同一技术名词（比如移情、投射性认同等），从业者之间充满了含糊、分歧，往往各执一词、众说纷纭。而这样的危险同样充斥于分析师与病人、督导师与学员以及同道之间的各种公开或非公开交流之中。

2012年，当我带着这些困惑请教李鸣老师时，他向我极力推荐拉尔夫·格林森的《精神分析的技术与实践》，并邀请我与杜嘉嘉女士参与翻译工作。当接到这个任务时，一方面，感谢老师的信任与肯定；另一方面，我也心存忐忑，因为这本专业书的翻译在"信、达、雅"上有很高的要求。

本译作最终能得以付梓，首先要感谢我的同事和来访者们，他们对我的翻译工作提供了许多宝贵意见。其次，要特别感谢杜嘉嘉女士，她参与翻译了第4章，并在翻译过程中做了很多工作，但最需要感谢的是我的老师李鸣教授。在翻译过程中，我得到了李老师的大力支持和悉心指导。他几乎逐字逐句地校正和修订了译文。他专业严谨的治学态度，使得译文通顺而精准，其间我们还查阅了大量文献资料，对一些译文要点的反复推敲和甄选也加深了我对精神分析和心理治疗的理解。这也是我翻译本书过程中的宝贵收获。

本书逐一回答了我上述三个方面的困惑。阅读时，我常常被作者丰富的临床经验、严谨的治疗态度、悲悯的人文情怀所折服。相信读者朋友们在阅读时也一定会像我一样，为书中的一些真知灼见、点睛妙笔赞叹不已。

很荣幸能作为主要译者，将这本著作分享给广大中文读者。尽管殚精竭虑，但囿于经验与水平，难免有疏漏之处，敬请大家批评指正！

朱晓刚

2019年冬于上海

前言

尽管困难重重，但在我看来，撰写一本有关精神分析具体操作技术的书已迫在眉睫。身为一名精神分析治疗师，我深深地了解，如果我们不对具体操作技术的概念、标准、定义进行及时的注释与辨识，而任其自流，那么含糊、分歧与偏见会给治疗带来巨大的危险。而这样的危险同样充斥于分析师与病人、督导师与学员以及同道之间的各种公开或非公开交流之中。

一直以来，即便是像弗洛伊德（Freud）、格洛弗（Glover, 1955）、夏普（Sharpe, 1930）和费尼谢尔（Fenichel, 1941）这样优秀的精神分析大师，所撰写的关于精神分析操作技术标准方面的论著也是凤毛麟角，或者只是提出过一些要点和纲要，而没有对此做出充分详尽的描述与定义，即没有充分说明一个精神分析治疗师在做分析工作时，他究竟是如何循序渐进的。这也造成了一些不良影响，例如：某个分析师对病人阻抗的分析结果可能与另一个分析师的结论迥异，但同时，两位分析师都深信他们的分析源于经典精神分析的理论。

1957年，在巴黎召开的第20届世界精神分析年会上，参会成员就"经典精神分析技术的变异"这一主题展开讨论，众说纷纭。格洛弗曾在1938年给英国精神分析协会的成员发放了一份有关精神分析常用技术的调查问卷，调查结果显示：成员们对于精神分析的具体技术及其实践莫衷一是。同时，他们对于展示自己的技术，也显得十分犹豫、胆怯和迟疑（Glover, 1955）。海伦·塔尔塔科夫（Helen Tartakoff）对精神分析技术的回顾进一步加深了我们的印象："精神分析"一词被轻率地、不严谨地使用在讲述各种治疗方法的书中，这些治疗方法彼此差异悬殊，且常常由于作者不同的个人风格和理论取向而指鹿为马。

这种混乱与不确定性从以下事实可窥一斑：在饱尝了六年半争辩之苦后，美国精神分析协会决定在1953年解散早先设立的"精神分析治疗评估委员会"，放弃为"精神分析"治疗技术寻找明确定义的努力。这种学术界的分歧，可以弗洛姆－赖克曼（Fromm-Reichmann, 1954）和艾斯勒（Eissler, 1956）为例，两人对于精神动力学与精神分析的观念大相径庭。当然，一本有关精神分析技术的教科书可能无法消除观点之间的分歧以及对具体技术问题的争议，但它应能通过提供一种具体的、详细的、系统的、实用的参考，来帮助我们理解精神分析治疗师到底是怎样工作的，而不是仅凭他是否声称自己正在对病人进行精神分析治疗。

需要指出的是，虽然有关具体治疗技术的公开交流很少，但在一些精神分析治疗师组成的小型封闭式团体中仍存在大量的小范围交流。其结果就是造成了许多排外的、孤立的派系，使得交流只限于某个流派的圈内人士而脱离主流，这一现象阻碍了学科的发展与进步（Glover, 1955）。

一方面，希望对治疗技术有所创新的治疗师通常拒绝与那些保守学派人士进行磋商。他们更倾向于另立派系，独自工作，因而远离精神分析主流，结果使得这些技术创新者失去了从其他团体获得验证、澄清并修正其创新思想的可能与机会。另一方面，那些严守正统精神分析思想的保守人士出于自身的不安全感而墨守成规，视创新者为大逆不道的异类。这两个群体本可以通过开诚布公的交流而产生具有建设性的有益影响，可惜他们彼此视对方为对手，在分离与隔阂的道路上渐行渐远。

我们主张对精神分析技术进行公开讨论的另一个重要理由是：有必要使这一领域的受训者了解，除了他们的督导分析师所展示的方法，还有其他不同的分析技术可供学习与参考。仅从有限的资源来学习精神分析的具体技术会产生一个严重的问题：学员将对教师产生神经症性移情，这将阻碍他去发现和发展最适合自己个人风格和理论取向的技术。在现实中，受训者对他们的个人分析师、督导师进行"青少年式"盲目模仿的现象并不少见。另外，也有一些学生对他们的精神分析教师产生了另一种神经症性移情：强烈的反对。格洛弗

（1955）称这种反应为教学／培训式移情，并强调这会对经验不足的精神分析师产生不利影响。

弗洛伊德早在100多年前（Freud，1912a，1912b，1913b，1914c，1915a）总结的有关精神分析治疗技术的基本原则至今仍作为精神分析实践工作的基本指导原则。而且自那时以来，在经典的精神分析技术领域，尚未获得真正意义上的改变与进步。

究其原因，在某种程度上，是因为弗洛伊德在这一领域的巨大贡献有目共睹，因为他早就清晰地认识到精神分析治疗中最本质的东西是什么。弗氏一直令人尊崇的原因是：自他以来，这一领域的进步相当缓慢。进步缓慢的重要原因之一似乎是学习精神分析时师生之间复杂的情感关系，而这种情感关系因精神分析的教学方式而不可避免。

作为专业培训课程的一部分，精神分析技术的培训过程可能会产生相当多的未被妥善处理的移情反应，正是这些残留的移情反应阻碍和束缚了学生在精神分析领域的发展。当精神分析教师把正在进行的精神分析治疗病例作为教学案例时，他将不自觉地使自己与病人之间的关系变得更加复杂，不可避免地会削弱自己保持中立、节制、匿名的习惯，部分歪曲病人的治疗动机，而且他还会强化学生的依赖、认同、顺从以及"正常"行为。另外，他也会不知不觉地在学生、精神分析培训机构以及培训教师构成的三角利益关系中左右为难。

未妥善处理的移情－反移情产生的另一个问题是：精神分析师在向他人展示自己的具体工作技术时流露出的羞涩。弗洛伊德本人似乎也有类似的举动，根据琼斯（Jones，1955）的描述，弗洛伊德经常表露出他想写一本系统地阐述精神分析操作技术的书，但他一直没有付诸实施。斯特雷奇（Strachey，1958）曾指出：在弗洛伊德的著作中，从没有对反移情的问题进行过充分的讨论。

精神分析师对于展示自己具体技术的羞涩，一定程度上与分析素材的来源有关。精神分析师的工作通常依赖于自身私密的、独特的心理过程，有许多资料来自被病人唤起的潜意识，对病人的分析性理解多依赖于一种特殊的、亲密的咨访关系，涉及移情与反移情。如果向他人展示工作的过程会产生暴露感和受责难感，就会不自觉地出现敌对、恐惧等反应。所以你会看到在精神分析治疗师群体中不乏类似舞台恐惧、暴露癖现象或二者的混合。大多数精神分析治疗师都忌讳公开讨论他们是如何进行具体治疗的，这使得他们特别容易陷入两种极端境地：固守疆地的保守宗派或非主流性的特立独行。

精神分析师是一种孤独的职业，如能将自己归属于某一群体，就能享受由归属感带来的舒适感觉。可是，一味鼓励随波逐流也将丧失这一学派独到的风格。孤独地进行精神分析实践还存在另一种职业风险，即工作时缺少精神分析同道的观察与帮助。

精神分析师对于自己分析工作成效的评估往往难以令人信服，易于受主观理想化影响而偏倚。我不是建议在实际工作中要设旁观或旁听，因为观察者的存在本身（即便隐身）也会对分析情景产生影响。（其他的学者，特别是墨顿·吉尔（Merton M. Gill）对此有不同的看法。）我只是想提醒大家：与病人一对一工作，缺少他人监督与审视的精神分析治疗，往往会因为先入为主而对治疗技术缺乏鉴别与质疑。

通常来说，精神分析师在具体描述其精神分析工作时，所暴露出来的不仅包括与病人的大量亲密互动，还包括大量分析师个人的生活内容。同时，分析师最独特的工具就是他自己的前意识与潜意识。如果分析师要内省地审视具体个案的来龙去脉和治疗的理论思路，他将不可避免地运用自身的潜意识幻想、主观思维、性格特点等。因此，分析师谦虚与自我保护的态度都将使他倾向于避免过分暴露。鉴于以上种种原因，我认为写一本有关经典精神分析治疗操作技术的书，将有助于促进大家对精神分析治疗技术进行更为充分、开放的持续讨论。通过这样的形式，各种技术之间的区别、创新、修正与勘误才能被澄清和验证，其实用价值才能被确认，精神分析技术才能得以进一步发展。

在本卷中，我原本打算按照精神分析治疗过程中依次出现的技术问题一一进行讲述，比如从初始访谈到躺椅技术（transition to the couch），到治疗开始，等等，但是我很快发现，如果对阻抗和移情没有透彻的了解，就不能清晰、详尽和深入地理解任何有关治疗技术的问题。同时，我也意识到，在进行具体技术讨论之前，对精神分析理论与技术的基本理念做一个整理与简要的介绍，对学生们来说应该是有益的。因此，我对内容做了重新安排。在本卷第1章中，我先对一些基本概念做一个概述；第2~3章分别详细讨论精神分析的两大基本技术：阻抗与移情；最后一章重点讨论与精神分析环境有关的主题。之所以如此安排，是因为我想试图为病人与治疗师之间互动的所有理论、技术及复杂的相互关系提供一个整体框架。在第二卷中，我将更多地以精神分析操作流程为序来编排内容。

在每一个技术章节的开头，我都会用一个临床实例来说明此章内容的概况，之后是有关文献和理论的简要概述，最后是具体操作与技术问题。为了扩展读者视野，本书参考了许多重要的著作。考虑到一些主题的参考书目较多，为了避免影响正文的阅读，我在每章最后罗列了补充阅读材料。另外，本书末尾提供了参考文献，供读者检索备查。

致谢

要想对本书的贡献者一一致谢几乎是不可能的。除了感谢本书所引用著作的所有作者之外,我还特别想对下列人员致以衷心的感谢。

我的父亲乔尔·格林苏帕(Joel Greenschpoon)是位全科医生,他教会了我对悬壶济世的忠诚,对病患的关心和奉献。我的指导老师奥托·费尼谢尔(Otto Fenichel),激励我对精神分析教学不懈坚持、执着坦诚。

考虑到保密原则,书中许多人物必须匿名,但我对他们最为感激。首先应该感谢的是我的病人,在我为他们治疗的同时,他们也给了我无穷的启迪。我从我的学生那里也获益良多。我在洛杉矶精神分析研究所教授精神分析20余年,同时,也在加州大学洛杉矶分校医学中心指导临床实习医生,这些教学生涯使我们教学相长。

我还要逐一致谢 Hanna Fenichel、Milton Wexler、Lawrence Friedmen、Rudolf Ekstein 和 Alfred Goldberg。在与上述人员多年的交流切磋中,我获益颇丰。我的获益还来自与我一起教授研究生临床特殊技能课程的洛杉矶同事,他们是 Richard Evans、Gerald Aronson、Arthur Ourieff、William Horowitz、Jack Vatz、Samuel Futtermen、Marvin Berenson、Neal Perterson、Norman Atkins 和 Seymour Bird。我要特别感谢 Richard Newman,他帮助我完成了整部书稿的校对。

另外,Nathan Ieites 对本书中某些定义的形成和强调临床案例的重要性有所贡献。我也要感谢 Bernard Brodie 和 Bess Kaufman 对本书文字的修订和润色;感谢跟随我20年的秘书 Susan Alexander,从本书1953年完成初稿至今,她为这本书花费了大量的时间;感谢 Lottie Newman 在我写作遇到困难、犹豫彷徨时,总是鼓励我坚持并帮助我整理书稿。

最后,我要感谢我的妻子 Hildi、我的女儿 Joan、我的儿子 Daniel Grenson 博士。他们在我完成书稿的过程中,自始至终地倾听、阅读和指正。

译者序一
译者序二
前言
致谢

第 1 章 概述 —— 001

1.1 精神分析治疗的历史发展 / 001
1.1.1 治疗技术的变化 / 002
1.1.2 治疗理论的变化 / 004

1.2 有关技术的基本概念 / 008
1.2.1 理论与技术的关系 / 008
1.2.2 神经症与精神分析理论 / 009
1.2.3 精神分析的泛心理学 / 012
1.2.4 精神分析技术的理论 / 017

1.3 经典精神分析技术的要素 / 023
1.3.1 素材的获得 / 023
1.3.2 分析过程 / 027
1.3.3 工作联盟 / 035
1.3.4 非分析性治疗技术 / 037

1.4 精神分析治疗的适应症和禁忌症：简述 / 040

第 2 章 阻抗 —— 047

2.1 定义 / 047

2.2 阻抗的临床表现 / 048

2.2.1 沉默 / 048
2.2.2 言不由衷 / 049
2.2.3 情感不协调 / 049
2.2.4 肢体语言 / 050
2.2.5 固定时段 / 051
2.2.6 谈论琐事 / 051
2.2.7 回避话题 / 051
2.2.8 仪式动作 / 052
2.2.9 语言晦涩 / 052
2.2.10 迟到、缺席、忘记付费 / 054
2.2.11 梦的遗忘 / 054
2.2.12 厌倦与违规 / 054
2.2.13 隐藏秘密 / 055
2.2.14 付诸行动 / 055
2.2.15 过度愉悦 / 055
2.2.16 顽固不化 / 056
2.2.17 无声的基调 / 056

2.3 历史性回顾 / 057

2.4 阻抗的理论 / 061

2.4.1 阻抗与防御 / 061
2.4.2 阻抗与退行 / 066

2.5 阻抗的分类 / 069

2.5.1 根据来源分类 / 069
2.5.2 根据固着点分类 / 071

2.5.3　根据防御类型分类　/ 074

　　2.5.4　根据诊断分类　/ 075

　　2.5.5　实用的分类　/ 076

2.6　分析阻抗的技术　/ 079

　　2.6.1　基本思路　/ 079

　　2.6.2　识别　/ 082

　　2.6.3　面质　/ 085

　　2.6.4　澄清　/ 087

　　2.6.5　解释　/ 091

　　2.6.6　分析阻抗时的特殊情况　/ 102

　　2.6.7　技术的变异　/ 110

2.7　分析阻抗的技术原则　/ 112

　　2.7.1　由浅入深、由表及里、由形式到内容　/ 113

　　2.7.2　来访者中心　/ 120

　　2.7.3　阻抗的特例　/ 121

第 3 章　移情 —— 125

3.1　定义　/ 125

3.2　临床表现：一般特征　/ 129

　　3.2.1　不合时宜　/ 129

　　3.2.2　强烈情感　/ 130

　　3.2.3　矛盾情绪　/ 132

　　3.2.4　反复无常　/ 132

　　3.2.5　顽固不化　/ 134

3.3　历史回顾　/ 135

3.4 理论 / 142
3.4.1 移情反应的起源和本质 / 142
3.4.2 移情性神经症 / 153

3.5 工作联盟 / 159
3.5.1 操作性定义 / 160
3.5.2 文献概述 / 162
3.5.3 工作联盟的形成 / 163
3.5.4 工作联盟的起源 / 173

3.6 病人与分析师的真实关系 / 181

3.7 移情反应的临床分类 / 188
3.7.1 正性移情和负性移情 / 188
3.7.2 以客体关系划分移情反应 / 199
3.7.3 以性心理发育期划分移情反应 / 201
3.7.4 以人格结构划分移情反应 / 202
3.7.5 把认同作为移情 / 205

3.8 移情性阻抗 / 208
3.8.1 移情性满足 / 209
3.8.2 防御性移情 / 213
3.8.3 移情泛化 / 216
3.8.4 移情性付诸行动 / 218

3.9 分析移情的技术 / 228
3.9.1 分析原则 / 228
3.9.2 发展移情 / 230
3.9.3 分析时机 / 238

  3.9.4 分析移情的技术步骤 / 251

3.10 分析移情时的特殊情况 / 277

  3.10.1 情感爆发和重现危机 / 278

  3.10.2 周一的咨询 / 281

  3.10.3 难处理的移情 / 287

  3.10.4 转诊问题 / 301

  3.10.5 培训中的准分析师 / 302

第 4 章 精神分析情境 ——————— 305

4.1 精神分析治疗对病人的要求 / 305

  4.1.1 动机 / 305

  4.1.2 能力 / 307

  4.1.3 人格特征 / 309

4.2 精神分析治疗对分析师的要求 / 310

  4.2.1 技术要求 / 311

  4.2.2 精神分析师的人格特征 / 323

  4.2.3 分析工作所需要的分析师的动机 / 337

4.3 精神分析对分析设置的要求 / 347

参考文献 ——————————————— 350

第1章 概述

1.1 精神分析治疗的历史发展

通过回溯精神分析学派的发展历史，并且留意其中有关治疗技术与进程的主要变化，我们可以基本弄清精神分析治疗体系的一些基础的、重要的理论与技术。本节主要从弗洛伊德的相关著作中选出一些要点，来展现精神分析体系的发展历史与变化。其他作者对这一主题的贡献也会在本书中适时提及。

首先，我要澄清两个术语：治疗技术与治疗进程。本书中的"治疗技术"（technical procedure）是指一种手段、方法、工具，一个行为，是由治疗师或病人实施的，其目的是推动治疗进程，比如催眠、暗示、自由联想、解释等。而"治疗进程"（therapeutic process）是指病人内心发生的一系列相互关联的心理事件，指向治疗目标的连续精神力量和心理活动。这种心理进程通常由治疗技术所推动和促成，比如情绪宣泄、记忆重现、内省等。（参见 E. Bibring（1954）提出的与此相似但更为全面的观点。）

精神分析技术不是一蹴而就的，而是弗洛伊德在治疗神经症病人的过程中，不断地努力探索、逐步发展形成的。尽管后来弗洛伊德否认这归功于他的倾心执着，但正是他对治疗的热望与决心导致了精神分析治疗技术体系的发现与创立。

弗洛伊德是位思维敏锐的临床医生，他能辨识出众多治疗技术和复杂的临床事件中不同治疗方法的孰优孰劣。弗洛伊德的另外两个天赋是他善于进行理论假设和拥有非凡的想象力。他将两者结合使用，在临床治疗技术和治疗进程之间形成理论假设。弗洛伊德所拥有的这些天赋与禀性成就了他作为精神领域的挑战者、探索者与谨慎的研究者（Jones，1953；1955）。他的勇敢与创造才能，使得他在探索人类心理奥秘时锲而不舍并且富有成效，面对失败，他也能保持应有的谦逊，及时修正自己的假设与理论。

仔细阅读弗洛伊德有关治疗与临床实践的论文，你会发现治疗技术体系一直处于不断的改进与变化之中。一些已有的治疗技术与治疗进程在该体系中的地位也相应发生着变化。因此，我们首先对治疗技术与治疗进程的不同发展阶段做一个简要描述（1914c）。

1.1.1　治疗技术的变化

1882年，弗洛伊德从布洛伊尔（Breuer）那里学习了安娜·欧（Anna O.）的案例，1885年10月～1886年2月，他师从沙可（Charcot）学习催眠，作为精神科医生开业初始，开始尝试使用一些在当时惯用的、传统的治疗方法。他曾用大约20个月的时间尝试了电刺激、水疗、按摩推拿等疗法（Jones，1953），但对这些疗法的效果都不满意。1887年12月，他开始尝试使用催眠疗法来缓解病人的症状。

1889年治疗的埃米·冯（Emmy von N.）的案例意义重大，因为这是弗洛伊德第一次使用催眠来达到情绪宣泄的目的。他对病人进行催眠，并且命令她谈论她的每一个症状的起因。他会问"是什么曾经惊吓了你，使你呕吐，使你心烦意乱，以及事情是什么时候发生的"之类的问题。病人则通过回忆，出现了一系列伴随的强烈情感。在治疗结束时，弗洛伊德会暗示病人忘掉这些浮现出的令人不安与心烦的记忆。

到1892年，弗洛伊德意识到用催眠状态诱导情绪宣泄受到很多限制，他面临这样的选择：要么放弃宣泄疗法，要么试图使病人不用在催眠状态下也可以进行情绪宣泄（Breuer and Freud，1893～1895）。他回想起伯恩海姆（Bernheim）曾经示范过：在清醒状态下进行暗示，也可以让病人回想起曾被遗忘的事件。弗洛伊德因此更进一步假设：病人记得引起他们病症的每一件有意义的事情！那么，现在只剩下一个问题了：如何让病人记起并谈论这些事情？弗洛伊德的做法是：要求他的病人躺下，闭上眼睛，集中精神。他还会在适当的时候在病人的前额施加压力，迫使（与病症有关的重要事件的）记忆浮现。

伊丽莎白·冯（Elisabeth von R.）的案例（1892）是弗洛伊德第一次在病人完全清醒的状态下使用暗示技术。到了1896年，弗洛伊德完全放弃了催眠治疗方法。但在很长一段时间内，弗氏仍保留使用暗示疗法。不管怎样，在1896年，弗洛伊德完成了他的重要著作《梦的解析》（*The Interpretation of Dreams*），直到1900年此书才得以出版。似乎我们有理由假设，对梦的结构和意义的理解提高了弗洛伊德在精神分析中的解释技巧。他从此越来越依赖于病人在无意识中产生的素材，他开始应用解释（interpretations）和重构（constructions）的技巧触达病人被压抑的记忆。

至于自由联想技术的发现，没有确切的日期，估计在1892～1896年，最初在1889年埃米·冯的案例中初露端倪（Breuer and Freud，1893～1895），而后从催眠、暗示、面质、询问等众多技术中逐步提炼发展而来（Jones，1953）。琼斯曾描述过这一精神分析发展过程中的关键转折：当弗洛伊德按压伊丽莎白·冯的前额并询问时，她责备他打断了她的思维。弗洛伊德谦逊地接受了这一指责，而自由联想的技术也因此向前迈进了一大步。

弗洛伊德解释道，如果放弃催眠与暗示，我们就会缺乏有效的手段来引导和获得病理性记忆与幻想。而自由联想是可以充任的、令人满意的替代手段，因为它允许病人不由自主的、无意识的思想进入治疗情境中来。弗洛伊德对这一方法是这样描述的："不用再施加其他影响，邀请病人用舒服的姿势躺在长沙发上，而治疗师则坐在病人身后，处于病人的视线之外。他甚至不用要求病人闭上眼睛，他也避免与病人的任何身体接触，以及任何会让人联想到催眠的技术动作。"这样的治疗方式就像在两个清醒的人之间进行普通的交谈一样，但是其中一人（病人）应尽可能少受外界刺激，因为这些外部影响通常可能分散其关注自身精神活动的注意力。为了保护病人的自由联想状态不被打扰，治疗师会任由病人思考，畅所欲言，无所顾忌（1904）。长期以来，自由联想技术一直被认为是精神分析最基本的原则（Freud，1912a）。

迄今为止，自由联想技术仍然是精神分析治疗中与病人进行沟通的独特方法。而解释（interpretation）是精神分析师们常用的另一个重要工具。这两个技术赋予精神分析治疗与众不同的独特印记。相比而言，其他的技巧与方法都属于预备性的、次要的、从属的。在1.3.4节中我们会再讨论这一观点。

1.1.2 治疗理论的变化

《癔症的研究》（*Studies on Hysteria*，1895）一书可被视为精神分析学派创建的标志。在这本书里，弗洛伊德论述道：在癔症治疗过程中到底发生了什么？治疗过程的本质是什么？我们可以看到，弗洛伊德当年描述的一些现象与方法如今已经成了精神分析治疗理论的基础和原则。这也是弗洛伊德理论发展过程的特点：他当年曾面临和克服的困难，使他以后逐渐意识到，正是这些困难促使了他理解病人神经症症状和治疗过程的本质！弗洛伊德的坚持不懈与灵活应变，使他成功克服了治疗中的种种困难，从而发现与创立了精神分析体系。

在《初始的交流》（*Preliminary Communication*，1893）一书中，弗洛伊德和布洛伊尔均坚持："当我们能够将病人的记忆及伴随着的强烈情感成功地激起和诱导出来，并且帮助病人识别情绪，诉诸语言时，每一个癔症症状都将迅速而永久地消失。"他们相信，宣泄能使情绪疏通、净化，从而摆脱癔症症状。而这种宣泄在一般情况下无法获得，只能通过催眠的方法来达成。

否认和屏蔽机制，使得病理性记忆如此顽固和鲜活地存留在潜意识中。这种病理性的记忆使得病人的情感处于压抑状态。而被压抑情感的释放将缓解病理性记忆的张力，从而导致症状的消失。

在精神分析发展历史上，曾一度认为治疗过程的本质就是帮助病人宣泄和回忆，所以尤其注重宣泄。治疗师在治疗过程中使用催眠促使病人回忆创伤性事件，帮助病人获得有治疗效果的情绪宣泄。在1882年治疗的安娜·欧的案例中，布洛伊尔使病人自发地进入催眠状态，在这种状态中再次经历与体验过去的创伤性事件，当她从催眠状态中清醒过来后，感到症状缓解了。安娜·欧案例的经验开创了情绪宣泄疗法的先河。她本人则称这种疗法为"谈话治疗"（talking cure）或"打扫烟囱"（chimney-sweeping）。

在一些对抗治疗的行为中，弗洛伊德逐步意识到了病人阻抗的力量。以后通过伊丽莎白·冯的案例，这些认识逐渐积累，最终形成了阻抗理论。在对伊丽莎白·冯的治疗中，他无法催眠病人，尽管他一再要求与催促，可病人拒绝与他讨论自己的心理活动。他得出结论：这种抵抗治疗的力量与那种阻碍病理性记忆被意识化的力量如出一辙，都源自防御！"癔症病人所说的'不知道'更有可能是他们'不想知道'。"弗洛伊德认为，治疗师一定要克服这种阻抗，在这方面，他本人常使用的技巧包括：追问、施压甚至重压病人额头诱导催眠等。

弗洛伊德意识到，在治疗过程中，治疗师个人的作用对治疗有着巨大的影响。所以他建议治疗师的行为要像个阐释者、教师。但同时，他也意识到在某些情形下，病人与治疗师之间的关系会变得"令人心烦意乱"，成为治疗过程中的阻碍。当病人感觉到被忽视或是变得依赖，或是投射性地认为治疗师具有不良观念时，这种阻碍就会出现。此时，治疗师应尽量使这种阻抗意识化，并且追溯产生此种潜意识内容的治疗场景，并就这一主题展开讨论。

由此，虽然弗洛伊德发现了阻抗与移情现象，但是一开始它们被视为治疗过程的阻碍因素。治疗的主要目的仍然是情感宣泄与创伤性记忆的恢复。移情与阻抗只是治疗师要规避和克服的问题。

在《癔症的研究》一书中，弗洛伊德试图把他的治疗努力聚焦在病人单独的症状上。后来他意识到这种治疗方式治标不治本，不是病因学治疗。1905年发表的有关朵拉（Dora）的案例中，弗洛伊德声称：精神分析技术获得了重大突破与彻底的改革（1905a）。他不再尝试逐个理清每一个症状，他发现这样的方式完全不适用于神经症的复杂心理结构。他开始让病人自己选择治疗时交谈的主题，而密切注意交谈中浮现出的任何潜意识内容。

显然，弗洛伊德意识到治疗过程中，单个问题的治疗效果不彰，是因为神经症的起因错综复杂。虽然他在《癔症的研究》一书中对于神经症的多重因素致病源早有认识，但真正弄清这一概念是在 1904 年发表的《弗洛伊德的精神分析技术》（Freud's Psycho-Analytic Procedure）一文中。在这篇文章中，他指出：治疗技术从催眠性暗示到自由联想的转变导致了一些新进展，并且使我们产生了完全不同的、与治疗理论并不矛盾的、有关治疗技术的新假设。催眠和暗示掩盖了阻抗现象的存在，由此阻碍了精神分析治疗师对病人心理动力状况的准确判断。祛除阻抗现象，治疗师只能获得片面的、短暂的治疗效果。治疗的目标应该是分析阻抗、释放压抑，使记忆的缺失得以填满。

我相信此时读者们会发现一个精神分析治疗技术的转变，即从强调情绪的宣泄转向记忆的再现。这与重视情绪宣泄功效并不矛盾。通过紧张情绪的释放，病人通常会体验到短暂的症状缓解。另外，情绪宣泄也减少了不良情感的累积，因而也就降低了处理不良情感的难度。更重要的是，学习用语言表达情感和冲动，使得我们能更清晰地研究这类现象，更容易追溯到早年的记忆。尽管具有这些功效，但是情绪宣泄已不再是治疗的根本目标了。这正是弗洛伊德"完全不同的、与治疗理论并不矛盾的"一语所指的含义。

新理论更强调：将潜意识的内容意识化，克服遗忘以及恢复被压抑的记忆。因此，阻抗理论成了精神分析的基石，引导人们去探寻导致压抑的心理动力能量，从而通过解释，破译阻抗的密码。

在朵拉的案例（1905a）中，弗洛伊德第一次强调了"移情"的关键性作用。"移情，似乎注定是治疗关系最大的障碍，但是，如果我们能觉察到它的存在，并且通过适当的解释让病人知晓，将变成精神分析最有力的助力与同盟者。"在这个案例的后记中，弗洛伊德描述了由于他没能成功地分析那些干扰治疗的移情现象，从而导致病人的脱落。

在《移情中的动力学》(The Dynamics of Transference，1912a) 一文中，他描述了移情与阻抗、正性移情与负性移情之间的关系，以及移情反应的矛盾性。其中一节清晰地反映出弗洛伊德的治疗理论新取向。"在移情现象里，医生与病人之间、理智与本能之间、理解与付诸行动之间的冲突表现得淋漓尽致，正是因为移情，治疗师必须引导病人通过处理移情达到痊愈。毫无疑问，要处理好移情将是精神分析师面临的最大困难，但是不应忘记，移情帮助我们快速清晰地揭示了病人隐藏的本能冲动。换句话说，如果病人无动于衷或寡情少欲，那反而会使治疗师更加束手无策。"

从 1912 年开始，对移情和阻抗现象的分析已成为治疗的核心元素。同年，弗洛伊德也提出了对移情性痊愈的警惕，他建议精神分析师在面对病人时要像镜子一样，如实反映病人的状况，注意保持自己的匿名性，不透露过多的个人资料给病人（1912b）。在他的文章《记忆、重复与修通》(Remembering, Repeating and Working-Through, 1914c) 中，弗洛伊德描述了移情和阻抗的"付诸行动"形式，并将其与"强迫性重复"相联系。他也常用"移情性神经症"一词来形容医患关系。病人在精神分析过程中，通过与治疗师的互动来实现其神经症性愿望。这在《精神分析引论》(Introductory Lectures, 1917) 第 28 章中有详细论述。在那一章中，弗洛伊德提出：通过对移情的有效分析，可使自我做出更好的选择来适应环境。弗洛伊德指出：通过解释，分析师将潜意识的内容意识化，这一过程削弱了潜意识，扩展了自我的功能。在《自我与本我》(The Ego and the Id, 1923b) 一书中，弗洛伊德非常简洁地表达了这一观点："精神分析是一种促使自我成长并征服本我的工具。"在 1933 年，他又写道：精神分析治疗试图"加强自我的功能，让它更加独立于超我，扩展它的感知范围和组织功能，这样，它就能在本我中滋生出新的成分。哪里有本我，哪里就会有自我"。在《分析的有限与无限》(Analysis Terminable and Interminable, 1937a) 一文中，他再次声称：精神分析的职责就是为自我功能的正常运转提供一个最好的精神状态，鉴于此，自我功能才能水到渠成。

回顾精神分析主要治疗技术与治疗进程的历史发展，我们会观察到催眠的方法已经被摒弃，一些元素仍然被保留，但其治疗地位已大不相同（Loewald，1955）。暗示不再被用来获得病人的记忆，也不再被当作主要的精神分析工具。有时为了需要，也许它会被作为一种临时的、支持性的工具加以使用，但这种需求本身应在治疗过程中被进一步分析（这一点会在1.3.4中加以讨论）。

情绪宣泄具有一定的价值，但不再被认为是治疗的目标。精神分析师们寻找潜意识的热情一如既往，但他们更多地使用自由联想、梦的分析以及解释的方法。分析工作的主要内容是移情和阻抗，是使潜意识的内容意识化、寻找被压抑的记忆，但这些仍然不是我们的终极治疗目标。精神分析最终的目标是增强自我的功能，使其能更好地处理与超我、本我和外部世界的关系。

1.2 有关技术的基本概念

1.2.1 理论与技术的关系

在我们更深入地讨论治疗技术与进程之前，对精神分析的基本理论进行简要的回顾是有必要的。理论和技术是交互作用、互为补偿的关系。临床发现导致了新的理论构想的产生，同样，新的理论构想又提高了治疗师的觉察力和技术，导致临床上进一步获得新的认识。反之，有缺陷的技术导致临床观察产生偏差，从而推导出新的错误的理论。如果理论和技术不能互相整合，将两败俱伤（Hartmann，1951）。例如，只有清醒地认识阻抗的各种功能、与防御的关系以及阻抗的目的，治疗师才能在实际中有效地处理阻抗。

有些治疗师把技术与理论割裂开来，对理论不求甚解，埋头临床工作，抓住病人支离破碎的材料，随心所欲地解释，他们只凭直觉和灵感，忽略了对所获取的材料进行理性加工的需要。结果他们无法形成对病人的整体观点，无法对病人大量的生活片段进行重新构建，只是沉溺于所谓的"顿悟"而已。有些治疗师则走向另一个极端，教条地把理论奉为神明，在病人的临床资料并不充分的情况下，就主观地做出理论假设。对这些人来说，精神分析成了脑力竞赛或智力游戏，他们拒绝在潜意识和情感层面与病人互动或卷入，完全放弃了直觉与共情，变成简单的数据收集者或分析解释的迷恋者。

精神分析的理论对于精神分析师们提出了具有挑战性的、互相矛盾的要求。首先，分析师必须认真倾听病人，同时允许自己完全不受打扰地自由联想，用他的理论知识仔细检验他对病人的诊断假设，并把这种领悟完整、安全地展示给病人（Ferenczi，1919a）。分析师自由联想能力的养成来自既往的成功分析经验。而为了能在实践中有效地使用理论知识，分析师必须对理论驾轻就熟，以便需要时信手拈来。为了使精神分析师的工作更具科学性，治疗师既要关注直觉与共情，又要重视理论和假设，两者不可偏颇（Fenichel，1941；Kohut，1959）。

在精神分析学派发展的早期，随着临床实践的进展，大量理论发展成熟，但技术方面的进展似乎相对滞后。从弗洛伊德发现对病人的阻抗进行系统分析到自我功能理论的形成，相距约20年。今天，我们在理论上对自我的功能了解更多，但临床技术的提高甚少（Hartmann，1951）。我希望，我们能够对临床实践、技术以及理论进行更好的整合，来促进临床技术的进步。

1.2.2 神经症与精神分析理论

精神分析的理论与技术主要建立在对神经症研究的临床资料之上。尽管近些年来的趋势表明，精神分析的研究范围将扩展到正常心理学、精神病学、社会学和历史学，但是我们在这些领域是否有所作为，仍然取决于我们对神经症理解的多寡（A. Freud，1954a；Stone，1954b）。目前，神经症理论仍然是精神分析理论方面最叮靠的资料来源。为了掌握精神分析技术的相关理论，读者有必要先对神经症的精神分析理论做初步的了解。弗洛伊德的《精神分析引论》（1917），以及纳恩博格（Nunberg，1932）、费尼谢尔（1945a）和韦尔德（Waelder，1960）等人的著作都是优秀的参考资料。这里我仅大略列出概要，以帮助读者理解精神分析治疗中临床技术的依据和来源。

精神分析的理论声称：神经症是基于神经症性冲突。这种冲突导致了对本能释放的阻碍，而使本能处于压抑的状态之中。长期压抑冲动，耗竭了自我的能量，自我越来越难以应对由此产生的内心紧张，最终导致崩溃，从而引起紧张、冲突的非自主性释放，形成了临床上的各种症状。为了习惯与便利，我们在使用"神经症性冲突"一词时，一般是指一个冲突（Colby，1951）。

神经症性冲突是指本我冲动寻求释放而自我抵御它的直接释放，由此产生了潜意识层面的冲突。有时也存在由两种不同本能产生的交互冲突，例如异性恋行为有可能被用作对同性恋渴望的回避。异性恋行为被用来防御个体的负罪感、羞耻感，与被禁止的同性恋本能冲动相对抗。同时，异性恋行为也满足了自我的要求。这个案例里，神经症性冲突是两种本能间与自我和本我间的冲突所造成的。

外部刺激在神经症的形成中也扮演了重要角色，但是能唤起神经症性冲突的外部经历必须被体验成内部冲突方能奏效。外部世界可以激发本能的冲动，但自我为避免危险和惩罚，会压抑本能冲动，这种本能冲动被压抑进入潜意识，形成神经症性冲突，由此，外部刺激转变为内部自我和本我之间的冲突。

超我在神经症性冲突中的角色更为复杂。它将在冲突中靠近本我，或靠近自我，或两者兼有。超我的作用是强化自我对本我的压抑和禁忌。超我也致使自我对于本能的释放（即便是象征性或扭曲的本能释放）感到内疚，从而体验到痛苦。超我还可以随着退行而重返儿童超我形成期时个体对超我的绝对服从，这使得超我引起的自责呈现出一种本能驱力的特性，参与神经症性冲突的形成，如此周而复始，使病人的痛苦不断加剧，不可自拔。上述心理活动的所有组成部分都可能参与神经症症状的形成（参见 Fenichel，1941；1945a；Waelder，1960；以及补充阅读材料）。

本我从未停止寻求本能的释放，本能冲动试图通过利用相关行为和退行来获得部分的满足。自我为了安抚超我的要求不得不扭曲这些相关行为，使得本我在某种程度上以伪装的形式出现，从而表现为具有象征意义的举动而掩盖其含义。尽管超我致使自我扭曲本能释放，但仍然会引起自我对此释放的负罪感，这种负罪感被感受成一种惩罚，而不是一种满足。

神经症性冲突导致病理性结果的关键是：自我在阻止本能冲动释放时，需要消耗能量。久而久之，会导致自我功能的相对削弱，最终，原始冲动伴发的相关行为会耗尽自我能量，突破自我的阻碍进入意识和行为层面，形成病理性症状。从这一观点来看，心理疾病可以被理解为相对的创伤性神经症（Fenichel，1945a）。某些刺激可以激起本我的冲动，是因为这些刺激可能与被压抑的本能有关。被耗尽的自我无法保持它的防御功能，在某种程度上，它不得不姑息本能的部分释放，尽管这种释放经过伪装、被扭曲，但这种非自主性释放可能形成临床上的各种症状。

让我用一个案例简要说明以上结论。几年前，年轻的A女士由她的丈夫陪同来治疗，她抱怨说自己无法单独待在家里，没有丈夫在旁她就感到不安全。另外，她还抱怨自己担心昏厥、头晕和不能自制。A女士的这些症状始于6个月前，在美容店内突然惊恐失态。

对A女士持续数年的分析治疗揭示，促使她的恐惧症爆发的扳机点事件是：男性理发师梳理她的头发。之后，她回忆起当她还是个小姑娘的时候，她的父亲也这样帮她梳理过头发。6个月前的那天，她正满怀愉悦地期望父亲造访，因此去美容店整理发型，这是父亲在他们小两口婚后的首次来访。父亲将会住在他们家里一段时间，A女士对此在意识层面感到非常开心，但是在潜意识层面，因为深爱自己的父亲而倍感内疚，以及因对丈夫的强烈敌意而充满负罪感。

梳理头发这样一个表面上显然无害的事件激起了她内心的乱伦欲望、敌意、内疚负罪感以及焦虑。简单地讲，A女士不得不让她的丈夫一直陪着她，保护她不会被自己的死亡冲动所伤害。丈夫的存在还保护她免于对性乱伦付诸行动。对昏厥、头晕和不能自制的恐惧象征着她害怕失去道德的平衡，失去自我控制，使她的人品遭受玷污，蒙受羞耻并且失去现有的较高的社会地位。这位女士的症状来自童年身体被父亲安抚的愉悦感与随之而起的、幼稚的被惩罚幻想之间的冲突。

我们可以将这一案例系统地总结如下：男性理发师梳理她的头发激起了被压抑的本我冲动，这使她陷入了本我与自我和超我的冲突之中。尽管在恐惧症发作之前没有明显的神经症症状，但是有一些迹象表明她的自我能量正在被耗尽，并且她的本我缺少足够的释放。A 女士睡眠困难已有好几年了，她经常梦魇，而且缺乏性生活。结果，梳理头发这一举动激活了内心的幻想，提高了本我的强度，淹没了自我不成熟的防御体系，产生了本我的非自主性释放，这最终导致了严重的惊恐症状。

在进一步说明之前，有两点必须提醒读者注意：

一是自我试图通过各种防御机制来应对本我冲动时，如果本能能够不时得到恰当的释放的话，防御就更可能会成功。但当力比多和攻击冲动的释放与个体整体人格不协调时，防御机制将变得有致病性（A. Freud, 1965），即被防御的本能最终不可避免地以症状的形式表现出来。

二是成人的神经症总是由童年的某个核心点形成的。A 女士的案例展示了她的性满足感仍旧固着在童年对父亲的幻想之中，因此性欲也变得像童年期性幻想一样被禁止。尽管她相对成功地克服了她的童年期神经症，生活的其他方面都还功能良好，但是她在有关俄狄浦斯期性欲方面仍旧保留有神经症性退行。童年期对性冲动的禁忌和躯体焦虑通过成人神经症症状得以重现。（没有童年早期事件为基础的神经症是纯粹的创伤应激型神经症，但这种情况很少见，病因单一，常被归为精神病性神经症（Fenichel, 1945a）。）

1.2.3　精神分析的泛心理学

精神分析的泛心理学是指精神分析理论建立在几个互相关联的假设之上（Rapaport and Gill, 1959）。弗洛伊德在泛心理学方面的论述既不完整也不系统，散落在他的著作的不同章节之中。他主要在《梦的解析》（1900）第 7 章、《泛心理学论文》（Papers on Metapsychology；Freud，1915b，1915c，1915d，1917b）以及在《阻抑、症状与焦虑》（Inhibitions，Symptoms and Anxiety，1926a）等著作和文章中提及有关的心理学资料。实际上，弗洛伊德只清楚地阐述了三个泛心理学的观点：地形学、动力学和经济学的心理学观点，至于遗传学，弗氏认为遗传现象是天经地义的。虽然弗洛伊德对结构学观点没有做出定义，但他认为结构学隐含在地形学观点中（1923b）。（参见雷朋博（Rapaport）和吉尔（1959）以及阿洛和布伦纳（Arlow and Brenner，1964）对此观点的阐述。）竞争适应的观点无疑也是建立精神分析的必要基础。

　　临床意义上的泛心理学观点表明：为了完整理解一个心理事件，我们有必要从地形学、动力学、经济学、遗传学、结构学和竞争适应等 6 个不同的角度来加以分析。在临床实践中，我们通常只对病人提供的材料做部分的、片段式的分析。经验告诉我们，如果要洞悉这些材料的意义，我们必须从所有这 6 个角度来分析。我将试图从 6 个方面分析其要点，如需深入理解，请读者参见费尼谢尔（1954a）、雷朋博和吉尔（1959）以及阿洛和布伦纳（1964）等人的著作。

　　弗洛伊德最早提出的泛心理学观点是地形学观点。在《梦的解析》（1900）第 7 章中，他描述了意识和潜意识的不同功能模式。"初级过程思维"主要统领潜意识层面的内容，而"次级过程思维"则主要用来管理意识层面的现象。潜意识活动唯一的目的是释放本能冲动。它不受时间、顺序或逻辑的约束，互相矛盾、对立的观念可以在潜意识中共存。"初级过程思维"的两个重要特点是浓缩和置换。定义心理事件为意识的或潜意识的意味着它们冲动模式的性质不同。潜意识现象的主要特征是其古老的、原始的操作模式。

　　　　让我举个例子来说明两种思维过程的特点。男性病人 A 告诉我一
　　　　个梦：我正在房屋前方搭建一个小屋，突然听到儿子的哭喊声。我到
　　　　处找他，充满担忧，担心他出了什么事，我看到他在远处，但他不理

我，仍跑离我。我很生气，最后我抓住了他。我开始训斥他，并注意到他嘴角有一个三角形的伤口。我告诫他不要说话，因为那样会使伤口变大。我能看到伤口皮肤下粉红色的鲜肉，并且感到恶心。然后我意识到他不是我儿子，而是我的哥哥。他高傲地看着我，好像我上了他的当，显得像个傻瓜。我局促不安地跑开了，因为我觉得那时我浑身燥热，一股汗臭。

病人的自由联想被浓缩如下：我哥哥在我小的时候总是欺负我，但他因为精神崩溃，使我变得比他强势。我哥哥在每件事上都要模仿我，比如我买了辆大众车，他也买了一辆，"当我妻子和我怀孕时，他也怀孕了"。我哥哥看上去似乎缺少男子气。他的儿子都4岁了，还留着一头卷发并且不爱说话。我曾经劝告过他，让男孩留卷发不好，像个女孩子。

听到此时，我插话打断，指出他刚刚说了一句特别的话："当我妻子和我怀孕时，他也怀孕了。"病人搪塞说，这只是心不在焉。之后他大笑道：也许是因为他在孩提时曾幻想能生一个孩子。他的妈妈很遗憾他不是个女孩，她给他留卷发并且让他穿裙子。实际上，他记得他6岁时还玩洋娃娃。三角形让他回忆起在儿时玩伴身上看到的一道可怕的切口。切口让他想到了阴道。他的妻子曾做过一次阴道手术，他想到这事就觉得恶心。

然后我再次干预，指出这个梦中隐含了：如果你想隐藏你的伤口，最好保持安静；如果你说出来，伤口将暴露。听了我的解释，病人很忧郁，他猜想他害怕暴露出自己缺乏男子气概，也许就像我们之前访谈时假设的，他和他哥哥儿时曾有过一些自然的同性恋行为。

这个梦借助自由联想清楚地向我们展示了"初级过程思维"和"次级过程思维"的特征。"我正在房前搭建一个小屋"象征着我的男性病人在潜意识中的怀孕幻想。这个幻想也在他随后的口误中"当我妻子和我怀孕时，他也怀孕了"呈现出来。三角形伤口象征着病人对阴道的表象，切口暗示了他的阉割焦虑，这是通过他在梦中感到恶心和在自由联想中对妻子阴道手术的厌恶反映出来的。儿子变成哥哥，但在梦中没有引起任何的惊讶，因为在潜意识"初级过程思维"中不存在逻辑与时间概念。然而，上述浓缩的形式揭示了这样一个事实：从表面看上去病人好像很强势，但在实际生活中以及在分析情景中，病人一直处于被动顺从、肛欲期焦虑以及女性化的态度与幻想中。

三角形伤口是把阴部置换成口腔部位的伤疤，同时，也是阴道、切（阉）割浓缩的表现。那个小男孩是病人的儿子（病人有同性恋的渴望与焦虑）、病人的哥哥和病人自己的一种浓缩的表现形式。加盖房子、担心、跑开、对沉默不满象征着治疗场景，追赶逃跑的小男孩、因为男孩跑开而生气、高傲地微笑的哥哥、体臭引起的窘迫等代表了病人对治疗师的态度。

我相信这个梦及其自由联想向我们示范了临床工作过程中许多"初级过程思维"和"次级过程思维"的特征。

从动力学的观点来看，精神现象就是各种心理力量交互作用的结果。弗洛伊德（1916～1917）用分析失误来说明动力学观点："我恳请大家把动力学观念作为一种模式牢记在心，这样你就可以了解心理学研究的目的是什么。我们不仅仅是将心理现象进行描述和分类，我们更将心理现象作为内在心理力量互相作用的结果，是交互作用导致的有意义迹象，是各种心理力量对立存在的表现，我们还更应注意心理现象的动态平衡过程。"这一观点是其他所有假设的前提，包括本能、防御、自我、冲突等。症状的形成、矛盾心理、症结都是内心动力的例子。

一个患有早泄的病人可能在潜意识里害怕和憎恨阴道，会把它看作吞没他的巨大而可怕的洞穴，是传播疾病的又脏又腻的下水道。但同时，阴道又像让他想塞入嘴里吮吸的甘美、丰满的乳房。他的早泄是想弄脏、贬低那个可怕的器官，以及想逃离那个可怕器官的冲动的结果。同时，也是一种象征性请求："我只是一个刚在阴道里溜尿的小男孩，请放过我吧。"早泄症状是毁灭性的感官刺激与口欲满足之间的妥协表现。随着分析的进行和妻子的陪伴，他能够用他勃起阴茎的动作来表达他的攻击性，也能够在前戏中对妻子温存来表达口欲满足。

经济学观点指心理能量的最佳分配、转化和消耗。其他心理学概念，如黏着（binding）、中和（neutralization）、性欲化（sexualization）、攻击性和升华等都是基于这一观点。

我在前面的章节（1.2.2）A女士的案例中，描述了经济学的观点。在她的恐惧症爆发之前，她处于本能冲动被压抑的状态，但是她的自我防御功能依旧运转良好，因此，A女士平时并没有明显的症状显露。她通过尽量避免与丈夫发生性关系来维持内心冲突的平衡，如果不得已而为之，她会克制自己性欲的唤起或抑制性高潮。这样久而久之，耗费了她大量的自我能量，直到那一天"她的头发被一男性理发师梳理"。父亲的即将来访和"理发事件"促发她回忆起过去（童年早期）"性的""浪漫的"记忆，同时，也加剧了她对自己丈夫的敌意。A女士再也无法处理汹涌而来的本我驱力的释放要求。伴随着恶心、眩晕、不能自制等感觉，本能冲动突破了防御。这些伴随感觉被她归因为没有丈夫陪伴独自出门时的恐惧。A女士精神能量的最佳分配，可用来充分解释她的防御机能的故障。

而遗传学观点则指精神现象的起因与发展。它不仅关注过去如何影响现在，更注重对某一特定冲突的特殊解决方法是如何逐渐形成和被保留下来的。这使得我们的关注焦点转向了生物学本能和发育过程。

例如，病人N先生声称他是他父母亲最疼爱的孩子。他证实自己小时就被父母允许去夏令营，后来又被允许上大学，而他的两个弟弟却从没有得到过这样的待遇。他还声称自己婚姻幸福，虽然他很少与妻子做爱并且在外拈花惹草。他自觉是一个幸运的人，尽管他患有间歇发作性抑郁和冲动性赌博。

他的主要防御手段之一就是选择性记忆（screen memories）。他的这些回忆是真实的，但那是为了屏蔽对痛苦经历的记忆。他的父母有时确实很疼爱他，但这种情况很少。父母对他的管教常常意见不一，他也常成为父母争吵时的筹码，这对他的症状形成起到了重要作用。他的父母经常拒绝他的合理诉求，剥夺他的正当利益，同时，以过去曾给予过他的优待作为借口。正是他父母的这种教育方式，让他在不知不觉中学会了"选择性记忆"。他通过"选择性记忆"的方式来"忘却"过去和现在生活中的阴影，而这种防御恰恰清楚地表明了：他并不快乐。他的间断性抑郁揭示了他未被妥善处理的悲伤。赌博行为只不过是希望证明他确实是"幸运女神"最宠爱的孩子。

结构学观点则假设精神世界的各种功能可以被划分为几个相对固定的单元，这是弗洛伊德较晚创立的主要理论之一（1932b）。根据结构学的观点，这些固定功能的单元被称为自我、本我和超我。这意味着当我们在谈论症状的形成、冲突的结构，或是谈论自我功能等心理过程时，我们都在使用结构学的概念。

我们可以用前述早泄病人的案例来说明这一观点。当他寻求心理治疗时，他性认同方面有自我功能障碍。所有的女性变成了他的母亲，女性生殖器成了口欲期满足和肛欲期施虐的幻想性对象。当治疗获得进步以后，他在性交时不那么退行了，他的自我能够区分出他的母亲与妻子，他的本我内驱力也能从口欲期和肛欲期发展进入生殖器期。

最后，关于适应性，尽管弗洛伊德并没有强调此观点，但我们仍沿用至今。"适应性的概念是毋庸置疑的，弗洛伊德有关内驱力与客体互相调和适应的论点已证实了这一观点。哈特曼（Hartmann）和埃里克森（Erikson）也主张：生物体天生具有预期环境变化，并预先做好准备的秉性。"（Rapaport and Gill，1959）人与环境、个人与群体、对客体的爱与恨都与"适应性"有关。本书中的案例也同样是病人"试图适应"的有力佐证。

1.2.4 精神分析技术的理论

精神分析治疗是一种病因性治疗方法，它试图根据神经症形成的原因，有针对性地消除病人的神经症性冲突，即成人神经症的核心症状来源于婴儿期神经症性冲突。神经症性冲突的消除意味着意识层面的自我、本我和超我与潜意识部分的自我的重新聚合，而潜意识部分的自我在健康个体的整个人格的成熟发育中，理应逐步被遗忘。

　　精神分析是通过分析现象的含义或象征作用等来接近并分析潜意识的。所有被压抑的本我和自我部分都能产生这种含义和象征的"混血儿"。含义和象征并不能被意识到，但现象和象征遵从"次级过程思维"原则被高度重组后，能被自我所意识到（Freud, 1915b; Fenichel, 1941）。

　　在精神分析中，我们要求病人使用"自由联想"来促进治疗期内的特殊交流（Freud, 1913b；1915b）。现象的含义和象征作用常常会出现在病人的自由联想、梦、症状、疏忽、失误以及付诸行动之中。

　　病人被要求尽量让思维自由浮现并如实报告，不管是否合乎逻辑与时序，或者是否琐碎、羞耻或是唐突。通过自由联想，自我开始退行，潜意识的自我、本我和超我可能浮出水面。病人的思维过程有可能从"次级过程思维"转换到"初级过程思维"。此时，分析的主要任务就是透过现象看本质，寻找潜意识内容（有关"分析"及其他技术和临床用语，我们将在 1.3 中讨论）。

　　尽管神经症病人寻求精神分析治疗时，在意识层面有着希望改变的动机，但在潜意识层面常常是相对的观念，这种观念常常成为捍卫神经症状、维持现状的力量。这种力量对精神分析治疗是一种"阻抗"。阻抗同样来源于潜意识中自我对神经症性冲突的防御，这种防御本身也参与构成神经症性症状。在治疗中，病人会重复地使用以前用过的各种防御方式和策略。对阻抗的分析是精神分析治疗技术的基石之一，阻抗表明了自我的防御以及自我功能的扭曲，因此，只有恢复自我的理性成分，病人才能对治疗有所领悟。而阻抗妨碍理性自我的建立，所以阻抗必须首先被分析，以便为进一步的分析工作铺平道路。

　　例如，一个年轻男子吞吞吐吐地诉说着他的妻子。每当他列举他妻子的不是时，他总是很快地替她辩解或是为她的错误开脱。当我指出他的防御性态度时，他先是反驳，之后，眼泪汪汪地承认。他之所以掩盖他妻子的种种不足，是因为他猜想如果我真的了解了他妻子有多么差劲，我会鼓励他离婚。当我追问"离婚"这个词时，他回忆起在他小时候，他的父亲只要与母亲争执就威胁要"离婚"。由此，我们很清楚地看到病人的犹豫是他害怕我像他的父亲一样。他试图保护他的妻子，就像当年他试图保护他的母亲一样！

只有当病人了解了这一阻抗的来源，他才能真正理解正是他自己，而不是我，对妻子拥有强烈的、"父亲般的"怨恨。我们用了很长的时间才让他意识到，虽然他想保护母亲，但是同时也对母亲有着很大的怨恨。潜意识里，他希望我能怂恿他离婚，就像他当年希望父母离婚一样。

在这个临床案例中，为了帮助病人面对现实，我们有必要逐步地对阻抗的每一个方面进行分析。首先，他必须意识到他害怕我建议他离婚，因此他对妻子的过错文过饰非。然后，他还要意识到，他把我和他父亲混为一谈，也把他母亲和妻子混为一谈。最后，病人应能察觉出他对母亲的保护欲望以及伴随着的敌意。对阻抗分析的前提是：要求病人的理性自我能够识别自己的非理性、扭曲的表现。

这个案例也引出了精神分析过程中的另一个现象：神经症病人倾向于出现"移情反应"。移情是分析中最有价值的素材之一，是最重要的精神动力之一，同时也是分析的最大障碍之一。神经症性本能释放的受阻使得病人在潜意识层面寻找"力比多"和攻击驱力投放的类似替代对象。病人会在人际关系方面不断重复相似的经历，试图获得他以前从未得到过的满足，或阻延以前相同情况下的焦虑与负罪感。移情是过往经历的复现，是把过往经历误认为现在状况的谬误。分析移情反应基于这样的理念：如果移情反应处理得当，病人将在治疗情景中与治疗师一起，经历并体验他无法意识到的、过往有重大意义的人际关系（Freud，1912a）。

精神分析的设置，其目的就是有利于最大程度促使病人产生移情反应。治疗师的节制性态度、相对匿名有助于病人产生投射与幻想。不管是在分析情景之中还是之外，对移情的连续完整的分析将帮助病人识别不同形式与强度的移情。

在分析中，移情也是阻抗的最大来源。出于移情，病人也许会在治疗开始时竭力配合，以获得分析师的欢心。更经常的是，病人会感觉到某种形式的拒绝，因为病人往往在生活中经历过这种拒绝，而治疗师的态度本来就相对不满足病人的神经症性愿望。过去被压抑的敌意、童年期被禁忌的性渴望会唤起病人强烈的情感集团，使他在潜意识中抵抗治疗。"移情性阻抗"的特性与强度取决于病人过往的生活经历，其持续时间长短则由精神分析师的分析行为决定。

此处，我们要提及另外一个概念：工作联盟，它指的是病人对治疗师的相对非神经症性的、理性的、现实的态度（Greenson，1965a）。正是这部分咨访关系使得病人能够削弱移情反应的影响，认同分析师的观点并配合分析工作。

精神分析技术的重点在于自我，因为人只有通过自我才能与本我、超我和外部世界产生联系。治疗的目的是促使自我放弃那些神经症性的、致病性的防御方式，或者探索更多合适的新的防御手段（A. Freud，1936）。固有的防御机制被证明是不适当的，新的、适切的防御策略也许能使本能冲动较少带有负罪感和焦虑而释放。本我冲动的释放将会减少对自我的压力，使自我处于相对有力的地位。

精神分析师希望能促使病人的自我相对成熟，接纳那些曾被自我视为"危害"的内容。治疗师希望在"工作联盟"和非性化的正性移情的保护下，病人能够再度审视那些一度被视为具有威胁性的事物，重新评估环境，最终能敢于用新的方法去应对以往的危害。逐渐地，病人将会意识到，儿童期自我无法战胜的、被超我扭曲了的本我冲动，在成人生活中可以用不同的方式来看待。

在领悟体验产生之后，导致病人的行为和态度稳定持久地改变，我们称之为"修通"（Greenson，1965b），它由不断重复的领悟体验的应用、泛化和认识的重构所组成（E. Bibring，1954）。在下一节中，我们将对此进行讨论。

精神分析以这样的方式试图追溯和逆转神经症过程和症状的形成（Waelder，1960）。要达到这样的目的，最可靠的办法就是促使自我产生结构性的变化，使得自我可以改变防御方式或者找到允许本能适度释放的途径

(Fenichel，1941）。

让我通过一个案例来展示分析过程中的因果顺序。27岁的K女士，因为多种原因前来寻求精神分析治疗。最近几年中，她发现自己有时有短暂性的失忆，发呆，像个僵尸。她已有一段时间的抑郁，无法在性生活中获得高潮，最近，她常有和黑人性交的冲动幻想。最后这个症状最为折磨人，促使她来寻求治疗。我将把焦点放在这个症状上，以此来展示精神分析技术的应用（参见Altman（1964）有关专家组讨论的汇报，特别是其中Ross的贡献）。

所有的心理治疗都试图祛除病人的症状，唯有精神分析通过解决症状背后的神经症性冲突来达到这一目的。其他治疗学派采用的方法，比如，或是加强她的防卫；或是利用转移和暗示来压制或转移她对黑人的性冲动；或是在超人式的心理治疗师的保护下，让本能冲突获得一些释放，以此缓和紧张的状态。有些治疗师会使用镇静药物来抚平"力比多"驱力，解脱困境。还有人会建议使用酒精或是苯巴比妥，来使病人的超我暂时处于麻痹迟钝状态。所有这些方法都是有帮助的，但是这种帮助是短暂的，不会对心理结构产生永久性的影响和变化，而心理结构才是导致致病性潜意识冲突的元凶。

精神分析帮助病人意识到表现出的症状，实际反映的是浓缩形式的潜意识冲突、幻想、渴望、恐惧、负罪感、内疚、惩罚等。在这个案例中，病人逐渐获得了一种领悟：黑人象征着她青春期幻想中强有力的、有性诱惑的、害怕受他惩罚的、一头红发的继父。对黑人的性冲动表明了与继父乱伦的渴望。同时，也表明了她有肛欲期特征的性欲控制和受虐冲动。黑人也象征着肛欲期–俄狄浦斯期男性角色的浓缩。症状伴随的痛苦是对违背道德观的冲动的自我惩罚。

当病人能够逐渐意识到上述象征性作用后，试图压抑冲突的自我心理能量开始减少。理性自我也能逐渐接受：乱伦的幻想并不等于实际的行为，并且那些冲动也是成长过程中的必由之路。K 女士现在意识到她的超我过于苛刻，过分的指责在象征性幻想中表现为性受虐幻想。被打、被辱骂是一种退行性获得性满足的替代行为。

当病人的潜意识意识化以后，她的心理结构产生了显著的变化。首先，由于超我变得对自我不再那么苛求，自我就较少使用压抑、反向形成、隔离等手段来掩盖内心冲动。同时，肛欲期施虐－受虐冲动进入意识层面，就削弱了它的强度与动力，本我就有可能发育成长，转而寻求生殖器的快感。这种本能欲望的转变使得 K 女士有可能和她丈夫获得性满足，减少对黑人性冲动的幻想。

对移情和阻抗的分析贯穿案例的始终。在治疗过程中，当 K 女士逐渐意识到治疗师"尽管老得足以做我的父亲"，但仍对她具有如此的性吸引时，她对继父的性欲开始被意识化了。在整个过程中，她先是担心我惩罚她，后来又希望我惩罚她，这种移情反应使得她的受虐倾向浮出水面。K 女士对于性幻想讳莫如深，因为这使她觉得那就像当众"如厕"，这种想象引导我们探究肛欲期的"如厕训练"主题。

K 女士在精神分析中积极工作，在大约 6 个月之后，我们之间建立了相对可信赖的工作联盟。尽管治疗中始终存在着移情和阻抗的干扰，但她能够认同我的许多观点，并且试图努力理解她的神经症性反应。

部分的成功增进了病人进一步治疗的信心。之后，她能够在分析情景中更深入地退行，并且体验到更早期的神经症性冲突。她还能认识到，对黑人男子的性渴望也是对自己同性恋冲动的重要防御手段。这源于口欲期对母亲的吮吸冲动，同时，也是对与母亲分离独立认同的表现。这种冲动导致潜意识中对母亲巨大的原始的愤怒，这种愤怒危及母亲和自身的存在。对神经症性"本能－防御"冲突的逐个层次的领悟，导致了病人自我、本我和超我结构的逐渐改变。旧有的防御被丢弃，新的防御可以使得本能冲动较少带有负罪感而获得满足。整个心理结构中的相互关系产生了变化，伴随着这种改变，个体与外部世界的关系变得更令人满意、更加有效。

1.3 经典精神分析技术的要素

从历史发展和理论框架的角度对精神分析有了一个初步的了解后，本节将对精神分析技术做一些基本的介绍，包括对经典精神分析中使用的治疗技术和治疗进程做出定义和描述，目的是提供有关技术的概念和含义，并介绍这些概念在其他分析性治疗中是如何被应用的（参见 E. Bibring，1954；Greenacre，1954；Gill，1954 以及补充阅读材料）。

1.3.1 素材的获得

1. 自由联想

在经典精神分析中，获得病人素材的主要手段就是自由联想。通常在初始访谈时就可开始自由联想。在初始访谈中，分析师应对病人是否具有接受精神分析治疗的能力做出评估。这种评估包括病人的自我是否有足够弹性，这种自我弹性使他能够在两种状态中来回转换：一种状态要求他在自由联想中适时地退行；另一种状态则要求他能运用自我的相对成熟来理解分析师的干预和解释，以及在咨询结束后能恢复日常功能。

通常，病人在治疗中的大部分时间里都能自由联想，有时也会报告他们的梦、日常琐事以及过往经历。病人被要求在汇报梦和经历时包含他对此的自由联想，这是精神分析的一个特色。自由联想是优先于所有其他分析手段的。

但是，自由联想有时可被用作阻抗。这时，分析的首要任务是分析阻抗，以便重新确保自由联想的正确使用。有时由于自我功能缺陷，病人无法停止自由联想。这是分析过程中遇到的紧急情况之一，此时，分析师的任务就是重建自我的逻辑、强化次级过程思维。必要时，可使用暗示和直接命令的方式来达成此目的。这是一种非精神分析的手段，但在紧急情形下，这是必要的，因为这种自我功能的严重退行可能是早期的精神病性反应。

自由联想是精神分析的主要方法，也可以用在精神分析取向的、挖掘潜隐内容的其他心理治疗场合，但不会应用在非分析性的治疗方法中，比如对症性或支持性疗法中。

在精神分析对病人的要求章节中，我们将对自由联想做进一步的讨论（参见 4.1.2）。

2. 移情

从朵拉的案例开始，弗洛伊德认识到是病人的移情和阻抗为分析工作提供了必要的、关键性的素材（1905a）。从那时起，分析情景的设置被用来促成病人产生最大程度的移情反应，而阻抗的目的是阻碍这种移情的产生和被分析。阻抗和移情中都包含病人被压抑的过往经历的重要信息。本卷的第 2~3 章将系统讨论这两个主题。

移情是指将对童年早期重要人物的感情、冲动、态度、幻想和防御等体验转移到现在的"某个人"身上，而这些情感体验对现在的"某个人"是不适当的，这只是一种重复和置换而已。病人的移情起源于童年期本能的未满足以及寻求释放的需求（Freud，1912a）。

切记：病人是重复而不是记忆，重复总是对记忆的一种阻抗。然而，通过重复和旧情重演，病人就能把过去带入现在的治疗情景中。移情性重复带来了不可多得的、重要的分析素材。如果处理妥当，对移情的分析将导致回忆、重构和领悟，最终终止重复。

临床上对移情反应有许多不同的分类方法，最常用的是将其分为正性移情和负性移情。正性移情是指对治疗师的各种性的欲望，比如，喜欢、爱、尊敬等。负性移情是指对治疗师的不同形式的攻击欲望，比如，愤怒、仇恨、讨厌或轻蔑等。所有的移情反应本质上都是自相矛盾的。临床症状仅仅是表面现象。

在分析情景中产生移情反应，病人必须冒一定的风险，自我功能和客体关系必须在一定程度上暂时地退行。病人的自我必须有能力执行这种暂时退行，这种退行必须是部分的、可逆的，这样病人就可以一方面参与分析治疗，另一方面仍旧生活在现实世界中。那些畏惧从现实世界中退行以及不能快速及时重返现实世界的病人是不适合做精神分析的。根据病人是否能发展并维持移情反应,同时又能在分析中和现实中保持功能良好,弗洛伊德把神经症分为两大类:"移情性神经症"与"自恋性神经症",前者有能力做到这两点,后者则不能(Freud,1916～1917)。

弗洛伊德也用"移情性神经症"来指移情反应组合,在移情反应中,分析师和分析工作本身成了病人情感生活的中心,并且病人的神经症性冲突在分析情景中被重新再现。病人症状的重要特性也将在分析情景中重新再现(Freud,1905a;1914c;1916～1917)。

精神分析的技术就是不断促进分析情景中移情性神经症的产生与发展。治疗师态度的相对匿名、中立、节制、"像镜子一样"(只是如实反映)都具有这一目的:为移情性神经症的萌芽和发育提供一个相对洁净、不受污染的环境(Fenichel,1941;Greenacre,1954;Gill,1954)。移情性神经症是在分析情景中促成的,也只能通过分析工作被解除。借此,使疾病转向健康。

移情性神经症是精神分析赖以成功的重要媒介,它也是治疗失败最常见的原因(Freud,1912a,1914c;Glover,1955)。移情性神经症只有通过分析才能治愈,其他的技术手段可能改变它的形式,但是无法真正改变其实质(Gill,1954)。

精神分析是唯一重视系统和全面地分析移情的心理治疗方法。其他短程和类似的精神分析取向的治疗,只是部分和有选择性地对移情进行分析。因此,那些治疗只对有可能构成中断治疗威胁的负性移情进行分析,或者为了保证病人配合治疗,就事论事地分析移情,这样,在治疗完成后,仍然会有部分未被解决的移情残留。这意味着有部分神经症仍未获得治愈。

在反精神分析的心理治疗中,移情反应不被分析,相反它们是被利用或被操纵的。治疗师扮演了某些具有过往重要角色特征的人物,不论这个人物是现实的还是想象中的,以此来满足病人婴儿式的、幼稚的希望。例如,治疗师也许会扮演充满爱意、给予鼓励的父母,或者充当给了惩罚的道德家,而病人则会得到暂时的进步,甚至"痊愈"。但是这种"移情性痊愈"是短暂的,其维持时间的长短仅取决于病人对治疗师理想化移情的持续时间(Fenichel,1945a;

Nunberg，1932）。

3. 阻抗

阻抗是指病人所有反对精神分析治疗技术与进程的力量。在某种程度上，它贯穿治疗的始末（Freud，1912a）。阻抗是病人对自己的神经症性冲突的防御现象。病人的阻抗是反分析师、反分析工作，以及反对自己的理性自我。阻抗是治疗过程中一个操作上的概念，精神分析并不创造阻抗。阻抗在分析情景中自然滋生和展现。

阻抗常常是病人过往经历中惯用的防御机制的重复，可集各种防御于一身。任何心理活动都可被作为阻抗，但是，不管来自何种心理活动，阻抗都需通过自我来运转。虽然阻抗可被部分地意识到，但其关键的、本质的部分通常是在潜意识层面运作的。

精神分析的另一个特点是对阻抗做完全系统的分析。分析师的任务在于揭示病人是如何阻抗的，阻抗什么，以及为什么要阻抗。阻抗的最直接的原因就是避免痛苦的情感，比如焦虑、内疚、负罪感和羞耻感。在这些情感后面，我们总能捕获到触发这些痛苦情感的本能冲动。追根溯源，最终我们还会发现，阻抗所要回避的是那些被创伤性体验所激起的恐惧（A. Freud，1936；Fenichel，1945a）。

阻抗也有许多分类方法，其中最具有实际应用价值的分类方法是"自我协调性"阻抗和"自我不协调性"阻抗。如果一个阻抗是"自我不协调性"的，病人会感到阻抗表现与自己格格不入，与自我形象不符，将会比较容易接受对其进行分析工作。如果阻抗是"自我协调性"的，病人则会否认它的存在，或是文过饰非，或是强词夺理，这种阻抗是病人熟悉的、合理的、根深蒂固的。此时，分析阻抗的第一步就是要将对病人来说是"自我协调性"的阻抗转变为"自我不协调性"的阻抗。当这一步完成后，病人才会与治疗师建立治疗联盟，自愿地参与到对阻抗的分析工作中，而且能够阶段性地、部分地认同治疗师。

其他形式的心理治疗试图采用暗示、药物或是利用情感转移来回避或消除阻抗的影响。在对症性或支持性疗法中，治疗师试图强化阻抗，这样做对于那些有精神病倾向的病人来说是有必要的。只有在精神分析中，治疗师才会努力去揭示阻抗的成因、目的、模式及其形成过程（Knight，1952）。

1.3.2　分析过程

在经典的精神分析治疗中，许多治疗技术都不同程度地被选用，这种治疗之所以被称为分析性的，是因为这些技术都有一个共同的特征，就是都以提高病人的领悟能力为目标。有些技术就其本身来说并不会增强领悟能力，但它能加强自我功能，帮助获得理解。例如，情绪宣泄使得本能的张力得以缓解，从而降低自我的急迫感，提高自我观察、思考、记忆和判断的能力，而在严重焦虑的情形下，自我将无法完成这些功能。自我功能的恢复才使得对自身的内省和领悟变得可能。情绪宣泄是分析治疗中常用的非精神分析技术，它对内省和领悟必不可少。

反精神分析的技术是指那些阻断和忽视自省与理解能力的技术。所有降低自我的观察、思考、记忆和判断功能的手段和方法，都可被称为是反精神分析的。显而易见，利用药物和迷幻品、轻率的安慰与保证、移情性满足、转移注意等均属此类。

分析性技术中最重要的就是"解释"，所有其他技术在理论和实践上都从属于它。各种分析技术不是促进"解释"的产生，就是增强"解释"的效果（E. Bibring，1954；Gill，1954；Menninger，1958）。

"分析"一词是对那些扩展内省与领悟的技术的简称，它通常包括四个过程：面质、澄清、解释和修通。在接下来的章节中，我们将通过临床案例来充分讨论每一个过程的实际应用。我将对四个过程给出操作性定义并举例说明。

分析的第一步是面质。在治疗中，我们必须使病人的意识自我能明晰、详尽地识别心理现象。例如，在我要对病人解释他回避某个问题的原因之前，我必须让他能先认识到他的逃避。有时候，病人会自动意识到这一点。通常，为了分析的顺利进行，我们必须先确信病人已经对我们将要分析的心理现象有所觉察。

面质引出了下一个步骤：澄清。通常，上述两个步骤是互相重叠的，但分别叙述很有价值，因为两者所对应的问题是不相同的。澄清是指寻找那些被聚焦分析的心理现象所导致的外在行为，这些外在行为的有意义的细节必须加以发掘，并且与其他无关材料细加区别。对心理现象的多样化和模式必须进行甄别、归类。

让我举个简单的例子来说明。我曾对病人 N 先生进行面质，我指出了他的阻抗，并且他也意识到了：他确实在逃避着什么。病人接下来的自由联想揭示了他为何要抵抗和他在抵抗什么。N 先生的联想是谈论上个周末发生的一些事情。N 先生去他女儿的学校参加家长会，会上那些看上去很有钱的家长让他感到窘迫不安。这让他想起了他的童年时代，他恨父亲对富有客户阿谀奉承，对雇工却盛气凌人。他一直很害怕他的父亲，直到他离开家去上大学，他才开始慢慢对父亲充满蔑视，但他从不表现出来。毕竟这于事无补，他父亲已经快 60 岁了，老态龙钟，已不可能改变什么了。"让他安享晚年吧！"病人由此开始沉默。

我有个印象，N 先生的联想折射出他对我的情感，正是这种情感导致了他在治疗早期对我的抵触。我能感觉得到这种情感是轻蔑，更精确地说，是病人害怕直接表现出来的对我的轻蔑。当病人沉默时，我问他是否对其他白发男人也表现出轻蔑。病人的脸一下子红了，他第一反应是脱口而出："你猜我说的是你，但不是这样的。我对你没有任何一点轻蔑，我怎么会这样做？你大多数情况下待我非常好。我不知道你是如何待人接物的，我没必要知道。管他呢，没准你是那种踩着别人肩膀往上爬，巴结大人物的人。我不知道，我也不在乎！"

我立刻紧追不舍："你不了解我在治疗之外的表现是否会让你感觉轻松一点？如果知道，你也许会对我表现出轻蔑，并且害怕直接向我表示？"N 先生沉默了几秒钟，然后回答道："如果你真是那种人，我不知道如何面对你。"他回想起几周前的一个晚上，他在一家饭店吃饭，听到一个男人愤怒地责骂服务员，短暂的瞬间，他误认为那声音是我，那男人的后脑勺也像我，当他发现那并不是我时，他长长地松了一口气，如释重负。

现在是时候向病人点出：他试图回避对我的轻蔑，因为如果他真有这种感觉，他就会害怕向我表达，就像对他父亲一样。在对他的阻抗做进一步的分析之前，必须对他这种复杂的情感模式加以甄别并予以澄清。

分析的第三步是"解释"。"解释"是精神分析和其他心理治疗的分水岭，在精神分析中，"解释"是最终和最有决定力量的手段。其他的技术都是为解释做准备，或者是为了增强解释的效果，或者应用某种技术本身就会引导出解释。"解释"就是把潜意识的内容意识化。更精确地说，解释是为意识活动的内容寻找潜意识的含义、缘由、模式、形成过程等，要想达到解释的预期效果，解释的过程需要不断地反复进行。治疗师用他自己的潜意识、共情和直觉以及理论知识来达成"解释"。通过解释，我们超越现实表象，探索现象背后的意义与原因。我们也常常根据病人的反馈来验证我们的"解释"（参见 E. Bibring，1954；Fenichel，1945a 以及补充阅读材料）。

澄清与解释通常交织在一起。澄清可以导致解释，解释又可引发进一步的澄清（Kris，1951）。前述案例表明了这一点。现在，让我用同一个案例来展示解释与验证。

在两周以后的一次咨询中，N 先生报告了一个梦的片段。他记得他在开车等红灯，突然有东西撞上了他的车尾。他愤怒地冲出车外想看个究竟，发现只是一个小男孩骑车撞了上来，他松了一口气，车子也没什么损伤。以上就是他记得的梦的全部。之后的自由联想引出 N 先生对车的爱好，特别是对运动车型的喜爱。他说他特别喜欢那种开车的感觉——呼啸而过地超越那些宽大昂贵的老式车辆。昂贵的车辆外观结实大气，但是实际上没几年就显出华而不实。而他小巧的运动车型则比凯迪拉克、林肯和劳斯莱斯的车辆跑得更快，爬坡能力更强，更经久耐用。他知道这可能有些夸大，但是他喜欢这样想，这让他很"爽"、很开心。这一定是源于他青少年时期那些比赛处于劣势但最终反败为胜的英雄情结的残留。他的父亲是个体育迷，平时对他所取得的体育成绩不屑一顾。他的父亲总是吹嘘自己曾经是一个了不起的运动健将，可是他从没证明过这一点。N先生怀疑他父亲败絮其中。他父亲会与咖啡店女服务员调情，或是向街头女郎献殷勤，但好像更多的只是卖弄风骚，如果性能力真那么强，他没必要如此竭力表现。

很明显，病人暗地里在与他的父亲比较性能力。这种比较同样也泛化到对那些自我吹嘘式的人物的鄙视上。在他的自由联想中，当他幻想超越那些昂贵的车辆时，他感到"爽极了"，他知道这种幻想可能不是事实，但他宁愿享受这种想象。还有一次"爽极了"，是当他发现只是被一个骑自行车的小男孩撞了车后，他的情绪从愤怒转为放松。我意识到，这两个充满情感的事件在梦中有着相同的象征意义。

我的解释是：骑车的男孩象征着手淫，红灯也许是指卖淫，因为红灯区通常用来指妓女聚集的场所。我留意到我的病人声称他爱他的妻子，但更喜欢与妓女做爱。在这一点被提及之前，病人没有任何有关他父母性生活的记忆，然而，他却经常声称他的父亲与咖啡店女服务员调情，我把这种行为称为选择性记忆。因此，我决定沿着他童年期对父亲性能力的贬低和他成人期性优越感的方向来形成我的解释（经过深思熟虑，我决定暂时忽略碰撞、尾部、愤怒等象征意义）。

在这次咨询接近结束的时候，我对N先生说，我感觉他很为他父亲的性生活纠结。他似乎担心父亲的性能力，我询问我的猜测是否合理。病人迅速回应（事实上，有点太快了），他说他父亲总是那么自夸、自大。他不确定父母的性生活究竟如何，但他相当肯定那一定不会令人满意。他的母亲虚弱多病、忧郁寡欢，生命中大部分时间都用来抱怨她的丈夫。N先生相当肯定他的母亲不喜欢与父亲的性事，尽管他无法证明这一点。

此时，我又进行了针对性干预。我假设：母亲拒绝与父亲性生活的想法令他"爽极了"，病人说那并没有爽极了，但他不得不承认这让他有种满足感，一种战胜了"那个老家伙"的感觉。他回忆起曾在父亲枕头下发现藏着的"裸女杂志"。他还想起在他青春期，曾经在父亲枕头下发现一袋避孕套，"他肯定又去找妓女了"。

这时，我指出父亲枕头下的避孕套更有可能是他父母性生活时使用的。N先生则坚持相信：母亲不想和他父亲过性生活，而且父亲的性能力不怎么样。病人陷入沉默，然后结束了这一次咨询。

第二天咨询一开始，他就告诉我昨天离开我的办公室时内心狂怒。他驾车回去时开得很野蛮，想要超过高速公路上的每一辆车，特别是那些昂贵的车辆。然后他突然有一种冲动，如果他发现一辆劳斯莱斯，一定要超过它。这时一个想法跳入他的脑中，他突然意识到：劳斯莱斯（Rolls Royce）的缩写字母是R.R，而我，格林森医生（Ralph R. Greenson）名字的缩写也是R.R！他为这个想法大笑不止。"那老家伙可能是对的。"他心想："妈妈更喜欢我，我可以战胜老爸，这样的想法确实爽极了。"但是接下来他开始好奇：这种想法是否造成了我和我妻子性生活的紧张？

我用以上案例展示了：即使是一个简单的解释，也需要经过许多复杂步骤的铺垫，以及治疗师如何通过病人的反应来判断解释是否正沿着正确的方向进行。病人对我的第一次解释做出了特别快速的情感反应，表明我已经碰触到了十分敏感的东西。有关"裸女杂志"和避孕套的记忆让我更加确信我是正确的。他在咨询结束后的反应，即愤怒、对劳斯莱斯的联想、大笑不止，以及他将之与自己性生活的联系都表明我的解释是及时且适当的（在第二卷中会对解释有更多的讨论）。

分析的第四步是"修通"。修通是指当领悟或内省发生后，运用一系列复杂的技术与进程的组合，促使病人从领悟转为行为、思想、感情上的改变，这种工作就称为"修通"（Greenson，1965b）。这一过程基本上是指对阻抗的反复的、渐近的、更为完整的探索和分析，因为阻抗会阻碍领悟导致的改变。除了要对阻抗进行详尽深入的分析之外，重新建构也特别重要。通过修通，各种心理成分（如领悟、记忆、行为）彼此影响，重新形成各因素之间的自行循环（Kris，1956a，1956b）。

为了展示修通的概念，让我们再次回到N先生的案例。我向病人指出了他坚持相信：母亲不喜欢并且拒绝和父亲发生性行为，父亲性能力不怎么样。他不喜欢我的这个解释，但就在当天，他意识到这有可能是对的。在下次咨询的时候，他扩大了这种领悟，并且把它与自己的性生活困扰联系到了一起。每次发生性关系后的第二天，他都觉得愧对妻子。他猜想她肯定非常憎恶他，因为他表现得如此好色。当我追问时，他把他的这种猜想和童年时手淫后遭到母亲的羞辱联系了起来。

在接下来的几周时间里，他越来越清楚，他一方面希望妻子享受与他的性爱关系；另一方面，当他看到妻子性兴奋时，他又有些厌恶，为她感到羞耻。想象妻子性事后对他的憎恶其实是他自己内心感受的投射。此后不久，N先生回忆起儿时有一次他们一家走在街上，看到两只狗在性交，母亲向他的父亲俏皮地眨了下眼。治疗开始时，这段记忆并没有激起情感的联想，病人此时感觉他妻子毫无吸引力，不愿和她有性关系，更乐意去找妓女。对此，我解释道：他好像正在做以前他期望父亲对母亲做的事情。

病人接着说道：他并没有因为父亲不愿与母亲性交而责备他。虽然他的母亲长相很不错，但是母亲"根本不是一个性感的女人"。她脸色潮红，汗淋淋的，披头散发，浑身散发出难闻的气味。这些让他联想到疾病或是月经。对此，我解释道：月经与发情的母狗有关联。然后，我又对他的记忆片段重构出另一种可能性：他母亲潮红的脸、湿汗，散发出气味都与正在性交有关。我进一步暗示道：他声称母亲讨厌性交，父亲与其他女人调情都是为了试图抵制自己潜意识中的记忆——他曾目睹父母愉快地性交。我也指出，看到两只狗在性交时，母亲对父亲眨眼的记忆也是类似的选择性记忆。

N先生承认我对他的记忆片段的重构听起来似乎有道理，但是这让他感觉很不舒服。接着，我告诉他：他有意忽略自己对妻子的性欲，以及嫖妓的行为都是进一步想证明一个好女人、已婚女人、有了孩子的母亲是不该性欲旺盛的，并且这样的女人的丈夫也不该和她做爱。在这一解释之后的那个周末，病人和他妻子有了一次从未如此满意的性生活。这是在数周对阻抗的艰苦分析之后才达到的治疗效果，因为这种阻抗来源于病人的深信不疑：除了少数离经叛道者，所有的成年男女都是伪君子和淫欲者。

N先生被他童年期对父母性生活的冲突所困扰。为了否认他们性关系的存在，他不惜采用憎恨并鄙视他们来达到这一目的。他的母亲对他父亲的眨眼就是一个缩影。母亲也是虚伪的"雏鸡"，并且自己和妻子也狼狈为奸。真正诚实的人是超凡脱俗、清心寡欲的人，退一步说：用钱买性比那些用买房置地、首饰汽车来招徕异性的人更为诚实。我解释道：这听起来像是他在对母亲的眨眼表示愤怒，进而贬低他的父母以及所有的已婚人士。但在这一企图背后是嫉妒，因为他母亲没有向他而是向他父亲眨眼。

N先生对这一解释和重构非常抵触。经过几周的分析之后，他开始仔细推敲贬低与嫉妒之间的联系。他意识到我的推想也许有几分道理。后来，他勉强承认我是对的，但他仍不想放弃这样的幻想：母亲不喜欢和父亲发生性行为，更乐意保持贞洁。在他的幻想中，如果母亲有性生活，也一定是被动服从的，因为父亲是性无能的。但是，父母性交中的性兴奋情景激怒了他。在这样的幻想中，他感觉自己一会儿像个无助的孩子，一会儿又像个比他父亲优秀的超人。事实上，他应该意识到父母拥有他们自己的情趣，而他应该重视自己性生活的和谐。

我认为这个案例向我们展示了修通的过程。这一案例的时间跨度大概有6个月，从病人等红灯时被骑车的小男孩撞车的梦开始，逐渐进入探讨他对父母性生活的情绪性反应，以及这些反应如何影响他自己的性生活。从表面上看，他觉得自己比父亲优越，并且对母亲充满同情。父亲夸夸其谈，而母亲则逆来顺受。然而，通过对阻抗的分析，我们发现了病人背后对父母的愤怒，以及在此基础上产生的对父母的鄙视。最后，我们揭示了病人对父母亲性生活的嫉妒。N先生接受了这个观点：父母很享受他们的私密关系，而他也应如此。

治疗过程中时有反复，但是一直在深度发展。N先生的性困惑并没有烟消云散，但整个治疗过程展现出一连串有价值的领悟。例如，当时对同性恋倾向并没有深入追究，但在后续的咨询过程中就被提及。有时当我们涉及其他的问题时，或者性与攻击性问题混杂在一起时，性问题在一定程度上就会后退成为背景。还有当性的问题在其他层面出现时，我也会暂缓这一问题的进度。此处，我只是试图用这一案例来说明精神分析过程中的修通过程。

有必要指出的是，一部分修通的工作须由病人在分析时间之外自己完成。修通在精神分析治疗中耗时最久。通过领悟而导致病人行为、情感和思想快速转变的情况，既少见又短暂。通常我们需要花费大量的时间来克服那些阻碍改变的力量，以建立和维持心理结构的改变。有关哀伤和修通之间的关系，以及强迫性重复和死亡本能的重要性都将在第二卷中加以讨论。（参见 Freud, 1914c, 1926a, 1937a；Fenichel, 1941；Greenacre, 1956；Kris, 1956a,

1956b；Greenson，1965b）

以上我所介绍的四个步骤为大家展示了分析心理问题的标准化程序。所有这些步骤都是必要的，但是其中有些会由病人自然地完成，特别是面质和部分澄清工作。这四个步骤不会精准地依照我所描述的顺序发生，因为每次干预都会产生新的阻抗，而阻抗又必须优先分析。有时，对于一个心理现象，在澄清之前先给出一些解释有可能会促进澄清的过程。

分析过程中还需要考虑的另外一个变量是不可估计的现实生活变化，这会直接影响病人的生活，并且出于心理、经济的原因，这些外部刺激有时比分析中其他事情更为重要。但无论如何，面质、澄清、解释和修通是治疗师在进行分析时使用的四个基本技术。

1.3.3 工作联盟

病人前来就诊，是因为深受神经症性痛苦的折磨，才踏上充满艰辛的精神分析旅途。他的问题须是如此严重，以至于他愿意承受这种长期的、痛苦的、花费不菲的治疗。同时，尽管饱尝痛苦，但他的自我和客体关系功能须相对良好，足以承受严峻的精神分析治疗。因此，只有那些轻度人格异常、情绪障碍，相对健康的神经症患者才适合接受精神分析治疗。

病人经由自由联想、移情、阻抗为治疗提供素材，分析师则使用面质、澄清、解释和修通的技术来处理这些素材，但是所有这些都还不足以决定治疗的成败。治疗中的一个要素，对精神分析至关重要，我称它为"工作联盟"，它不是一个确切的治疗技术，也不是一个治疗进程，但对两者来说都必不可少（Greenson，1965a）。此处，我对这一主题只做简要介绍，更为完整的讨论将放在 3.5 中。

"工作联盟"是指病人与治疗师之间产生的相对非神经症性的、理性的关系。工作联盟使病人在分析情景中有目的地工作。弗洛伊德（1913b）著作中称之为"有效的移情"，一种和谐一致的关系；费尼谢尔（1941）将之描述为"理性的"移情；斯通（Stone，1961）称之为"成熟的"移情；策特尔（Zetel，

1956）称之为"治疗联盟"；纳赫特（Nacht，1958a）称之为治疗师的"存在/在场"，这些名称都是指类似的概念。工作联盟的建立必须先于解释。

在实践中，"工作联盟"的表现形式是病人自愿地去完成各种精神分析进程，有能力面对痛苦，对自己的退行进行分析，进而产生领悟。当病人对分析师的态度和方法产生了部分的、暂时性的认同时，工作联盟就有了实质性的进展。工作联盟是病人的理性自我和分析师的分析自我共同组成的（Sterba，1934）。

病人、分析师以及分析设置都对工作联盟的形成至关重要。神经症性痛苦和分析师的帮助推动病人寻求治疗并在分析情景中持续工作。病人与分析师形成相对理性、非性化、非攻击性关系的能力来源于他过往生活经历中与重要他人形成这种相互关系的能力。病人的自我功能在其中充当关键的角色，因为与分析师建立多重关系的能力有赖于自我的兼容能力。

分析师通过对理解和领悟的一贯强调，对阻抗的持续分析，运用自己的良知、共情、坦诚以及不加评判的态度对工作联盟的形成产生影响（Freud，1912a；1913b；Fenichel，1941；Sterba，1929）。分析设置则通过访谈的频率、治疗长度、技术的应用等来促进工作联盟的发展。这些设置不仅促进退行和神经症性移情的产生，也同样促进工作联盟的形成（Greenacre，1954）。

分析师的工作方法、治疗风格以及分析的设置酝酿出一种"分析气氛"，这种氛围是种载体，会驱使病人去尝试接受某些始终排斥的事物。这种气氛也引导病人暂时地、部分地对分析师的观点产生认同。当然，如果这种气氛矫揉造作、"不真实"的话，也同样会变成一种阻抗。

工作联盟使得病人有可能在分析时间中与分析师良好合作。这种联盟使病人努力尝试理解分析师的教诲和洞见，深思和回味分析师的解释和重构，从而有助于他更好地吸收和整合，提高领悟能力。工作联盟和神经症性痛苦使病人具有足够强烈的动机，为精神分析工作提供足够的原始素材。

为了成功地对移情性神经症进行分析，病人必须和分析师形成可靠的工作联盟。神经症性移情是病人将被抵御的、意识无法触及的素材带入分析情景中。病人在工作联盟和神经症性移情之间灵活转换的能力，对于精神分析工作来说是不可或缺的。这种能力等同于个体的自我分裂（Split ego）能力，即把自我分成理性的、客观的、逻辑的自我和体验的、主观的、非理性的自我。

这种分裂可以在自由联想中实现。当病人陷入痛苦的记忆和幻想中时，体验自我居于前台，此时感情是否适切，想象具有何种意义均很难被意识到。如果分析师在此时介入干预，病人的理性自我将返回前台，有可能辨识出那些情感源于过往经历。焦虑情绪就可能减轻，伴随焦虑产生的行为就更容易被识别。这种自我分裂的能力在移情性阻抗的分析中更为重要（Sterba，1929）。自我分裂的功能使得病人有可能将工作联盟与神经症性移情区别对待。总之，工作联盟持续地为分析工作提供动机和能力，神经症性移情则为分析提供被抵御的、意识无法触及的原始素材。

1.3.4 非分析性治疗技术

在经典精神分析中，某种程度上也使用一些其他的治疗技术，目的是诱导病人产生内省和领悟，或是增强内省和领悟。使用非精神分析的手段与方法本身最终都必须被分析（E. Bibring，1954）。此处，我们主要讨论三种主要的非精神分析性方法。

情绪宣泄是指被压抑的情感和冲动的释放。布洛伊尔和弗洛伊德（1893～1895）曾一度认为这是一种有效的治疗方法。今天，情绪宣泄更多被用来使病人信服潜意识心理确实存在。强烈的情感会使模糊不清的经历细节变得生动活泼。尽管情感和冲动的表达会带来感觉上短暂的释放与舒缓，但宣泄本身并不能中止情感和冲动，实际上，宣泄也可能成为阻抗的来源。

例如，一个病人承认他对分析师具有某种罪恶感，但承认这种感觉后得到的舒缓有可能成为分析这种感觉的障碍，这种舒缓降低了病人寻找感觉成因、过程和意义的动机。尽管如此，帮助病人释放创伤性经历伴随的情感也很重要，这有助于再现某些本来会被忽略的重要细节。

当我们在处理创伤性经历时，要鼓励病人尽最大可能去承受再经历那些事件带来的强烈冲击。这样做主要是为了削弱足够数量的紧张，以便病人能较好地处理剩下的部分。例如，一个慢性抑郁的病人如能先经历足够激烈的急性刺激，就能更好地进行分析工作。在我的一个案例中，前几个月的咨询每次都抽出一部分时间让病人不加控制地哭泣，然后他才能分析性地对待自己的抑郁症状。对于焦虑症的治疗也遵循同样的原则。

情绪宣泄本身是非精神分析的，因为它并不直接带来病人的内省与领悟。在本书的案例中，会有多处向读者展示，在一个严格的精神分析治疗过程中，是如何应用情绪宣泄的。

暗示是指诱导出病人内在的想法、情感和冲动，这种诱导不通过病人的现实思维过程（E. Bibring, 1954）。暗示在各种心理治疗形式中都可以看到，暗示也许根植于我们与双亲的亲子关系中，处于痛苦之中的人们很容易用一种孩子式的企盼来对待治疗师父母。

只要暗示有助于病人进入分析情景，它对精神分析治疗就是有价值的。尽管精神分析师不会许诺治疗会有何种效果，但是病人都会对治疗有不现实的盼望和对治疗师深信不疑。这种暗示性影响来源于对治疗师角色的心理定式。比如，尽管我的言语和观念已反映出客观的事实，但病人总相信我具有回天之力。

在分析过程中，有时鼓励病人去承受一些痛苦与挫折是可取的。如果能对这种鼓励态度给予解释，则更为可取。有时候，只要说"如果你面对它，将会好受一点"，这种安慰和暗示通常总会有用。有时我们也这样暗示："如果你不再害怕了，你将会记起你的梦来。"病人会真的开始回忆起他的梦。

在使用暗示时，有两大危害要设法避免：一个是不必要的使用，从而导致病人依赖于这种退行性支持；另一个是不知晓的使用。如果分析师没有意识到在使用暗示，并且不对暗示进行分析的话，病人将很快从这种未被分析的暗示中习得和养成新的神经症性症状。例如，解释过于教条或是过于武断时，这种情况就会出现。病人将会墨守成规，就像他们以同样的方式强迫自己坚信某种理念一样。格洛弗在《不严密、不准确的解释与暗示》(Inexact Interpretation and Suggestion) 一文 (1931) 中有关于这一问题的经典论述 (1955)。

关键是暗示和保证必须充分意识化,并把它带入分析情景,对它的影响加以分析。

操纵是指治疗师在病人不知情的情况下诱导病人某些行为的发生。这一词条在精神分析圈内名誉不佳,因为它经常成为"江湖分析师"渔利的工具。但是,像宣泄和暗示一样,它也是精神分析治疗的一部分。它常被经典分析用来促进更深化的治疗过程(参见 Gill (1954) 对此的经典观点,以及 Alexander (1954a, 1954b) 的相反观点)。

沉默是一种操纵手段,目的是让情感酝酿得更为明显。对移情不加分析也是一种操纵,目的是纵容它达到一定的强度或是让它自然消退。当病人没有意识到之前,提起即将到来的治疗中止也是一种操纵。但是,所有的这些操纵都有间接的治疗目的:达到更深入的内省与领悟。如果病人对此有质疑或有所反应,操纵手段应加以明示,病人对操纵的反应也应被分析。其他的一些操纵手段显然更为微妙。如:语音、语调能有效地将移情和记忆唤起并带入分析场景。尤为重要的是要意识到你的操纵,或者至少意识到你有可能不知不觉地使用了它。最终,无论是明晰地还是含糊地意识到,操纵必须像分析师的其他干预手段一样被加以彻底分析(Gill, 1954)。

"刻意装扮"和"工于心计"是反精神分析的,因为它们营造出一种非分析性的情景。这种欺骗和计谋所包含的成分使得病人最终对治疗师丧失信任。我并不否认在一些特定的心理治疗情景中有它的必要性,但是这会使分析性治疗变得不可能。艾斯勒对这一问题做过全面系统的论述 (1950b)。(如果要了解相异的观点,请参见 Alexander, French, et al., 1946,以及补充阅读材料。)我们最后要介绍的一个非精神分析理念是:对移情的"掌控"或"管理",它是指在精神分析治疗中使用的非分析的方法。本书的所有案例都将展示这一点。精神分析技术的"艺术",是分析性和非分析性技术的完美结合,这种结合很难教授,而精神分析技术的原则言简意赅。因此,在本书中,我主要聚焦在经典精神分析技术的基本原则上。

1.4 精神分析治疗的适应症和禁忌症：简述

如何确定精神分析治疗的适应症和禁忌症？这涉及两个问题，它们彼此独立却又互相关联。第一，病人可被分析吗？第二，精神分析治疗对此病人是最合适的吗？我将举例对此进行详细论述。

设想一个希望得到心理治疗的病人，而且他能在分析治疗中有效地配合工作。但他即将应征入伍，你会建议他做精神分析治疗吗？精神分析是一种长程治疗，通常需要花费3～5年的时间。如果你向他推荐的是精神分析心理治疗，病人的整体生活必须相对稳定。

是否可分析性的问题相当复杂，因为涉及病人许多不同的、健康或有缺陷的品质和人格特征，还涉及各种具体精神分析的过程与技术对病人的严格要求。我们只能通过对理论与技术的简述来对此问题做一个初步的介绍，在最后的章节中再做更加具体的论述。

弗洛伊德（1905a）很早就意识到，单个的评判标准无论多么重要和明晰，也很难准确判断病人是否具有可分析性。准确的判断来源于对病人的整体人格的评估，鉴于此，治疗师才能形成决定，而这种完整的评估又不可能仅在很短的几次初始访谈中做到（Knight，1952）。延长初始访谈时间和辅以心理测试有可能有助于评估，但在实际操作中，这既不可行，也不能确保评估的可靠性。另外，延长初始访谈时间和心理测试有可能对治疗产生不良作用。

确定如何进行分析治疗应先得出一个诊断。弗洛伊德（1916～1917）早就主张在精神分析治疗之前，有必要将移情性神经症和自恋性神经症加以区分。他相信精神病人本质上来说是自恋的，不能在治疗情景中发展出移情性神经症，所以他们不适合精神分析治疗。这种区分至今仍然有效，但是现今许多寻求治疗的病人无法被准确地归类，因为他们同时具有神经症性和精神病性症状。另外，近来一些分析师也认为精神病患者经过分析治疗，同样可以达到良好效果（Rosenfeld，1952）。不过，大部分的精神分析师仍然赞成弗氏的观点：固着于自恋的病人不适合经典的精神分析治疗（Frank，1956；M. Wexler，1960）。克纳普（Knapp）和他的同事（1960）复审了100个精神分析治疗的申请者，发现被拒绝的大都被认为是精神分裂症、边缘型人格或是精神病性障碍者。这与弗洛伊德的观点相符。我相信大部分治疗师也会同意这一观点（Fenichel，1945a；Glover，1958；Waldhorn，1960）。

与上述观点类似，大多数治疗师认为精神分析治疗对于焦虑性癔症、转换性癔症、神经症性强迫、抑郁症，以及许多人格障碍性神经症和心身疾病等是适用的。它对于各种类型的精神分裂症和躁郁症是不适用的。对于其他人格障碍，比如冲动障碍、性心理障碍、物质依赖、品行障碍和边缘人格等病人的可分析性值得推敲，是否可接受分析治疗，须根据个体的具体情况做具体的决定（Fenichel，1945a；Glover，1955，1958）。

毫无疑问，临床诊断结果对于判断一个病人是否适合精神分析治疗至关重要，但通常要耗费大量的时间才能获得比较可靠的诊断结果。而且，有时症状表现只不过是表面现象，背后潜在的病因才是真正的元凶，如癔症性症状并不意味着病人患有癔症，其他病症也可能反映出癔症性人格表现。症状与疾病之间的关系比我们想象的要复杂得多（Greenson，1959a；Rangell，1959；Aarons，1962）。有时，我们要到分析结束时才能获得比较可靠的诊断结果。

过去，我们认为恐惧症状往往提示焦虑症，现在我们知道，恐惧症状可能出现在癔症、强迫症、抑郁症和精神分裂症的症状群中。转换症状、躯体化症状、性压抑症状也可出现于上述疾病中。个别症状只是提示病人的某种病理改变，并不能据此推断；这一症状是病症的核心症状还是附属症状，也不能判定症状在病人的人格结构中处于主要地位还是次要地位。

尽管诊断告诉了我们许多病理学信息，但是较少提供病人的健康资源信息（Knight，1952；Waldhorn，1960）。对于相同的强迫症患者，精神分析治疗的可分析性对不同的个体可以相差很大。即使是患有那些被归类为可分析性差的疾病，比如性心理障碍、边缘性人格等，病人们也可能具有不同程度的健康资源，这就有可能使他们中的部分人成为可被分析的人选。对病人进行整体的评估，而不仅仅是以临床诊断作为病理学依据，是评估一个病人是否适合分析性治疗的首要任务。奈特（Knight，1952）曾强调过这一点，安娜·弗洛伊德（Anna Freud，1965）的书中也把这作为对儿童接受治疗的主要评估依据。（参见 Anna Freud, et al., 1965）

有效判断可分析性的方法之一是探究病人是否有接受精神分析治疗的资质。精神分析治疗是耗时费钱的，并且从本质上讲经常伴随着痛苦。只有那些具有强烈动机的病人，才会义无反顾地投入到分析情景中。病人的症状和内心的冲突使他饱尝痛苦的煎熬，这种煎熬促使他经受住治疗的严酷考验。症状的危害已妨碍到病人生活的重要方面，对自身困境的切肤之痛支撑着病人寻找解脱之道，而轻微的烦恼、亲人的愿望都不足以驱使病人寻求精神分析治疗。对治疗的好奇或是为了提升职业效能都不可能支撑分析对象忍受治疗中的深层体验。那些寻求快速解决问题或是沉溺于病症的继发获益病人也缺少必要的治疗动机。受虐型患者也许乐于参加分析治疗，他们需要痛苦，还会对治疗中的痛苦产生依赖，乐此不疲，对这种病人治疗动机的评估常常会比较复杂。与成人相比，儿童有着十分不同的动机，需用不同的方法进行评估（A. Freud, 1965）。

首先，精神分析要求病人不同程度地具有协调的、持续的自我功能，这种自我功能的要求自相矛盾。例如，为了能自由联想，病人必须在意识层面退行，放任思维自动地浮现，放弃对自己思想和感觉的控制，部分地放弃现实检验能力。但同时，他能在现实层面与外界交流，自主地完成分析性的工作，在咨询结束时能重返现实生活。一个可分析的病人可以伴有神经症症状，但同时其自我功能应具有一定可塑性和协调能力（Knight, 1952；Loewenstein, 1963）。

同样，病人与精神分析师的关系，也应能在退行与恢复间灵活变通。病人应能在治疗中产生退行性移情反应，同时，还能作为分析师的合作者协同进行分析性工作（Stone，1961；Greenson，1965a）。因此，缺乏这种能力的自恋病人和精神病患者不适合精神分析治疗（Freud，1916～1917；Knapp，et al.，1960）。另外，共情的能力对于分析性头脑不可或缺，这种能力来源于我们对他人短暂的、部分的认同（Greenson，1960）。病人与分析师之间的有效沟通，共情是基础，双方都须具有这种能力。任何一方的情感退缩、隔岸观火都会使精神分析治疗举步维艰。

自由联想可能会引发大量痛苦的、私密的生活细节的暴露，治疗要求病人须拥有正直、真诚的品格，还要求病人能清晰地表达微妙复杂的各种情绪，所以，有思维障碍和言语障碍的病人也不适合精神分析治疗（Fenichel，1945a；Knapp，et al.，1960）。冲动控制障碍者因为不能承受忍让、挫折及痛苦情绪，也不适合精神分析。

其次，我们还要考虑病人的外部生活条件。严重的躯体病痛或者肢体残障使病人丧失活力，或是对治疗力不从心。具有致命性躯体疾病或极其恶劣的生活环境会使神经症性痛苦相对微不足道。热恋中的情人通常也不适合做精神分析治疗，他们无法把注意力集中在分析工作上。另外，愤怒的、好斗的、凶蛮的丈夫、妻子或是父母在场也会让精神分析暂时难以施行。显然，我们无法在硝烟弥漫的战场上从事分析性工作。病人在治疗时间之外，必须能有沉思、反省的机会与场所。最后，时间与金钱，通常对双方都很重要。精神分析工作需要治疗师倾注精力和时间，恰当的报酬是这一行业继续的基础，否则，治疗师的短缺就会成为严重的问题。

上述所有观点都有助于我们判断病人是否适合精神分析治疗。多年的临床工作经验表明，只有经历适当时间的实际分析工作之后，才能相对有把握地认定病人是否适合精神分析治疗。显然，对病人可分析性的可靠预测有着太多的变数与不可知性。弗洛伊德（1913b）应对此有所预知，因此他曾指出：须经过几周的"预分析"，然后才能给出比较靠谱的判断。费尼谢尔（1945a）也同意这种观点，但是也有三分之二的英国分析师持相反意见（Glover，1955）。

我相信观点的不同，主要是针对策略而言，而非实际操作（Ekstein，1950）。临床实践表明，划出一个明确的时间段用来"预分析"只会使得分析工作更加复杂化。大部分的分析师在实际处理时，并不特别设置"预分析"时段，而是采用各自独特的方式来寻求解决。我通常会使用这样的方法：首先告诉病人，我判断，精神分析对他来说是最合适的疗法，倾听他的反应，等待他的决定。如果他同意，我就向他解释自由联想在精神分析中的作用，并且建议他尝试一下。这意味着我们已开始一起工作了，今后，我们双方都逐渐对选择精神分析作为治疗方法的适合性愈发清晰。

那么，究竟这样做后多久才能对治疗适合性完全有把握？我很难明确具体时间长度，每个案例长短不一。一旦病人开始分析治疗，将会花费我数月有时甚至数年的时间才能做出明确的决定，并且随着我的工作年限增长，这个时间也越来越长。当然，相对预测和确保良好的治疗效果而言，判断精神分析治疗的适合性，特别是与"我"一起工作的病人的适合性，只能算是小巫见大巫了。这些话题将在第二卷的首次访谈和结束访谈章节中进行更为详细的讨论。

补充阅读材料

The Historical Development of Psychoanalytic Therapy

Freud (1914b, 1925a), A. Freud (1950b), Kubie (1950), Loewald (1955), Menninger (1958, Chapt. 1).

The Psychoanalytic Theory of Neurosis

Arlow (1963), Brenner (1955, Chapt. VIII), Fenichel (1945a), Freud (1894, 1896, 1898), Glover (1939, Section II), Hendrick (1934), Lampl-de Groot (1963), Nagera (1966), Nunberg (1932, Chapt. V, VIII, IX), Waelder (1960).

The Metapsychology of Psychoanalysis

Hartmann (1939, 1964), Hartmann and Kris (1945), Hartmann, Kris, and Loewenstein (1946), Zetzel (1963).

The Theory of Psychoanalytic Technique

Altman (1964), E. Bibring (1954), Gill (1954), Hartmann (1951), Kris (1956a, 1956b), Loewald (1960), Loewenstein (1954), Menninger (1958), Sharpe (1930, 1947).

Variations in Psychoanalytic Technique

Alexander (1954a, 1954b), E. Bibring (1954), Bouvet (1958), Eissler (1958), Fromm-Reichmann (1954), Gill (1954), Greenacre (1954), Greenson (1958b), Loewenstein (1958a, 1958b), Nacht (1958a), Rangell (1954), A. Reich (1958), Rosenfeld (1958).

Free Association

Kanzer (1961), Kris (1952), Loewenstein (1956).

The Transference Reactions

Glover (1955, Chapt. VII, VIII), Greenacre (1954, 1959, 1966b), Hoffer (1956), Orr (1954), Sharpe (1930), Spitz (1956b), Waelder (1956), Winnicott (1956a), Zetzel (1956).

The Resistances

Fenichel (1941, Chapt. I, II), Glover (1955, Chapt. IV, V, VI), Kohut (1957), Kris (1950), Menninger (1958, Chapt. V), W. Reich (1928, 1929), Sharpe (1930).

Interpretation

Fenichel (1941, Chapt. IV, V), Kris (1951), Loewenstein (1951).

Working Through

Loewald (1960), Novey (1962), Stewart (1963).

The Working Alliance

Frank (1956), Spitz (1956a), Stone (1961), Tarachow (1963, Chapt. 2), Zetzel (1956).

The Use of Nonanalytic Procedures

E. Bibring (1954), Gill (1954), Gitelson (1951), Knight (1952, 1953b), Stone (1951).

Indications and Contraindications for Psychoanalytic Therapy

Guttman (1960; see particularly Karush), Nunberg (1932, Chapt. XII), Waelder (1960, Chapt. XI).

第 2 章 阻 抗

我之所以选择阻抗作为本卷关于技术的第一个章节，是基于弗洛伊德对分析阻抗重要性的论述，正是这一论述确立了精神分析和精神分析技术的良好开端（Breuer and Freud，1893～1895；Freud，1914c；Jones，1953）。时至今日，处理阻抗仍然是精神分析技术的两大基石之一。

精神分析对于阻抗的处理是它与其他形式的心理治疗区分开来的标志。有些治疗方法以增强阻抗为目的，它们被称为"对症性"或"支持性"疗法（Knight，1952）。另外一些心理疗法试图克服阻抗，或是用各种方式躲避阻抗，比如，通过暗示和规劝、利用情感转移、使用药物。只有在精神分析疗法中，我们才通过分析阻抗，揭示和解释阻抗背后的成因、目的、模式以及历史发展的方式来处理阻抗。

2.1 定义

阻抗意味着对抗，是病人所有的对精神分析治疗技术与进程起反作用的力量，它阻碍病人的自由联想，干扰病人的回忆和对领悟的吸收与消化，削弱病人的理性自我和要求改变的希望，所有这些都可被看作阻抗（Freud，1900）。阻抗可能是意识的、前意识的和潜意识的，它可能会通过情感、态度、观念、冲动、思维、幻想或行为等形式表达出来。阻抗在本质上是病人内心的一种反作用力，用来对抗分析过程、分析师以及分析技术与进展。弗洛伊德早在 1912 年就意识到了阻抗的重要性，当时他宣称："阻抗伴随着治疗的每一步。我们在分析病人的每一个自由联想、每一个行为时都要把阻抗的因素考虑进来，要清楚地知道阻抗实际上是一种自我力争痊愈与本我负隅顽抗互相作用后的表达。"（Freud，1912a）

就神经症而言，阻抗具有防御的功能。阻抗抵制分析的有效性，维护病人的现状，抵抗改变，维持神经症症状，背离理性自我和分析情景。防御可动用任何一种心理能量，因此，阻抗可见于任何一种心理活动中。

2.2 阻抗的临床表现

分析阻抗之前必须对它先加以识别，因此，我打算在此简要列出分析过程中可能出现的一些典型的阻抗表现。为了给初学者提供清晰的指导性意见，我引用的例子相对简单，但应该记住：阻抗常以微妙而复杂的、彼此混合的形式出现，以单个的、独立的现象出现并不常见。同样要强调：所有的行为都可具有阻抗的功能。实际上，病人的素材也许表明了潜意识的内容、本能的冲动或被压抑的记忆，但也同时可能是经过阻抗后出现的表象。例如，在某个分析中，病人生动地反映出某些攻击行为，其目的可能是掩盖其内心性诱惑的冲动。任何行为都可被用作阻抗。同时，所有行为都是冲动和防御两方面斗争妥协的结果（Fenichel，1941）。以下的例子将限于单个的、典型的阻抗表现。

2.2.1 沉默

沉默是精神分析实践中最典型、最常见的阻抗。通常来说，这意味着病人在意识层面和潜意识层面都不愿与分析师交流。病人也许会意识到他的不情愿，或者他只是感觉到没什么可谈。不管是哪种情况，我们的任务就是分析沉默的原因，我们要揭示出阻止自由联想的动机是什么。我们可以这样说："此时此刻，可能是什么使你什么都不想说？"或者我们可以追问"头脑中没有任何想法指的是什么？""可能是什么造成了你头脑中空空如也？"或者"你好像觉得某些东西没有意义，那么这些东西究竟指的是什么呢？"因为我们假设，只有在深度睡眠中，脑子才会一片空白，否则"没有任何想法"就应该是阻抗造成的（Freud，1913b；Ferenczi，1916～1917c）。

尽管沉默，病人的姿势、体态或面部表情还是会不经意地披露出沉默的动机甚至内容。把头从分析师的视野中转开，用手遮住眼睛，在沙发上扭来扭去，脸红等都有可能是尴尬的表示。如果同时病人又心不在焉，不断把结婚戒指从手指取下又套上，这时尽管她沉默，但似乎在披露她因想到了性或婚姻的不忠而羞愧。她的沉默表明她还没有意识到这些冲动，并且正在渴望被披露与讳莫如深的对立冲动中挣扎。

不过，沉默也可能有其他的含义。例如，沉默也许是过去经历的重复，沉默曾扮演了重要的角色（Greenson，1961；Khan，1963b）。病人的沉默也许重现了当初的场景。这种沉默不仅是阻抗，而且是旧景重现。有关沉默的许多复杂的问题将在 2.2.1、3.9.4 和第二卷中讨论。总而言之，在大多数的临床情景中，沉默是对分析的阻抗，必须加以处理。

2.2.2 言不由衷

这是沉默的一种变异。在这种情况下，病人不是完全沉默，但是顾左右而言他，或者支支吾吾，说不出所以然。这种情况常常紧跟着沉默。我们的任务也一样：探索病人为什么不愿谈，或是病人不愿谈什么。"言不由衷"总归事出有因，我们要做的是使病人就原因进行工作。我们的任务从本质上来说，就是去探寻导致病人"言不由衷"的潜意识内容。

2.2.3 情感不协调

观察病人的情感活动，阻抗最典型的征兆就是病人在言语交流时情感的缺失。言辞枯燥乏味，絮叨呆板，给人的印象是病人游离于谈话之外。情感与语言不一致，所谈论的事件与谈论时的情感活动高度不协调，这一点特别重要。情感的不适切是一种非常突出的阻抗标志。当思维与情感不符时，病人的叙述会给人一种古怪的感觉。

例如，一个病人在治疗一开始就宣称，在昨天晚上他与他的新娘经历了"激动人心的性体验——实际上，是他有生以来最爽的性生活"。他继续滔滔不绝，但是语速的缓慢而迟疑和不断的叹息使我印象深刻。言语内容与情感反应是不相称的。我打断病人，问道："那是激动人心的，但似乎也是令人悲伤的，是吗？"他马上否认，但接着在自由联想中，感觉到这个美妙的性经历象征着某个东西的结束，似乎是一种告别。之后，逐渐明朗，他一直在抵抗着这样一个意识，即与妻子良好的性生活意味着与潜意识中一贯的、未满足的婴儿式性幻想的告别（Schafer，1964）。

2.2.4 肢体语言

很多时候，病人呈现的姿势会揭示阻抗的存在。姿势拘谨僵硬、蜷缩不自然常常表示防御。除此以外，在整个治疗时段或连续几次治疗中，姿势保持不变也可能表示阻抗的存在。过度地变换姿势可能表明病人正借由躯体语言来释放某种东西。姿势与言语之间的不相称也是阻抗的一个标志。病人平静地叙述某事，但是同时局促不安地扭动身体，那表示他言语谈论的是故事的一部分，而身体却在讲述故事的另外一部分。握紧双拳，双臂交叉紧抱胸前，脚踝交织在一起，都提示病人有所隐瞒。病人在治疗时段内突然站起来，或者一只脚跨出座椅范围之外，表明他想逃离分析情景。在治疗时段内，哈欠连连也是阻抗的表示。病人低头进入诊室，回避眼神接触，找话题闲聊或离开座椅，或者结束离开诊室时不看分析师，所有这一切都可能是阻抗的表现（F. Deutsch，1952）。

2.2.5 固定时段

病人在相对自由地谈论时，叙述中提及的内容常常会是过去与现在都有所涉及。当病人一成不变地谈论过去，丝毫不提及现在，或者不停地谈论现在，从不涉猎过去，那表示阻抗在起着某种作用。固定谈论某个特定时间段的事情实际上是一种回避，这类似于情感、姿势等的僵化和固着。

2.2.6 谈论琐事

当病人在较长的时段内谈论肤浅的、琐碎的、相对无意义的事情时，那他就是在回避某种真正有意义的事情。当谈话内容唠叨重复，缺少联系或情感，或者很难深入时，我们不得不推测一定有阻抗在起作用。如果病人谈论琐事并且毫无觉察，那么，这说明病人的逃避已付诸行动。缺乏内省和反思是阻抗的表现（Kohut，1959）。一般来说，如果病人的言语表达丰富多彩，但言之无物，内省力停滞不前或并不增强情感觉察，那也是防御的表现（Martin，1964）。

这种判断同样适用于病人津津乐道谈论治疗以外的事，例如，讨论重大政治事件。如果这些外部事件并不涉及个人心理活动，那么，这种夸夸其谈就是一种阻抗。（有趣的是鲜有病人谈论政治事件。在我印象中，我的病人中从未有人提及甘地被刺杀、肯尼迪总统之死等。）

2.2.7 回避话题

回避痛苦的话题，这在病人中很有代表性。病人可能有意或无意地这样做，在涉及性、攻击和移情时，尤其如此。令人吃惊的是，许多病人在滔滔不绝的同时，仍能小心翼翼地、成功地避开某些方面的话题，比如关于性、攻击和对分析师的情感。病人可能会轻描淡写地谈论性过程和性交次数，但不提及特定身体感受或特殊的性欲望。病人讲述自己的性生活经过，比如："昨晚我们有过口交"或"我的丈夫很性感地吻了我"，诸如此类的话就是这种阻抗的典型例子。

同样，病人会用普通的词汇对极度愤怒文过饰非，而不点破想置人于死地的愿望。

在分析的早期，病人针对分析师的性或攻击的幻想也是极力回避的话题之一。病人会表现出对分析师充满好奇，但会选用普通的词汇来表达这种好奇，以便遮掩他们的性欲或攻击欲。"你结婚了吗"或"你今天好像面色不好，很疲惫"是此类幻想的含糊表达。任何重要话题并非偶然地进入分析时段，都提示阻抗的存在，有必要对此进行深入的追踪。

2.2.8 仪式动作

病人在分析时间内按时出现的、一成不变的习惯性行为必须被看作一种阻抗。不受阻抗影响的行为，应是自由变化的。我们都有习惯，但如果这些习惯不是出自明显的防御目的，就一定会随时随境发生变化。

典型的例子如下：每次治疗开始都要叙述梦或称没有做梦；每次治疗开始都要报告症状或抱怨，或谈论前一天的事。实际上，病人每次都以一种固定刻板的方式开始治疗，就表明了阻抗的存在。有些病人为了准备分析，会收集一些"有趣的"信息，来填满分析时间或避免沉默，这是为了成为"好"病人，他们刻意地搜集"素材"，这些都是阻抗。通常，一贯迟到，或一贯准时，这种刻板的行为实际上表明病人在保留和回避某些事情。刻板的特定方式有时候可以用来说明病人的防御内容。例如，习惯性地提前赴约是一种典型的肛欲期焦虑的残留，一种典型的"如厕"焦虑，即与害怕丧失对括约肌的控制有关。

2.2.9 语言晦涩

语言晦涩，专业术语或词汇贫乏是阻抗最常见的表现形式之一。这表明病人用语言来躲避生动的、语言唤起的情绪形象，其目的是抑制情感流露（参见Stein（1958）对这一主题更为全面的研究）。当病人想到阴茎时，他却说"生殖器"，是为了避免阴茎这个词唤起的情绪进入脑海。当病人想表达"我气炸了"时,却说"我不友好",是为了避免"气炸"一词给他带来的恼怒,与此相比,"不友好"是个相对中性的词。在此应该提醒注意,分析师在跟病人交谈时使用与之相适应的生动的语言是非常重要的。

一个内科医生在我这里做了几年的分析治疗,在一次分析的中途他说了几个医学术语。他做作地说道,就在他们准备去一次计划好的山地旅行之前,他的妻子患上了"疼痛性突起性痔疮"(painful protruding hemorrhoid)。他说这个消息使他感到一种"纯粹的不愉快"(unmixed displeasure),他想知道这个痔疮是否能"施行外科切除术"(surgically excised)或者将不得不推迟旅行。我当时感觉到了他克制着的愤怒,忍不住说:"我想你其实是想说,你妻子的痔疮真是讨厌!"他生气地说:"是的,我希望他们能把它从她身上割掉,我不能忍受这样的女人和这种累赘,这让我很不爽。"他不经意间说出来的细节,指向了他母亲的意外怀孕,这一事实促成了他的幼年神经症症状。

语言晦涩是对情感的隔离与回避,比如,经常使用"真的""我猜"和"你知道的"等词语,几乎总是表明病人在逃避(Feldman,1959)。以我的临床经验来看,我发现当病人说"真的""老实讲"等情景时,其实是感觉到了自己内心的矛盾与相反的感觉。或者说,其实是病人"希望"他说的是"真的"。"我确实是这个意思"指的是"我希望我确实是这个意思"。"我真的抱歉"表示的是"我希望我真的感觉抱歉,但是我觉得没必要"。"我猜我一定很恼火"表示"我肯定我很恼火,但我不愿意承认"。"我不知道从哪里开始"的意思是:我知道从哪里开始,但我不确定是不是要从那里开始。病人重复对分析师说:"你知道的,你一定记得我的妹妹。"这通常意味着:你这个笨蛋,我并不完全肯定你确实记得,所以我用这种方式来提醒你。所有这些隐晦的词汇都是阻抗的表现,必须按阻抗来加以分析。反复发生的、经常重复的词语表示人格化的阻抗倾向,除非深入透彻地被分析,否则这类阻抗很难处理。这类回避情感的阻抗，越早被分析，效果越佳。

2.2.10 迟到、缺席、忘记付费

很显然，病人的迟到、缺席、忘记付费，意味着不情愿来治疗或不情愿付费。这种行为常常可被意识到，因此，较易识别。有时，病人会将其潜意识地合理化。对于后者，除非有足够的证据展示给病人：他的回避已经付诸行动，否则，分析阻抗很难进行。只有先帮助病人意识到付诸行动，才能逐渐触及阻抗的来源。有时，"忘记"付费不仅仅只是不愿付费，也表明了潜意识中病人认为与分析师的关系已不"仅仅只是"职业关系。

2.2.11 梦的遗忘

病人报告说记得做过梦，但就是回忆不起梦的内容，这显然是在抗拒对梦的回忆。梦中找错办公室或是诊室中遇见别的分析师，这都表明病人在某种程度上想逃离分析情景。说根本就没做过梦，是最强的阻抗表现，因为阻抗不仅成功地阻止了病人对梦境的回忆，甚至连做梦本身也被消除了。

梦是触达病人的潜意识、压抑的情感以及本能冲动的捷径。忘记梦，是对分析师将揭示病人的潜意识和本能冲动的一种抵抗（Freud，1900）。如果病人在某时段内成功地克服了这种阻抗，会突然记起被遗忘了的梦或梦的新的片段。在分析时间内滔滔不绝地报告梦境，是另一种形式的阻抗，这有可能表示病人潜意识里是在分析师面前继续他的睡眠（Lewin，1953）。

2.2.12 厌倦与违规

病人的厌倦表示回避认识自己的本能欲望与幻想。厌倦本身揭示了病人试图祛除自己意识层面对本能冲动的冲突，这种冲突使他感受到一种奇怪的空洞与虚无的紧张（Fenichel，1934；Greenson，1953）。如果病人与分析师的治疗联盟比较牢固的话，他应该能挖掘自己的这种怪异想法。无论厌倦意味着什么，都是对冲动和幻想的防御。同理，分析师的厌倦也可能表明他压抑了自己

对病人的幻想，这是一种反移情，同样意味着阻抗，那是因为分析师在意识层面并没有认识，但在潜意识层面感受到了病人的阻抗，因此感到不满、不安，表现出烦躁和厌倦。

2.2.13 隐藏秘密

显然，病人在意识层面保守秘密意味着回避，这是阻抗的一种特殊表现，对它的处理需要特别的技巧。某个秘密有可能是指病人难于启齿的人和事，那么在这种保守秘密的情形下，病人所有能说的只可能是阻抗的某种形式，此时，没有必要压制、强迫或是恳求病人说出秘密，而应尊重病人的选择。我们将在 2.6.6 中更为详细地讨论这一点。

2.2.14 付诸行动

付诸行动在精神分析中是常见的重要现象。无论何时出现，总是先被看作阻抗的一种。付诸行动是用行为的重复来取代语言、记忆和情感的表达，而且，付诸行动常常是一种扭曲与变形的行为。付诸行动有多种功能，但是它的阻抗作用应优先分析，否则将会危及整个分析过程。

在治疗早期，付诸行动常见的直接的例子是：在治疗时段之外告诉他人治疗内容。这显然是一种回避，是将移情从治疗师身上转移到其他人身上，其目的是回避或冲淡对治疗师的移情带来的情绪变化。治疗中必须指出这种阻抗并揭示其动机。这一内容将在描述移情反应的付诸行动（参见 3.8.4）和第二卷中做更为详细的讨论。

2.2.15 过度愉悦

总的来说，分析治疗是严肃的。尽管这并不意味着必定严酷或悲凄，也不必总是充满沮丧与压抑，但至少应该是个艰辛的过程。有时，病人会因为有所领悟或偶尔成功而喜笑颜开。一个正确的解释会给病人与分析师带来不由自主的愉悦，但是过于频繁的欢欣鼓舞、过度的热情乐观、蓄意延长的愉悦情绪都暗示某种回避，通常是回避某些相反的情绪或某种抑郁（Lewin，1950；Greenson，1962）。快速的痊愈、过早的症状消失但领悟能力并没有提高，也是同类的阻抗形式，必须按照阻抗对待。

2.2.16 顽固不化

有时，分析工作显得富有成效，但病人的症状和行为却看不出有多少改变。如果这种情况持续发生，但未找到明显阻抗时，必须追寻隐秘的、晦涩的阻抗。如果分析有效，应该会对病人产生影响，病人的行为应该会有所改变。如果察觉不到阻抗的线索，那么我们有可能遇到了隐晦的付诸行动或移情性阻抗（Glover，1955；以及第二卷）。

2.2.17 无声的基调

有一种微妙的阻抗很难被确定，有时在非分析时段，仔细回味治疗过程时，反而能意识到它的存在。分析师在向他人自由地描述某个病人时，常会忽然意识到其中的阻抗。这类阻抗可能存在于每一次治疗过程中，但在多次治疗中仍未曾发现，而当分析师与分析场景保持一定的距离时，才能得出整体感觉。那是病人具有性格特征的潜隐阻抗，分析师一般很难识别。

分析师也可能具有性格性反移情，就像病人具有性格性阻抗一样（Glover，1955；Fenichel，1941）。

让我举例说明。我曾经和一个病人一起工作多年，我认为：尽管治疗进展缓慢，但是成效不错。甚至可以说我有点喜欢这个病人，并且对我们的工作感到满意。但有一天我遇到转介此病人来我这儿治疗的那个分析师，谈论中我提道："你知道，她是个 Qvetsch。"（Qvetsch 是意第绪语，即犹太人用德语、希伯来语混合后的语言中的一个词，意思是习惯无病呻吟和抱怨的人。）我很惊讶我的用词，后来我意识到：①这个评价是准确的；②我以前没有意识到这点；③我在潜意识层面抵制自己对病人的伤害。在经历这次谈话之后，我们在治疗时段开始一起着手处理这一问题。

以上罗列的阻抗形式挂一漏万，其中最大的缺失就是对移情性阻抗的描述，但这是慎重考虑后的故意为之，因为这将会在第3章中详细讨论。还有许多其他形式的阻抗并未列入其中，但其中大都与上述讨论的形式类似。如：有的病人出于自我探究的目的，阅读了许多精神分析的书和文章，试图对治疗中突如其来的可能性做好准备，这类似于为了避免冷场和沉默而努力搜集素材的阻抗。另外，如病人在治疗期间与其他分析师社交频频，这意味着想冲淡对自己分析师的个人反应，这就像治疗时间之外谈论治疗内容的阻抗一样。在治疗时间内吸烟，可以是付诸行动，是用做出行为来代替表达感觉和欲望。

2.3 历史性回顾

在讨论阻抗的有关理论之前，先简要回顾精神分析对这一问题所持观点的演变过程。此处会尽量言简意赅，只对一些有重大意义的历史沿革加以介绍。

弗洛伊德和布洛伊尔合著的《癔症的研究》（1895）是一部划时代的文献，人们通过它可了解到弗洛伊德是如何提出"阻抗和移情"这些具有重大意义的论点的。这反映出弗洛伊德天才的人格特质，在前进道路上遇到困难时，他不是借故逃避或仅是斗志昂扬，而是巧妙地审时度势，掌握主动。他对于阻抗和移情的见解逼真地印证了他的这一特征。弗洛伊德在1892年治疗病人伊丽莎白·冯时，第一次使用了阻抗这个词，并且做出假设：病人"挡开"了一些不合适的想法，这种阻挡的力量与自由联想引起的冲突的力量是相当的。在这个案例的描述中，他推论这些冲突是由自由联想所导出的，与病人的日常生活是格格不入的。在对问题的讨论中，弗洛伊德也同时介绍了防御、防御的动机以及防御机制。

在该书的"癔症的心理治疗"章节中，弗洛伊德断言：病人的"不能"被催眠实际上是"不想"被催眠。只有解除病人的某种心理力量，或者寻找病人的对抗力量并使这种对抗"致病性想法"的力量被意识化，才能达到有效的治疗。这种对抗力量也是形成癔症症状的重要原因。因为"致病性想法"是令人痛苦的，所以病人的自我被唤起以抵制"致病性想法"进入意识层面，或者抵制它被记起。这种对抗性想法造成病人内心的冲突，形成可观察到的症状，从这一角度讲：病人的"不知道"实际上是"不想知道"。

治疗师的任务就是克服上述阻抗。按照弗洛伊德当时的做法，治疗师是通过坚持不懈来实现这一目的的。具体做法有：通过压迫病人前额，坚称回忆将会浮现等，当然还有其他的方法。病人被要求谈论他所想到的一切，不管它是多么琐碎或是令人尴尬。这种高强度的做法使得病人的主观搜寻记忆能力减弱，从而使病人绕开防御与阻抗。由此方法所产生的素材往往是介于主观回忆和自动思维之间。（这对自由联想概念的发展是一个重大的贡献。）

阻抗总是顽固不化，重复出现，而且变化多端。弗洛伊德还论述了病人会对阻抗合理化，或者用阻抗来掩盖阻抗。

弗洛伊德论述过处理阻抗的技术："我们有什么良方去应对不断出现的阻抗？几乎没有。如果有的话，也应该是指对他人施加心理影响的所有手段。首先，我们识别阻抗，特别是长期存在的阻抗，这种阻抗只能逐步地、缓慢地得到解决，不能急于求成。其次，在治疗了一段时间以后，我们可以利用病人逐渐增强的理智部分……但最终（仍是最重要的）我们必须竭尽全力，在发现防御动机后，消除防御的获益或用更有效的防御替换……治疗师应像一个真正的阐释者（消除无知产生的畏惧），一个教导者，一个自由而高尚的长者代表，一个赦免罪过的神父，在忏悔后给予深深的共情与尊重。"

弗洛伊德质问：我们还须使用催眠吗？催眠会增强治疗效果吗？回答是否定的。在埃米·冯的案例中，病人开始被催眠时尚顺利，直到有关"性"的题材出现，然后她就无法进入催眠状态，无法回忆了。在癔症的治疗中，防御是所有问题的关键。当阻抗被移除后，潜意识的展现就水到渠成了。距离癔症的核心越近，阻抗就会越强烈。

弗洛伊德修正了他的早期观点，他指出：被压抑的东西往往不是陌生的事物，而是被过滤后排斥在外的观念，如果阻抗被移除，这种被过滤而排斥的观念可再次被整合回来。"急于求成反而会欲速不达，必须由表及里，由浅入深。"（治疗技术的原则：解释必须从表层开始。）

在《梦的解析》（1900）中，弗洛伊德多处提及阻抗的概念。阻抗在不同的场合表现不一。他指出"审查机制"是种阻抗，或者说，"审查机制"是阻抗的具体表现。很明显，阻抗和"审查机制"在概念上相近。"审查机制"相对于梦，正如阻抗相对于自由联想。他注意到：当治疗师试图让病人回忆被遗忘的梦时，会遇到巨大的阻抗。如果病人成功地克服了阻抗，他就会常常忽然记起被忘记的梦的内容。弗洛伊德对梦的遗忘的解释是："这种阻碍分析工作进展的力量就是阻抗。"

弗洛伊德的精神分析技术程序包含了他早期提出的观点：阻抗理论已经成了治疗的基石（1904）。催眠、暗示和情绪宣泄已被完全抛弃，取而代之以自由联想、阻抗和移情。

在朵拉的案例（1905a）里，弗洛伊德论述了移情关系是阻抗的重要来源，以及移情性阻抗使病人付诸行动。正是这种付诸行动导致了病人朵拉的脱落，因为当时弗洛伊德在治疗朵拉时，还并未完全意识到移情性阻抗的重要性。

在《移情中的动力学》（1912a）一文中，弗洛伊德指出移情导致强大的阻抗，并且指出移情是阻抗产生的最常见的原因。他从动力学的角度论述了原理：力比多导致退行，并投射到现在的重要对象，这种投射的不合时宜会造成冲突，这种冲突将以阻抗形式出现，阻碍分析工作。弗洛伊德指出阻抗伴随着心理治疗的始终。病人在治疗中的任一自由联想、任一行为都可能成为阻抗。

病人的自由联想同时也是阻抗与渴望康复两者间的妥协。同理，对移情也一样。弗洛伊德注释道：治疗场景中的移情性阻抗常常反映出病人人生经历中最剧烈的冲突内容。他将之形象地比喻为："如果在一场战斗中，双方将为占领某个教堂或某个农庄浴血奋战，此时，很难断定哪场战斗会更激烈，是为象征国家圣地的教堂，还是为部队补给的农庄而战，取决于教堂或农庄在整个战争中的战略地位，或这场争夺战斗的难易程度。"

在《记忆、重复与修通》（1914c）一文中，弗洛伊德首次提出强迫性重复，这是阻抗的一种特殊表现，是病人在行为上重复过去的体验而不是"回忆"行为。这种阻抗特别顽固，必须被修通。在文中，他进一步强调，为了克服阻抗，除了指出阻抗，还须让病人用较多时间去澄清阻抗，并进一步发现那些导致阻抗的被压抑的本能冲动。（这是弗洛伊德对分析阻抗所做出的为数不多的技术性评论之一。）

在《精神分析引论》（1917）中，弗洛伊德引入了"力比多的固着"一词，这是阻抗的一种特定变异形式。至此，他再次断言：用精神分析治疗自恋性神经症常常会无功而返。

在《阻抑、症状与焦虑》（1926a）一书中，弗洛伊德就阻抗的来源进行了论述。他描述了五种不同形式的阻抗，以及阻抗的三种来源。他区分了源于自我、超我和本我的三种阻抗。（这一主题将在2.5中再详细讨论）

《分析的有限与无限》（1937a）一文新增了有关阻抗本质的理论，弗洛伊德提议，对治疗效果有决定性影响的因素有三个：创伤的程度、本能的强度以及自我可变性。一方面，这些自我的变异可以源自防御，以症状的形式呈现；另一方面，弗洛伊德也认为这种自我的变异能力决定了治疗过程中症状消失的快慢程度。病人的力比多缺乏流动性，他称之为力比多固着和心理迟钝，他认为"也许不十分正确，但这是来自本我的阻抗"。潜意识中由死本能而派生出的对痊愈的负罪感，使得病人挣扎在抵制病情好转的痛苦中。

弗洛伊德在该文中声称：阻抗也有可能由分析师的失误造成，部分原因来自这一职业本身需要分析师超凡的能力。最后，他分别对男女各自最大的阻抗做出推测。对女士来说，最大的阻抗常常与阴茎嫉妒有关；而对男士来说，最大的阻抗来源于他们与其他男性交往时自己处于被动顺从的女性角色时的恐惧。

从弗洛伊德有关阻抗观点的回顾中，可以看到他开始将阻抗作为治疗工作的阻碍，之后意识到阻抗对治疗意义深远。他早期聚焦于情绪宣泄和获取记忆，后来将阻抗作为了解病人生活经历，特别是症状形成的重要信息来源。这些理论不断发展，最终体现在他的论文《分析的有限与无限》中，文章指出：阻抗除了涉及自我，同时也包含本我与超我。

除了弗洛伊德，其他人的贡献也很重要。安娜·弗洛伊德所著的《自我与防御机制》(*The Ego and the Mechanisms of Defense*，1936）首次系统地介绍了防御机制，并且把防御机制与治疗过程中的阻抗联系起来。在书中，她展示了阻抗不只是治疗的阻碍，也是了解总体自我功能的重要信息来源。在治疗过程中，阻抗通过各种形式发挥防御的重要功能，在病人治疗以外的日常生活中亦同样如此。同样，防御也在移情反应中重复出现。

威廉·赖希（Wilhelm Reich）有关性格形成与性格分析的两篇论文（1928，1929）对从精神分析角度理解阻抗也同样是重要的补充。神经症性格是指病人通常具有自我协调的、惯常的态度与行为模式，它通常被病人用作抵挡外部刺激与内部冲动的盔甲（1928）。这些性格特征必须被加以分析，但文中对何时与如何分析莫衷一是（A. Freud，1936；Fenichel，1941）。

哈特曼（1964）有关适应性、相对独立、冲突–自主、内在系统性冲突以及中立化的观点对于治疗技术的发展有着重要的意义。恩斯特·克里斯（Ernst Kris）的有关在自我控制下（或在自我功能中）退行的概念，是另一个突出贡献（1950）。上述观点展示并丰富了当时被称为精神分析"艺术"的具体内容。另外，有关神经症和精神病在防御、阻抗和退行方面的区别的新观点，也为这一领域的发展燃起希望（Winnicott，1955；Freeman，1959；Wexler，1960）。

2.4 阻抗的理论

2.4.1 阻抗与防御

阻抗在治疗中处于核心地位，是分析技术的重要基础，分析治疗的每一种重要技术中都体现出处理阻抗的要素。为了更为透彻地理解阻抗，必须从多个角度对之进行阐述。我们将从理解操作和技术问题具有普遍重要性的几个基本观点出发，做一理论性的讨论。特定的理论问题将在涉及具体问题时再加以讨论。如果要更进一步地理解精神分析泛心理学的方法（metapsychology approach），建议读者参考精神分析的经典文献（Freud，1912a，1914c，1926a，1937a；A. Freud，1936；Fenichel，1945a；Gill，1963）。

阻抗对抗分析进程、分析师和病人的理性自我，它保护着神经症，维持固有的、熟悉的、婴儿式的行为，确保信念不被揭露和改变。这是长期适应外界生活环境的结果。"阻抗"一词是指所有在分析情景中被唤起的心理功能的防御性操作。

相对于那些寻求快乐与释放的本能活动而言，防御是指保障安全，抵御危险与痛苦的过程。在精神分析情景中，防御本身就表现为一种阻抗。弗洛伊德在他的大部分著作中把这两个词作为同义词使用。虽然每种心理现象都可被用作防御之目的，但防御从根本上来说，是一种自我功能。安娜·弗洛伊德曾提出：在梦的工作（the work of dream）过程中，许多特殊的表象是在自我的怂恿下出现的，而不完全是直接由自我产生的。类似地，许多防御机制也不完全是由于自我的作用，本能也在其中充当角色（A. Freud，1936）。这个观点提到了防御的前移，相对于神经症，这一观点更适用于精神病人防御中的特殊问题（Freeman，1959）。

比较妥当的表述是：用作防御的心理现象，不论其来源，都必须通过自我才能起作用。这可以作为一条基本的技术原则：对阻抗的分析必须从"自我"开始。阻抗是个操作性概念，精神分析并不创造阻抗，只不过阻抗通过分析场景而展示其自身而已。

切记：在分析过程中，阻抗会以病人过去生活中使用过的各种防御机制、模式、手段或上述的组合出现，这些形式由基本的心理动力元素构成。这些元素可以是：压抑、投射、内射和隔离等，潜意识自我即用这些元素来维持其综合的功能。阻抗也可以通过防御而习得新的机制，比如合理化或理智化（Sperling，1958）。

尽管阻抗的某些方面可以被自我所察觉，但基本上阻抗是在病人的潜意识层面运作的。我们必须要区分：怎么阻抗，阻抗什么和为什么阻抗（Fenichel，1941；Gill，1963）。防御总是潜意识的，但是病人有可能或多或少会意识到防御反映出的某些现象，因为在分析过程中病人对抗治疗进程、对抗治疗方法的现象不言自明。例如，在分析开始时，病人通常无须通过潜意识途径，就会意识到自己与分析师的对立情绪。随着工作联盟的发展，以及对分析工作的认同，病人才逐渐能体验到阻抗与自我的不协调，才能识别防御。这种转变随着工作联盟的波动而波动。而且需要强调：在分析过程中，每前进一步都是与阻抗较量，这种较量也许双方心照不宣，也许表现为双方的关系形式。阻抗可以是意识的、前意识的或潜意识的，它的作用有可能微不足道或举足轻重，但它一定无处不在。

防御的概念涉及两种成分：危害与保护，而阻抗的概念涉及三种力量：危险、抵御危险的（非理性）自我、希望冒险的（适应性）自我。

另一个与防御和阻抗关系相关的观念是我们的假设：防御是有等级的，因此阻抗也是有等级的。防御是指自我的各种潜意识活动，虽然这些活动是在潜意识层面的，但是我们还是可以区别出原始的、潜意识的、不自主的防御机制与那些相对接近意识自我的防御机制。某一防御机制的等级越原始，它所防御的内容就越容易被压抑，越难被意识化，而越高级别的防御机制越能与次级过程思维协调一致，并且表现出更为适应性的防御行为（Gero，1951；Gill，1963）。对阻抗来说，同样如此。阻抗在等级划分上可以按初级过程思维和次级过程思维来划分，也可以按本能性释放和适应性释放来划分。举例说明：有个病人害怕"我进入他的内心世界"，因为这样他会被吞没、被破坏、消失。而另一个病人总是有意识地分散注意力来减轻治疗对他的冲击，这两个病人的阻抗等级有很大的不同。

防御和阻抗是互相关联的词汇。防御形式和防御内容组成了一个单元。防御行为为防御内容提供了部分的释放。所有的行为都是冲动和防止（阻抗）两方面的结果，从这一结果看，苛刻的强迫性自责恰恰揭示了病人试图掩盖的施虐冲动（Fenichel，1941）。所有的防御都是"相对防御"。某个防御行为可能是为了压制更原始的冲动，这种防御行为也可能是对更高级的防御的反应（Gill，1963）。

下面举例说明"冲动－阻抗"的冲突。一中年男性病人在治疗中告诉我：他很享受与他妻子的性爱，尽管他妻子的阴部"潮湿且有异味"。然而他"十分奇怪"：性交后，他通常会梦见自己正在浴室里冲洗阴茎。结合之前的治疗，我这样解释他的阻抗行为：他很享受与妻子的性生活，可能是与本能有关，但也可能是试图取悦于我，向我展示他是多么健康，以此打消我对他性能力的怀疑。我们可以轻易地看出这里的冲动和之后的阻抗。阻抗起源于"尽管她的阴部潮湿且有异味"。"尽管"一词尽显他的防御。这样的描述显然有一种冲动满足的自我展示的含义，但这也是一种阻抗，是为了掩盖浴室冲洗行为背后的意义。这种冲洗行为与他前面所说的他享受和妻子的性爱格格不入，这个行为也防御了他内心觉得肮脏的感觉，正是这种强迫冲洗的梦境突破了防御，使他从沉睡中惊醒。

这个简短的案例向我们展示了阻抗和防御在概念上的相对性。"对阻抗的阻抗"和"对防御的防御"也是类似的意思（Freud，1937a；Fenichel，1941）。虽然阻抗和冲动有层级划分的概念，但我们不能由此奢望在治疗中真能观察到病人脑中这些成分的有序分层。威廉·赖希（1928，1929）曾大胆设想：按照逆向的时序来分析阻抗现象。费尼谢尔（1941）和哈特曼（1951）则强调有许多因素会扰乱时序，如果刻舟求剑，则可能导致"虚假时序"或时序混乱。

我想引用吉尔（1963）的一段话来作为对这部分的总结："我们不可能在不同层次的防御之间划一条鸿沟，因为它们之间互相依存。如果说防御存在层级划分的话，那么较低级别的防御一定都是潜意识的和不自主的，同时也较具有致病性。而较高级别的防御可能是有意识的和自主的，同时也更具有适应性。当然，防御行为会同时包含这两种特征。只有那些持有狭隘的防御观点的人才会认为，防御经过分析后会消失。因为从层级的角度来看，防御和本能冲动及其衍生物，都是人格功能的一部分。"

现在，让我们讨论一下有关防御的动机和机制与阻抗的相关性（A. Freud, 1936；Fenichel, 1945a）。防御的动机是指什么导致了防御行为的发生。直接的原因总是某种痛苦，比如焦虑、负罪感或羞耻感。间接的原因是回避引发焦虑、负罪感和羞耻感的本能冲动。而回避的最终原因总是过去回避造成的创伤性情景，在这种情景中，自我被击垮和陷入无助，被不可控制的焦虑淹没，坠入惊恐状态。这种状态使病人如惊弓之鸟，试图用防御来避免一切危险的征兆（有关焦虑状态中的自我的详尽讨论，请参见 Schur, 1953）。

> 让我用一个案例来说明。一位生性和善的男性病人在治疗中描述前一天晚上在音乐会上遇到我的情形时，显得闪烁其词。显然有些尴尬和焦虑。当这一点被病人承认后，我们探讨了背后的原因，我们发现他感到嫉妒与怨恨，因为我看上去与一位年轻小伙子在一起时很愉快。接下来，我们揭示了这样的事实：这种情景激起了他的竞争性怒火。当儿时感觉到他的弟弟比他更受欢迎时，他就不自觉地会勃然大怒，为此曾吃尽苦头。他长大后的部分神经症性性格表现为刻意、做作的和善举止。这个案例很清楚地展示了阻抗的直接、间接和最终的原因。尴尬是闪烁其词（阻抗）的直接原因。嫉妒与愤怒是间接原因，而最终的原因是担心愤怒发作后的创伤性体验。

这种导致创伤性经历再现的危机形势会贯穿我们发育的各个阶段，并随着个体成熟度的改变，危机的性质也会改变（Freud, 1926a）。这些危机的一些特征可以被大致归为：对被抛弃的恐惧、躯体消亡的恐惧、阉割恐惧以及丧失自尊的恐惧。在分析过程中，自由联想、释梦或者治疗师的解释都会引发上述痛苦的情感、思想或者幻想，这些都会导致某种程度的阻抗。探查痛苦情感背后隐藏的原因，常常会发现一些被掩藏的本能冲动，最终，一定会发现这些冲动与病人过往经历中的创伤性事件有关。

修通与阻抗有着特殊的关联，弗洛伊德把这种关联在理论上称为"强迫性重复""力比多的固着"或"心理惯性"（1914c；1937a）。与此类似的说法是，弗洛伊德说过的"也许不十分正确""但这是来自本我的阻抗"的一种死本能的表现（1937a）。必须要指出的是："阻抗来源于本我"这一概念既不精确，也自相矛盾。根据我们对阻抗的操作性定义，不管唤起阻抗的刺激或应对阻抗的模式的来源如何，所有的阻抗都是通过自我运作的。把沿用固有的满足模式解释为力比多的固着或心理惯性也许有一定的道理，有其特殊的本能的基础，但就我的临床经验而言，阻抗是对新的、成熟的满足模式的恐惧，因为它会导致对固有满足模式的冲突和失控感。

在我看来，把阻抗与死本能相联系，容易使问题过于复杂化，也与本书讨论的技术主题距离太远。用死本能来解释病人的阻抗，有过于轻率和过于机械之嫌。

从治疗技术的观点来看，强迫性重复可被看成对过去创伤性情景的再处理，或者意味着希望过去的挫折能有更好的结果。在一定条件下，强迫性重复可以具有很好的治疗作用，性受虐、自我毁灭以及甘愿受苦可以被理解成攻击性转向自身，从而寻求更好的处理。以我的经验，把阻抗解释为死本能只会诱导合理化、被动和依赖。在临床有效的分析中，我们都将发现阻抗与防御有着共同的、真正的、基本的动机：避免痛苦。

2.4.2 阻抗与退行

退行是一个描述性概念，它指的是成人退回到早年的、原始的心理活动状态（Freud，1916～1917）。退行通常倾向于退回到早年发育过程中固着的阶段。退行与固着如影随形（1916～1917；Fenichel，1945a），这种如影随形可形象地比喻为军队是如何试图占领敌人的领地的。当军队进入敌占区时，会在最险要、最利于从后方提供补给的地方驻留较多数量的军队。可是，这样做的后果是会削弱进攻部队的力量,当进攻部队遇到险情时,也会更容易退回到这种驻留地。

固着是一种先天倾向与后天经验的结合。我们对于固着在遗传、先天方面的成因所知甚少,但是我们确信:如果在发育过程中某一阶段过度地得到满足,将导致固着。人们很难放弃过度满足的诱惑,从而驻足不前,特别是这种满足同时伴随着明确的安全感,如:母亲过分关注孩子的肛门排便活动,孩子不仅能获得大量肉体上的感官满足,同时也有一种获得母亲关心而产生的安全感。费尼谢尔也指出:过度的挫折也同样会导致固着(1945a)。他认为产生这种固着的情感和行为是由于以下两点:①渴望最终能获得满足,这样的期望常常挥之不去,使人停留等候;②挫折会导致个体望而却步。过度的满足与过度的挫折相结合,以及生活从一个极端到另一极端的急剧变化,尤其容易造成固着。

退行与固着互相依存(A. Freud,1965)。不过,必须牢记:固着是发育阶段的概念,而退行是一种防御过程。我本人的临床经验与费尼谢尔假设的有关固着与退行的形成原因并不相符。我认为固着基本上是由过度的满足造成的,而退行则是由过度的痛苦与危险引起的。人们一般不会对一些缺失的满足紧抓不放,除非有曾经过度愉悦的经历与这种缺失密切相关。就算上述情况属实,固着由挫折引起也只能是相对而言,人们期盼高级的满足常常意味着乐意冒险。而一旦退行常常导致得不偿失,因此,过度满足最可能导致固着。同时,固着点是最合适的退行点,它提供了满足感和安全感的最佳结合。

退行是一种对痛苦和危险的逃避。在致病性退行中,更是无一例外。在创伤性体验中,病人会放弃俄狄浦斯期的满足和攻击性行为,放弃手淫、阴茎自傲、露阴自恋等表现,而退行到更为早期的心理发育阶段,出现固着于早期发育阶段的行为特征,如自吹自大、目空一切、阳奉阴违、刻板教条。因此,如果满足产生创伤性焦虑,那么它将导致退行;但如果满足没有制造创伤性焦虑,它将只可能导致固着,而不是退行。

我们可以从客体关系和性心理发育机制的角度来理解退行(Freud,1916~1917),也可以用地形学的概念来解释,就像次级过程思维与初级过程思维的转换一样。吉尔（1963）相信：退行也意味着同时是结构性的退行、自我感知功能上的退行，表现为将思想转化为图像。温尼科特（Winnicott，1955）声称：退行的主要表现是自我功能和客体关系的退行，是朝向原始性自恋的退行。

安娜·弗洛伊德（1965）对退行的探讨最为系统和透彻。她指出，退行在三种人格结构层面都可能出现：退行既表现在心理的内容上，也表现在心理的功能上；退行会影响到本能投射的目标，如客体表征和幻想的内容。(我还会加上性心理期的敏感区域和自我内部成像。)自我的退行通常来说是短暂的、变幻的，相比之下本我的退行就显得固定与持久多了。自我功能的暂时性退行是儿童心智正常发育过程的一部分。在人类心智成熟的过程中，退行与前进交替出现并且互相影响。

退行在防御中具有特殊地位，有时我们甚至怀疑它是否真正从属于防御（A. Freud，1936；Fenichel，1945a；Gill，1963）。然而，对于自我利用各种退行方式来防御和阻抗这一点，我们没有任何异议。退行中的自我与防御中的自我稍稍有点不同，前者通常更为顺从与被动。退行经常由本能满足受挫所引起，挫折会导致内驱力在退行方向寻求释放（Fenichel，1945a）。但是，在某些情况下，自我也有主动性，仍有能力控制退行，比如在梦中、智力活动或创造性行为当中（Kris，1950）。其实，从心理和谐和智力领悟的角度来说，原始的心理功能是对较高级心理功能的必要补充（Hartmann，1947；Khan，1960；Greenson，1960）。而对防御来说，重要的是区分是适应性的防御，还是致病性的防御。

另外，退行也不是一个"全或无"的现象。退行通常是选择性的退行。病人会在某个自我功能上退行，而在另一个功能上则不退行。或者在本能的投射方面大量退行，而在客体关系方面退行较少。退行的"不均衡"是临床实践中非常重要的概念。

退行对于治疗进程有着重要的意义。精神分析需要退行，实际上治疗的设置和治疗师的态度都会促进退行的发展。不过，分析师应对退行程度有一个估算。我们多半选择那些能暂时和部分退行的病人。对于这一问题，有一些不同的观点，例如，韦克斯勒（Wexler，1960）告诫说应慎用自由联想，那会导致边缘型人格障碍的病人脱离现实，而温尼科特则认为，即使是精神病人，也应鼓励病人退行。

2.5 阻抗的分类

2.5.1 根据来源分类

弗洛伊德在不同时期众多有关防御与阻抗的著作中，都曾试图区分阻抗的不同类型。在《阻抑、症状与焦虑》（1926a）一书中，他根据来源区分了五种不同的阻抗。①来源于压抑的阻抗，指的是自我防御导致的阻抗；②来源于移情的阻抗，由于移情是记忆的替代，并且是将过去的客体移置为现在的客体，这也划归为自我防御导致的阻抗；③来源于继发获益，弗洛伊德仍旧将其置于自我导致的阻抗；④来源于本我的阻抗，强迫性重复或力比多固着是来自本我的阻抗，需要修通；⑤来源于超我的阻抗，是潜意识中的负罪感与得到惩罚的需要。这种阻抗来源于超我。

格洛弗（1955）在他有关技术的书中专门就防御、阻抗讨论了两个章节，他从许多不同的角度对阻抗进行了分类，但仍旧沿用弗洛伊德根据来源分类的方式。费尼谢尔（1941）认为这种分类方式不够系统，并且认为弗洛伊德本人也有同感。

在继续讨论之前，有必要重申：尽管程度不同，但所有的心理成分参与了所有的心理事件。如果牢记这一点，就不至于以偏概全或泛泛而谈。防御和阻抗一样，其作用都是利用自我的功能，是自发地避免痛苦。不论唤起防御的刺激如何，自我都具有激活抵御、逃避危险的功能。自我都可以通过潜意识防御机制来完成这一功能，比如压抑、投射、内射等。不过，也有可能是利用意识和潜意识的其他心理功能来完成。比如，异性恋行为可能是一种防御，是对同性恋冲动的一种阻抗。性蕾期的愉悦感可能不仅是婴儿本我的表达，如果这种愉悦用于阻抗的话，也可以是对俄狄浦斯期冲动的防御（Friedman，1953）。弗洛伊德、格洛弗和安娜·弗洛伊德把那些需要修通、来源于强迫性重复和力比多固着的阻抗描述为本我的阻抗。以我的观点来看，这些阻抗同样经由自我运作。因为某个特定的本能行为，只有当它有助于自我防御功能时，才会被重复、难以被领悟。而且，修通不能直接作用于本我，只能经由自我达成。为了达成修通，自我必须放弃致病性防御功能。这样，虽然本我参与了阻抗的形成，但以我看来，似乎本我只是被自我利用来达到防御而已。要强调的是，这一假设对移情性神经症至关重要，但对精神病来说，可能就不合适了（Winnicott，1955；Freeman，1959；Wexler，1960）。

对于超我，也存在着类似的情形。负罪感可能激发自我使用防御机制。不过，也可以发现，在一些情景中，负罪感要求满足、希望得到惩罚，其强度呈现出本能样的特性。自我只能通过具有高度道德感的反向形成的防御机制，才能防御这种超我激发的强烈的负罪情感。例如，可以在强迫症中看到这一典型的表现。在严重受虐性格的病例中，会看到病人对寻求痛苦是多么热忱，会看到他们是如何为了寻找超我释放的机会，而不惜表现出明显会带来痛苦的行为。当上述情况发生时，分析就会遇到阻抗，因为这种寻求痛苦与愉悦相关联，同时回避了焦虑（Fenichel，1945a）。这些行为同时提供了满足与防御两种功能。我们的治疗任务就是要使病人的理性自我意识到这种阻抗，并且使他敢于面对阻抗后面巨大的、痛苦的焦虑，这样，分析才能顺畅。

因此，无论行为的来源是什么，其阻抗功能总是经由自我运作的，其他心理成分的参与也必须被理解为是经由自我运作的。防御与阻抗的动机都是避免痛苦。任何一种心理活动，从防御机制到本能行为，都可以成为阻抗。那些激起阻抗的刺激可以来自任何一种心理成分：自我、本我或是超我，但是对危险的觉察是自我的功能。

弗洛伊德有关信号焦虑的论述，是理解各心理成分复杂内部关系的最基本的观点。可以用自我在焦虑中的角色来说明这一重要的主题。在《阻抑、症状与焦虑》一书中，他认为：①自我是焦虑的场所；②焦虑是自我的一种反应；③自我产生焦虑，并且在防御和症状形成过程中充当重要角色（1926a）。在马克斯·苏尔（Max Schur, 1953）的《焦虑中的自我》（The Ego in Auxiety）一文中，有关于这些问题极为详细的叙述。他修正了弗洛伊德有关自我觉察信号危险、产生焦虑，并导致防御的概念，他阐述道："……自我评估险情并且体验危险。这些经历和评估都是导致防御的准备。自我不仅预期危险，而且身处危险，哪怕危险意味着某种创伤，此时，如果自我引起的焦虑反应是退行性的，并且伴有躯体化，那么这种评估和体验对自我的其他部分仍旧是一种准备，要求自我其他部分准备好采取必要的保护措施。这个假设并没有改变焦虑在适应刺激、防御和症状形成中的功能……自我有能力制造危险并且不焦虑。它可以通过控制局势和发挥想象来保持冷静……这样来源于本我的'非自主'焦虑（例如性挫败）将被改称为自我评估危险并且产生焦虑。这种假设强调了一个事实：焦虑总是自我的一种反应。"

2.5.2 根据固着点分类

尽管对阻抗的各种分类之间必然会有部分的重叠，然而掌握各种不同分类将有助于分析师理解本我驱力、自我功能、客体关系或是超我的作用。

让我举个例子来说明。有一个年轻男子 Z，在三年的分析中逐渐显现出他的肛欲期特征的阻抗，他主要具有口欲期抑郁型神经症性格，识别出肛欲期阻抗有助于理解他行为背后的潜意识愿望。

病人紧张不安地坐在沙发上，紧握双拳，牙关紧锁，脸颊紧绷，双踝紧紧地交叉，脸色泛红，眼睛直盯着前方，一言不发。过了一会儿，喃喃道："我很抑郁，一天比一天严重。我恨我自己。昨天晚上我痛打我自己……（停顿），但这很公平，我太无能了……（停顿），我一点都不会分析，我一事无成……（停顿），我烦死了，我心情不好时一点都不能分析……(沉默)，我现在都不想说话……(长时间沉默)。"

他用短促的词组和音节说出这些话，像是在往外蹦单词。我从他的语调、语音和手势中可以感觉到，他很生气，但他的愤怒中充满敌意和挑衅。尽管他说他恨自己，但我感到他恨我，对我充满敌意。此外，他说的类似"我一事无成，我没办法"引起了我的警觉。这些内容和态度都显示了一种肛欲期的怨恨反应。我沉默了好一会儿，然后对他说："看上去你似乎不仅恨你自己，还对我充满愤怒与怨恨。"病人回答道："我生我自己的气。我半夜醒来，然后再也睡不着。昏昏沉沉。（沉默）我不想再治疗了。这样分析下去，我宁可放弃治疗。这样说比较奇怪，但你知道我几乎已经这样做了。我可以现在就中止分析，让我就这样过下去好了。我不想去理解，我不想再分析了。"

　　我等了一会儿，然后说道："但你的愤怒不仅仅是恨你自己，还有别的意思吧？"病人回答道："我不想否认这些愤怒。我能感觉到我的愤怒，但是我不想撒手，我要这种愤怒。我就要这样，成天这样，这样憎恨与愤怒。我讨厌我自己。我知道你要说这种讨厌与马桶有关，尽管我用了讨厌这个词，但是我不是那个意思，我是讨厌我自己，我一直在想谋杀、吊死，还有绞刑架，我希望看到自己的脖子上套着绳子，站在活板门上，然后活板打开，我掉了下去，我等待活板打开，等着掉下去，然后我的脖子被勒断。我想象我正在死去，或者我想象自己被行刑队射杀。我总是被一些权威样的人或政府、机关执行死刑。我大概对上吊和被吊死有病态的好奇，我总会想到活板门。我想到活板门比行刑队的次数更多。吊死的样子有许多种，我经常会想，这样我就能更恨我自己。"

　　又经过一段时间的沉默后，我说："这不仅是愤怒，而且还针对我。"病人回应说："我不会轻易让步。我不会对你轻易让步的。你想帮我去掉一些东西，我承认那些东西里有一些快乐在里面。我有个感觉，你反对我快乐的想法，我恨你的反对。我恨透了整个事情。我想你真的不想让我有一点点的快乐。你在指责我，你是个堕落、邪恶的人，你攻击我。我必须捍卫自己，我必须与你争斗。你还想说我的思想肮脏，我不承认，根本子虚乌有，要真是这样，那太可怕了。"

这时，我说："是的，你痛打你自己是为了阻止我指责你。"病人回答道："是的，我奇怪我为什么会想吊死？为什么是活板门？活板门和冲马桶应该有点关系吧？但是我不想让你来说，我仍然恨你，我痛打自己是一种保护……（停顿）你知道，真奇怪，我现在有一种感觉：我在开始我的分析了，我还从没有被分析过，我不知道分析要用多长时间，不过这没有关系。"

我用这个案例来展示：病人愤怒的方式、阻抗的模式、敌意、肛欲期愤怒，是分析工作的重要的开端。我们的分析从敌意的愤怒到吊死的幻想，引导出马桶的幻想，然后回到他用对我的肛欲期敌意来自我保护。接下来的几个月的分析揭示了病人许多重要的过往经历。这个过程中的关键是他的阻抗的肛欲期特性，从他在分析中表达愤怒的特别方式，识别出他的敌意与反抗是力比多发育过程中典型的肛欲期固着，感觉"陷死了"，不想分析，牙关紧锁，施虐与受虐性痛打，羞愧，也同样都可被理解为肛欲期固着的表现。这些理解是对阻抗的分析中最重要的部分。

我们可以将上述阻抗归为肛欲期阻抗，同样，也可以将阻抗归为口欲期、俄狄浦斯期、潜伏期、青春期的阻抗。分类的依据可以是阻抗中折射出的本能特性、客体关系、性格特征、焦虑的特殊形式，或是某个奇怪症状的突然出现。因此，从上述案例中，我们能发现：敌意、反抗、固执、羞愧、受虐倾向、保持和滞留、矛盾情绪和强迫性自责，所有的这些都是固着丁肛欲期的阻抗类型。当然，也不能排除存在着"不符合这一规律"的其他形式的阻抗。

需要强调的是，病人的阻抗形式会不断变化。由于治疗过程中退行与前行的变幻，每一个病人都会有阻抗的多种表现。以上述案例为例，病人表现出大量的俄狄浦斯期冲动与焦虑，如手淫后负罪感、乱伦幻想、阉割焦虑为病人的主要表现特征。病人也同时存在口欲期延续的抑郁和口欲期阻抗，具体表现为被动顺从、内射及认同、毁灭幻想、阶段性嗜好、贪吃与厌食、哭泣、被拯救的幻想等。

2.5.3 根据防御类型分类

另一种较为有效的分类是根据防御类型来划分。我们可以用安娜·弗洛伊德描述的九种防御机制，来解释阻抗是如何运作，从而抵抗分析进程的。比如，病人"忘记"梦，错过治疗时间，或是脑子一片空白，或是对过往重要人物印象模糊，这些现象说明"压抑"进入了分析情景。

当病人叙述某个过去的经历时，缺乏相应的情感，那是因为"隔离"产生的阻抗。他们可以不厌其详地描述事件，但是对情感流露却讳莫如深。这些病人常常会将分析工作与生活隔离开来，分析中获得的顿悟不能带入日常生活中。运用隔离防御机制阻抗分析的病人，保持着对创伤性事件的记忆，但屏蔽或置换了与之相关的情感。他们动用了一定的心理过程，以达到回避情感的目的。

依此类推，可以列出所有防御机制，其目的都是抵制本能冲动与相应情感的暴露，也可以勾勒出阻抗如何运用之达成阻碍分析的功效。读者可以参考相关著作（A. Freud, 1936；Fenichel, 1945a）。本书只强调：所有的自我的防御机制都可被用于阻抗。

单个的、基本的防御可被用来作为阻抗，同样，较为复杂的防御会产生较为复杂的阻抗。显然，在分析中，这类阻抗中最重要的形式之一就是移情性阻抗。移情性阻抗是个非常复杂的心理现象，我们将在下一章加以详细讨论。这里需指出，移情性阻抗包括两种阻抗：①病人的移情反应产生的阻抗；②病人为了回避移情反应而产生的阻抗。虽然移情总是与阻抗有关，但移情反应不能简单地等同于阻抗。因此，后续章节中将先对移情的本质进行澄清和理解，然后对移情性阻抗进行讨论。

付诸行动是另一种特殊的阻抗，也需要另辟章节详叙。处理这种阻抗较为复杂。付诸行动不仅包含自我的功能，也包含本我和超我的重要元素。我们认为付诸行动是对过去事件的重演，是稍作修改的新版本，对病人来说是得心应手、理所当然、自我协调的。所有病人在分析过程中都可能有付诸行动的表现，有时，压抑很深的病人如果表现出了一定的付诸行动，可能是接受分析的指征。然而，有一些病人倾向于重复和习惯于付诸行动，这样常使得分析工作如履薄冰。分析工作有赖于病人的自我承受刺激的能力，也取决于病人多大程度上用语言和情感表达而非用行动表达。那些倾向于用行动来释放神经症性冲动的病人，常常阻碍分析的进展。识别并处理付诸行动的问题将会在3.8.4和第二卷中加以讨论。读者也可以参阅相关基础性著作（Freud，1905c，1914c；Fenichel，1945b；Greenacre，1950）。

性格性阻抗是另一个值得我们关注的防御类型（W. Reich，1928，1929）。性格究竟指的是什么？这个问题很难回答，可理解为：个体应对内部和外部刺激的习惯性模式。这是自我对各种刺激要求做出的连续一致的、经过整合的反应方式与姿态。性格基本上由习惯与态度组成，这些习惯和态度出自防御或本能，或两者的妥协。比如，洁癖这一性格特征，可以理解为对肮脏快感的反向形成。同理，邋遢这一性格特征也不一定是反向形成，可以是对肮脏快感的表达。

性格阻抗来源于性格防御，具有惯常性、刻板性、自我协调性，治疗时需要特殊的技术。格洛弗称之为无声的阻抗。病人通常与之和睦相处，甚至认同这种防御，因为这种长期的克制，通常被社会传统所接受。有关处理性格阻抗的特殊技术会在3.8中加以讨论。更多深入完整的内容，请参见威廉·赖希（1928，1929）、安娜·弗洛伊德（1936）和费尼谢尔（1941）的观点。

屏蔽防御同样也会被用作阻抗。一些病人倾向于使用大量的屏蔽记忆、屏蔽情感和屏蔽认同的方式来回避隐藏其后的痛苦。这种防御同样是一种复杂的心理现象，反映出个体重要的满足方式和防御类型（Greenson，1958a）。

2.5.4　根据诊断分类

临床经验告诉我们，特定的病人会使用特定的防御类型。对这种特殊防御类型的分析会贯穿治疗始终。当然，在分析中也会出现许多不同的阻抗形式。病人很少使用单一的防御形式，大部分病人表现出核心阻抗形式，同时混杂着许多其他形式的防御或阻抗，而且在分析过程中，病人的暂时性退行和前进使得防御和阻抗更为复杂化。

例如，我在 2.5.2 中曾展示 Z 先生的案例及其他的肛欲期特性的阻抗。这个病人有着口欲期抑郁和神经症性障碍，他经历了童年肛欲期创伤，在前述分析过程中重新体验了肛欲期的憎恨、敌意、愤怒。在那之前，他的愤怒被小心地隔离起来，只局限地表现于特殊的女性爱恋客体身上。在他的肛欲期敌意达到顶峰时，他置换了愤怒的对象，投射向了我。

如果我们简略地回顾，用经典的移情性神经症来解释阻抗，将会发现如下相对应的优势阻抗。

癔症：压抑和隔离性的反向形成；退行到俄狄浦斯期的特征；情绪化、躯体化、转换症状和性色彩；对丧失的客体的爱和对激起负罪感的客体的认同。

强迫性神经症：隔离、抵消、投射和大量的反向形成；退行到肛欲期，表现出特征性反向形成，刻板、洁癖、吝啬成为重要的阻抗；压抑情感的理智化；怪异思维、全能感、冥思；敌意的内化和苛刻的超我意识。

神经症性抑郁：内射、认同、付诸行动、冲动和屏蔽防御；口欲和俄狄浦斯期本能的退行性扭曲；情绪化和肆意的行为与态度、成瘾与受虐倾向。

神经症性格：表现为癔症的、强迫的、压抑的特点，通常可以将其描述为刻板的、自我协调的、性格的惯常行为、特征与态度（Freud, 1908; Abraham, 1924; W. Reich, 1928, 1929; A. Freud, 1936; Fenichel, 1945a）。

2.5.5 实用的分类

以上所述的各种分类方法各有利弊，临床上比较实用的分类方法是将阻抗区分为自我协调与自我不协调两种。自我不协调的阻抗是指对于病人的理性自我来说，显得奇怪陌生、格格不入。这种阻抗相对容易被识别出来并加以分析，病人也容易与治疗师达成一致，并愿意试图去分析这种阻抗。

以下是一个典型的案例。一位女士说话很快，不带喘息，似乎不想浪费每一分钟，伴随着激动与兴奋。以往的经历和记忆倾泻而出。在初始访谈中，我确定这位年轻的女士具有神经症性压抑，但并不具有精神病或者边缘性人格问题。我还了解到她曾在另一个城市被一位有声望的治疗师分析过，那位治疗师认为她是一位可被分析的病人。

我打断了病人，告诉她：她似乎有某种担忧。她似乎想填满治疗时间的每一秒钟，不愿意沉默。病人非常胆怯地回应说，如果她沉默不语的话，我会批评她在阻抗。我疑惑地问道："为你有阻抗而批评你？"然后这个年轻的女士告诉我说，她的前一个治疗师好像指责过她的阻抗。他似乎比较严厉，不赞扬她，甚至可能认为她不值得分析。这让她回想起儿时的父亲，他脾气暴躁，经常呵斥她"一点用也没有"。

以上案例展示了自我不协调的阻抗。同样，也说明在分析这种阻抗中，工作联盟的建立相对容易。

相对自我不协调性阻抗，自我协调性阻抗的特征是病人感到自然而然，有道理和有目的。经仔细审视，也不可能觉察到行为的阻抗性质。因此，这种阻抗难以被病人和分析师识别，建立工作联盟也更为困难。

这些阻抗通常非一日之寒，习惯成自然，具有人格特点，有时还具有一定现实作用和实际好处。反向形成、付诸行动、性格性阻抗、随意行为以及屏蔽防御都归属于这一类。

以下是一个简单的例子。一个男性病人，在治疗的两年时间里，每次治疗都提前几分钟到达。在分析中，我试图让他对这种刻板行为引起注意，但他矢口否认。他承认他很准时，但他认为这是个美德，是自律的好品格。此时，我不再追究这一特征，而转向他的其他相对容易处理的方面。

在一次治疗结束时，我告诉病人由于课程安排，下一次我将比约定时间晚到十分钟。病人没表示任何意见，但我能觉察出他似乎相当焦虑。在下一次见面时，他说尽管已事先知道，但他认为这是我故意折磨他，因为他确定我知道他是如何讨厌迟到。（他之前从未意识到这一点。）他也曾想晚一些到，但被一种不可抵抗的力量驱使，他又像往常一样提前了三分钟到达。他曾试图离开诊室，但又想：万一在大厅碰到我，我也许会认为他正想去上厕所。这是不能忍受的。他根本不想上厕所。即使他真想，他也不会去，因为担心有可能和我在厕所"面对面"地撞见。实际上，这个想法一直在他脑子里：他每次早到，就是为了可以使用厕所，而不会被撞见。他怎么也不愿意"在裤子奔拉下来时被人看到"。

一口气说完这些后，病人开始沉默。我也不说任何话。然后，他哀怨地叹息道："我突然意识到我的恐惧，原来是害怕在厕所里遇到你。"我温和地补充道："这是个新发现，但这个恐惧一直在那儿，隐藏在你的提前到达行为的后面。"

这个临床案例展示了在分析自我协调性阻抗时，很少能一气呵成。相比自我不协调性阻抗，它需要更多的时间和精力。实际上，有效的分析应该使自我协调性变为自我不协调。换句话说：①首先，唤起病人的理性自我来面对这一阻抗。只有在这一步骤完成之后，阻抗才会转为自我不协调。②然后，探索这一阻抗的形成原因，并加以分析。当病人能够理解这一阻抗的起源时，他才能意识到过去这些阻抗（防御）的屡试不爽，以及现在的不合时宜。

通常在分析开始时，我们先对自我不协调性阻抗进行工作。只有工作联盟建立和巩固后，才有可能探寻自我协调性阻抗，并对之分析。自我协调性阻抗可能从治疗一开始就存在，但过早对它攻击是无意义的，因为病人不是矢口否认，就是唯命是从，而这两点对治疗都于事无补。在对自我协调性阻抗进行有效的分析之前，治疗师应该对自我不协调性阻抗进行先期分析，并且在此基础上建立工作联盟。

这一主题将在 2.6 中被再次提及。读者也可以参阅威廉·赖希（1928，1929）、安娜·弗洛伊德（1936）、费尼谢尔（1941）以及斯特巴（Sterba，1951）等人的观点。

2.6 分析阻抗的技术

2.6.1 基本思路

在进行技术问题的讨论之前，先对基本思路进行概述是有必要的，精神分析治疗把分析阻抗作为其基本技术之一，而不是回避或清除阻抗。精神分析的这一技术，旨在对阻抗进行持续、彻底的分析。这样的分析再次提示：阻抗、防御、自我功能以及客体关系之间互相交织，互为因果。

阻抗是对分析过程最直接、最明显的抵抗。对阻抗的探究可以揭示病人基本的自我功能和客体关系等有关问题。阻抗（防御）的缺失也可以是一种精神病性的原因，例如，一位循规蹈矩、端庄娴淑的家庭妇女，突然出现猥亵淫秽、蛮横无理的行为，有可能表明精神病性的发作。另外，阻抗也可以揭示本我、超我和外部刺激对自我功能的影响。此外，阻抗也可以被理解为内心神经症性冲动的重复出现。治疗情景使治疗师有机会去观察病人过往经历中形成的神经症性冲突，以及这种冲突妥协后形成的症状特征，同时也能观察到这种冲突随个体成长阶段而发生的变化，以及病人不断试图自行修通的尝试。上述这些在病人的自由联想中能清晰体现。这也是自由联想作为精神分析技术最基本方法的原因之一。

术语"分析"是所有促进病人领悟的技术程序的浓缩表达（参见 1.3.2）。"分析"至少包含四种技术程序：面质（展示）、澄清、解释和修通。

解释是最重要的精神分析技术。其他所有的分析技术都是为解释做铺垫，或是为增强解释的效果。所谓"解释"是指将潜意识的内容意识化，这意味着使理性与意识的自我识别出曾被"忘却"的某些东西。我们对治疗过程中心理现象的含义与原因做出假设。通过解释，使病人意识到他过往经历的来源、行为思维模式的原因及其意义。这通常需要反复地解释。治疗师运用自己的意识、共情、直觉幻想和分析知识与理论去达成解释。解释实际上是治疗假设和推论，可以超越普通意义上的意识和逻辑的范畴，也需要根据病人的反应来判断解释是否合适或是否必要（E. Bibring, 1954; Fenichel, 1941; Kris, 1951）。

为了使病人的自我能有效地参与分析，须先展示和澄清即将解释的内容。例如，为了分析一个阻抗，病人必须首先认识到存在阻抗。阻抗必须被明晰地展示出来，使病人能直接面对。之后，分析师才能聚焦于阻抗的变化和细节。为了使自我功能更好地在分析阻抗中发挥作用，"面质"（展示）和"澄清"必须与"解释"相伴而行（E. Bibring, 1954）。有时，病人的面质、澄清与解释自然发生，病人能够独立做到这些。有时，三者几乎同时发生，或是在面质与澄清之前就产生了一个领悟。

"修通"从本质上是指反复的、不断完善的解释导致病人从初始的领悟发展为情绪和行为持久的改变（Greenson, 1965b）。

修通使得解释产生效果。因此，面质、澄清、解释和修通相辅相成，共同达到分析的目标。其中，解释是精神分析治疗中的核心。

1. 分析治疗中病人的内心冲突

治疗情景会激活病人内心的冲突，因此分析病人的阻抗之前，对病人内部心理各成分做整体的纵览是有帮助的（Freud, 1913b）。我将列举出其中的因素，以增强治疗师的分析能力。

①病人的神经症性痛苦，它迫使病人承受分析治疗的冲击，前来就诊。②病人的理性自我，它帮助病人保持对长期目标的追求和对理解治疗原理的追求。③病人的本我、被压抑的冲动等，这些力量都寻求释放，并且会显现在病人的言谈举止中。④工作联盟，它使得病人在不利于移情存在的情况下，仍然能够与治疗师合作。⑤去本能化（去性化）的正性移情，它使得病人过高估

计治疗师的能力，将治疗师视为救星。本能化（性化）的正性移情也许能短暂促使病人参与分析工作，但这样既不牢靠，也易于逆转。⑥病人理性的超我，它使得病人去履行他在分析中的责任与义务。门宁格（Menninger）的"契约"和吉特尔森（Gitelson）的"合同"指的都是这种现象（Menninger，1958）。⑦对了解自我的好奇与渴望，它鼓励病人去探索与揭示自我。⑧希望获得职场上的进取，或实现各种形式的抱负。⑨非理性因素，比如与其他病人的竞争感、花钱买明白、补偿与忏悔的需求等。这些能形成与治疗师暂时和脆弱的联盟。

以上所列的每一种因素都会对分析情景产生影响。对分析工作的价值与效果各不相同，在治疗过程中，这些因素随治疗阶段、治疗所处理的问题的不同而不同。

对病人内心抵抗分析的力量分解如下。

①潜意识水平的自我防御机制，为阻抗提供工具。②抵制改变，寻求安全感。这使得幼稚的自我延缓成熟，固着于熟悉的神经症性反应模式。③非理性超我寻求痛苦以补偿潜意识中的负罪感。④敌意移情，它驱使病人挫败分析师。⑤性和浪漫移情，它导致嫉妒和沮丧，最终转变成敌意移情。⑥受虐与施虐的冲动，它激起病人多种受苦的快感。⑦冲动与付诸行动的倾向，它使得病人寻求快速满足并且抵制内省。⑧继发获益，它诱使病人依赖、固着于神经症症状。

这些是分析情景中病人内心被激发或调动的因素。当我们倾听时，将这些因素牢记在心里是十分有益的。以上所列的每一个因素都将在以后章节中更为详尽地讨论。

2. 倾听

如何倾听，似乎应该不言而喻。但是，临床经验表明，和自由联想的道理一样，精神分析师的倾听是一种独特和复杂的技术。这一主题将在4.2.1和4.2.2中做更为深入的讨论。

分析师在倾听时，心中要有三个目标：①将病人的言谈举止翻译成潜意识原型，对病人的思维、幻想、感觉、行为和冲动，必须追溯其潜意识起源。②将各种潜意识元素综合形成有意义的内省。将过去和现在、意识和潜意识的片段拼装连接，形成连续性整体，用于理解病人的生活经历。③上述过程中获得的内省，必须转化为病人能理解接受的内容，传达至病人。当分析师在倾听时，同时需要确定哪些被揭露的材料适合用于上述传达之目的。

根据临床经验，我们认为（Freud，1912b）：①倾听时，分析师的注意力应保持悬浮、均衡、自由的状态。②无须刻意强记。如果分析师集中注意力，在没有激起自己的移情反应的前提下，他将会记住那些有意义的素材。③非刻意的、非针对性的注意可以抑制分析师自己的偏见，跟随病人思绪的引导。同时，均衡悬浮的注意也能促进分析师觉察自己的自由联想、共情、直觉和内省，并在悬浮注意和理性思维之间来回摆动，融为一体（Ferenczi，1928b；Sharpe，1930）。

阻碍上述思维摆动能力的举动应被避免。如果治疗时记录会干扰均衡漂浮注意，那么就不应记录。逐字逐句的笔记更是禁忌，因为那将扭曲分析师的注意力。分析师是一个理解者和领悟的诱导者，而不是记录员或数据收集者（Berezin，1957）。有效地倾听，也包括关注自己的情绪反应，对这种反应的探索常常会引发重要的治疗线索。分析师必须对自己的移情和阻抗保持警觉，这对于分析治疗的成败举足轻重。

分析过程本质上是治疗过程。为了达到治疗目标，分析师在治疗过程中要始终注重内省，透彻地理解每一举措的治疗目的。在倾听中不断内省，在倾听时不断运用悬浮注意，节制情绪，饱含同情，并富有耐心，这种有效的倾听常常需要分析师暂时放弃科学、理性的思维的干扰。

2.6.2 识别

分析阻抗的首要任务就是识别阻抗。在治疗过程中，当阻抗表现很明显时，识别也许相对简单。但是如 2.2 中引用的案例那样，如果阻抗是微妙、复杂、模糊的或是自我协调性阻抗时，识别就显得困难多了。在后者中，病人会试图文过饰非，使本来就十分复杂的工作变得举步维艰。而且，有时阻抗很难被发现，因为分析情景既体现出有意义的本我潜意识内容，同时又混杂着阻抗。识别这类微妙的阻抗，治疗师须共情与理智并举，具体与抽象合用。而且，学习识别复杂阻抗，应不断实践并接受有经验的分析师的督导。下面，我用临床案例来说明识别阻抗的技术要点。

  一位32岁的职业男士，分析治疗已6个月，此次治疗一开始他就诉说疲乏头痛，易怒，无法平静。他抱怨周末无聊乏味，如此沉闷。他的女儿在最近几个月里第一次尿床，儿子的耳朵感染迁延不愈。病人自己在儿时也曾尿床，由此回想起他母亲曾为此羞辱过他。不过他的妻子比他母亲要体贴关心很多，因此女儿不至于重蹈他的覆辙。他感到这些家庭责任很沉重，而且他不能因为劳累而把责任转嫁给妻子。她性欲旺盛，想尽力满足他。她愿意吸吮他的阴茎，但是做得有点不太在行。他怀疑也许自己喜欢口交的偏好是有点同性恋倾向。他记得上次治疗时间里就曾出现过这一想法。他提到过，他喜欢与其他男性比阴茎的大小。与其他女士约会时，他会想：她们更喜欢阴茎大的男人吗？这个想法一直折磨着他。他的儿子那东西似乎"挺不错"，也许儿子将来不会像他一样要忍受这方面的痛苦。他记得有人曾经说过："身体体格是命中注定的"，但他从不相信什么至理名言。

  以上的内容是对近40分钟治疗访谈内容的摘录。我在倾听时，感觉到一种抑郁和愤怒的潜台词：无聊乏味的周末、女儿的尿床、儿子的疾病、妻子被动的性取悦、其他男人的大阴茎以及命运不济等。我任凭他继续进行自由联想，等待他潜在的压抑与愤怒会在某时暴露出来，所以没有干预，但始终没能发现具体的表达。我能感到病人在与潜在的、强烈的情绪抗争，但是他的表达中含有太多不确定的、有意义的可能性。

他是对母亲、命运、妻子感到愤怒吗？所有这些与我有关吗？相比委屈与沮丧，他是否更感到愤怒？我不确定哪部分内容更需要释放，这部分内容是否最终会自然显现，或因阻抗而持续不露面目，我不能确定，因此继续观望，直到临近结束时，我决定干预，因为部分潜意识内容已浮出水面，部分阻抗也渐趋清晰，而且病人的理性自我似乎对解释做好了准备。

我说："你感觉你母亲、妻子、孩子和命运对你不公。听上去你有些沮丧和愤怒，但是你在尽量克制自己的情感。"病人几乎不等我说完，就脱口而出："是的，哪止这些。我恨透了你假心假意、甜言蜜语的说话语气。记得上周五我来治疗，你让我等待，却在我的时间里接待那个漂亮的女病人，我非常愤怒。我虽然并没提起这事，但是治疗结束后我一直在回想。在开车回家的路上，我转错了弯，几乎与人追尾。那晚睡觉时我的手有种奇怪的感觉，好像麻痹瘫痪了。我当时想，最好让我杀个人，或者在你面前大发雷霆，这样我才会爽快一些。有时，我想象要把所有像你这样道貌岸然的好人的脖子扭断。你其实比我更虚伪，至少我敢承认我有这样的想法。"

病人的这些反应证明了我在识别并指出阻抗方面的表现是正确的。我本该早点进行干预，并追踪他呈现出来的某个主题。比如，可以探究他母亲的羞辱，上一次治疗时间里呈现出的同性恋恐惧，或者对命运多舛的怨愤。但是我强烈感觉到他压抑内心情绪与冲动的挣扎。因此，我决定将焦点放在这种挣扎之上：寻求潜意识释放和阻止释放的战斗。这种挣扎几乎在他的自由联想中表现得淋漓尽致。当阻抗的轮廓逐渐清晰，就像2.2案例中的阻抗那样，或者当潜意识内容更为直接时，"适时"地介入，就能使识别阻抗变得较为容易。在倾听中，我们的职责就是审时度势，判定究竟是潜意识内容的释放占优势地位了，还是阻抗占了上风，或者两者正相持不下？

这引出下一个问题：当素材不那么清晰时，分析师如何识别阻抗？答案是：

基于对自由联想内容的理解以及抓住主线，寻找切入点。要求病人自由地联想并无拘无束地叙述，可以部分地削弱阻抗的影响。其结果一定会引出潜意识阻抗与本我寻求释放的冲突。费尼谢尔（1941）比喻道：放开一个罗盘的指针，观察它来回地摆动，指针会最终停在某一方向，但有两种例外：指针摆动不停，或者立即停在某一方向。指针不停地摆动，意味着病人在东拉西扯，没有聚焦于一定的潜意识冲动或一定的寻求表达的重要内容，那是阻抗的后果。另外，指针太精确、太快速地停止，表明病人有意识地把内容程序化，借此掩盖内容的主题。而如果病人的联想相对自由的话，这些主题一定会露出端倪。

我们倾听病人时，应有以下疑问：他是趋向还是逃避某些有意义的潜意识内容？联想内容是有深度的还是泛泛之谈？富有含义还是无聊的废话？如果病人正趋向某个内容，我会保持静态直到内容变得明晰。如果他正逃避某个东西，我会等到时机成熟，识别逃避，并且开始着手分析。如果不是太确定，在治疗结束时，我通常会对病人说：我不清楚正在发生什么。

2.6.3　面质

分析阻抗的第一步是：分析师必须清晰地展示阻抗，才能与病人共同分析阻抗，要点是应与病人共同分析。简单地说，分析即是让病人理解他正在阻抗、为什么阻抗、阻抗什么以及他是怎么阻抗的。

如果阻抗显而易见，展示阻抗就会水到渠成，甚至没有必要。如果病人并没有意识到阻抗，那么，与病人面质，让其意识到阻抗的存在对于进一步分析治疗就是不可或缺的了。病人能否意识到阻抗，取决于理性自我的强度和阻抗的清晰程度。较强的理性自我可以察觉轻微的阻抗，而较弱的理性自我需足够多、足够明显的证据才能识别阻抗。治疗师经由观察与共情来评估病人的理性自我，以便于确定：证据要有多清晰充分才足够。只有确信面质对病人治疗有益，病人无法否认或轻视证据，此时才适合对病人进行面质。过快、过早展示阻抗不仅毫无成效，而且这种弄巧成拙会使今后的分析难上加难。无论阻抗多么清晰，最关键的是：这种面质对病人的治疗是否有益。让我用一个案例来说明。

一位处于分析早期的病人，迟到了几分钟，她气喘吁吁地解释是因为找地方停车。此时，向病人直接指出阻抗是不合适的。首先，你的判断有可能出错，这种干预将会干扰到病人，使她从本该和你沟通的真正内容上岔开。另外，你的面质有可能让病人成功地否认，这样你就浪费了一个潜在的、有价值的机会。如果你静心等待，如果你的想法是正确的，这个阻抗后面定会跟随其他的阻抗。这个病人在之后的分析过程中不时陷入沉默，还说忘记了昨晚的梦。我的沉默允许了她的阻抗进一步地发展，也同时增加了她无法否认我接下来的面质的可能性。

为了使阻抗显而易见，应让阻抗适当地发展。为此，沉默是最好的方法。有时分析师还可以使用另一种技术来强化阻抗，使它更为明显。下面举例说明。

分析早期的年轻男病人S，治疗一开始就说："我昨晚和我妻子有一个相当成功的婚姻体验。双方都非常满意。"然后，他继续用克制的方式描述如何享受与妻子的做爱，然后夸夸其谈一些无关的事件。我此时干预道："你之前提到你昨晚享受了一个'婚姻体验'，指的是什么？"病人犹豫不决，脸涨得通红，然后支支吾吾："我猜你希望我有点特别……"欲言又止。这时我说："当谈到性生活时，你看上去有些害羞？"病人用接下来的治疗时间描述了他在性方面的困惑，由此开始对他的阻抗进行分析。

非常明显，病人用"婚姻体验"来文过饰非，之后，又试图用谈论琐事欲盖弥彰。而我用询问细节，突显他的不情愿，使阻抗水落石出，无法回避。之后，我们才能对他的性困惑的阻抗进行分析。

以上两个案例展示了两种方法：保持沉默和追问细节。这样将使阻抗水落石出，并促使病人的理性自我更容易识别阻抗。告诫病人"不要只描述性经历，告诉我你对谈论性的困窘"，让病人注意到自己不情愿谈论性体验的事实。在我们能有效地分析性问题之前，必须首先降低不愿谈论性体验的阻抗。这样，我们才能就性问题进行有效的交流，帮助他清晰地呈现出他性方面的困惑。

另一种帮助病人意识到自己阻抗力量的方法是尽可能列出更多的临床证据。在前面所述的案例中，对因找停车位而迟到的女士，我一直等待，直到至少浮现出了两个阻抗信号。然后，我干预道："你似乎在逃避某些事情。你来晚了，而后时不时出现沉默，现在你又告诉我你忘记了你的梦？"病人因此有所感悟：她确实在逃避。如果我在第一个阻抗信号出现时马上干预，她很容易会用合理化来掩饰。必须指出的是，我很少向病人指证我看出她在阻抗的理由。我也不坚持说服她在阻抗。我只是列举事实，提出疑问。如果她否认，我会保持沉默，静观其变，观察她如何掩饰阻抗，或等待阻抗更加明朗。只有当理性自我足够强大，或者证据足够充分，即便弱小的自我也能识别，病人才能有效地识别阻抗。

2.6.4 澄清

继续对阻抗进行分析的下一步是澄清。当病人意识到自己的阻抗之后，治疗应关注三个方面的问题：①为什么阻抗？②阻抗什么？③如何阻抗？前两个问题可以理解为阻抗的动机，第三个问题是指病人阻抗的行为模式或方法。一开始，分析师就应对阻抗仔细地澄清。澄清的焦点是阻抗的心理过程，借助辨识这些心理过程，才能对那些特定的动机与模式进行甄别和归类，挖掘出重要意义的细节，理清纷杂事物中的分析思路。

首先，澄清阻抗的动机，因为澄清动机相对于探究阻抗的形式更具有操作成效。只有当我们感觉到阻抗形式至关重要或异乎寻常时，我们才会首先探究形式。理解了病人为什么阻抗和阻抗什么以后，分析病人的阻抗形式才是有意义的。

"病人为何阻抗"的问题可以转化为：他在试图逃避哪种痛苦的情感？这

个问题通常比"是什么本能冲动或创伤性体验导致了痛苦的情感体验"更靠近意识的层面。如前所述，防御和阻抗的直接动机是逃避痛苦。病人试图掩盖痛苦的情感，比如焦虑、负罪感、羞愧、沮丧，或是上述的混合。有时，虽经阻抗，但病人痛苦的情感仍然很明显，行为表现具有明显的特征。例如，病人谈话时支支吾吾或者顾左右而言他，脸红、低头、转移目光、用手遮挡生殖器或是突然蜷缩身体等遮掩行为都暴露了他的内心羞愧。颤抖、出汗、口干舌燥、肌肉紧张、姿势僵硬可能是害怕的表现。语气缓慢、下颌紧绷、叹息沉默、强行吞咽以及紧握双拳则可能表明强忍悲愤。

在以上的例子中，我试图侦测到病人非语言的、肢体的反应，揭示病人正在与痛苦情感做抗争。这时，我会面质道："你看上去好像有点尴尬，害怕，悲伤，忍住不哭。"我会说："你看上去好像……"而不是"你是……"为什么要这样呢？因为首先我有可能判断失误；其次，如果他需要回避的话，这样的方式也给了他退路。当然，如果我很肯定我是正确的，或者这种阻抗回避必须被讨论时，我会显得较为武断一点。

如果我观察不到任何特定的情感，我就会简单地提问："你不想什么样的感觉出现？"或是"当你描述昨晚的性生活经历时，你有什么样的感觉？"或是"你一言不发地坐着，心里有什么感觉？"

有必要提醒：治疗师应使用简洁、清晰、具体和直接的语言，尽量避免误解和模棱两可。描述病人的具体特定情感时，尽可能地具体翔实，仔细挑选恰当的词汇来描述和真实反映病人身上发生的事情。如果病人正像个孩子一样地经历某种情感时，比如，儿童期的焦虑，我会说："你好像被吓呆了。"因为那是儿童的语言。我不会说"你好像极度恐惧"，因为这不适合儿童。另外，"吓呆了"比较生动，它可以唤起图像和联想，而"恐惧"就显得单调乏味。如果病人像是正在经历过去的羞愧，我会使用丢脸、难为情、不好意思等词汇，不会用蒙羞、屈辱、懦弱等词汇。

另外，治疗师应尽量对情感的强度做出准确的评估。如果病人非常愤怒，就不应说"你看上去有些生气"，而是说"你好像气坏了"。治疗师应使用普通、生动的词汇去表达情感的质与量，如描述不同程度的敌意："你看上去似乎有些容易生气、发火、愤恨、恼怒、咬牙切齿、雷霆大怒等"，而"生气"与"发火"引发的自由联想有很大的不同。有效地澄清痛苦情感及与之相伴的记忆，一定程度上有赖于治疗师在用词上的精准到位。在第二卷和第 3 章对移情的解释技巧一节，我会对这一点做更多的论述。

就像澄清痛苦情感导致了阻抗一样，我们也须澄清冲动如何导致痛苦情感，如果这种情况在分析中浮现出来的话。

让我举例说明。有位分析治疗三年的病人，在谈论性内容时已比较顺畅，但那天叙述当天早晨与妻子的性生活时，显得含含糊糊。很明显，有什么事让他这么尴尬。我等待机会让他自己澄清。后来他说："不好意思，今天早上我们有些肛交的行为。"说完他就停住了，欲言又止。考虑到我们的工作联盟总的来说不错，所以我准备直接追问。我重复道："肛交行为？"病人咽了口口水："是的，我就是想。我真该死，尽管她不喜欢这样，我还是坚持这样做了。我不管她愿不愿意，就想把什么东西塞进去，刺进她体内，撕裂她。我恨她一点都不理解我，或许她根本就不是我妻子。我只想弄坏她的那个地方。"

这是部分澄清了本能冲动的例子，特别是澄清了本能冲动的目的。在这个案例里，本能冲动的目的是要刺入、撕裂一个女人的"那个地方"。在这次治疗的后半段以及下一次的治疗中，我们进一步地澄清：他在象征意义上想要伤害的女人是他的母亲，他试图撕裂他三岁时曾认为那是他弟弟出生的地方。这个行为的其他意义，特别是与治疗师相关的可能（原文 anal-ist，与 analyst 发音一样），会让分析与上述推断离题万里，所以，澄清过程中选择澄清的方向至关重要。

阻抗的动机常常来自痛苦的情感或被禁止的冲动，接下来，有必要讨论一下阻抗的模式，即病人是如何阻抗的。在对病人的阻抗方式追根溯源之前，我们首先要确信被讨论的问题对病人来说是明确的，思路是清晰的。

例如，我的病人 X 教授是一位博学多才、措辞精炼的生物学家，一次他以一种奇怪的方式来报告他的梦。他说他昨晚做了一个有趣的梦，"你也在梦里，有一些与性有关的事。"然后他沉默了一会儿，继续说道："我不确信是昨晚，也许是今天早上。我穿过一个巨大的教室，那儿没有我的座位。我对迟到有点尴尬，就像我现在经常参会迟到一样。最后，我不得不去附近的一个小办公室，找到一把小椅子，我感觉特傻。儿时我去父亲暑期班的教室玩耍时，我常有这样的感觉。他教的班级很大，学生都比我大。他是个优秀的教师，但我想学生一定挺害怕他的，也许这是我的猜想。现在我想也许他同样有同性恋倾向，这让他挺不自在的，或者这依然是我的猜想。不知怎么回事，教室变成了一个电影院。电影放映出了些问题，我对放映员很愤怒。当我去责骂他时，我看到他在哭泣，一双像希腊人一样的温柔的大眼睛。那时，你进来了。今天早上醒来，我大概就记得这些。那双充满泪水的眼睛让我想起了你，我想象一个男人在哭泣，我就会感觉温柔与爱，我猜那与同性恋和我父亲有关，尽管我记不起来我父亲是否哭过。他总是专注于他的工作与业余爱好，偶尔流露出来的情感就是对我的妹妹和哥哥的。我妹妹也在梦里，也在电影院里。当电影放完后，屏幕上没有任何东西，她对我说我们不应该来这里。就是在那时，我对你很生气。我妹妹曾想做个演员，实际上，我们常一起过家家，她演男孩，我演女孩。现在我想到了，教室里全是男孩，而在电影中全是女孩……"

这是病人展现阻抗的特殊例子。他从不按时序叙述事件，常常在中间突然开始，跳到事件开头，再跳到结束。在他的报告中，夹杂着联想与解释，用来填充他在开头、中间和结尾省略的一些细节。我没有打断他，因为我不想打断他的联想思路。然而，我不能确定哪部分是他的梦境，哪部分是他的联想，我也不能确定如果我在中间打断他的报告，我是否能听到完整的梦，或者他的反应是否会同样混杂着事实、幻想与联想。

最终，我问他是否意识到他不能按照时序报告他的梦或是现实生活，并且我详细描述了他的说话方式的细节。他喃喃地辩解说："我以为你要求我想到什么就说什么。"但稍后他讪笑并叹息说，他知道他有"混杂"的天性。然后他不由自主地诉说他从未从头到尾读过一本书，通常是从中间开始，而且是东拉西扯地读到结尾后，再回头看开始的部分。读研时，他的学习成绩一向不错，他从不从开头做家庭作业，而是从中间或最后开始，在其他生活方面也是如此。他在小学时就开始写一本关于高等数学的书，当他开始他的教授生涯时，他教的学生比他年长许多。

在关于阻抗模式的解释一节中（参见 2.6.5），我将描述这种阻抗方式的潜意识的决定因素和意义。这里，我只是指出阻抗的关键影响因素：他的父亲是个知名的教师与学者，他的整个家庭以博学而知名。我要强调的是，对阻抗模式的澄清是对潜意识产生领悟的起点。

2.6.5 解释

1. 解释阻抗的动机

有时，治疗师展示和澄清阻抗并非必要，因为病人会自然而然地做到这一点。这两个步骤也没有必然的次序，多多少少是同时进行的。当阻抗被展示和澄清后，就要试图解释阻抗的潜意识缘由了。这意味着要揭露阻抗背后隐藏着的本能冲动、幻想或者记忆（按照精神分析理论，心理事件的潜意识"内容"是指被压抑或遗忘的潜意识冲动、幻想或者记忆）。分析阻抗的动机，即是试图揭示导致痛苦情感的潜意识内容。

让我们回到 2.6.3 中提到的羞于谈论自己的"婚姻体验"的 S 先生的案例。为了理解他的困扰，我们要探究是什么冲动、幻想或者早年事件与他的性方面的尴尬有关。对潜意识内容的探寻引导我们去关注他在分析时浮现出的感觉、冲动、幻想，或者相应的移情反应、早年经历以及互相的关系。通常我们让病人选择谈话的方向，用开放式的提问来引导他的意向："当你谈论性的时候，你会想到什么？"

对婚姻体验害羞的S先生，对这个问题的回答是：他回想起儿时性被认为是肮脏的和禁止谈论的，他儿时曾因好奇婴儿是从哪出来的而受到责骂，他被告知正派的男孩不该如此提问。小学时，他腼腆害羞，与陌生人或权威谈及性问题时不知所措，在治疗室里，他认为我有陌生人或权威的感觉。虽然他理智上知道我一定对所有的性体验不会大惊小怪，但是他仍然觉得我会一本正经地训斥他。我的理解是：当他在我面前叙述性生活经历时，潜意识中我成了父亲的形象，而他成了孩子。如果病人不能自然而然地让思绪回到现实访谈中，而沉浸在儿时家中的尴尬，我将会在治疗结束前对他说："现在你对我的反应好像儿时你对父亲一样，所以你变得尴尬不安。"对阻抗的分析总是包括对移情性阻抗的分析，我们将在第3章中讨论这一主题。

对S先生的性困惑的分析用了几年的时间。在修通阶段，我们发现他隐藏对性的兴趣是怕被人觉得性欲过度。这与他童年时和妹妹的性游戏以及对母亲的性幻想有关。他手淫时会幻想成人的性交，并且伴有互相虐待的图像。他有深度压抑的受虐幻想，愿意想象自己像女性一样被虐待殴打。S先生在与男性交往时有很大的焦虑，内心同时充满了对男性的敌意和性的冲动。他对自己的男性性别认同不太确定。以上是S先生对性困惑的阻抗动机分析的浓缩。

让我们回到对阻抗动机的分析上来。回避是病人想逃离某些痛苦的情感，那么，是什么潜意识内容唤起了这种痛苦情感？S先生通过谈论性事的尴尬表现显示了潜意识的内容。性困惑是产生尴尬与阻抗的直接原因，但是有时病人为什么阻抗和阻抗什么并不像此案例那么清晰。病人会长时间保持沉默，肢体语言和面部表情也毫无线索。这种情况比较少见，因为绝对的沉默和缺乏表情常常意味着病人沉溺于死亡幻想、与世隔绝或尝试睡眠状态。我在治疗中很少遇到类似情况，它意味着病人有着极度愤怒和放弃生命的混合情绪（Greenson，1961）。

如果我们已经分析了病人的阻抗动机，也找到了特定的痛苦情感，那么我们就应着手分析是什么唤起了这种痛苦情感。

我们在 1.2.4 中提及的 K 女士经历三年分析后，颇有成效，但在一次咨询中，她出现了相当程度的阻抗。治疗开始时，她说不愿意继续咨询，她不知该说些什么，要我给她一点提示。她的生活各方面都很顺利，孩子听话，住所舒适，她的症状也改善很多，也许这样就够了，还需要继续分析吗？她去了一个有趣的画廊，可是什么也没有买，她和"书呆子"男友分手了，她约会的男友不是"邋遢鬼"就是"书呆子"，她在叙述中，时不时中断话语，沉默一会后继续诉说。我意识到她的语气中有一些愤恨。一段时间后，我干预道："你看上去有些恼火。"她回答："是的，但我不清楚为什么。"我说："一定有让你烦心的事，让我们找找看，你从'一定有让我烦心的事'能想到些什么？"

病人想了一会儿，然后突然说道："噢，我忘了告诉你，我母亲昨晚从纽约打电话给我。"接着，病人用冷漠、夸张、急促的语气回忆昨晚的交谈。她的母亲指责她不写信，病人感到愤怒，表现得很冷淡，从心底里蔑视母亲。她很平静地说她会按时寄支票，但绝对不会写什么信。此时病人停了一会儿。"我不想再和她有什么瓜葛……尽管我知道你不希望我这样做……你说与母亲的关系会有助于我的分析，也许你是对的，但是我做不到，我也不想去做，我也不想再和你有什么瓜葛了。"

我保持沉默。我记得以前治疗时她曾告诉我说，她曾和一个艺术家约会。她觉得他风趣迷人，但对他身上有些东西很反感。那时，我没有探究她的反感从何而来。病人还告诉我,她有个两岁大的女儿,多么讨人喜欢,多么漂亮,不像成年的女人那么丑陋,并且她特别喜欢给她洗澡。她突然停下来,想起了一个梦:她是一个女蛙人,潜入莫斯科港,记录水下的情景。水底又黑又冷,但她感到有橡皮潜水衣的保护。水下有些炸弹,很危险。她必须迅速浮出水面。她记得:必须在4点前完成任务。

病人的自由联想引出了她曾听过的故事:睡梦中死去的人常常在4点死去。她曾听说我的心脏有些问题,也许她害怕我会死。当她醒来时,上腭疼痛,她一定在做梦时用舌头不停地在舔它。她还说她胃疼,感觉紧张。对这些问题我们从未分析彻底,每当涉及这些,她都会感到厌倦和沮丧。我指出:"潜意识里,你担心会发现水下有什么东西让你害怕,因此你穿上了潜水衣保护自己,这样你就感觉不到危害,把危险隔离开了,危险是什么呢?"

病人想了想:"我想跑开,回到从前,现在无聊且空虚。我厌倦了努力与探寻。我想放松些。你一直在推我,可我希望你能替我完成工作。昨天我想象我得了喉癌不能说话,这样你就只能一个人干活儿了。"我回答道:"你对我有点生气,因为我不再包揽照顾你,我不再做你的好妈妈。"病人一字一句地对我吼道:"不要再提妈妈,我不能忍受。我讨厌那个词,也讨厌你!是的,我要你照顾我,而不是只让我工作;我要你对我温暖点。你就知道工作、工作、工作(停顿)……不过,你是对的。我想让你照顾我,就像我照顾我的女儿一样。你知道,昨天当我给她洗澡时,我看着她的下身,它看上去是那么美,像一朵花、一片多汁的水果、一颗甜杏。我差点吻了它,但我知道这样不好。"我立即回应:"对她不好?"病人继续道:"嗯,我猜不只对她,也对我。我想起来了,你知道几天前与我分手的那个艺术家,我们一起去海滩度假,他的那东西很鲜嫩,屁股也是,像个女人。也许就是这让我反感。"我回答道:"并且吸引了你。那是你担心发现的水下炸弹,那是你要逃离的东西。"病人说:"我给我女儿买了件比基尼泳衣,她穿上好可爱,鲜嫩红润,我真想把她全部放进嘴里,我的意思是,一口吞没她。"

对于一次以阻抗开场的治疗来说,这次的咨询非常富有成效。病人努力工作,也建立起了良好的工作联盟。我想,这个案例展示了我是如何追寻防御动机的。回顾这次咨询,起初病人意识到了自己的阻抗,意识到自己不喜欢咨询,也不想再继续。以往咨询中没有明显防御的线索,有一些对男人的敌意,但不足以说明问题。我对她的阻抗进行了面质,让她对"感觉生气"进行自由联想,这使得她回忆起她与她母亲的冷漠谈话和对我的愤怒。还记起了梦,这些表明我对阻抗的解释方向是正确的。梦中的焦虑完整地显示出抵御某些潜意识冲动的情感。港口和水都象征着母亲。女蛙人暗示着同性恋,而且病人是在回忆给女儿洗澡时记起这个梦的,这些都与同性爱有关。她对梦的第一个自由联想是她的担忧,以及她希望我会死。她需要我,又害怕我。她舔她的上颚,重复了婴儿式的吮吸冲动。之后病人更加阻抗,不想继续分析,并且对我的解释感到愤怒,这都表明她渴望我成为她的妈妈。

由此,从阻抗里我们看到她早年被压抑的冲动——婴儿对渴望母亲的担忧。然后她的自由联想转到她的女儿,对女儿生殖器直接的口欲表达和性的欲望。这种转移再次表明她试图将焦虑置换到女儿身上,来躲避自己的恐惧。然后她又自由联想到艺术家男友的那东西和屁股,最后又回到了女儿的红色㊀泳衣和她渴望吞没她。

病人在逃避什么?什么导致了痛苦的情感?这种痛苦情感使她对我和分析工作充满愤怒。答案是:她试图压抑她的口欲期冲动,被动的同性恋倾向,对母亲、孩子和我的施虐冲动。这些是她阻抗的动机。

如前所述,对阻抗动机的分析,通常从揭露痛苦的情感开始,因为相比唤

㊀ 莫斯科,因莫斯科在西方有红色帝都之称。——译者注

起痛苦情感的潜意识内容来说，痛苦情感通常更容易被意识到。当然，有时在梳理痛苦情感之前，潜意识内容也会自动浮现。这时，首要的任务是探寻潜意识内容是如何引起痛苦情感的，如果顺利，这将阐明痛苦情感的真正意义。我们从已有的线索开始，进一步搜寻那些残缺部分，从已知到未知。以下的案例展示了阻抗的潜意识内容是如何在梳理痛苦情感之前，即被意识到的。

在我出差停诊一周后，一位男性病人前来治疗。他说在我停诊这段时间，他有个不错的假期。他兴高采烈地说他去了乡间旅行，他感觉十分悠闲，与妻子和孩子们其乐融融以及有空读书、锻炼……他有多么享受。然后，他突然停下来，一言不发。我也保持沉默。他不记得我们度假之前谈论的话题是什么。又停了一会儿，他问我是否记得度假前的话题。治疗师是否会记得病人说了些什么？又停了一会儿。他好奇地问我去了哪里，做了什么，是一人去的还是和妻子。他认为度假前的那次咨询我看上去有点疲乏和苍白。他记得当时曾担心过我的健康，他甚至曾想过我也许会死。他很想知道，如果我真的病了或死了，会不会把他推荐给某个治疗师，让他继续咨询。

他在说这些时显得犹豫不决，吞吞吐吐，显然十分阻抗。同样明显的是，他不想谈论对我的缺席的反应。因此我面质道："你看上去似乎不想谈及我丢下你一段时间的感受？"他立即回应，他对此又气又恨，从前这种情况经常发生在他身上。他的父亲经常一人外出度假，丢下他和母亲守家。他还回忆起他和母亲也丢下他父亲而离家，以及许多希望他父亲死亡的想象。到咨询结束时，已非常清楚：他所回避的痛苦情感、希望我死去的愤怒以及对我深深的失望，都是因我离开而导致的。

我想用这个案例说明，在阻抗存在的情况下，反映阻抗动机的事件仍能够被一点一点阐明，从而开始对阻抗进行分析。这种分析会逐步涉及情感、冲动、幻想和记忆。

再次强调，对激发阻抗产生的扳机点事件或情感的揭示，会让分析延展到对这些特殊事件在病人过往生活中的作用的关注。不论激起阻抗的因素是情感、事件或幻想，最终我们都将在病人的过往生活史中寻找根源。鉴于此，分析师可以返回到当前的阻抗，向病人指出："是的……我的离开似乎唤起了你类似的反应，而你不愿谈论这些反应。"病人可能会意识到，分析中的阻抗是过往生活事件的重复。再重复一遍：阻抗不是分析师的刻意制造，而是种重复，是过往生活事件的旧调重弹。

必须重申：临床上的阻抗最常来源于移情。我所引用的每个案例都支持这一点。分析阻抗应首先考虑移情性阻抗，我将在第3章对此做详尽的讨论。

2. 解释阻抗的方式

有时，对阻抗的分析并不总是沿着情感、冲动或者扳机点事件而顺藤摸瓜的，对阻抗方式、方法或手段的探究也可成为最富有成效的思路。如果病人经常重复使用某种阻抗方式，那么，正在处理的阻抗很可能具有人格化。尽管对阻抗方式的分析不一定是分析阻抗的首选方法，但病人典型和常用的阻抗方式必然会成为分析的主题，这是分析"性格性防御"的必由之路。如果病人的阻抗方式是异乎寻常的、"非性格性的"，那么它通常是一种症状表现，病人的理性自我对之也更易于识别。

分析阻抗的方式与分析阻抗的其他方面一样。首先我们必须让病人意识到阻抗。这一步容易还是困难，取决于阻抗行为是自我协调性的还是不协调性的。如果阻抗是自我协调性的，那么把它转变成自我不协调性的有多困难？换句话说，在识别阻抗时，能在多大程度上争取得到病人理性自我的支持（Fenichel，1941）。能否帮助病人将理性自我与体验自我剥离开来，以使病人能够明察秋毫？

阻抗行为的可识别性取决于两个因素：首先，自我与阻抗行为的关系有多协调；其次，工作联盟是否良好，或者说病人对分析的意愿程度强烈与否。阻抗行为对病人越自然一致、越具适应性、越有效果，识别阻抗就越困难。举例来说，在现代社会，爱整洁是一种美德，个人因此而受到表扬和尊重。广告业过度地渲染，也使过分整洁成了许多人生活的理想典范。此时，要想说服一位女士把保持整洁视为分析的必备条件，就显得不合情理了。

与自我协调的阻抗相比，分析不协调的阻抗行为相对容易。例如，在一次咨询中，一个有着强烈敌意移情的病人时常瞌睡连连，他尽管对我有着攻击冲动，但因为这种瞌睡是如此不协调，病人就能轻易地意识到这是一种阻抗。

当现实的因素被掺杂进病人的潜意识阻抗后，分析阻抗会变得难上加难。

一位病人用了大量的时间来谈论核武器袭击的危险，以及移居到中东，寻找安全居住环境。当我指出她暗示离开我和终止分析会感到安全时，她表现出明显的愤怒，并且陷入沉默。然后，她辩解指出人们正在修建炸弹掩体。在停顿了一会儿之后，我承认核袭击有一定可能，但是她的反应强度是不恰当的。许多专家都认为掩体并不具备保护作用，搬家也不能保证安全。听了我的解释，病人开始承认她的害怕也许有些反应过度，但核弹的危害让她寝食难安。我回答：每一个理性的人都会害怕核战争，但是一定还有别的什么东西让她如此害怕，以至于不惜舍弃所有现有生活的舒适。慢慢地，病人开始联想，她想到了不幸福的婚姻，她挫折压抑的日子，以及想"跳出困境"、尝试新生活的渴望。现在我可以展示，她内心积聚着愤怒，担心随时会爆发。正是这种害怕使她对核弹的危险如临大敌。她的内心害怕导致对核弹的恐惧如此强烈。病人逐渐理解，在接下来的几次咨询里，在这一主题上的工作富有成效。

一个非常重要的技术要点是：无论何时现实因素掺杂进阻抗里，都应认真对待（Marmor，1958）。如果分析师不这样做，治疗时间将会充满对现实因素的纷争，逻辑性推理将会代替自由联想。请注意，当我尝试解释她移居中东象征着从分析治疗中飞离时,她马上提出掩体一事。只有当我承认她的害怕有现实的可能时,她才能开始和我一起工作,建立起工作联盟。直到那时她的有关核弹的焦虑,仍是自我协调性的。我对现实因素的肯定促进了工作联盟的建立,同时,使她对核爆炸的恐惧,至少在强度上,显得自我不太协调。由此,她能够转向内心深处寻找答案,最终意识到移居到中东是移情性阻抗。

一旦病人意识到了阻抗,下一个任务就是澄清。我们应寻找病人在分析情景之外的相关行为模式,追溯这种行为模式的来源和意义,这种行为在病人的过往生活中起到的作用,以及病人为何保持这种行为。让我们回到2.6.4中提到的X教授的案例。

> X教授回忆起他儿时是如何惯用"混杂"的方式来读书和完成家庭作业的。他无法坐定在桌边学习,边躺边学或是边走边学!他父亲是一位著名的教授,希望他的儿子子承父业,我理解他的这种举动是想反抗这种安排,因为他对父亲有着根深蒂固的敌意、嫉妒和竞争。他的行为方式是深层怨恨与蔑视的表达。同时他对父亲也有着深深的爱,这种爱具有肛欲期和口欲期的特征。他害怕离父亲太近,因为那意味着肛欲期的插入和口欲期的吞没。他儿时体弱多病,父亲喜欢扮演医生的角色,经常对他进行直肠测温、灌肠和口腔擦拭的行为。"混杂"的行为同样表明了他抵制对父亲的认同,对父亲认同相当于被吞没和消灭。"混杂"行为表现出被压抑的父性认同渴望和自我界限的消失(Greenson, 1954, 1958a; Khan, 1960)。
>
> 另一个病人是科技人员,总是就事论事和用技术词汇来描述他的经历,甚至描述私密的性行为时也不例外,对任何感情都深藏不露,访谈时他的叙述机械而周密,侃侃而谈。我试图让他看到,通过技术报告式的叙述,他省略了所有的情感反应。像一个冷静、客观的旁观者,向科学同行报告事实,而不是病人向治疗师倾诉自己的亲身经历。

一直以来，病人都辩称"事实才是依据，情感不重要"。我向他指明：情感也同样是一种事实，但他对此很反感。之后，病人逐渐意识到他有意忽略情感是因为他感到成年的科学家感情用事是件羞耻的事。他还意识到他与人交往时也隐藏情感，甚至与他妻子性交时也这样。他把这种行为追溯到他的童年期，他的工程师父亲对那些情绪化的人显示出轻蔑，认为他们脆弱且不够成熟。最终，病人意识到他将表露情感等同于不能自持，他将冷峻漠然等同于思路清晰、热情奔放等同于失去控制。

这个案例提示：只有当病人不再为有问题的行为方式辩解时，对阻抗方式的分析才会变得可能。在分析师对他固有的、习惯性的行为方式进行分析之前，必须先将此行为方式转变为自我不协调性。上述病人治疗一年多后，他才开始改变感情游离的说话方式。在此之前，即使我们将这一行为模式追溯到了他童年期的如厕训练冲突和肛欲期受虐冲动，他都很难与我建立牢固的工作联盟。他内在的焦虑有偏执的倾向，这削弱了他参与分析的原始动机。他声明只有保持基本不变或不感情用事，他才愿意参加分析。最终，我们都选择终止分析。

3. 扼要重述

在本节中，我们将从以下要点对阻抗分析技术进行扼要的重述：

（1）识别阻抗。

（2）展示阻抗。

1）等待阻抗变得明显。

2）通过干预让阻抗增强，以达到明显的程度。

（3）澄清阻抗的动机和方式。

1）是什么痛苦的情感使得病人阻抗？

2）是什么特定的本能冲动导致病人的痛苦情感？

3）病人使用何种方式方法来表达他的阻抗？

（4）解释阻抗。

1）是什么幻想或记忆激起了阻抗背后痛苦的情感或冲动？

2）追溯这些情感、冲动或分析情景以及过往事件的根源及其潜意识目的。

（5）解释阻抗的方式。

1）探查分析场景内、外的这种行为方式，以及类似的行为方式。

2）追踪病人的现在与过往经历中这种行为方式的根源与潜意识目的。

（6）修通。

重复与完善步骤（4）和（5）。

要注意，每次治疗只能完成上述分析过程中的一小步。经历许多治疗时段后，我们才能隐约地感到：似乎存在一些阻抗。这时，我们就应试图向病人指出：他正在逃避什么。有时治疗师只能看清治疗期间的一些情感变幻，有时甚至连这个也做不到；有时治疗师只能了解一点病人的过往经历，有时了解一点行为方式。但是，如果要向病人揭示这种逃避行为，应告知病人对逃避行为探究的分析意义。治疗师自身对探究潜意识现象的热情必须被放置到第二位，居第一位的是病人接受并利用这种探究的价值。分析阻抗不能以病人的创伤为代价，也不应成为治疗师与病人间的智力游戏。

不要过早、过快地解释阻抗，因为这只会导致病人的合理化与理智化，使得对阻抗的解释变成智力游戏。这将削弱病人的情感体验，并由此增强而非削弱阻抗。要使病人感受到自己的阻抗，意识到它的强度与牢固性。在分析工作中，重要的是分析师应知道：何时被动、何时主动地干预病人。过于被动会坐失良机，浪费宝贵的时间；太过主动会欲速不达，相反会满足其被动顺从的需要。总之，不适当的分析会促使病人逃离情感的影响，使得阻抗分析变成竞猜游戏（Freud，1914c；Fenichel，1941）。

重要的是，不要对病人在分析阻抗时玩的把戏以牙还牙。如果病人沉默，你须警惕自己的沉默不是一种对抗。如果他矫揉造作、语言晦涩，你须防止重蹈覆辙或针锋相对。治疗师应始终如一地保持直接、中肯，避免唐突、戏谑或是责难。

以上所述的分析步骤及其次序因人因时而异，治疗师应具体问题具体对待。治疗师必须对自己的分析方法保持开放与审慎的态度，随时纠正错误，随时坚持正确的方向。

治疗师在分析工作中必不可少的同盟者是病人的理性自我。治疗师必须设法呈现或激发病人的理性自我，或者必须等待病人的情绪风暴平息，理性自我回归。阻抗深入分析之前提，是建立工作联盟（Greenson，1965a）。我们将在第3章加以详细说明。

最后要说的是，无论治疗师分析阻抗有多么娴熟有效，阻抗都会卷土重来。我们必须牢记弗洛伊德的观点：在分析的每一步、每一方面、每一时刻都会有阻抗，阻抗贯穿分析始终。修通对于消除阻抗的致病性质至关重要。分析阻抗不是分析工作绕了弯路，而是分析治疗本身极其重要、必不可少的环节。

2.6.6 分析阻抗时的特殊情况

1. 治疗早期的阻抗

在治疗早期，如果阻抗已经被治疗师识别并且展示给病人，那么，在对阻抗动机和方式进行分析之前，应考虑以下两个步骤。

（1）应向病人指出阻抗，指出病人带入治疗情景中的阻抗行为可以是潜意识、前意识或者意识的。尽管病人并不知晓，但这种行为并非在病人身上被动发生（Fenichel，1941）。这一点非常重要，因为许多病人感觉这些行为碰巧发生，事情落在自己头上，他们也爱莫能助。此时，对此进行引导与分析是很有益的。

例如，如果有病人告诉我，他脑中一片空白，我会等待一阵后，告诉病人：一个人只有想回避什么的时候，才会脑子一片空白。我还会用比喻来提醒：十分放松地躺在家中，或是边开车边发呆时，思维是不会一片空白的。然后我会要求病人的思维沿着"我正在回避什么"流动，自由地报告脑子里出现的念头。这样，一些联想将不可避免地水落石出。除非有什么东西在干扰，要么是阻止联想，要么是刻意远离联想。

（2）应适时向病人解释分析阻抗的重要性和价值。阻抗不是病人的错误、失败或缺陷，他不会因为阻抗而被苛责或拒绝。所以，向病人展示阻抗时应审时度势。有时，分析师在口头上接受病人的阻抗，但语气呵斥，这样只会弄巧成拙。要使病人清楚地意识到分析阻抗是精神分析治疗必要的、不可避免的、富有成效的组成部分。

在治疗早期，当我对阻抗的某些方面分析成功之后，我会向病人展示分析成功的成效和价值。

这样做十分重要，因为这将促进分析情景中的融洽气氛。我希望病人可以理解：他有权了解分析过程的原理和进展，这样会使病人感觉到，在分析过程中，我们是伙伴、联盟关系。我不希望病人把自己看作无知的孩子，对事情一无所知，而把我看作权威、家长，使治疗笼罩在专制、神秘的气氛中。我希望的咨访关系是：两人共同努力、认真工作，一个需要帮助，一个是专业人士，两者平等相处，共同负责。为了便于分析，我会竭尽全力帮助他了解分析过程和原理，这并不意味着我想把他变成一个分析师，我只是希望他对将要经历的治疗步骤有所理解，有所熟悉，以便之后他能提高意识能力，与我更好地合作。我将在 3.5 和第二卷中再详述此观点。

如果病人能觉察到自己的阻抗，还能理解为什么阻抗、阻抗什么的时候，这是分析工作的重要进步。我们经常说：病人已进入分析，指的就是上述情况。这意味着病人自我的一部分，即观察自我、理性自我有能力去自行审视体验自我，并且这两种自我能够与分析师结成联盟，短暂地认同分析师的工作。此时可认为工作联盟已部分地、暂时地建立起。当然，这绝不意味着病人能自行完成对阻抗的分析，但是至少能意识到分析阻抗的重要性，对阻抗采取了分析的态度，而非回避、隐藏或否认。

分析开始时，应慎用阻抗这样的词汇，可用类似语句：你在回避，你在逃离，你在隐藏，你好像吞吞吐吐或只是蜻蜓点水等。虽然阻抗是个普通词汇，但同时也是个技术词汇，我尽量避免使用。

我会第一时间考虑：当病人在描述某个事件时，有何感受？这样有利于病人将情感与躯体反应带入到自由联想中来。同样，当某个行为发生时，病人的猜想是什么？这是促使病人意识到他的幻想。

以上两个技术步骤的共同目的是：促进病人的理性自我和分析师的分析自我建立联盟。在第3章、第4章以及第二卷中，我会从不同的角度加以详尽地讨论。

2. 为掩盖阻抗而阻抗

在临床实践中，经常发现阻抗不是由单个抵制冲动的力量所构成。实际上，阻抗可以由多种抵制力量组成，并且这种抵制力量可来自不同层面。一种情况下的阻抗，可能在另一种情况下成为需要掩盖的内容，阻抗是相对而言的（参见2.4.1）。例如，病人一直谈论琐事，因为他担心沉默会被人误解。因此，我们有两个分析层面：他用沉默来回避某个东西，以及用谈论琐事来掩盖沉默。这时，他将沉默视为一种禁忌。我们称上述情况为：为掩盖阻抗而阻抗（Breuer and Freud，1893～1895；Fenichel，1941）。

病人谈论琐事是表层的阻抗，必须先被分析。此时，我们应注意为什么病人对沉默感到害羞。之后，我们才能进一步分析沉默背后的真正原因。用阻抗来掩盖阻抗的典型原因是：病人希望能做个"好"病人或治疗师喜爱的病人。病人会误认为："好"病人是不应该有阻抗的，因此，病人掩盖沉默可能出于本能。这种情况经常发生在分析早期。另外的表现可以是羞于生气，羞于性感等，所以，病人试图掩盖是担心这有可能泄露隐藏的情感。

用阻抗来掩盖阻抗的另一个常见原因是：掩盖新产生的、痛苦的内省。病人也许会承认一定的事实，以避免更深层次的探究，来掩盖他对新内省的愤怒与焦虑。

例如，在分析早期，我向病人指出：他和兄弟间的竞争与他和同事相处有关。他很快就同意，而且马上列举他日常生活和过往经历中的例子。但接下来，他陷入了沉默。他对自己的沉默焦躁不安，在探索焦躁不安的过程中，我发现他的焦虑来源于费尽心机地寻找更多他赞同的事由，来冲淡他对我解释的怨恨和害怕。怨恨的原因是：他认为，一旦怨恨和害怕暴露，他就不再是我宠爱的病人了。快速地迎合我的解释，就能显得并不在意我的反应，这样他就能抵制内心新近产生的想成为我最喜欢的病人的渴望。

扼要回顾上述案例，可以理出这样一条主线：与我的关系的新发现导致了与我有关的痛苦、怨恨和焦虑。病人害怕暴露这些负性情绪会使他失去宠爱的地位，因此对这些负性情感置若罔闻，就事论事地、无谓地积极寻找赞同缘由，好像在表明："我不在意你会发现什么，瞧我多么努力。"然而理屈词穷，因为隐藏的怨恨寻求释放，要求表达，两军对垒势均力敌，造成左右为难而沉默。同时，沉默也可以是病人因试图欺骗我而感到内疚，此时，沉默是一种自我惩罚。

总之，病人隐藏阻抗有两大原因：①对有阻抗感到羞愧与担忧。阻抗意味着有缺陷，会导致失去爱和受惩罚。②病人害怕暴露阻抗的激发因素，通常是为了掩盖负性移情反应。这样的病人不愿表露愤怒，常常用相反的行为，即逢迎与顺从来掩盖。例如，正接受我培训的学生会避免提及我的失误，或者只谈论我的优点，对其他方面一带而过。

有关掩盖阻抗的阻抗还有更为复杂的现象，下面让我举例说明。

一个病人在分析开始时，自顾自地不断唠叨。他三岁的女儿生病了。他并不想谈论这事，因为这让他感到沮丧。但他继续唠唠一些无聊的日常琐事，似乎不再想谈孩子的病情，我打断了他，说："为什么你要回避女儿的病情？"他恼怒地说："为什么你不让我清静一会儿，为什么老是逼我？"我沉默不语。慢慢地，他开始说起女儿的病，他们送女儿去医院，医生说需要手术，他害怕她会死去……他在沙发上扭动着身体，痛苦万分，默默流泪。我继续沉默。病人停了一会儿，大叫道："我想死！我宁可我去死！"沉默。这时，我说："我能理解你担心自己的孩子，但为什么你要恨自己？"这时病人才说起他对女儿的内疚：女儿与她妈妈更亲使他沮丧，他希望她是个男孩，他对她从不关心，想到自己所做的一切："我应该去死……"（停顿）"没人会可怜我。"

回顾这次咨询，我们能看到阻抗有多么复杂：自顾自地唠叨用来回避沮丧的话题，对我的追问感到愤怒，回避孩子病情的话题是为了掩盖自己的内疚、怨恨与排斥，夹杂着对我的指责。不同的阻抗用来对付不同的潜意识内容，以及一个阻抗是如何用来回避另一个更深层的阻抗。修通是指：不仅修通不同情景、时间和地点的同种阻抗，也要修通回避冲动、记忆或创伤经历的阻抗的多种变形。我们将在第二卷对此进行更为详尽的讨论。

3. 隐藏秘密

在分析中，我们的任务是揭示病人潜意识的内容，病人不会意识到他抑制的记忆，它们对病人的意识自我来说是个秘密。尽管我们的探究会激起潜意识和前意识的阻抗，通常情况下，病人至少在意识层面会站在分析工作的这一边。偶尔，病人在意识层面也会对分析师有所隐藏。一般情况下，这种有意识的、蓄意的隐藏只是短暂的，通常病人自己就能克服，然后吐露实情。但是，有时病人在很长一段时间里保守秘密，在没有外界帮助下，无法克服这种意识层面的阻抗。分析这类秘密，须对某些特定问题加以关注，如果这类秘密不服从于分析，或者得不到恰当的处理，将危及整个分析治疗。关于这方面，读者可以参考阿尔弗雷德·格罗斯（Alfred Gross，1951）的论著。

处理这类秘密的方式，有几个基本原则。首先，我们须表明态度：将要分析病人所有有意义的心理事件，包括秘密，这一点不可含糊。秘密，顾名思义是不为人知的心理事件，本身就十分有意义，必须被分析，不容妥协。弗洛伊德（1913b）很早就表达了这种观点：如果分析师允许病人保留任何形式的秘密，那么所有被禁忌的记忆、想法、冲动都会销声匿迹。他打了个比方：在一个村庄里，如果警察允许某一地点处于法律管辖之外，那么所有的地痞流氓将会聚集于此肆意妄为。弗洛伊德曾为一个高级官员分析治疗，他允许病人在分析中涉及国家机密时保留不说，结果发现在这种情况下要完成分析几乎是不可能的。许多病人都试图寻找借口保留秘密。比如，声称不能说出他人的名字，以免将无辜者卷入其中。无论什么理由，对保留秘密的让步都是不合时宜的。分析师允许保留秘密，意味着有效分析的结束。

  我可以用亲身经验来证实弗洛伊德的结论。二战期间，我在一家空军医院负责战争疲倦综合征的治疗，我的治疗对象是从敌人战俘营中逃出的军官与战士。这些军人不能向人透露他们是怎么获救出逃的，这是为了保护地下工作人员不被暴露。这些逃亡者在逃离过程中饱尝痛苦，患有焦虑和创伤性神经症，急需治疗。但是，他们某种程度地保守秘密，使治疗效果很差。虽然这些地下工作者的情况已时过境迁，但是这些军人认为有理由继续保持秘密，然而这破坏了治疗。幸运的是，我得到了精神分析师约翰·默里（John Murray）上校的帮助，他是精神科的主任，可与国家部门协调处理涉密工作。病人被告知可以对我公开秘密，只有这样，才能对他们进行有效的治疗。

  分析秘密，我们坚持不做任何妥协与让步。然而同样重要的是，逼迫、威胁或恳求病人说出秘密，是得不偿失的，强迫病人放弃秘密和允许他们保守秘密同样是错误的。治疗师应像分析阻抗一样分析秘密，分析的态度要足够坚定，分析的行为要足够恰当。在病人意识层面暴露他的秘密之前，其潜意识层面的相关因素必须先进行分析。病人可以知晓秘密的内容，但他不会知晓保守秘密的潜意识原因。我们是通过寻找保守秘密的动机来揭示秘密的。

  下面让我来具体说明。如果病人告诉我有些事他不能也不愿对我说，我会回答：别告诉我你的秘密，但告诉我为什么不能告诉我。换句话说，我在追问保守秘密的动机，而不是其内容。这种方法与探究阻抗的动机类似。我还会问病人，如果他和我说了秘密之后，将会怎样？还会追问："如果告诉我你的秘密，你猜我会怎样反应？"换句话说，探究秘密可能唤起病人何种痛苦的情感与幻想，包括痛苦的移情性幻想。然后，我会追问这种痛苦的情景在他以前的经历中是否发生过。

让我用一个案例来说明。一位女性病人，已经分析了六个月，她平时表现得比较合作。有一次，声称有一个词无法说出口。我看得出她努力尝试说出。我保持沉默，随后，当我看到她似乎无法战胜困难时，我问她："如果你说出了那个词，你会怎样？"她说她会感到被压垮，会感觉自己像在岩石下爬行，像条虫子，一条又脏又丑的虫子。我不用追问她的幻想，因为她不由自主地说道："你一定感到恶心，会憎恶我，会感到气愤和讨厌，然后把我赶走。"我继续沉默。病人继续说道："这真荒谬，你根本不会那样做的……但是我就是那样感觉的。我觉得那个词会烦到你。"我继续沉默。病人继续叙述最初在家里说这个词的情景，当时她和她母亲一起吃饭，她以玩笑的、揶揄的语气说了那个词。她的母亲感到震惊与恶心。她命令9岁的女儿离开餐桌，并且让她去洗她的嘴。病人知道那个词有点"肮脏"，但是母亲的反应使她吓坏了，说到这儿，病人发现能够说出那个秘密的词了：一个下流的词"我操"。

尽管病人此后在分析中可以说出"我操"这个词了，但对她的秘密的分析并没有结束。她用玩笑的、揶揄的语气对母亲说出这个词，具有一定含义。"我操"与许多口欲期和肛欲期的性冲动以及施虐幻想有关（Stone，1954a）。但在她9岁那次经历之前，"我操"不是个意识层面的秘密，我们查到了这个词变得如此令人厌恶的潜意识因素。

事件发生的顺序通常具有一定规律。当分析师开始探究秘密的动机（包括移情幻想和痛苦情感）时，病人通常会开始说出秘密，但这并不意味着分析秘密的最终结局。无论秘密显得多么琐碎和无关紧要，对病人来说都是私密的、重要的。暴露秘密是揭示个人的、有价值的信息，我们必须对这些信息保持尊重与敏感，但同时也必须不懈地继续分析下去。

秘密暴露后，深入探寻的路径可能有二：探究病人对秘密公开后的反应，或是探究秘密的内容。选取哪一种，需具体情况具体对待，通常两者互相重叠。

  让我们回到前面的无法说"我操"的妇女的案例。在对她的尴尬做了一些分析后，她终于能够说出这个词了。当她说出这个"肮脏"的词后，她变得沉默，我就她的沉默向她提问。她说她感觉好像当着我的面"如厕"一样，就像我看着她排便。换句话说，放弃秘密好像在我面前排便一样。

对她来说，保留秘密等同于隐藏"如厕"行为。她讨论性行为时并没有显出特别的羞涩，但她对谈论"如厕"却极度害羞，特别羞于谈论解大便。她的母亲曾对她上厕所管理很严，使她形成了：所有的排泄功能都是丑陋的，必须遮掩，一旦被人发现，就会令人生厌。上厕所的声音尤其难听，最令她反感。坦白秘密就像当众放响屁，羞不堪言。

在之后的几年中，我对她的秘密逐渐深入。这里，我指的是对内容的分析，"我操"一词的含义，即她对性的婴儿式的幻想，此处指的性是俄狄浦斯期、肛欲期和口欲期的性幻想，这些幻想的形成与父母发生性行为时的声音和气味、如厕行为、孩子吮吸母亲乳房时的感官体验有关。同时，也包含上述层面的原始攻击成分（Stone，1954a；Ferenczi，1911）。

虽然艰难，但是对秘密的分析受益匪浅。通常，秘密与分泌有某种关联。总与肛门和尿道有某种相通，是羞愧的和令人讨厌的，或是相反，价值无比，值得珍藏。秘密也与父母的隐秘性行为有关，病人借由对父母的认同重现秘密或通过移情反应反其道而行之。另外，保密和坦白总是与露阴、偷窥和挑拨行为有关。秘密最终都不可避免地会以阻抗的特殊形式呈现于移情反应中。

有关特殊阻抗将另辟章节，本书中不宜过早讨论。特殊阻抗指的是付诸行动、性格性阻抗和缄默，还有那些包含有重要的本我满足机制的阻抗，比如受虐性阻抗、屏蔽阻抗以及所谓的"力比多固着"阻抗。

另外，在 3.8 中我们将讨论移情性阻抗，因为移情因素对阻抗至关重要。我们还将讨论解释引起的阻抗，错误的解释（在程度、时间和策略方面）会产生阻抗，以及休假前后的阻抗、治疗师和病人社交行为后产生的阻抗等（参见第二卷）。

2.6.7　技术的变异

讨论过阻抗分析的一般技术和特殊问题之后，我们将介绍另外两种不同的理论取向。梅兰妮·克莱因（Melanie Klein）和弗朗茨·亚历山大（Franz Alexander）是两个不同的精神分析学派的领头人，两人无论是在理论取向还是在技术层面上都与经典的分析学派十分不同。虽然本书基本上是经典精神分析取向的，但是介绍这两大十分重要的学派会更加突出我想强调的一些基本要点。尽管这两大学派的思想仍存在大量的争议，但他们都对精神分析做出了有价值的贡献。鉴于此，读者应该对他们的基本思想有所了解（Klein, 1932；Klein, et al., 1952, 1955；Alexander, et al., 1946）。这里，我只能引用他们有关阻抗分析的主要论点。

阻抗一词在克莱因最早出版的两本著作中完全没有提到，在她的第三本著作中也仅提到两次。然而，如果阅读书中大量的临床案例，我们就可以了解到克莱因和她的理论学派人士确实已经意识到临床上病人抵制治疗的阻抗现象。但是，这个临床发现与我之前描述的分析阻抗不是一回事。当时，这些分析师并没有利用病人的理性自我与之建立工作联盟，以便使病人意识和理解阻抗的动机、方式或历史来源（Zetzel, 1956）。所有的阻抗都会被当场解释为本能的冲动，分析师将其描述成特定的、详细的幻想，哪怕这种幻想有原始过程思维（preverbal times）的成分。在我看来，这些解释的临床证据非常微弱，分析师很少根据不同病人详细的素材做出判断，对不同病人的解释大同小异，让人误以为病人的个人经历对于人格的发展和神经症的形成影响不大。

我将引用索纳（Thorner，1957）论文中的临床资料，这篇论文被收录在最近一期克莱因学派的论文集里。他描述了一个有考试焦虑症状的病人的梦，红蜘蛛从他的肛门爬进爬出，给他做查体的医生则告诉他看不出他有任何毛病，病人道："医生，也许你没有看到什么，可它们就在那儿啊！"克莱因学派的分析师将这个梦解释为：病人感到他正被坏的内部客体所侵害。分析师然后报告说病人接受了这个解释，感到大大松了口气，然后他想起了一个鲜明的儿童期记忆，这记忆代表着"好的有帮助的客体"。

没有充分理解就匆忙解释是件危险的事情。梦中的阻抗显而易见：医生对疾病熟视无睹，病人对此怨声载道，但这些被忽视了。也许对上述案例更准确的理解是：经过高度抽象的深层理论解释后，阻抗无影无踪了。分析师用"被一个坏的内部客体侵害"这样的陈词滥调来滥竽充数，而非聚焦于分析性咨访关系、病人既往肛门检查的体验、不称职的医生以及红蜘蛛等要素，病人的个人经历被忽略了。另外，分析师似乎没有评估病人是否有能力接受对本能内容的解释。分析师不够慎重地在分析开始就对原始的本能冲动和内射进行解释，似乎在给予解释的程度与时点上缺乏足够的考虑。克莱因学派的分析师们似乎并不遵循使潜意识的内容意识化的技术原则，似乎对于病人的理性自我的强弱并不在意。他们直接地给出接二连三的解释，就像电脑程序一样，千人一面地解释本我的力量。

1962年12月，我参加了一个讨论梅兰妮·克莱因贡献的工作坊，这是美国精神分析协会冬季会议的一部分，主席是伊丽莎白·蔡策尔（Elizabeth Zetzel）。来自全美的不同背景、兴趣和经验的大约20位分析师参加了工作坊。与会者都同意，梅兰妮·克莱因及其理论学派在理解早期客体关系、早年的恨与攻击性、原始攻击的特殊形式等方面做出了杰出的贡献。与会者同样也指出克莱因学派忽略阻抗、工作联盟、轻视个人经历的影响，而将细微、复杂的原始过程思维的性幻想一般化，扼杀了这一过程在不同个体身上的不同象征作用。

亚历山大及其追随者似乎走向相反的极端。克莱因学派在分析伊始就开始解释阻抗背后的本能冲动，而亚历山大学派试图操纵控制阻抗。他们帮助病人回避阻抗，对退行嗤之以鼻。亚历山大提倡控制访谈的频率，以防止病人过度退行性依赖。他会将访谈减少到每周两次，甚至一次，防止病人"沉溺于安全、舒适的移情性神经症中"（Alexander, et al., 1946）。他建议当病人多次重复同一内容时，采取中断治疗措施，使病人"明白保留旧有事物的代价……"另外，亚历山大认为分析师"应该鼓励（甚至要求）病人去做那些以前回避的事情，重新尝试先前失败的行为"。

亚历山大的同事弗兰茨（French）警告说，在处理阻抗时不应过度依赖病人的内省。他认为处理敌意冲动时应该："通过探寻敌意冲动导致的问题，我们就能消除敌意冲动，无须让病人关注敌意冲动，只要帮助他找到解决问题的办法即可。"（Alexander, et al., 1946）

很明显，亚历山大及其追随者提倡通过操纵和控制处理阻抗，这种方法是非精神分析的。病人没有意识到和理解自己的阻抗，更不是通过提高内省和改变自我结构来处理阻抗。治疗师颐指气使地嘱咐病人如何处理或回避阻抗，这也许算是对症性的心理治疗，但肯定不是精神分析。

2.7 分析阻抗的技术原则

我们可以制定一些一般性原则来指导我们的技术进程，这些原则算不上金科玉律，但是可以为分析阻抗指明方向。原则必须灵活运用，具体情况具体对待。只有分析师全面理解了分析的问题、病人的能力和分析目标，才能体现技术方法的真正价值。有时，掌握局部情况，通过捷径似乎也可以达到同样的目标，但是从长远看，治疗师心中应时常牢记心理结构、意识层次和心理冲突的综合概念以及这些概念所派生出的原则。当我们在治疗中迷失方向时，这些指导原则就非常有价值。弗洛伊德始创了规则，并称之为"建议"，他从不强求执行。他认为：各种心理成分和重要的决定因素，如果机械化地组成某种套路，都将会被证明是无效的。然而，他确实相信某些技术常规可用于一些具有共性的治疗情景（Freud，1913b）。

2.7.1 由浅入深、由表及里、由形式到内容

在精神分析发展的早期，技术方面聚焦于试图获得压抑的记忆，并使这些记忆进入意识层面，从而对病人的自由联想做出解释，而对阻抗则尽量回避。弗洛伊德很快意识到了自己的失误，有效治疗的重点不是揭示遗忘的记忆，而是克服阻抗。阻抗的存在使揭示记忆并不能带来改变，记忆会屈从于阻抗而使行为重蹈覆辙（1913b）。在1914年，弗洛伊德宣称：分析师的工作主要是分析和解释病人的阻抗。如果做到了这一点，病人会重新回忆起遗忘的记忆，并且与当前的事件相联系（1914c）。

确立阻抗的核心地位后，原有的意识层次理论"使潜意识内容意识化"就让位于动力学的构想：我们在分析具体内容之前，先分析阻抗（Fenichel，1941）。这一构想与意识层次理论并不矛盾，只是进行了修正。只有当分析阻抗改变了神经症性冲突的动力学结构时，潜意识的内容才能真正意识化。只有解除了导致压抑进入潜意识的阻抗力量，揭露压抑内容才有可能。分析阻抗的各种技术（参见2.6）都旨在对阻抗力量做最有效的转化。

在这一点上，引入心理结构的观点有助于更清晰地表达治疗目标。治疗的最终目的是使得自我能更好地处理与本我、超我和外部世界的相互关系（Freud，1923b）。在分析的过程中，病人的自我被认为具有两种功能。一种是潜意识的、非理性的自我，它导致了致病性的防御，在治疗过程中通常的形式为体验自我。另一种是意识的、理性的自我，在分析中与分析师结成联盟，通常形式为观察自我（Sterba，1934）。与分析阻抗先于分析内容相对应，从心理结构的角度来说：分析自我先于分析本我（Freud，1933；Fenichel，1941）。更精确地说，分析师旨在帮助病人的理性自我更好地应对既往的危险情景。

在过去，病人觉察到这些危险情景具有威胁性，因此，非理性自我启动了致病性防御，最终导致神经症症状。在分析中，工作联盟确立后，经由循序渐

进的解释，期望病人的理性自我能力逐步提升，重新评估过去的危险，在病人的观察自我帮助下，觉察体验自我的非理性之处，使得自我不断扩展视野。分析内容前分析阻抗，分析本我前分析自我，使得病人更能理解压抑的、潜意识的过程和内容，更能接受治疗师的解释，而不再重复导致神经症症状的致病性防御。

下面，我举个例子解释一下上述做法。

病人 Z 先生（参见 2.5.2 和 2.5.4）是一个年轻男性，已经接受了差不多一年半时间的分析了。在一次治疗时，以一个梦开头："我梦到我躺在一张大床上，完全赤裸。一个大块头的女人走了进来，说必须要给我洗澡，接着就洗了我的生殖器官。我又羞又怒，因为我的生殖器居然没有勃起。"

我保持沉默，病人继续诉说。他的自由联想的大意是："梦中的这个妇女像家里人的一个朋友。实际上，她看起来像我的好朋友约翰的母亲。她本人也是我们家的常客，特别是我母亲的好朋友。但是她不像我的母亲。她不是个被娇生惯养的人，不像我母亲小时候是个被宠坏的小调皮。我喜欢这个女人。我经常幻想我有个这样的妈妈（停顿）……我在周末和人约会，我俩都很享受性的快乐（停顿）……她是一个已婚妇女。她相当乐意，实际上，她是个主动者。这样的女人就像个妓女，她们对爱没有任何兴趣，只迷恋性，她们只要求身体的愉快。这一切让我十分不舒服……（停顿）"

我想这已很清楚：Z 先生努力想表达并隐瞒早年对性的幻想和恐惧。从梦所显示的内容和自由联想，不难得出这样的推测：病人在儿时，躺在一张大床上，幻想着他母亲能爱抚他的阴茎。但他同时也有生气和害羞，因为他的阴茎不如他父亲的大。他怨恨这些喜欢大阴茎的女人，但他依然希望她们爱抚他的阴茎。现在这些潜意识的内容已经相当清晰，但是如果直接开始解释仍是很不恰当的，因为同样清晰的是：Z 先生有强烈回避、隐藏的倾向。注意他的语言的夸张、隐晦和不确定。"我完全赤裸。"一个妇女开始洗我的"生殖器"。"我的生殖器没有勃起。""我们享受了性的快乐。"然后是坦白"谈论这一切十分不舒服"。

当被压抑的内容开始浮现，但同时伴随相当程度的阻抗时，直接分析被压抑的内容是很难奏效的，除非先对阻抗进行分析和部分的修通。如果我向尴尬的 Z 先生直接指出：他希望有个像他母亲一样的人爱抚他的阴茎，他只可能会愤怒地指责我的好色淫荡，或者他将瞠目结舌，一言不发。我如此确信是因为在后来的访谈中，即使我已经处理了他的阻抗，他还有类似的反应。

因此，我决定先分析阻抗，只有当阻抗发生了某些变化时，我才会向他进一步展示内容。当他在叙述过程中陷入沉默时，我说："今天你讲述你的性经历时，似乎有些尴尬？甚至你的语言都显得有些怪异。"（我说"今天"是因为以前他能够更为直接地表达性的内容，我想提醒他这一事实。）对此，Z 先生回答道："是的，直截了当好像不太合适（停顿）……我不知道该怎么说。我很好奇，你会对下流的词汇做何反应。如果我说了我脑中的词汇，你会怎么反应？我今天这样告诉你，是我想也许这就是你想要听的（停顿）……哦，对了，不是你不接受，是我。我不能用这样下流的词汇……（停顿）这个梦太生动了，感觉像是真的……我感觉自己很傻。"

这时我感到，病人已经成功地处理了部分移情反应；他理解了他将不能接受的感觉投射到了我身上，并且那些不能接受的感觉是不合适的。现在，我们可以对阻抗进行更进一步的分析了。此时，他也好像已经准备好探究梦的意义了，因为他最后一句话是已经不由自主地回到了梦中的感觉。因此我又干预道："你感觉又羞又怒，那么当那个女人开始玩弄你的阴茎时，你的感觉是什么？"

此处我超越了病人一步，我没有像他那样遮遮掩掩，而是用了日常口语。我直接说一个女人玩弄他的阴茎,没说洗它。病人的回应先是沉默,然后他说:"是的,刚开始我喜欢这样(停顿)。"然后他提到约会,女友也"这么做了"……她玩弄了他的阴茎。但是他想告诉我:是她主动的,而不是他。但是,他也承认他喜欢这样:非常喜欢。实际上,他承认他最喜欢这种性满足的方式。但不知为何,他总感觉不妥。(停顿)……这个女人是个已婚妇女。她的丈夫是个大人物。他很享受她欺骗她的丈夫,但又算不上真正的欺骗,因为他们已经分居了。"这不是真正意义上的胜利,只是一个空洞的胜利。这有点像我的工作。我看上去工作努力,但那算不上真正的做事,而且我也没有真正地努力,我做其他事也一样,我不想做任何事,只想坐享其成。我总是假装努力,但实际上我真正想的是:坐享其成。"

分析工作进展顺利,他的阻抗开始消退。因此,我接着干预,我说,看上去他比较享受一个大女人给他某种性快感,并且尽管他很享受这种快感,但依然觉得害羞,因为感觉自己像个孩子。病人回答:是的,在梦中床那么大,相比之下他一定很渺小。然后,他停顿一下又说道:"你一定在想,这和我妈有关吧?是的,我约会的对象都和我妈一样有双粗腿,我很讨厌。"

这个临床案例向我们展示,如果从分析阻抗开始,那么就有可能进展顺利。如果回避阻抗而直接分析内容,病人将会愤怒地抵制,或是理智地辩解,或是顺从而已,这样就不会有真实情感的展现和真正的内省。通过这个案例,我们再次验证了技术背后的理论依据:先于内容分析阻抗。

为了使解释更为有效,必须确保病人能觉察、理解、领会这些解释或面质。因此,必须确信病人理性自我的存在。首先分析阻抗,是因为阻抗将干扰理性自我。更准确地说,一个处于尴尬状态的病人的理性自我是岌岌可危的。如果此时探究尴尬的内容,那么有限的理性自我也将消失殆尽;如果能充分利用有限的理性自我,适时指出他的尴尬,那么他的尴尬如此明显,应能被他的理性自我觉察，不至于逃离。接着和他一起寻找：是什么使他今天比较尴尬？并提醒他平时并非如此。开始时，他不理性地防御称：直截了当并不合适，之后又好奇地想知道我对此如何反应。此时，他的理性自我没有被疏离，而是向前迈进了一大步，加强了他的理性，使得他敢于意识到，不是我不接受，而是他自己不接受。并且意识到自己的反应是不恰当的，他可以学会用分析的眼光看待这个行为了。他与我形成了短暂的、部分的认同，建立了初步的工作联盟。我向他指出了他能接受和理解的行为。他的理性自我变得更为强大，可以分析性地看待既往的经历。此时，我已成功地使他的自我产生了分裂，兼备了体验与观察的功能。鉴于此，他就能够进一步提升理性的、观察的自我。读者可参阅斯特巴有关这一主题的精彩论文（1934）。

如果我一开始就着手梦和自由联想的内容，病人的尴尬就会转变为愤怒，离我而去。我从他的意识层面开始，提出他的自我能接受的内容，让他承认他愿意承认的感觉，即从意识的表层开始（Freud, 1905a；Fenichel, 1941）。我需要他的理性，而他能理性地承认他的尴尬。因此建立初步的工作联盟，然后他能意识到对我的不恰当移情反应。如果他尚不能，我会通过解释引导他意识到这一点。这样也加强了他的理性自我，使我们有可能敢于触及那些被回避的、痛苦的素材。

我决定接下来促使他意识到自己希望被一个大女人玩弄的幻想，因为他的这种性幻想是他内疚感的始作俑者，在此之前，他曾几次在分析时中断对此的分析。我感觉如果能让他意识到他的性幻想中的婴儿式特性，他将会更好地理解自己的内疚感、性无能与羞愧感。我问他当那个女人开始玩弄他的阴茎时，他的感觉是什么？因为他在叙述梦时明显地略去了这一点，并且也没有提及当女友这样做时他的性反应。这次的干预相当有效，因为他再次与阻抗进行抗争，最终意识到，相比其他的形式，他更喜欢这种性满足。

我感觉他已经为面对这样的事实做好准备，这种幻想具有婴儿式的、乱伦的性质，因此我引导他朝向这样一个方向，即向他指出：他的羞愧是因为这种行为使得他感觉自己像个正在被大女人抚摸产生性快感的孩子。他喜欢这种形式，但也厌恶这种形式。他意识到他喜欢欺骗女友的丈夫，同时意识到这是追求无谓的胜利，并且敢于意识到这种追求无谓的胜利有可能与早年他父母的关系有关。开始，他只是找借口："你一定在想……"最终，他接受并确认了这一点。随着分析的进展，他的理性自我日益彰显，逐渐战胜了阻抗。在整个分析过程中，可以观察到他与阻抗斗争的过程。在这个过程中，如果阻抗增强并且干扰了理性自我，那么就有必要先对阻抗做工作，而放弃对内容的探索。

技术原则的基本要领是：分析阻抗先于分析内容，分析自我先于分析本我，从表面开始分析。直接分析压抑的内容也许会跌宕起伏，但会使分析阻抗更加举步维艰。而且，如果阻抗没有被分析，那么分析工作将会陷入停滞。病人将会脱落、出现破坏性退行，或者分析将变成智力游戏或是隐晦的移情性满足。

先于内容分析阻抗的原则不能被刻板地理解为：孤立地分析阻抗，或是把阻抗和压抑的内容完全割裂开来。实际上，在阻抗与内容之间没有明确的界限。首先，在不同的案例中，阻抗与内容经常互为因果。其次，每个阻抗都有其历史起源，那就是内容。在分析过程中，常常会使用内容来帮助揭露阻抗，反之亦然。技术原则只是强调，在重大的阻抗没有被足够分析之前，对内容的解释将会无功而返。上述尴尬病人的案例清楚地展示了这一观点。病人不可能进行有效的工作，除非他一定程度上克服了移情性阻抗。下面是利用内容来帮助分析阻抗的案例。

K小姐（参见1.2.4和2.6.5），已经进行了四年的分析。在一次治疗时，她叙述了一个梦：①我正在拍裸照，各种卧姿，双腿交叉或分开。②我看到一个男人，手里有把卷尺，我估计卷尺上写了些色情文字。一个红色的、背上有尖刺的小魔鬼正在用它的小尖牙咬他。他摇铃呼救，除了我之外，没有人听到，但是我毫无搭救之意。

让我补充一点：在前几次的分析中，我们已经将她对同性恋冲动的恐惧进行了分析，她将之联系到她用阴蒂快感来取代阴道快感。现在，她已经能获得阴道性高潮，也敢于讨论这方面的话题。她从未真正感觉自己有阴茎嫉妒，最近才意识到：我很高兴我是个女孩，我不会成为男人的，这是深层的未被触及的对阴茎敌意的防御。如果我们了解了所有这些，那么梦的显意显然是有关这一主题的继续。拍裸照是暴露没有阴茎，手拿卷尺的男人象征着她的分析师，红色的魔鬼象征着她对男性阴茎复仇的投射。

病人开始用悲伤、空泛的语调说话。她准备给她两岁半的女儿办家庭聚会。她希望女儿能喜欢，不像她儿时那样惧怕聚会。她和她的未婚夫一起嬉闹时，她发现自己在咬他，指责他过去的放荡，他曾是个玩弄女性的花花公子。（停顿）她的例假来晚了一天，她担心可能是怀孕了，但似乎也不是太在意。（停顿）。她感觉自己不太对劲，内心有令人反感的感觉，就像《不道德者》(The Immoralist)里面那个男人有的那种感觉，那个男人对妻子的肺结核病感到厌恶。病人说："我参加了一个无聊的聚会，讨厌极了。（沉默）我希望你能说点什么。我感觉空虚。我对孩子发火，打了她，然后她变得非常可爱。（沉默）我感觉我很冷漠，一点都不亲近。"

此时，我干预道："你感觉冷漠是因为你害怕面对心里那个讨厌的魔鬼。"病人回答道："那个红色的魔鬼实际上是褐红色的，像陈旧的经血。它是中世纪的恶魔，像油画中看到的那种，我喜欢那个风格，如果我是幅画，就应该是那样：一个恶魔充斥着性、排泄、同性恋和憎恨。我猜我是不想知道对自己的仇恨，还有对男友的，对孩子的，以及对你的。我并没有真正的治疗改变，可我还是觉得我已经进步很多了。（沉默）"

我干预道："你最近发现了一个新的恶魔：你对男性阴茎的憎恨以及对自己的阴道的厌恶，并且你想躲入空虚来逃避它。"病人回应道："你听上去很自信，好像可以解决一切问题。也许我是在逃离。

我看过一本书，说的是一个男人用白兰地将他的妻子灌醉，这样她在床上就更性感了，而她也假装被灌醉了，发泄自己真实的情感。也许我就像那样，我真想向你们男人展示我会做得多么性感。有时我感觉在我柔顺的奴隶样的外表之下，我有真正的强大，如果给我阴茎，我会教导你们这些可怜的'操手'如何真正使用阴茎。是的，昨晚男友笨拙地想满足我时，我看着他，脑子里闪过一个念头：现在谁才是奴隶？那个卷尺，我曾问过你一次，你会用什么样的卷尺来测量神经症？我讨厌自己看上去很愚蠢，有时你和这个分析让我有这样的感觉。如果我有勇气，我会像你一样厉害。但是我害怕我会失去你，我会变得讨厌，而你会抛弃我。我想我必须对你更加信任，我不能指望男友忍受我这些，但是你应该可以……"

通过这些治疗片段，展示出如何引入内容来帮助分析阻抗。我向她解释她的躲入空虚，以此来逃避恶魔，即阴茎嫉妒、憎恨、对阴茎和男性的认同。这个解释帮助她识别自己对厌恶的否认，以及将这种厌恶投射到我和她的男友身上。她能够看到厌恶所引起的阻抗，然后在内心继续探索。对内容的澄清帮助她识别自己的敌意移情性阻抗。

2.7.2 来访者中心

这一技术原则是上一原则的扩展：所有的解释从表面开始。这是对意识层次理论的修正说法，是转变成心理结构的表达方式：解释可以从病人的意识、理性自我能接受的内容开始。而先分析阻抗再分析内容，是这一原则的具体应用，因为阻抗是自我功能的产物，相比潜意识内容，它更能被理性自我察觉。依此类推：先分析防御，再分析被压抑的内容；先分析自我，再分析本我。

弗洛伊德（1905a）在朵拉的案例中提出：让病人选择分析的主题。当时，他还提出：从病人思维的表层开始分析，不能把分析师的兴趣和理论推测强加于病人。自由联想的方法就是基于上述思想发展形成的。通过联想，可以了解病人的真实心理活动。自由联想可以告知病人正关心什么，什么将会浮现，什么使他耿耿于怀。自由联想的缺失同样告知病人正想回避什么。出于这些原因，我将来访者中心原则划入处理阻抗的技术原则。病人的沉默、回避以及如何回避通常使分析的主题水落石出。

  来访者中心并不意味着病人会深思熟虑地决定谈论内容。例如，病人在分析开始时说："我想和你谈谈我的妻子。"然后，他花费大量的时间来谈论妻子令人费解的反应。我保持沉默，因为我认为，他的言论对他具有情感色彩，而我尚没能发现有什么特殊的意义。然而，他出现了一个不经意的口误："我母亲的性要求特别强烈……我是指我妻子。"此时，我会问他母亲与妻子相比怎么样？借此来改变谈论的焦点。实际上，不是我改变了主题，是他的无意识促成了改变，而我只是紧随其后。

让病人选择分析的主题意味着：①让病人从最关心的、最明显的素材开始分析。②不要将治疗师的兴趣强加给他。如果上次治疗的素材很重要，那么你必须放弃你的兴趣，跟随着病人的思路，使工作更有成效。③正接受培训的准分析师们生搬硬套在督导课上习得的方法，或根据个人好恶依葫芦画瓢。有时尽管梦不是分析的主题，但一些分析师会牵强附会地一直释梦，只因为自己喜欢梦的分析。④病人选择主题，但我们应根据此主题，引导病人关心应该关心的主题。例如，病人选择谈论性的快感，但我们引导他意识到自己谈论性时的尴尬，引导他关注他自己也许尚未意识到的内容。我们可以用梦来做个类比：病人选择谈论梦的显义，而我们导出其潜在的隐义。

2.7.3 阻抗的特例

1. 轻微的阻抗

尽管精神分析技术因对阻抗的分析而区别于其他治疗方法，但是我们并不对每一个阻抗都进行分析。微小的、暂时的阻抗可以仅仅通过沉默而让病人自己克服，或者可以做些推动性的评论。例如，当病人显得语塞或犹豫时，简短地说："是吗？""什么？"病人就可能继续话题。不是每一个阻抗都有分析意义，都值得深究。只有病人自己能克服阻抗并保持有效交流，阻抗才是有分析意义的。如果阻抗持续存在并且不断增强，分析师就必须对其进行分析。换句话说，微小的、暂时的阻抗没有必要被分析。

追随微小的阻抗不仅得不偿失，而且会使重要题材黯然失色。另外，病人在分析阻抗过程中应积极主动。对微小阻抗的紧追不舍将会使分析师越俎代庖，并且使分析变成骚扰。分析阻抗的策略之一是：要分清哪些阻抗需要被分析，哪些不需要。

2. 自我功能丧失

有些时候，在分析中会出现：因为自我功能的丧失，阻抗也随之丧失。此时，我们的首要任务就是：允许甚至鼓励一定程度的阻抗。这种情况一般会见于精神病和边缘型人格障碍者，偶尔神经症病人在重温幼年神经症性冲突时，也会出现这种情况。对这种情况的必要干预可以是非分析性的，不需要提高内省，而是需要采取紧急措施。

情感爆发在分析过程中的任何时候都会出现，特别是治疗涉及早年神经症冲突的核心时。情感一旦爆发，或多或少会干扰自我的功能，干扰的程度取决于被释放的情感的强度与性质。如果这种情况发现及时，应对就较为容易。通过耐心等候和支持性沉默，将足以使病人充分释放压抑的情感。当恐惧、愤怒或者沮丧情感消退以后，病人的理性自我会逐渐回归，此时，可以尝试继续分析工作，但是如果情感风暴持续过久，或是爆发出现在分析时段的结尾，干预就是十分必要的了。虽然从理想的角度，希望病人能完全释放他的情感，但权衡之下，让病人在情感风暴的高峰期、理性自我缺失的情况下离开是有危险的。我们的任务是重新唤醒理性自我，并注意使用合适的唤醒方式。

以我的经验来看，以下的干预步骤会比较有效，并且会将不良后果的可能减到最小。让我们假设病人处于强烈的悲痛之中，剧烈地抽泣，而访谈时间快结束了。我会等到最后一刻这样说:"我很抱歉在你这么难过时打断了你,但我恐怕时间到了。"如果病人对此有反应,通常都会的,我会说:"让我们再稍用几分钟,让你感觉更平静一些。"然后,我会给病人机会倾诉他的渴望。不论如何,我都会给他机会,让他明白:我既不焦虑也不烦躁。我的举止表明我对他的困境感到同情,但必须面对现实。在治疗结束时回到现实,会给病人带来某种控制感。我会表明我打断他的情感倾泻的歉意,重要的是要显示没有被病人的情感迸发吓退,做出让病人认同的榜样。最后,我通常会说:"这样的情感倾泻对你来说是痛苦的,但是对我们的工作来说是重要的。我们必须理解它、分析它并控制它。"

有时,分析中会出现病人丧失了自我功能,或担心会丧失自我功能。例如,病人的谈话变得难以理解,或是像婴儿一样喃喃自语。这时,分析师要同样保持耐心、不害怕、镇定,必须打断病人:"现在让我们看一下发生了什么?你说话像个小孩子一样。"通过这样的干预,分析师做出榜样和提醒病人暂时失去了理性自我。镇定的语气,表明分析师没有胆怯,这些都对病人具有安慰作用。

有时,病人会陷入惊恐状态,变得特别恐惧与无助。我的一个病人曾诉说词语正从她嘴边流出,她担心会弄湿沙发。我让她尽量忍受这个状态,直到我认为她到了极限,然后我说:"好了,让我们回到分析中来。现在回头看看发生的一切,从事情一开始看看是怎么发生的。"

有时,病人会担心失去控制,害怕会变得野蛮攻击或是色胆包天。如果我感觉到这种害怕真实存在,并且害怕具有一定的理由,我会表明:"不用害怕,我不会让你伤害你自己或伤害我。"

如前所述,这些干预是非分析性的,但这些例外都会出现在分析情景中。此时,须使用非分析性的技术,但应尽量避免使用反分析性技术,因为反分析性技术有可能会干扰后续分析。紧急危机过去之后,就应继续进行分析,但就我的经验来说,那些基于治疗目标,并且在使用非分析性技术之后进行透彻的分析,将不会对后续分析情景产生不可挽回的破坏。相对而言,分析师完全的被动和沉默对分析的危害更大，这样会使病人退行回创伤情景，会被病人感知为治疗师缺乏关心、焦虑和困惑。当这种情况出现时，分析师要对自己的反移情进行自我分析。

在本章要结束时，我觉得有必要再次重申：最重要的阻抗是移情性阻抗。本章中并未讨论这一点，是因为后面的章节中将详细讨论。

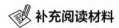 补充阅读材料

The Patient Is Silent

Arlow (1961), Glover (1955), Loewenstein (1961), Loomie (1961), Van der Heide (1961), Zeligs (1961).

Resistance and Defense

Freeman (1959), Freud (1916-17, Chapt. XIX; 1923b, Chapt. V; 1926a; 1933), Gero (1951), Hartmann (1951), Hoffer (1954), Kohut (1957), Lampl-de Groot (1957), Loewenstein (1954), Sperling (1958), Winnicott (1955).

Acting Out and Resistance

Altman (1957), Bird (1957), Ekstein and Friedman (1957), Kanzer (1957), Spiegel (1954), Zeligs (1957).

Character Disorders and Resistance

Gillespie (1958), Gitelson (1958), Glover (1958), Katan (1958), Nacht (1958b), Waelder (1958).

Ego-alien and Ego-syntonic Resistances

Glover (1955), Menninger (1958), Sharpe (1930).

第3章 移情

精神分析技术发展的重要标志之一是我们对移情本质的不断认识。我们可以认为，分析治疗技术的进展得益于弗洛伊德（1905c）对移情的双重作用的重大发现：移情既是一种不可替代的分析手段，也是危害治疗的主要来源。移情反应提供了非常宝贵的机会，引领治疗师去探索病人很难触及的既往经历和潜意识内容（Freud，1912a）。移情同样也会激起阻抗，给分析治疗设置重重障碍。精神分析的各种技术都应包含对移情分析这一核心元素。精神分析各个流派的理论分歧都可以说是由对移情处理方法的不同所导致。移情反应普遍存在于接受分析治疗的病人中。精神分析治疗与其他治疗流派的分水岭，也就在于促进移情的发展，系统地分析移情。

3.1 定义

移情，是指一个人与另一个人的特殊联系，是一种特定的客体关系，主要特征是将过去对重要客体的情感体验不适当地投射到另一个人的身上。从本质上来说，是眼前的这个人被当成过去的某个人来对待。移情是一种重复，是以往客体关系的翻版（Freud，1905c）。移情是一种不合时宜，是时间上的谬误；它也是一种置换，将过去对某人的冲动、感情和防御转移到了现在的这个人身上。移情基本上是一个潜意识过程，当事人大都意识不到这种谬误和置换。

移情可以经由客体关系的任何形式来表达，可以表现为情感、冲动、愿望、想象、幻想、态度和思想，或是对它们的防御形式。移情反应的始作俑者是个体经历中早年对他有重要意义的人物（Freud, 1912a；A. Freud, 1936）。在分析治疗和治疗场景之外，都可能出现移情现象。在神经症、精神病和健康人群身上，也都可能出现。实际上，人类所有的关系都是现实关系与移情反应的混合（Fenichel, 1941）。

在我们进一步阐述之前，有必要先对移情进行限定。本章所指的"移情"，是指由弗洛伊德提出，具有众所周知的经典含义的移情，目前大部分分析师也仍然秉承这些含义。但在最近几年，出现了一种修正倾向，认为"移情"这个词有可能误导。"移情"是单数，而移情现象是繁复、多元、多样的，应是复数；"移情"（复数形式）在语法上更为正确。不幸的是，"移情"（复数形式）对我来说，听上去荒诞不经，我不得不在正确性与熟悉性之间做一妥协。我更喜欢用"移情反应"去指代所有的移情现象。当我使用"移情"这个词时，是把它作为一个集合名词，作为移情反应的缩略表达。

移情反应总归是不合时宜的，这种不妥当可体现在反应的量、质与持续时间上。移情反应可以是对事态反应过度或反应不足，或是对移情人物的情感异乎寻常。移情反应对当前情况来说必然是不合时宜的，但在过去的情景中曾经是合适的，就像移情反应对眼前的这个人是不贴切的，而对过去的某个人是恰如其分的。

例如，一个年轻的女性病人由于我在她的治疗开始时耽搁了2～3分钟，表现出哭泣与愤怒，因为她想象我一定是把额外的时间给了我最喜欢的某个女性病人。这种反应发生在一个35岁的知识女性身上显然不合时宜。她的自由联想反映出她过去的经历：她五岁时，当她在房间等父亲来向她吻别并道晚安时,她总是不得不等上几分钟,因为父亲总是先和她的妹妹道晚安。她记得,她总是默默地哭泣、愤怒和嫉妒,就像她现在对我的反应一样。她的反应对于一个五岁大的小女孩来说是合适的,但是显然与现在的年龄、受教育水平不相称。理解这种行为的关键是要认识到这是一种对过去的重现、一种移情反应。

移情反应本质上是过去客体关系的重现,这种重现可以反映出客体关系的不同方面,重现也具有不同的功效。重现可以是本能释放的受挫或被禁,所导致的神经症性冲动寻求延迟满足的表现(Freud,1912a;Ferenczi,1909)。重现同样可以被理解为试图回避痛苦记忆的尝试,再次体验对痛苦的防御,这也正是强迫性重复的特征(Freud,1912a,1914c;A. Freud,1936;Fenichel,1945b)。

事实上,重复行为表达的是既往的体验,这种体验对当前情景来说是不适切的。这种重复也许是完整的复制,一种重温,一种再现,或者是一个新版,一种改良,一种对过去的扭曲呈现。如果移情行为是对过去经历的改良,那通常是朝向满足愿望的方向。例如,儿童经常想象幻想成真(Freud,1914b;Jones,1953)。因此,病人也常常会认为分析师具有父亲般的性吸引,而这种感觉也常常在后续的分析中被揭示为童年幻想的重复。移情反应的付诸行动通常受满足愿望的驱使(Freud,1914c;Fenichel,1945b;Greenacer,1950;Bird,1957),也可以由此推导出:病人试图通过付诸行动来完成未竟事宜(Lagache,1953)。

作为移情反应来源的最初客体通常是童年早期的重要人物。他们通常是父母,养育者,给予儿童爱、舒适与惩罚的施与者,兄弟姐妹或其他竞争者。有时,移情也会来自发育后期的人物,甚至当前的人物,但是分析表明这些后期人物居次要地位,并且通常是从童年早期的人物演变而来。最后,需要补充的是,有时候自体的某些部分会防御性地转移到他人身上,即经过投射产生对他人的态度。这时会被误认为是移情反应，这种类型的反应不属于移情反应的范畴。这一点将在 3.4.1 中详加讨论。

移情对象也可以是那些扮演了早年父母特定角色的人物，例如，情侣、领导、医生、教师、演员、权威、名人等，这些人物特别容易激发移情反应。另外，对动物、物品、机构、抽象概念等，由于对童年早期重要人物的情感衍生（Reider, 1953a），也会出现移情反应。

客体关系的各种元素都可以包含在移情反应中：任何情感、冲动、愿望、态度、幻想，以及对它们的防御。例如，一个病人无法对他的分析师产生愤怒，这有可能源于童年期对表达愤怒的防御。儿童期经历使他了解到，避免与暴躁的父亲争执的最好方式就是忘却自己的愤怒。在分析中，他固执地表现出和蔼可亲，完全意识不到背后隐藏的愤怒。

在分析过程中，也可能出现认同现象，这也有可能源于移情。我的一个病人会在分析过程中不时地呈现出我的种种性格特征。当他感觉受到更具竞争性的来访病人的威胁时，更是如此。这象征着：如果不能拥有一个像我这样的客体，他不得不把自己变得像我。他的童年经历表明：当他与哥哥竞争父亲的爱时，他惯用这种防御方式。

移情反应本质上是潜意识的，尽管反应的某些方面可能会被意识到。一个人也许会感觉自己的行为有些过分和怪异，但他不会知道这种行为的真正意义是什么。他甚至会理智地意识到反应源于何处，但是他仍然无从知晓行为背后的重要情感、本能成分或真正的含义。

所有人都会有移情反应，分析情景只是促进移情的发展并且用之来解释和重构素材（Freud, 1905c, 1912a）。神经症病人特别容易产生移情反应，因为通常遭受挫折或心情抑郁更易产生移情。分析师是移情反应的主要对象，个体生活中的重要人物也容易成为移情反应的对象。

总之，移情是对当前对象不恰当的、无意识的情感、冲动、态度、幻想和防御，它根源于童年早期与重要人物交往的重复。移情反应有两个突出的特点：重复和不合时宜。（对此定义的进一步论述参见 3.4.1。）

3.2 临床表现：一般特征

在这一节，我将介绍在分析过程中经常出现的典型移情现象。我相信，通过聚焦于病人对分析师的反应特征能部分呈现移情的轮廓。一定要牢记：我所强调的特征并不一定是移情反应的绝对佐证，还要仔细观察这些特征是否具有重复性和不适当性。

3.2.1 不合时宜

在体验移情反应的基本特征时，我们应扪心自问：能否将对分析师的所有反应都归类为移情？根据我们的理解，答案是否定的。例如，一个病人对他的分析师产生愤怒情绪，不能就此牵强附会地判定是对分析师的移情反应。首先要弄清病人的行为是否事出有因。如果愤怒是因为分析师在咨询中接听电话而打断了病人的自由联想，那么，他的反应是现实的、与环境相符的、是情有可原的。这并不是说可以对这样的反应听之任之，而是对此情况的处理应该与对移情反应的处理不一样。我们也许会探究病人与愤怒相关的过往生活史和幻想，但是，不管发现了什么，我们必须提醒病人和自己：病人对此的外在反应是有现实基础的。当然，如果病人对此狂怒不已，或者显得完全无动于衷，那么，这种反应的不恰当程度则提示这种反应有可能是一种重复性行为，或者是童年的惯常反应。同样，如果他的愤怒持续了数个小时，或者对于被打断忍气吞声，那么也属于类似情况。

让我引用一个典型例子。在一次治疗中，我的电话不停地在响，我估计是个紧急的电话，就接听了。令人沮丧的是对方打错了电话，我有些恼火，不经意地嘀咕"该死的"。然后，病人从他被打断的地方继续谈。过了几分钟，我打断了他，问他对于我接听电话有何感想。他回答道："我应该有啥感想？这又不是你的错。"沉默。他试图继续之前的谈话，但显然很勉强和不自在。然后我指出，他试图在按照想象中"应该的样子"来掩盖他的情感反应。这促使病人想起在我接电话的一瞬间闪过的愤怒，随即浮现出我对他愤怒地大喊的情景。由此，病人记起当年他是如何被迫屈从于父亲的"你应该怎样做人"的训导，这时，我向他解释道：他对我的反应就好像当年对待父亲一样。

在上述案例中，对目前情况反应的不恰当性是主要信号，表明导致这一反应的对象并不一定是目前现实的个体，有可能与过去的重要客体有关。

3.2.2 强烈情感

一般来说，对分析师过分强烈的情感表明了移情的存在，包括：各种形式的强烈的爱、恨以及恐惧，因为通常分析师节制的、非伤害性的、持续稳定的行为和态度不应引起病人强烈的情感反应。这里，我们再次提出反应的恰当性：重要的是，如果分析师的行为和分析情景有理由激起病人强烈的情感反应，那么这种反应就是事出有因的。例如，一位分析师在病人叙述时睡着了，病人发现后叫醒了他。分析师不但没有承认错误，而且责备病人潜意识地想通过无聊的谈话让他睡觉，病人当然会对此很愤怒。

在这种情景中，我不会将病人的愤怒看作移情反应，这种反应本质上是合理的、恰当的，不应错看成移情而误入歧途。这并不意味着病人的这种反应就不用被分析，只是我们对现实反应和移情反应的分析方向不同。另外，不管强烈的情感反应是多么合理，有多现实，它们也都可能与移情的核心内容相关。因此，通常在分析过程中，对分析师的强烈情感可以被看作移情反应的可靠的风向标。

强烈反应的对立面，即对分析师无动于衷，也是移情反应的可靠指标。病人会因为恐惧或羞愧等抑制自己的移情反应，表现为麻木不仁，这是移情性阻抗的明显特点。如果病人并没有意识到自己的情绪，而对分析师表现出温良、谦让，情况就会更加复杂。有可能病人内心风起云涌，却表现得心平气和。这时，需先针对病人的压抑进行分析，然后才能引导病人自发地对治疗做出反应。这种移情的阻抗在第 2 章已有描述。在此，我想扼要地提及我工作中常见的临床现象：我的病人对我的治疗风格的评判常常表现得十分理性，但是评价其他分析师时显得吹毛求疵。这是明显的移情反应，置换这种反应是病人防御对自己分析师的批评态度的结果。另一个类似的移情反应是病人在治疗时间里反应平淡，但在治疗之外对陌生人却充满情感。

有时，病人的反应并不一定与分析师有关，因为在分析之外，病人的实际生活中发生了重要事件。然而，对分析师持久的情感、想法和幻想的缺失总归是移情现象，是一种移情性阻抗。因为分析师对病人来说是非常重要的人物，不会在病人的思想和情感中缺席太长时间。如果分析师真的很不重要，那么病人就可能"不在分析中"。病人参与分析的动机也许是取悦某人，或者另有他图。

有时，病人会把强烈的情感投注给生活中的其他人，此时对分析师情感的缺乏就有可能不是移情性阻抗了。例如，一位病人在分析刚开始时结束了一场情感纠葛，在分析过程中，他又与人恋爱了。这个恋爱事件极有可能包含了病人过往经历的所有重要因素，而分析治疗在恋爱中的作用不能一概而论。在得出一个比较可靠的结论之前，分析师必须对具体情况进行反复的探索：病人坠入爱河是否为了取悦治疗师？或是因为治疗师没有给他足够的爱而表达怨恨？或是这种爱也是因为对治疗师的认同，而与某个和治疗师相仿的人相爱？坠入爱河是否意味着成熟？有没有维持亲密关系的现实愿望？

这些问题并不容易回答，也不可能有绝对的答案，只有持续探索或假以时日才能水落石出。这也是为什么弗洛伊德提出治疗操作守则：分析师必须要求病人承诺，在分析期间保持生活不发生重大变故（1914c）。当然，也会因为移情，这一建议可能会被病人曲解，所以我们必须在合适的时间以合适的方式将此建议传达给病人（Fenichel，1941）。实际上，近来分析治疗的时间逐渐趋长，对这一原则也需进一步修正。今天，我们会告诉病人最好不要对生活做重大改变，除非我们对这种改变预先进行了充分的分析。这个问题会在第二卷中做更进一步的讨论。

3.2.3 矛盾情绪

所有的移情反应都具有情绪的矛盾性，同时存在着完全相反的情感。按照精神分析的惯例，我们假设矛盾情感的一方是潜意识层面的。比如，对分析师的爱后面一定隐藏着恨，性渴望的同时一定伴随着经过修饰了的嫌恶等。当出现的情感反复无常、变化多端时，矛盾情绪可能较容易被觉察。比如，矛盾情绪中的一方在意识层面根深蒂固，而对立的一方则顽固地防御。有时，病人也会将矛盾情绪中的一方移置给他人，通常是另一个分析师。在接受培训的准分析师身上，经常见到这种现象。他们会对自己的导师赞赏有加，同时，将潜意识里的敌意转移到其他资深分析师身上，反之亦然。

我们也不应忘记，移情反应也会以矛盾情绪的前驱表现出现。分析师的形象被分裂成好的和坏的两个客体，两个客体分别独立存在于病人的头脑中。当病人出现这种反应（通常是更深层的退行），能够感受到同一客体两种矛盾的情绪时，常常意味着治疗取得了一定的进步。

让我们引用一个临床案例。我有一个边缘型人格障碍的病人，几年以来，一旦他产生焦虑情绪，就会在治疗时段表现怪异。我逐步拼凑出以下的解释：当他对我感到愤怒和怨恨时，他感到害怕，不再听我的言语，因为他感觉我的话像毒箭穿心，所以用置若罔闻来防御，以此稳住阵脚。这时，他转而专注于我的语调、声调和节奏的变化。我低沉的语调和规则的节奏犹如他妈妈给他哺食美味，当时的情景像过去他和妈妈单独吃饭时的情景。高亢的语调和紊乱的节奏意味着妈妈给他不好的食物，因为父亲在场，使妈妈紧张而弄坏了食物。经过许多年的分析，他才学会整合我的各个方面，不管爱我、恨我还是怕我，都能够完整地看待我。

3.2.4 反复无常

移情反应的另一个突出的特性是反复无常。移情的情感是波动、乖僻和飘忽不定的，在分析的早期，尤其如此。格洛弗（1955）恰如其分地称之为"躁动的"移情反应。

我举一个典型的情绪急剧变化的案例。一个年轻的癔症性抑郁女病人，她的治疗已经进入第2个月了，但近一周的治疗时段里风云突变。她在分析治疗过程中一直表现不错，因为她担心我会觉得她的案例极其普通，没有治疗价值。她对我充满敬畏与仰慕，其后隐藏着希望我能喜欢她的愿望。

在一次治疗中，经过一番考虑，突然，她承认她爱上了我。她解释说在上次治疗结束时，发现我的裤子有些皱，领带有点歪。她由此确信，我不是一个物质享乐主义者、不是贪财鬼，而是一个有思想的人、一个不拘小节者，甚至是个艺术家。她对我朝思暮想，这种情感与日俱增，她很享受这种感觉。甚至当我们开始分析这种想象，并追溯到她的过往生活史时，这种情感依然十分鲜明。

第二天，她诉说自己充满内疚。因为她的孩子晚上一直耳痛，病人认为这是由于她的疏忽造成的。她过多地沉溺于编织爱情的美梦，而疏于照顾孩子。她确信我一定蔑视这样轻浮的女人。当我试图追溯这种反应的起源时，她认为我是在变相惩罚她，当然，她罪有应得。

第三天，她感觉我的问候暗藏冷淡，虚情假意，我的沉默是种蔑视。她现在感觉我不再是个不修边幅的理想主义者或思想家了，我对病人轻蔑且傲慢，把他们看作"可怜而有钱的无病呻吟者"。她的攻击欲望使我成为一个谋人钱财同时又鄙视富有、思想邪恶的分析师，这种攻击也保护了她自己。她发现我的雪茄味道很难闻，甚至令人作呕。

接着，她认为我对她的攻击敌意性的分析显得笨拙但很可爱。她认为我也许是个好心人，热心肠，只是有些情绪化。她认定因为她的批评我才换了雪茄的牌子，买了更贵的，她很感激我的体贴入微。希望有一天，我能成为她的良师益友，因为她听说我很优秀。当我保持沉默时，她觉得我"沉闷乏味"、保守陈腐，而且令人扫兴。我一定是个书呆子或是个工作狂。治疗结束离开时，她感觉我也许是个很好的分析师，但她仍然同情任何会嫁给我的人。

这是一个有关反复无常的极端例子，突显了癔症和神经症性抑郁病人在分析早期，其移情反应的荒诞与飘忽的特点。

3.2.5　顽固不化

矛盾情绪是移情反应的一个突出特点。我已经描述了移情的反复无常，现在我还要再加上一点，移情反应还具有顽固不化的特点。虽然没有绝对的标准，但是一般零星偶发的移情反应倾向于在分析的早期出现，而持续长久、顽固不化的反应更多在分析的后期出现。

病人会习惯性地长期采取一系列固定的情感与态度对待分析师，轻易不会屈从。这些顽固的反应需要旷日持久的分析治疗，有时长达数年。长时间的治疗并不表示移情分析工作陷入僵局，因为在此期间病人的行为特征会潜移默化地有所改变，新的顿悟和记忆也有可能出现。因为顽固不化的移情中卷入了多种情感，而这些情感提供了重要的本能和防御的需要，所以病人不得不负隅顽抗，这种顽抗可表现为剑拔弩张或者若隐若现。

> 我的一位病人 K 夫人（参见 1.2.4、2.6.5、2.7.1），三年来一直对我有一种色情性移情。我对这些反应的不断解释、持续缺乏回应、偶尔的失误都没有能够对其产生多少影响。只有当她取得了足够的治疗进展，能够与丈夫达到部分的性高潮，从而减轻了她对同性恋的恐惧之后，这种顽固的正性移情才有所改变。之后，她才敢于让自己意识到对我以及所有男人的憎恨与厌恶。

顽固不化与自发性的缺乏都是移情反应的信号。如果不是借助来访者的防御性正性移情的力量，即使是最好的分析师，他的任何人性弱点都会成为众矢之的的。分析工作通常是艰难困苦的，自然也会引起病人的怨恨。但重要的是，移情反应来源于病人所回避的过去，而且一定包含了寻求释放的大量的潜意识攻击。而分析师的同情和中立态度能缩短某些病人长久的敌意。移情反应的顽固不化是本能满足和潜意识防御的联姻。

以上提到的5点是移情反应最典型的表现。在这些表现中，应优先考虑包含在其他典型表现之中的一个特征是：不合时宜。不合时宜是指强度、矛盾、反复和顽固性方面的不合时宜，也正是这种不合时宜使移情反应露出破绽。不合时宜不仅在对分析师的移情中是这样，在对其他人的移情反应中也同样如此。不符合性格和不符合场合的反应，都可能是移情反应。

3.3 历史回顾

弗洛伊德及其前辈们对移情的理论与分析移情技术做出了重大贡献，我在此将做一简要概述。我将按照时间顺序，从1895年叙述到1960年，我只强调那些我认为有重大意义的观点，略去许多总结性与重复性的文章，有兴趣者可参阅原文。我所认为的有意义，不仅是指言简意赅，而且也是我个人主观的选择。有关这方面的内容在1.1中已涉及。

在《癔症的研究》（1895）第4章有关心理治疗的论述中，弗洛伊德第一次对移情的作用进行了描述与讨论。开始，他将之视为不利因素，因为病人不问青红皂白地把以往的私人关系强加于自己与医生的关系中，尽管弗洛伊德也意识到，这种以往的私人关系也可以消除一些阻抗。在这种关系中，一些病人容易感到被忽视，另一些病人会害怕自己变得依赖，甚至是性的依赖。后来，弗洛伊德注意到有些病人容易将分析治疗所引发的早年导致他痛苦的人物形象转移到分析师身上。弗洛伊德称这些病人对分析师做出了一个"误判"。在一些案例中，这种现象接二连三。弗氏在处理这种情景的技术上建议：①这种情景必须被意识化；②分析师必须展示这些情感对治疗的阻碍作用；③分析师必须追溯它的来源。开始时，弗洛伊德对于在治疗中遭遇这种情景"非常恼火"，但很快就意识到了它的价值。

朵拉案例是精神分析技术发展的里程碑（Freud, 1905a）。弗洛伊德以谦卑的姿态，非常清晰地描述了他在朵拉案例中对移情识别的失败，导致了治疗的中断和脱落，以及由此发现了移情的重要意义。在这篇谈及朵拉案例的论文里，弗洛伊德描述道：分析治疗中病人对他的情感体验其实是病人重温与过往重要人物情感体验的翻版、临摹、复印和修正。这种情感视旧如新，是原有情感的复现。弗洛伊德称这种现象为移情，并且宣称它是精神分析治疗不可缺少的一部分。移情对治疗产生了巨大的阻碍，但它也是治疗中最重要的同盟。他意识到病人朵拉的脱落是对他的付诸行动，正如她不敢面对她的爱人一样，脱落实际上是她过往生活片段的重演，只可惜弗氏自己识别太晚。弗洛伊德由此意识到，要想取得治疗成功，对敌意移情进行分析是至关重要的。

费伦齐（Ferenczi）在1909年的论文《内射与移情》（Introjection and Transference）中又更进了一步。他提及了有关移情的一些新观念，其中有些观点至今仍有争议。他指出：神经症病人的移情反应不仅发生在分析情景中，在其他场合也有可能发生。他认为移情反应是一种特殊形式的情感移置，医生角色特别可能成为移情的对象，而不仅限于分析治疗师。他认为对于病人的这种移情倾向，分析师只不过催化其发生而已。这些反应可能以对分析师的正性或负性情感的形式出现。费伦齐还认为所有的神经症病人都极易产生移情，因为遭受挫折可能诱使人们产生内射的倾向和认同的渴望。而分析师最可能成为投射的对象。他将神经症病人与偏执症和其他的精神病人做了比较，发现精神病人很少对分析师产生投射，而是倾向于把自己和分析师隔离开来。他认为，神经症病人的这种对分析师的投射来源于对刺激的渴望。他进一步推理：移情性投射起源于某种婴儿期的经历。分析师是一个"形象代表人物"，是病人童年早期经历中重要客体的形象写照。移情反应实际上是一种自我修通的愿望。

费伦齐进一步推论：在催眠和暗示中，我们同样面临移情反应，这些移情反应有性本能的基础，源于童年早期与父母角色交往的经历。病人对催眠师产生的移情，既来源于早年对父母的爱，也来源于对父母的恐惧，病人因此会变得对催眠师言听计从。类似的反应也会出现在非催眠性的精神分析治疗中。我们可以看到病人会在父性移情和母性移情间摇摆，即在爱的移情（对母亲的反应）和恐惧的移情（对父亲的反应）之间摇摆。

弗洛伊德的论文《移情中的动力学》(1912a) 提供了对移情更有价值的认识：病人产生移情反应是源于未曾满足的愿望。这种倾向在病人身上如此明显的原因，是他的神经症性愿望一直不能得到满足，这也是构成目前神经症性症状的原因，因此，移情现象并非分析治疗本身所引起。移情反应是力比多退行的标志。移情与阻抗都是这种抑制冲动和满足冲动妥协后的形态。病人通过移情情景，将这种冲突表现得淋漓尽致。了解这一点对分析治疗至关重要，因为这使得病人有可能通过当下情景修复尚未解决的、既往的与重要客体有关的冲突。通过移情，病人重现了旧时人事，人不可能与不存在的敌人斗争，移情也因此成为必要。在不断出现的移情情景中认清这些问题，对于分析治疗十分必要。

在这篇论文中，弗洛伊德探讨了移情和阻抗的关系，特别是正性（如性与色情性）移情与负性移情的不同，以及移情如何形成阻抗。他分别对性、色情性移情与负性移情做了描述，同时指出：治疗联盟是一种非性化的、正性的移情反应。在弗洛伊德看来，所有的移情在本质上都是矛盾的。另外，有趣的是：病人不仅对分析师和医生，对机构和制度也可以产生移情反应。

论文《对精神分析执业医师的建议》(Recommendations to Physicians Practising Psycho-Analysis, 1912b) 值得关注，因为弗洛伊德在其中第一次提到了反移情，并且提出分析师需要做到"精神分析式的纯净"。弗洛伊德第一次明确提出了著名的"镜像"作用。为了尽量减少病人移情的影响，分析师有必要保持匿名性。"医生必须对病人保持单向的隐匿，像面镜子，只是如实反映病人展示的东西。"

在《治疗的开始》(On Beginning the Treatment, 1913b) 中，弗洛伊德建议：只要没有明显的阻抗作用，我们就不要去碰触移情的主题。他同样建议，除非分析师和病人之间形成了治疗关系，否则分析师不宜向病人做解释。如果我们对病人表达深切的关心、对阻抗不讳莫如深以及持有共情性理解的态度，我们就能与病人建立治疗关系。⊖

⊖ 我忍不住想说，这是对工作联盟的首次描述。——作者注

在《记忆、重复与修通》（1914c）中，弗洛伊德详细地讨论了病人在移情作用下的付诸行动倾向。他同时对移情反应形成一种新假设，即强迫性重复，但是弗氏当时还未将之与死本能联系在一起。另外，在这篇文章中，第一次提到了移情性神经症。移情性神经症是在治疗过程中形成的，代替了病人以往的"儿童神经症"，可以通过分析工作加以治疗。

《对移情性爱的观察》（Observations on Transference-Love，1915a）一文有两个值得我们关注的理由。文中，弗洛伊德第一次提出了"节制原则"。弗洛伊德认为这是一个基本原则，应该允许病人保留移情性需求与渴望，这种移情可以驱使病人参与分析工作。同时，这也是一篇优秀的论文，因为弗洛伊德在文中敏锐地、个性地、文采横溢地表达了如何正确处理病人对分析师的浪漫爱意。

在《精神分析引论》（1917）的"移情"和"分析性治疗"章节中，弗氏系统、透彻地回顾了当时有关移情的基本观点。在此书中，弗洛伊德也将移情性神经症与自恋性神经症做了比较，同时也对精神病人的移情问题做了简要的探讨。

弗洛伊德有关移情现象的重大理论改变体现在《超越享乐原则》（Beyond the Pleasure Principle，1920）一文中：某些童年期反应在移情中被重复，不是为了寻求满足，而是因为比享乐原则更为原始、更为优先的强迫性重复。强迫性重复是死本能的体现。这是弗氏第一次将移情反应与性本能和死本能同时联系起来。

在这些文章发表之后，移情理论方面再没有实质性的进展，直到1928年格洛弗发表了一系列有关治疗技术的论文。这些文章第一次系统描述了临床实践中形成和处理移情性神经症和移情性阻抗的特征性问题。格洛弗提出了移情发展的不同阶段，以及如何处理移情反应中的主要问题。

埃拉·费里曼·夏普关于治疗技术的论文（1930）阐述了治疗过程中，分析病人对分析师的幻想的重要意义。她明晰、敏锐地强调了在对分析师的幻想中，病人的超我、自我和本我的表征是如何表现的。移情反应不仅是种置换，更是种投射。与克莱因学派（Kleinian）的观点一致，埃拉·弗里曼·夏普认为分析移情不是孤立于治疗任务之外的，而是贯穿于分析过程始末，分析移情也需持之以恒。更具有临床意义的是，她描述了被动服从病人中的隐匿性移情阻抗相关的复杂现象。

在弗洛伊德的《分析的有限与无限》（1937a）一文中，他提出了关于移情和移情性阻抗的颇有争议的假设。他强调：负性移情和付诸行动，都归因于强迫性重复，与死本能有关。他提醒大家关注移情的生理与生物学的因素。弗洛伊德指出了精神分析治疗的局限性和造成疗效不良的可能原因，以及产生不良治疗反应的病人所固有的特征。在这篇文章中，他提出疑问：分析师是否有必要刻意激发病人的潜隐问题？弗洛伊德坚信：分析师不应该操控移情，对移情应该分析，而不是操控。

理查德·斯特巴的两篇论文（1929，1934）对于帮助理解移情可谓功不可没。他提出当病人部分地认同分析师的观点后，其自我的功能可以出现分裂，通过这种分裂，病人才能积极参与分析。病人不仅仅提供素材，而且通过认同，能够对素材进行分析。之后，这一核心观点被称之为"治疗联盟"或"工作联盟"。

费尼谢尔（1941）关于技术治疗的薄卷，对精神分析技术的理论基础进行了高度浓缩、系统和详尽的回顾。对于如何处理一些典型的技术问题，书中也提供了一个大体的技术步骤。

玛伽尔派恩（Macalpine）的论文《移情的发展》（The Development of the Transference，1950）最突出的贡献是：她仔细地剖析了分析情景是如何促使病人的移情倾向转化成具体移情反应的。她列出大概有15个彼此独立的因素，它们是如何在精神分析治疗中诱导病人产生必要的退行的。

菲利斯·格里纳克（Phyllis Greenacre）在《移情的作用》（The Role of Transference，1954）一书中对移情的来源提出了一些非常重要的见解。她同样解释了移情的重要性，要保护移情不被污染。她对于分析中"倾斜"关系（病人与分析师之间的不均衡）是另一个有益的观点。格里纳克意识到移情关系是一种特殊的、复杂的关系，建议认真对移情关系进行梳理，区别对待其中的不同成分（Greenacre，1959）。

1955年，在第19次国际精神分析大会上，"对移情问题的讨论"是对当时精神分析观点的精彩总结（Waelder, et al., 1956）。伊丽莎白·蔡策尔（1956）关于"治疗联盟"重要性的分析尤为突出。在那篇文章中，她强调了经典精神分析师和梅兰妮·克莱因追随者对此看法的根本分歧。在我看来，这种治疗联盟观点上的分歧是导致双方在重要理论与技术方面差异的根本原因。斯皮茨（Spitz，1956b）的文章使我们能更好地理解：分析治疗的设置是如何激发病人重现某些早期的母婴关系，以此关系作为移情的蓝本。温尼科特（1956a）的论文强调了对于那些在生命早期没有得到足够母爱的病人，在技术上要做出相应的调整，即只有当病人有能力发展出移情性神经症时，我们才能依此进行解释性工作。

罗耶瓦尔德（Loewald，1960）在《精神分析的治疗行为》（Therapeutic Action of Psycho-Analysis）中，描述了非常深入的观察结果，他重点关注移情关系中的非语言元素。这种移情性互动关系，类似于母婴之间非语言的、促进婴儿成长的互动关系。婴儿自我结构的形成部分有赖于母亲的甄选、引导和培育能力。母亲对孩子的期望反照出婴儿的自我映像。在精神分析治疗中，咨访双方会不知不觉地重现类似的过程。

利奥·斯通（1961）的著作《精神分析情景》（The Psychoanalytic Situation）对移情现象进行了进一步的澄清，其中一些概念，如必要地满足病人的愿望、分析师的治疗意愿、咨访关系的不均衡，都代表了理论与技术的重大进步。我相信，正是蔡策尔有关"治疗联盟"的论文和斯通有关"精神分析情景"的书导致我提出"工作联盟"的构想（Greenson，1965a）。把相对非神经症性的治疗联盟关系与神经症性的移情反应分离开来，有着重要的理论与技术意义。要想分析工作顺利进行，病人必须能够同时与分析师发展出上述两种类型的关系。

在对移情做一历史回顾时，我们还需对一些有争议的话题做简要的描述。

我挑选了两个在我看来时下最重要的理论流派：克莱因学派与亚历山大学派（Melanie Klein and Franz Alexander）。

克莱因学派人士认为：解释移情现象背后的潜意识意义是治疗的关键。他们认为病人与分析师的关系几乎完全是基于病人的潜意识幻想（Isaacs，1948）。移情现象本质上是病人将其婴儿早期好客体、坏客体投射与内射的结果。尽管这些内射多半发生在前语言期，但克莱因学派仍然期望病人能够在分析开始时就能理解这些原始行为的意义（Klein，1961；Segal，1964）。他们不就此分析阻抗，只是解释病人针对分析师的复杂的、敌意的和理想化的投射与内射。似乎他们根据主观臆想，期望通过解释来影响病人自我功能中的好客体与坏客体。他们无视病人自我的完整性和协调性，也不尝试建立工作联盟，而是试图与各种内射建立直接的联系（Heimann，1956）。

克莱因学派人士持有这样的观点：只有对移情的解释才能奏效，其他的解释都不重要。他们声称，他们的方法对儿童、精神病人和神经症病人同样有效（Rosenfeld，1952，1958）。当然，我们仅凭对此简短的评论难免有断章取义之嫌，因此，有必要对整个学派的思想有一全面的了解。建议读者们阅读克莱因学派人士最近出版的三本书（1952，1955；Segal，1964）。要对这一主题进行更深入的了解，可参阅布赖尔利（Brierley，1951）有关克莱因理论的著作。

尽管我们与克莱因学派存在众多分歧，但就移情的解释而言，这一学派仍遵循精神分析理论的原则，而亚历山大及其追随者（1946）则背离了精神分析解释和分析移情的基础。他们提倡移情应该被调整、控制和利用，不应该纵容病人神经症需求的发展。分析师不应促使病人进入深层退行，因为这种退行将导致病人产生依赖性移情反应，这种反应实际上是一种阻抗，不具有治疗成效。分析师应尽力避免病人的不信任与反感，敌意与攻击性的移情也是不必要的累赘。分析师还要避免提及婴儿期冲突，从而避免病人产生依赖性移情反应。适度的移情性神经症尚可接受，但是严重的移情性神经症则无必要。分析师应更多地聚焦于现在，而不是过去。

这是亚历山大和弗兰茨所著的《精神分析治疗》（*Psychoanalytic Therapy*）

一书中所表达的部分观点。这本书在美国精神分析圈中起了相当的反响（在欧洲似乎被人忽略了），因为许多投稿者是杰出的精神分析师，而书中的观点与许多被普遍接受的精神分析理论与技术原则大相径庭。在我看来，这种改变精神分析的尝试导致了美国精神分析学会制定了明确的培训标准。与会者一致认为，按亚历山大及其追随者所提倡的方法接受培训的学员们，将被看作没有经历深度精神分析体验。

就像我在本章开头所说的，对待移情现象的不同观点，折射出不同的精神分析理论的流派。

理论

3.4.1 移情反应的起源和本质

在我们讨论移情现象的相关理论之前，有必要对这个术语的含义做出更精确的定义。关于移情反应的构成，众说纷纭，之所以如此，是因为对移情的定义不够详细。让我们重温一下我们在 3.1 中对移情的定义：移情是对当前某个人的情感、冲动、态度、幻想和防御的不恰当体验，它是个体童年早期与重要人物交往的重复，是将这种交往体验无意识地转移到当前人物的身上。

这个定义基于四个基本方面：①移情是多种客体关系的体现；②移情现象重现了过去与某个客体的关系；③在移情反应中，置换是基本的防御机制；④移情是一种退行现象。如果一种心理现象被称作移情，必须具备以上四个条件。任一方面都有重要的理论与临床意义。

精神分析治疗并不会制造移情，只是促进它的发展而使它浮出水面。神经症病人的移情现象是病人与他人关系的特殊形式，是病态与真实生活之间的中间状态（Freud，1914c）。在精神分析治疗中，病人与分析师之间，除移情现象外，还会出现其他形式的关系。比如，工作联盟和真实的关系也可发生在神经症病人与精神分析治疗师之间，并且具有重要作用。它们与移情现象不同，必须另当别论。

在治疗中，病人对分析师也会表现出较原始的反应。妄想与精神病性的反应也可能出现，但是否适合称之为移情反应还不能确定（Freud，1915b）。为了避免引起歧义，本书中的移情和移情反应指的是神经症性移情现象。在许多严重退行的病人身上，可以看到对治疗师短暂的精神病性反应。这与神经症性的移情反应大不相同，主要区别在于：精神病人丧失了客体表征能力，从而不能区分自己的想象与客观真实的分界（Freud，1915b；M. Wexler，1960；Jacobson，1964）。我们不应忘记的是：精神病人也会有神经症性的和健康的表现，反之也一样（M. Katan，1954）。我们确实会看到有些病人同时表现出神经症性和精神病性的移情反应。

针对分析师的不同移情反应必须被一一理清，因为它们在临床、理论与技术上有着重要的、不同的含义。人际相互关系和分析治疗过程是如此纷繁，粗略地将其统称为移情现象是不合适的。

1. 移情与客体关系

神经症性移情反应包含了三个完整人物：一个主体、一个过去的客体和一个现在的客体（Searles，1965）。在分析情景中，移情反应通常涉及病人、过往的重要人物、分析师。一个过去非常害怕父亲的病人，现在以同样的方式害怕分析师，当病人处于移情反应之中，会从过去的角度错误地对待现在的人和事（Fenichel，1945a）。然而，神经症病人知道分析师只是分析师，不是他父亲，也知道他自己不是分析师，也不是父亲。换句话说，神经症病人会短暂地、部分地将分析师看作真的像他父亲一样的人，但是在理智上，他能清楚地将分析师、他父亲和自己区分开来。用临床术语来说，病人能够分裂自己的体验自我与观察自我。病人可以自发地做到这一点，或是在分析师的帮助之下做到。

神经症性移情现象基于两种能力：①能够区分自己的想象与客观现实；②有能力将反应从过往客体的表征转移到现在的客体之上（Jacobson，1964；Hartmann，1950）。这意味着神经症病人有一个有组织的、分化的自我，是一个独立的个体，一个能从周围分离开来的实体，具有在变化中保持统一的能力（Jacobson，1964；Lichtenstein，1961；Mahler，1957（参见 Rubinfine，1958）；Greenacre，1958）。

年龄太小的孩子还没能完全地独立和完成个体化。较大的孩子迫切需要新的客体。在分析情景中，他们不仅是重复过去，还尝试以新的方式建立客体关系（A. Freud，1965）。精神病人失去了他们的内部客体表征，因此努力杜撰新的客体来填补空缺（Freud，1915b）。他们只能将残缺的自我和客体表征相互融合、混淆。他们的精神世界中充满了残缺的客体，这些不完整的客体使他们重建客体关系时，通过内射和投射杜撰出新的内容（M. Wexler，1960；Searles，1963）。

我的一个精神分裂症患者，多年来一直认为她是由泡沫构成的，并且为此而责备我。这些想法起源于她对"沉默是金"和"洁净接近于神圣"的望文生义的理解。她觉得我试图让她说话，就会导致她失去"纯洁"的沉默状态。我用了"肮脏的词汇"而让她变为泡沫。（注意：这里病人的自我与分析师个体之间的混淆。）她因为感觉空虚而深深地苦恼，她感觉自己失去了与客观世界的联系，成为泡沫的感觉由此而来，同时也是她努力获得存在感的补偿反应。

上述病人和分析师的关系与神经症性移情相当不同。读者可以阅读弗洛伊德（1915b，1911a）、瑟尔斯（Searles，1963）、利特尔（Little，1958）和罗森菲尔德（Rosenfeld，1952，1954）的著作，以更好地了解有关精神病人移情现象的相关临床资料。

在神经症儿童、成人以及精神病人之间，治疗方法有着很大的不同，上述研究仅仅涉及部分问题（A. Freud，1965）。弗洛伊德（1916～1917）似乎也是基于同样的考虑，将移情性神经症与自恋性神经症区分开来。本质上，自恋症病人无法保持持久的、可分析的移情关系，他们与治疗师的关系充满了自我客体与客体以及原始认同的混淆（Jacobson，1964）。温尼科特（1953）提出了过渡客体的概念，指出在自恋关系与客体关系之间有一个过渡。如果要更透彻地了解自我客体与客体表征的起源，请读者参阅雅各布森（Jacobson，1964）、费尼谢尔（1945a）、斯皮茨（1957，1965）和马勒（Mahler，1965）的观点。

我同意格里纳克（1954）对移情的理论假设：移情关系的基础是早期母婴之间的互动，加之，人们无法忍受长时间的孤寂。分析情景会激发两种对立的反应：一方面，病人孤零零地躺在沙发上将激起他的孤独感、挫折感和对建立关系的渴望；另一方面，高频率的会见、长程的治疗以及对病人的关注，激起了病人对早期母婴亲密关系的回忆。

2. 移情与自我功能

移情反映出病人自我功能的强弱。如前所述，神经症性移情现象表明病人具有稳定的自我表征，这种表征与客体表征完全不同。这意味着他的早期自我发育基本上是成功的，他有一个"足够好"的母亲，他能与另一个完整的人建立关系（Winnicott，1955，1956b）。当他把现在误读成过去时，这种误解仅仅是部分的、短暂的。这种自我功能的退行是境遇性的，仅限于他与移情人物关系的某个方面，而且也应该是可逆的。

> 例如，一个病人对我正怀有强烈的敌意移情。在好几次治疗中，他几乎都不停地抱怨：我是一个无能的、不道德的和冷酷无情的医生。但同时，他准时赴约，并且认真倾听，他在日常生活中功能完好。他有想要退出分析的念头，但从没认真思考过打算怎么做。

处于这样一种状态使病人允许自己随着情感与幻想而飘荡。他让自己在客体关系与自我功能方面退行，他部分地、暂时地放弃了自己的现实检验功能（这与角色扮演和诈病不同）。在上述案例中，当我对他的提问没有作答时，他的移情反应被激起了。他斥责我无能，无耻，麻木冷酷，我的其他优点被他一笔勾销。此时，他的自我判断能力十分微弱。我的默不作答，使我变成他严厉的、苛刻的父亲。当病人的观察自我和工作联盟重新建立起来时，他才能够对自己的这种反应进行审视和分析，并能开始理解这种反应的由来。

在移情反应中，除了置换，其他标志着自我功能退行的防御机制也会出现，但它们只是对置换作用的补充。投射和内射也许会发生，但它们不是神经症性移情的基本过程，它们可能是对置换作用的增强。我之所以想强调这一点，是因为这与克莱因学派的观点有冲突，他们把所有的移情现象都解释为与投射和内射有关（Klein，1952；Racker，1954；Segal，1964）。他们忽略了对过去客体关系的置换，也由此忽略了病人的过往生活经历。我相信：部分原因是这一学派无法分清投射、内射和置换的区别，这是对投射和内射的使用不当。

我并非卖弄学问，但应准确定义这些术语在经典精神分析理论中的概念。置换是将对过去客体或客体表征的情感、幻想等，转移到现在的客体或客体表征上。投射是将自己内在自我表征的某些部分投向另外一个人。内射是将外部客体的某些部分混合进入自我的表征中。投射与内射也许会在分析过程中出现，但它们只是作为置换的附属与补充，它们只不过是对过去重要客体的投射与内射的重复！（Jacobson，1964）

让我举一个神经症性移情反应中投射的例子。上一章所述的那个有示众恐惧症的 X 教授（参见 2.6.4 和 2.6.5），他经常抱怨我在治疗中所做的解释，是对他的嘲弄、取笑或是讽刺。在病人的生活经历中，有许多因素导致了他目前的反应。他的父亲以戏弄嘲讽病人为乐，尤其喜欢当众奚落他。病人由此逐渐形成严厉的自我约束，为各种羞耻感而严厉地鞭笞自己。在分析过程中，他的羞耻感转变成：如果我知道他曾做过的错事，就会羞辱他。病人将自己的这部分超我投射到了我身上。被羞辱的幻想不完全是痛苦的，其中也包含了性受虐和自我表现式的快感。这些是他童年与父亲交往的一种残留，童年期他与父亲的关系中充满了性与攻击的幻想。他被羞辱的幻想一直是基于投射的。

在一次治疗中，他羞怯地告诉我，他在周末和一群朋友聚会时喝醉了，用模仿"可怕的格林森，最伟大的精神分析师"的方式来逗乐大家。他自己都奇怪，他居然能让他的朋友这么长时间地嘲笑自己的分析师。他还意识到，只要家里有认识我的人在场，他就会偶尔模仿我的一些表情和手势。病人在叙述这些时显得很焦虑恐惧，他感觉"天都要塌了"。这让他想到一段一直被遗忘的记忆：有一次，他正嘲讽地模仿父亲的举止和说话，结果被抓个正着。他父亲狠狠地揍他，直到他痛哭。这件事使得病人从此再也不敢模仿父亲，并最终导致了他的示众恐惧症。

对我来说很清楚，病人一定程度上将他想羞辱父亲的冲动投射给了我。这是对父亲敌意的防御，借此避免内心的焦虑，但是这些投射只不过是对他被父亲羞辱的一个补偿，他渴望用羞辱父亲来以牙还牙，而现在治疗师成了他的父亲。

这种付诸行动或移情反应表明了在移情中自我功能退行的特点。移情与记忆的关系将在有关重复和退行的章节中做详尽的讨论。

3. 移情与重复

移情反应的一个突出特点就是重复，是反复阻抗或称之为顽固不化。这种重复现象由许多因素造成，也可由多种理论解释。这里简要讨论其中一些主要观点。

移情是对被压抑的过去的释放，更准确地说，是被屏蔽的过去的释放。相对于更为现实性的客体关系，这种刻板重复的移情反应形成的原因是：本我试图通过移情性行为寻求释放，但同时受到潜意识自我的阻挡，因此形成势均力敌的拉锯战，周而复始地以相同的对抗形式表达。移情性满足永远不是真正意义上的满足，因为它们仅仅是两者对抗妥协之后的改良产品（Fenichel，1941），它们是持续抵制本我释放的产物。只有当抵制、防御被解决之后，释放才能充分。

本能的释放和阻挡是移情现象出现的基本原因。处于本能满足或万念俱灰状态的个体都很少会产生移情反应。因为处于满足状态的人有能力调整自己的行为，与外部世界相适应。万念俱灰者倾向于更为自恋的退缩。深受未解决的神经症性冲突之苦的病人长期处于本能未被充分满足的状态，结果，使他们长期处于一种易产生移情的状态中（Freud，1912a）。在这种状态下，一个人会有意无意地带着性与攻击的预期与人结识、相处、互动。病人早在与分析师相会之前即是如此，治疗之前，神经症病人的过往生活史中应该就充斥着移情行为（Frosch，1959）。

本能冲动受到阻碍而不能直接释放，因此会试图转而寻求其他退行的、扭曲的途径来抵达意识与疏泄。移情行为是被压抑的内容卷土重来。病人可借机将分析师当作表达被压抑的冲动的对象，以避免直接面对原初客体，所以分析师会很容易成为病人冲动的首要投注目标（Fenichel，1941）。从这个意义上说，移情是一种阻抗，是通向内省和记忆的必要迂回。分析师非侵害性、非满足性的行为促使病人的移情反应更为突显。弗洛伊德（1915a）所谓的"镜像原则"和"节制原则"就隐含其中。精神分析师不去满足病人的神经症性愿望，可使病人的本能冲动以移情这一扭曲方式所表露而被彰显，同时，这种彰显也可能进一步提高病人的内省能力。这些内容将在 3.9.2、4.2.1、4.2.2 中做更深入的讨论。

心理事件的卷土重来也可以被看作病人想重新掌控心理事件的尝试（Freud，1920；Fenichel，1945a），对创伤性经历的不断重温就是这样的例子。儿时，我们常常通过不断重复曾导致原初恐惧的情景，来学会克服无助的感觉。与痛苦事件相关的游戏、梦和想法，能削弱过度紧张，从而减轻自我的负担。过去的创伤性情景中屈从的自我在精心挑选的、合适的情况下，主动地重复相同的经历，期望由此慢慢地学会应对。

对心理事件的重复还可能将应对与掌控引向快乐。部分地克服了曾经的恐惧可以带来快乐，尽管这种快乐通常是短暂的，除非克服持续存在（Fenichel，1939）。这意味着事件之所以被重复正是因为可怕，重复是试图消除因恐惧引起的焦虑，例如，过度的性行为有可能意味着试图回避焦虑。性行为意味着试图克服害怕，性行为同样也能确认自己已不再害怕。不断地重复神经症性冲突的存在和提示自我防御功能的运作，以此克服焦虑，部分得到满足，因此造成行为周而复始地出现。

我们可以根据重复的观点来看待移情反应：与曾经交往不睦的人再次建立关系，可以是试图重新掌控原先经历中未曾成功掌控的焦虑。例如，一个女士寻找严厉的、苛刻的男士作为爱的客体，在治疗过程的移情中，她就会把分析师看作是严厉的、苛刻的。她的这种行为可被理解为试图掌控原初焦虑的努力。作为一个孩子，她在严厉的父亲面前是无助的。作为一个病人，她在潜意识中选择性地把分析师的攻击部分作为严厉、苛刻的象征，同时也作为克服以前在父亲面前无助的一种尝试。她再现了痛苦的情景，而不是回忆起原先的经历。重复行为是一个前奏，是旧景重现的必要前提（Freud，1914c；Ekstein and Friedman，1957）。

为了更好地理解移情现象中反复出现的付诸行动，拉加什（Lagache，1953）提供了一个有价值的补充观点。他指出，付诸行动有可能是病人试图完成未完成的愿望。这与安娜·弗洛伊德（1965）的观点相吻合，她认为儿童的移情产生是因为他们渴望对过去有新的体验。这些观点将在3.8.4有关移情反应的付诸行动章节中做详细讨论。

对移情现象不断重复的讨论，使我们联想到弗洛伊德（1920，1923b，1937a）关于强迫性重复的论述。弗洛伊德假设强迫性重复根源于死本能，他相信生物体有自我毁灭的驱力，驱使自我返回到原初无生命的涅槃状态。这一理论观点在精神分析圈子中引起了不同的反响，但其内容超出了本书的范畴，故不在此详述。读者可参阅库毕（Kubie，1939，1941）、比布林（E. Bibring，1943）、费尼谢尔（1945a），以及最近吉福德（Gifford，1964）和舒尔（Schur，1968）有关这一主题的精彩讨论。对于这一观点，就我来说，我从未发现有必要将强迫性重复理解为与死本能有关。在临床上，我们更可能从快乐－痛苦原则来考虑（Schur，1960，1966）。

移情现象的重复所带来的另一个理论问题是人的控制本能（Hendrick，1942；Stern，1957）。毫无疑问，人类行为是朝向控制的。因此，我们似乎可以将寻求掌控看作一种通常的倾向或一般的原则，而不是限于某种特定的本能（Fenichel，1945a）。适应性和固着的概念也与移情性重复相关，但讨论这些会让我们离题太远。哈特曼（1939，1951）、韦尔德（1936，1956）和比布林（1937，1943）的著作特别说明了这一点。

4. 移情与退行

分析情景给神经症病人提供了一个机会，通过退行的方式，可以重复与过往客体经历的各个阶段。移情现象之所以有价值，是因为它清晰地展现了多种客体关系以及性心理发育的各个阶段。我们可以从移情行为中观察到自我、本我和超我功能的早期形成过程。有关移情中的退行，有两个规律必须牢记。第一个规律是，在治疗情景中的神经症病人身上，既有短暂的退行，同时也有短暂的前行。病人的可分析性体现在能够进入退行状态并适时返回。退行现象总是适时适地的，所以不应僵化地一概而论。例如，当我们观察到病人对权威人物出现肛欲期施虐冲动时，这表明了本我的退行。同一时间里，病人对爱的客体的本能冲动也许在较高的水平上运作，自我的功能也许是相当强大的。这引出了第二个规律：退行现象在各个心理要素上是不均衡的，所以移情的各个成分需要被逐一仔细研究。安娜·弗洛伊德（1965）对退行的讨论，说明并澄清了许多问题（参见 Menninger，1958；Altman 的讨论报告）。

从客体关系的角度来看，移情给病人提供了去重新经历俄狄浦斯期和前俄狄浦斯期，重新体验各种爱与恨以及上述成分混合的机会。在移情过程中，对客体的矛盾情感和矛盾心理浮出水面。我们可以看到病人在无助地渴望依恋与顽固地抵御依恋之间不断摇摆，依赖与反叛交替出现。独立自主行为背后隐藏着强烈的依赖。依从治疗的被爱的愿望实际上掩盖了深层的对丧失客体的恐惧。总而言之，移情性退行的本质表现是不合时宜、情感矛盾和不适切的攻击冲动。

移情中自我功能的退行可以有多种表现。移情的定义即表明：置换是把现在的客体部分地与过往的客体相混淆，是自我现实检验能力的暂时丧失。因此，原始性心理防御机制，比如投射、内射、分裂和否认会在移情反应中频频出现。对客体关系时间感的丧失，也与梦境中的退行特征相类似（Lewin, 1955）。移情性付诸行动表明冲动-控制能力的失衡，躯体化反应的增强也同样表明自我功能的退行（Schur, 1955）。自我、本我和超我的外化，也是退行的指征之一。

退行中的本我同样有多种形式。以往力比多投注的对象会转移至精神分析治疗师，使移情具有一定以往的色彩。移情性退行越深，敌意、攻击性就越强。梅兰妮·克莱因（1952）是首次强调这一观点的人士之一。艾迪斯·雅各布森（1964）从能量性退行的角度解释了这一点，并且推测退行是达到一种力量的中间状态，这种状态具有未分化的、原始的驱力能量。

移情性退行也同样影响超我。最常见的就是病人把严厉的超我转移到分析师身上，因此在治疗初始时，病人会出现普遍的羞愧反应。当病人退行到超我功能的外化时，他会不再感到内疚，转而掩盖自己的内疚感。病人退行越深，就越有可能感觉分析师充满敌意、施虐和挑剔。这是来源于对过去客体的置换，加之病人对分析师的敌意投射混合而成。

在结束对退行的讨论之前，有必要再次指出：分析治疗的设置和技术对于促进移情浮现至关重要。这将在第4章中做具体讨论。

5. 移情与阻抗

移情与阻抗在多个方面互相关联。在精神分析文献中，术语"移情性阻抗"常常是移情现象和阻抗功能之间复杂关系的缩略表达。然而，移情性阻抗也还有其他含义，在对之详细讨论之前，有必要对这个术语予以澄清。

我们已经论述过弗洛伊德（1905c, 1912a, 1914c）的基本理论：移情是阻抗的最主要来源，并且也是精神分析治疗最有力的工具。一方面，移情反应是对过去的一种重复，是一种与记忆无关的再体验，从这个意义上讲，所有的移情现象都有阻抗的作用。另一方面，分析移情反应是通往病人不可触及的过往史的重要桥梁。移情是通往记忆与内省道路上的必要迂回，也是治疗的必由之路。移情不仅为寻找阻抗内容提供了线索，也为进行分析提供了动机与动力。

移情是一个不可靠的同盟者，它演绎善变，时而"移情性痊愈"，具有欺骗性（Fenichel，1945a；Numberg，1951）。

某些移情会导致阻抗，是因为这些移情会唤起痛苦的、令人恐惧的本能冲动。性和敌意移情很容易导致主要的阻抗，特别是当性与攻击成分同时出现时。例如，有位病人对她的分析师产生了性的幻想，会因为没有得到相应回应而愤怒，开始感觉被抛弃。因此，病人在分析治疗中无法工作，因为她无法承受这些幼稚的、原始的幻想带来的羞耻。

有时，移情反应本身会导致病人无法工作。例如，病人退行进入了极度顺从、依赖的早年客体关系状态中。病人不会意识到这一点，却会在分析时将之付诸行动，给人以愚鲁或低能的外观印象。这也许是病人正在重新体验早期母婴关系的某些方面。在这种状态下，病人无法进行分析性工作，除非分析师成功地重建其理性自我与工作联盟。

如果某种移情是为了掩盖另一种移情，因而显得顽固不化时，情况就会更为复杂。例如，病人执拗地表面上与分析师保持合作，实际只是用于掩盖自己的非理性幻想。有时，病人将自己的某种情感分裂开来，投射到他人身上，以避免自己对分析师的矛盾情感。例如，病人常常会抱怨其他分析师，同时对我高度赞赏。后续的分析将揭示：两种感情都是针对我的。

最难以克服的阻抗是所谓的"性格性移情"。在这种情况下，具有防御功能的性格特征和总体态度可表现在与分析师的关系中，以及日常生活中的人际关系方面。这些问题深深地根植于病人的性格结构之中，并且显得非常合理。这种状况很难被分析。这些问题将在 3.8.2 和 3.8.3 中详细讨论。

总结一下移情和阻抗在许多方面相互关联。术语"移情性阻抗"浓缩了这一临床事实。一般来说，移情现象是对记忆的阻抗，尽管移情与记忆间接相关。由于移情性反应的这些性质，有可能导致病人无法进行分析工作。有些移情反应也可被用来作为阻抗，以抵御另一种移情的被揭示。对移情性阻抗的分析是"家常便饭"，是精神分析治疗的常规工作。相比其他的治疗工作，分析移情性阻抗十分耗时。

3.4.2 移情性神经症

弗洛伊德用"移情性神经症"这一术语指两种不同的情况。一是用来定义一组神经症,这组病人的特征是:有能力形成并保持相对持续的、多形态的和可探及的移情反应(Freud,1916~1917)。根据这一特征,歇斯底里、恐惧症和强迫症可与自恋性神经症、精神病区分开来。在后一组中,病人仅能出现片段的、零散的移情反应,因而无法适用于经典的精神分析治疗。二是弗洛伊德使用这个术语来描述在精神分析治疗中病人常规出现的移情反应(Freud,1905c,1914c,1916~1917)。

在分析过程中,我们可以观察到,病人会对分析师本人产生越来越大的兴趣。弗洛伊德(1914c)指出,"允许病人的强迫性重复出现于移情情景之中,并由其尽情展现,这种展现可提示病人隐藏的致病性本能冲突。"这样,强迫性重复对于治疗不仅是无害的,而且是有益的。如果移情能经过恰当的处理,"我们将能给疾病的症状赋予新的移情的意义,用移情性神经症来解释原本的神经症症状,而移情性神经症则可以通过治疗得到纠正。"移情性神经症替代了病人症状的所有特点,了解了症状的成因,我们就可以从任何角度实施干预。这样,原本的症状就有了新的含义。

在精神分析治疗的早期阶段,通常可以看到偶发的、短暂的移情反应,这被格洛弗(1955)称为"飘忽"的移情反应。如果我们对这些早期的移情反应处理得当,病人就会发展出更为持久的移情反应。从临床上看,病人对分析师、分析过程和技术的关注强度和持久度的增加,常常是移情性神经症发展的标志。分析师和分析工作成了病人生活的中心。不仅仅是病人的症状和本能需求与分析师有关,而且病人过往的神经症冲突会被激活,都与现时分析情景有关。病人会感受到各种爱与恨的交织和变幻,以及对这些情感的猝不及防。一旦防御占优,病人就会深感焦虑与负罪。这些情愫有可能是强烈的、爆发性的,有可能是微妙的、隐晦的。不管怎样,一旦移情性神经症形成,儿童期强烈的、优势的情感集团就无处不在。

在移情性神经症中，病人通过分析师重现过去的神经症性冲突。我们希望通过得当的处理和解释，帮助病人重新体验、回忆或重构婴儿期神经症性冲突。移情性神经症的概念不仅包括儿童期神经症，也包括病人之后经历中重新体验儿童期神经症性冲突和对原初冲突的改头换面。下面让我举例说明这一点。

我将再次引用 K 女士的案例（参见 1.2.4、2.6.5、2.7.1、3.2.5）。这位女士因为最近出现与黑人乱交的强迫思维和冲动而来就诊。这些冲动与"像僵尸一样"的感觉交替出现，她感到空虚、无聊、无意义、沮丧等。她两年前与一个年长她近 20 岁的成功男士结婚了，婚前她很爱他，但现在对他感到怨恨与害怕。她的过往史中有个突出的特点，她是由一个热情的、情绪化的、酗酒的母亲带大的，母亲对待她的态度是在溺爱、放纵和抛弃之间摇摆不定。父亲在她 1 岁半时离开了家庭，之后母亲结了三次婚，每次都维持大约一年。她有两个弟弟，一个比她小三岁，一个小两岁，母亲不管他们，二人从小都是由她照料。他们是她的玩伴、她的责任和她的竞争对手。她家里很穷，常搬家，几乎没受过什么教育。当她 15 岁时，她的母亲坚称她可以自立了。然后，尽管担心、害怕和没受过良好教育，她还是靠自己在时装模特方面的顺利发展，生活优裕。20 岁时，病人遇到了现在的丈夫并与之相爱，他教会她生活中许多美好的东西，并在 5 年后与她结婚。当她前来就诊时，已结婚大约两年。我现在将试图描绘这个病人四年半的成功分析经历中主要的移情发展脉络。

早期的移情反应表现在：她渴望作为一个病人被我接受，因为她幻想中我是"顶尖"的分析师，被我接受意味着成功分析有了保证。同时，她也担心我会发现她的无聊乏味、无价值、没吸引力或是不值得治疗。一方面，她为了成为一个好病人而暴露自己所有的弱点；另一方面，她又希望能得到我的爱，能发现她的性感、迷人，所以她竭力掩盖自己的缺点。病人为此倍受煎熬。她希望成为我最喜欢的病人，额外为她做一些我没有对其他病人做的事，以此补偿她缺失的父爱。我必须成为她理想的、坚定的、引以为豪的父亲，同时也是个放纵她的乱伦愿望的失职的父亲。很快，K女士这种带有俄狄浦斯特征的乱伦冲动就指向了我。这种冲动交替着把我想象成严厉、苛刻、清教徒式的理想父亲。

观察到这些现象，分析师试图理解病人对手淫的巨大羞耻感。她在21岁那年才"发现"自己的手淫，在手淫过程中似乎并不伴有幻想，也极少伴有性高潮出现。对她的羞耻感的分析，使我们认识到：我不仅是她的清教徒式的父亲，而且还是她在厕所训练期时有洁癖的母亲。K女士的无聊感与空虚感是对性幻想的防御，并且在分析中成了阻抗。她害怕幻想，因为幻想意味着变得兴奋，而变得兴奋意味着失去控制和尿湿。这表现在分析中，一旦她变得情绪高涨和兴奋，就不愿意再继续说下去。她假设如果我看到她哭泣或脸红，我就会发现她没什么吸引力。每次治疗后，她都会将用过的纸巾拿走，因为她不想让我看到她"尿湿了的"纸巾。如果我知道她弄脏了纸巾，有过如厕活动，那我怎么可能会爱她呢？我不仅是理想的、无性的、洁身自好的、抛弃了肮脏母亲的父亲，同时也是有洁癖的、讨厌脏孩子的母亲。病人由此回忆起许多场景，看到她母亲酒醉后裸露的身体以及丑陋的生殖器。现在，她害怕变得像她母亲一样，或是在她内心有一个肮脏的母亲，并且害怕我会像她父亲抛弃母亲一样地抛弃她。她宁可守着空虚，也不愿意充实得像肮脏的母亲。但是空虚则意味着沉默和对分析的抵抗，那等于成了一个坏病人。这时，工作联盟和她想赢得像父亲一样的分析师的爱的渴望占了上风，使得她能够对隐藏在空虚后的含义进行探究。

空虚的背后涌动着大量的性幻想，这些幻想涉及各种主动和被动形式的口欲的、吮吸的、偷摸的行为，并且与一个象征禁忌的男人有关。这个男人可以是分析师、黑人或阿拉伯人，这个男人既是施虐者又是受虐者，她和这个性伴侣男人互相交换着角色。此时，我不仅被当作她的性探险的同伙，同时我也会纵容她恨她的母亲，她对此满怀兴致。那时，她期待每一次治疗，害怕周末、治疗间歇，害怕每次治疗的结束，因为我已经成为她幻想的主要内容，我的缺席意味着空虚和无聊。她感觉"欲罢不能"，与我在一起时兴高采烈，治疗之外就觉得单调无聊。

随着K女士逐渐意识到我坚持分析她的症状，并且对她的冲动也不一惊一乍时，她逐渐地敢于允许一些更为退行的冲动浮现出来。有我这位父亲般的保护者，她开始回忆起一些偶尔出现的梦和幻想，是针对娘娘腔般男人的口腔攻击和施虐的冲动，之后，这种冲动逐渐指向了女人。随着她对我越来越信任，她也敢于体验对我的一些原始的敌意与愤怒。开始时，她只能感觉到对我的轻微敌意，就像对她严厉的父亲和讨厌的母亲一样。后来，她开始恨我，恨我掠夺了她的钱财、她的秘密、她的安全感。她也同样爱我，给了她物有所值、未来的安全保障和对抗空虚的法宝。她通过拥有我这个有阴茎的男人，来抵御自己的阴茎嫉妒。

在这一分析阶段，K女士第一次能够在性交中获得高潮。这使她鼓起勇气去意识自己对女儿强烈的同性恋冲动，并且认识到这种冲动是童年期对母亲冲动的翻版和重复。这一认识使她可以体验这些冲动，而不至于影响她与异性性交中达到高潮的能力。这样，最终使她能够摆脱强烈的阴茎嫉妒。她能表达对我强烈的恨：我是一个有阴茎的人，"只想找个洞把那肮脏的东西插进去"，一点都不在意女人，让她们怀孕后又抛弃了她们。病人能够表达出这些感觉，并且我既没有被伤害也没有争辩，她开始感觉到我的爱意，无条件地永远接受她，即使我并不同意她的观点。我成了她内心的支柱，可靠且永久，一个充满爱的、像父母一样的、内在的客体。现在，她逐渐成为一个称职的母亲与妻子，着手解决对她母亲的爱与恨的纠结，不再感到这种纠结的不堪重负。有关 K 女士的案例，我会在第二卷中做更为详细的讨论。

以上这些描述听起来让人觉得似乎移情反应极其复杂，但这样的评价并不准确。我只是希望这个案例能表达清楚：病人的症状、冲突、冲动和防御是如何交织在分析师和分析进程中的，以及在多大程度上取代了原先的神经症冲突。移情性神经症使得我能够在现实的当下，观察并且处理病人的冲突。移情体验是生动的、现实的和真实的，因而，对于病人具有非同寻常的说服力。

在弗洛伊德（1914c）对移情性神经症的描述中，他指出：在分析治疗中，病人原始的神经症被移情性神经症所"替代"了。安娜·弗洛伊德（1928）对此表示赞同，并且坚称：只有这种类型的神经症，才有资格被称为移情性神经症。

在以上案例中，我们可以观察到：在分析的不同阶段，K 女士与我的互动是如何取代她原先的神经症的。有段时间，病人的乱交冲动只是集中在我身上，而不出现在其他任何场合。在分析中，她非常强烈地担心失去控制，表现在她害怕说出肮脏的素材，掩藏"弄脏"的纸巾等。这时，在分析之外，她的肛欲期焦虑并没有消失，但隐退到了幕后。以我的经验，病人的神经症的某些方面因为主动、鲜活地体现在了移情中，所以在病人的外部生活中会减弱。然而，它通常只是减弱淡化，与移情性神经症相比，变得相对不突出，但是，当移情中另一种情结占优势时，神经症的这一方面又会在病人外部生活中突显。例如，有段时间 K 女士的乱伦幻想集中于我一个人的身上。然而，当分析开始聚焦于她的如厕焦虑和羞耻感时，她与黑人乱交的强迫观念又再次返回。

另一个要考虑的问题是：移情性神经症在多大程度上代替了病人的神经症。我的经验是，病人的神经症的某些方面被置换到治疗外生活中的某个人身上，使这个人成了移情性人物的补充。例如，我的许多男性病人在分析过程中与治疗外的女士陷入了浪漫的爱情之中。这也是一种移情的表现，但是发生在分析之外。我将在 3.8.4 中对此加以讨论。

移情性神经症取代了病人原先的神经症的话题涉及另外一个问题：在对年幼儿童的分析过程中会发生什么？安娜·弗洛伊德（1928）、弗雷伯格（Fraiberg，1951）和库特（Kut，1953）一度曾坚持认为：年幼的儿童表现出各种形态的独立移情反应，不会发展成为移情性神经症。只有经历了复杂的俄狄浦斯期，进入潜伏期的儿童，才有可能形成移情性神经症。安娜·弗洛伊德（1965）和弗雷伯格（1966）最近修正了他们的观点。年长一些的儿童确实可以形成针对分析师的强烈的、持久的、扭曲的反应，类似于成人的移情性神经症。但是，这些反应替代原先的神经症的程度与成人不一样（Nagera，1966）。而克莱因学派的儿童分析师并不区分移情反应与移情性神经症，他们声称：在年幼儿童身上发生的移情现象与成人完全一样（Isaacs，1948）。

格洛弗（1955）、纳赫特（1957）和哈克（Haak，1957）曾描述：某些形式的移情性反应，会阻碍分析师揭示儿童期神经症，从而导致分析的困境。导致这一现象最常见的原因是分析师的反移情，因为分析师的反移情会有意无意地阻碍病人移情反应的充分发展。例如，分析师的过分投入热情会阻碍敌意移情的充分发展。总之，分析师对移情反应的认识不足将导致治疗持续出现止步不前。在接下来的章节中，我将对这一主题做更充分的讨论。

我们要做些什么，才能保证移情性神经症的形成？答案是：维持同情的、接纳的分析气氛，分析师不断地促进内省，对阻抗持续地工作，就能保证移情性神经症的形成。我将在 3.7 和 3.9 中充分讨论这一问题。

对移情性神经症的经典的精神分析态度是：最大程度地促其发展。移情性神经症为病人提供了最重要的媒介，让他去触达被掩盖的过往的致病性体验。在分析情景中，与分析师一起对被压抑的过往经历重新体验，能有效地克服神经症性防御和阻抗。因此，精神分析师应竭尽全力保护移情情景不被干扰，避免移情的展示受到任何形式的干扰（Greenacre，1954）。所有来自分析师个人人格特征和价值观的因素都会影响病人移情性神经症的形成。解释是处理移情的唯一渠道，移情也有利于解释的传达。在有效的工作联盟的前提下，移情最终会得到解决（Gill，1954；Greenson，1965a）。

精神分析学派的众多分支在处理移情性神经症方面存在着差异。亚历山大、弗兰茨（1946）等过度强调退行的危害性，因此提倡采用多种方法来控制移情，以避免或削弱移情性神经症。克莱因学派则走向了另一个极端，完全依赖对移情的解释，而排斥任何其他方法（Klein，1932；Klein，et al.，1952；Strachey，1934；Isaacs，1948）。而且，分析伊始，他们即把婴儿期和原始性冲动都归为移情，并且立即加以解释（Klein，1961）。病人的个人经历似乎并不重要，似乎移情的发展过程千篇一律。

在结束对移情的理论讨论之前，有必要指出：分析情景和分析师的人格也参与形成病人的移情反应。这将在第 4 章中做详细讨论。

3.5 工作联盟

我们已经强调了在对神经症病人的精神分析治疗中，移情反应极其重要。精神分析师努力营造这样一种分析氛围，最大限度地促进各种移情反应的充分呈现。这是我们触达潜意识病因的基本手段，而使用其他方法则无法做到这一点。然而，对病人过往经历的搜集和理解只是治疗过程的一部分。另一个主要元素是通过解释来提高病人的内省。

与这两个方面同等重要的是：要让病人产生持久的改变，仅做到上述两点是不够的。为了让神经症病人参与分析并且有效工作，病人有必要与治疗师建立并保持一种关系，这里我称之为工作联盟。在病人与治疗师的关系中，工作联盟可以被看作与移情性神经症同等重要（Greenson，1965a）。

伊丽莎白·蔡策尔的《当前的移情概念》(Current Concepts of Transference，1956）一文增强了我对工作联盟的临床认识。她在文中介绍了"治疗联盟"的概念，指出其重要性，并且声称，是否处理或忽略移情中的这个方面，就可以区分经典的精神分析学派与所谓的"英国学派"。利奥·斯通的《精神分析情景》(1961)一书给了我去澄清和阐述工作联盟问题的新动力。

本节的临床素材来自一些在精神分析治疗中出现意料之外的困难的病人。其中一些病人在其他分析师那里接受过分析。一些是我自己的病人，是第二次求诊，寻求更进一步的治疗的长程病人。这组病人中，有些始终停留在治疗的初始阶段。甚至经过数年的分析之后，他们中有些人还没有真正"处于分析之中"。另一些病人的治疗则一直无法达到治疗目标，内省力不断提高但行为改变甚少。从诊断学、自我功能和动力学的角度来看，这些病人的临床症状五花八门。这些病例具有的共性问题是：医患间的工作联盟建立不良。在下面的案例中，要么是病人无法与分析师建立或保持长久的工作联盟，要么是分析师忽视了建立联盟，片面地追求对其他的移情现象的分析。我发现经验丰富的精神分析师也会犯这样的技术错误，当我对再次返回的病人继续进行分析时，我意识到自己也有同样的问题。

与这些难于分析的或是无法达到目标的病人一起工作，让我意识到应将病人对分析师的反应分成两类：移情性神经症和工作联盟。确切地说，这样区分既不完整也不精确，这一点我将随后澄清。可是，这种区分有助于我们认识：病人针对精神分析师的这两种不同类型的反应，应得到同等的考虑与关注。

3.5.1 操作性定义

在精神病学和精神分析的文献中，工作联盟是一个已知的概念，只是人们在描述时，冠以不同的名称。除了蔡策尔和斯通之外，这一概念不是被视为次要的，就是没有与其他移情反应清楚地区分开来。

病人对分析师的相对非神经症性的、理性的合作关系，被称为工作联盟。病人对分析师情感中的理性和目的性成分构成了工作联盟。之所以选用"工作联盟"这个词，是因为这个术语突出的功能：它突显了病人在分析情景中的工作能力。其他的术语，比如蔡策尔（1956）的"治疗联盟"、费尼谢尔（1941）的"理性移情"和斯通（1961）的"成熟的移情"等都是类似的概念。然而，"工作联盟"一词的优势在于它强调了一个极其重要的因素：病人在治疗情景中有目的地工作的能力。当病人处于强烈的移情性神经症的痛苦之中，但仍能与分析师保持有效的工作关系时，工作联盟的目的性更是不证自明。

工作联盟可靠的核心是由病人战胜疾病的动机、无助感、意识和理性层面的合作愿望以及跟随分析师的指引与内省的能力所构成的。实际上，工作联盟是由病人的理性自我与分析师的分析自我两者共同建成的（Sterba，1934），使两者得以合作的媒介是病人部分地认可分析师用以理解病人行为的分析方法（Sterba，1929）。

就像病人的理性自我、观察自我、分析自我从体验自我中分离出来一样，工作联盟以同样的方式在分析情景中呈现。分析师的干预使得病人的分析性工作态度从神经症性移情中分离出来，就像治疗师的干预使得病人的理性自我从非理性自我中分离出来一样。这两种现象相辅相成，从不同的角度说明了类似的心理现象。理性自我和观察自我无法与体验自我分离的病人将无法建立并维持工作关系。

然而，移情反应与工作联盟之间的区分不是绝对的，因为工作联盟也有可能包含童年期神经症的元素。例如，病人有时会为了得到分析师的爱暂时工作良好，而最终将导致强烈的阻抗；或者对分析师的过高期望在分析开始时也会对工作联盟有促进作用，但随后则会变成强烈阻抗的来源。不仅移情能渗入工作联盟，工作联盟也会被防御性地用来掩盖更深退行的移情现象。

让我来举例说明。我的一个病人对我和分析治疗始终保持理性态度。尽管她对精神分析所知甚少，但她仍然友好地遵守治疗的严格要求并欣然接受治疗带来的挫折，在意识层面毫不生气或愤怒。然而，她偶尔能回忆起的梦境片段却充满了明显的愤怒。当我向她指出这一点时，病人的反应是：那只不过是一个梦，而且她没法对梦"负责"。甚至当她忘记约定的治疗时间时，她也只认为那是个"非常自然"的失误，反将我对她隐藏敌意的解释视为荒诞不经，并对我优雅地予以宽容。只有当她去除了肤浅的自由联想和合理化防御，只剩下沉默时，她的极为退行性的敌意与性的冲动才清晰呈现出来。这时，她也能意识到自己依持工作联盟，将其用作防御。

尽管交互重叠，但将病人对分析师的反应分成神经症性移情和工作联盟，仍有其技术价值与临床价值。在继续讨论其他案例之前，先简要介绍一些有关这一主题的理论文献。

3.5.2 文献概述

弗洛伊德（1912a）在谈到移情中的"和睦与友情"时，认为它较易进入意识，而且是"成功分析的载体"。他是这样描述这一融洽和谐的关系的："治疗的首要目的，就是让病人参与治疗，并且与分析师产生亲密的联结。为了保证这一点，我们不用刻意为之，只需假以时日。如果分析师展现出对病人真切的关注，谨慎对待开始时的阻抗，并且避免犯某些错误，病人自己就会建立起这种联结……治疗之初，分析师如不采取共情性理解，他就很有可能丧失这个首次的成功。"（Freud，1913b）

斯特巴（1929）指出，病人对分析师的认可会促使病人关注必须共同去完成的工作，但他并没有对移情的这个方面做出特别说明。费尼谢尔（1941）将"理性移情"定义为一种对分析来说是必要的、限定目标的正性移情。伊丽莎白·蔡策尔则强调了"治疗联盟"的重要性。罗耶尔瓦德（1960）有关精神分析中治疗性行为的论文，阐述了治疗中病人对分析师发展出来的多种不同类型的关系，他的某些思想与我所说的工作联盟相吻合。利奥·斯通曾写过一本有关分析师与病人之间复杂关系的书。在书中，他提出"成熟的移情"观点，他认为这种移情：①对立于"原始的移情"反应的；②而且是成功分析所必不可少的。

在第22届国际精神分析协会年会（Gitelson et al.，1962）之前，在"精神分析中的治疗因素"专题研讨会上，许多人对形成治疗联盟的特殊移情提出了不同看法，并且也指出了分析师对"成功的"分析结果的作用。吉特尔森（Gitelson）谈到了在分析一开始双方所依赖的"和谐"关系及其最终如何导致移情，他强调：分析师有必要表现为一个好的客体和助长来访者的自我。迈尔森（Myerson）、纳赫特、西格尔（Segal）、柯伊伯（Kuiper）、加马（Garma）、金（King）和海曼（Heimann）在某些方面持不同意见，意见不同的原因是对工作联盟和退行性移情无法更为清晰地加以区分。

这些简要的、不完整的回顾提醒我们：许多分析师，包括弗洛伊德在内，意识到精神分析治疗中，除了退行性移情反应之外，病人与治疗师之间还有另一种不可或缺的关系。

3.5.3 工作联盟的形成

1. 工作联盟的变异

我将以几个临床个案开始，在这些案例中，与通常情况相比，工作联盟的形成出现了偏差。在经典的分析治疗中，工作联盟的形成几乎不可觉察，也非分析师刻意作为的结果。用非常规案例来演示这种悄无声息的行为，更能体现工作联盟形成时的治疗进程与治疗技术。

> **案例一**

几年前，邻近城市的一位分析师转介给我一位中年男士，他聪明能干，之前已经接受了6年多的分析。病人总体生活情况已有改善，但是他的分析师认为他需要进一步的分析，因为他仍然无法与人结婚，非常孤独。治疗刚开始，我就非常沮丧地发现：他完全消极被动地识别和处理自己的阻抗。他希望我能像他之前的分析师那样，在整个治疗过程中，由我指出他的阻抗。

我印象深刻：每当我有干预措施，尽管他常常一知半解，但他立刻欣然接受。我发现，他认为对每个干预立即反应是他的责任。他相信，如果中间沉默或者停顿，就是阻抗，是不好的。显然，他的前任分析师没有意识到他对沉默的害怕是一种阻抗。在自由联想中，病人积极地寻找话题。如果有许多想法，他会挑选他认为我在意的话题而不顾及自己的偏好。当我向他询问具体信息时，他经常以自由联想的方式来回答，结果使回答牛头不对马嘴。例如，我问他，你的中间名是什么？他回答"Raskolnikov"，这是他头脑中联想到的第一个名字。当我让他恢复常态后再次询问，他辩解说他还以为他应该自由联想。

我很快有了一个清晰的印象：他从未与之前的分析师建立真正的工作联盟。他不了解自己在分析情景中应该做什么。他只是躺在了一个分析师面前许多年，想当然地对分析师的要求唯命是从，即不断地、立即地自由联想。病人和分析师都沉迷于夸张滑稽的分析治疗模仿。事实上，病人也曾形成了一些退行性移情反应，其中有些也得到了解释，但是由于工作联盟持续地缺失，整个治疗过程显得混乱迷惑，徒劳无功。

尽管我意识到病人的问题可能不仅仅单纯由分析师的技术缺陷所造成，但是我感觉有必要公平地评估，他是否仍能在分析情景中工作。而且，这样的澄清也能更为生动地揭示病人的病理状况。因此，我在开始此次分析工作时，只要一有合适的机会，就向他仔细地解释精神分析治疗对病人的要求。病人对此似乎闻所未闻，并且急于尝试我所描述的方式。然而，我很快就发现，他无法做到无拘无束地自由联想，他感觉无法不去揣摩我的心思。他无法冷静沉默，仔细思考我所说的话；他害怕空白时段，担心这意味着危害。他认为：如果他沉默了，就会思考，如果他思考，就可能会反对我，而反对我等同于废黜我。他的被动与顺从是一种逢迎，用来掩盖他内在的空虚、一种永不满足的婴儿期的渴求，以及一种可怕的愤怒。经过 6 个月的治疗，情况很清楚了：他有分裂性的"假设"（as if）人格，无法忍受经典分析治疗的精神剥夺（H. Deutsch, 1942; Weiss, 1966）。因此，我将他转介给了一位擅长支持性治疗的女治疗师。

案例二

有位妇女曾在我这儿做过近 4 年的分析，在中断了 6 年之后，又回来继续分析。我们双方都知道，当初中断时，她还有许多东西没有完成，但我们都同意有一段时间的间歇，也许会帮助澄清一些曾有的模糊与困难。这种模糊与困难时常出现在我们试图解决她对我强烈矛盾的、抱怨的、依赖的和施虐受虐的移情反应时。这次治疗我建议她更换分析师，因为一般来说，换一个分析师会比回到先前分析师那里更有成效。更换分析师通常会从以前的移情反应中发现新的内省，并且可能产生新的移情反应。然而，由于外部原因，更换分析师不太可行，因此我恢复了对她的分析，尽管内心存有疑惑。

在最初的几次治疗中，她的说话方式让我吃惊。而后，我很快回忆起以前治疗时也发生过这种情况，一段间歇后，现在似乎有些陌生，所以让我这么吃惊。她的说话方式十分诡异，即在治疗开始后，几乎不停地讲话，语句断断续续，先是回忆最近的事，偶尔会夹杂着很奇怪的、淫秽的短语（可能是种强迫思维），然后又跳跃到对过去事件的回忆。她好像并未意识到这种谈话方式的怪异，也未主动提及这一点。当我就此询问时，她首先反应为完全不知所措，然后是感受到攻击。

我意识到在过去的分析中有过许多这样的情景。当病人感到焦虑，试图回避这种焦虑并回避对焦虑的分析时，这种情形即会出现。我还回忆起我们曾探究这个行为的意义并追溯到它的起因。她的母亲是一个特爱唠叨的人，在她小时候，母亲常以一种对待成人的方式和她谈一些小孩子不能理解的事情。她对我不可理喻的谈话方式是对母亲的认同，是一种在分析情景中的付诸行动。母亲常用无法打断的唠叨来表达对丈夫的焦虑与敌意。她的丈夫是个少言寡语的人，病人也从母亲那里习得了这种行为模式。当她在治疗中感到有焦虑和敌意时，在伤害我与依赖我之间挣扎时，她就会再次重复这种行为模式。

除此之外，这种行为模式也代表一种自我功能的退行。从次级过程思维向初级过程思维的退行，"像梦呓一样地说话"是与父母一起入睡情景的重演。这种奇怪的谈话方式在之前的分析中就多次出现，尽管对其原因做了多种分析，但这种情况依然没有改观，并在某种程度上导致了治疗的中断。当时，在我就她的说话方式与她面质时，总会被她支支吾吾或抛出新的素材而引入歧途。她会回忆起似乎有关联的某些过去的事件，或是想起新的梦境和记忆，这使得我们永远无法回归主题，即她不能投入到分析性工作中来。

这次，我再也不会被她引开。每当她这种不连贯的说话方式露出端倪，我就会面质，步步紧逼，不容她轻易改弦易辙。病人试图用惯用伎俩来抵抗我的面质，我会让她阻抗和回避片刻，但仍不懈地指出她的阻抗，我不再开始新的话题，直到我确信我们间的工作联盟已开始形成。

逐渐地，病人开始认识到自己的思维不连贯的叙事方式。她开始意识到自己有意无意地混淆了自由联想的目的。显然，当病人对我感到焦虑时，就会不自觉地陷入这种退行性的"梦呓般的谈话"，它是一种"怨恨性的服从"。她的肤浅、怪异的自由联想是服从治疗要求，也是屈从于退行的、放任的谈话方式，同时，这也是她的愤怒表达，每当她感觉对我有某种敌意时，就会出现这种情况。她感觉持续的语言毒流能将我淹死，将我毁灭，但这样将留下她孤身一人，使她形单影只。然后她就会迅速地潜回她"梦呓般的谈话"，仿佛正在诉说："我只是一个半睡半醒的小孩子，不能对自己做的事负责。不要离开我，让我和你一起睡，我只是不小心尿床弄脏了被褥。"（我们不去讨论其他含义，因为那样会离题太远。）

我们可以看到这次分析有多么不同。我并非指这个病人自我功能的不恰当退行现象消失了，而是我坚持不懈地矫正工作联盟中的缺陷，持续关注、保持良好的工作联盟以及拒绝误入歧途。我的努力产生了效果。这次分析氛围完全不同。在上一次的分析治疗中，病人行为可笑，举止怪异，她也很受挫折，因为我陷入了迷惘中。在这次的分析中，病人老调重弹，但她成了我的同盟者，她的行为不仅在我迷惑时救我出苦海，而且还能给我指点迷津，朝向潜意识冲突。

一位年轻男子Z先生（参见2.5.2、2.5.4和2.7.1）前来就诊，之前他在另一个城市已接受另一位分析师两年余的分析，他获得了一些见解，但治疗对他几乎没有触动。他对上一位分析师的印象深刻：分析师很不认可他幼稚的性行为，尽管病人知道分析师不会对此表示蔑视。在我们治疗的初始访谈中，这个年轻男子告诉我，他觉得谈论手淫让他很难为情，之前，他曾有意识地对前任分析师隐藏这些信息。他曾告诉前任分析师他有许多秘密，但顽固地拒绝透露。他的自由联想一直是有所保留的，分析中有许多沉默场景，他与分析师都一言不发。然而，病人的态度、他的过往史以及他给我的临床印象让我相信：他是可被分析的，尽管他与前任分析师没能很好地建立起工作联盟。

我着手对 Z 先生开始工作，了解到他对前任分析师更多的负性反应，其中有些是因为分析师的方式导致的。比如：在与我的一次治疗中，病人掏出一支烟点上，我问他当他决定点烟时，是怎么想的？他暴躁地回答他在先前的分析中就知道是不可以抽烟的，并且他猜我也会禁止。我告诉 Z 先生，我想知道的是在他决定点烟的那一刻，有什么情绪、想法与感觉。他这才透露说：他那时有些害怕，为了防止我觉察他的焦虑，他才想点支烟。

我回应道，我希望他用语言而不是行为来表达情感，那样我会更准确地理解他。他因此意识到我不是禁止他抽烟，而只是指出，用语言和情感表达会对分析更有帮助。他将我的回应与前任分析师比较，前任分析师只是告诫他，按照惯例，分析时是不能抽烟的。对此没有一点解释，这让病人觉得前任分析师有点专横。

在后来的分析中，Z 先生问我是否已婚。我反问他如何想象我的婚姻状态。他犹豫地说，他有两种矛盾的想象：一种是我是个只爱工作的单身汉，只喜欢与病人在一起；另一种是我是一个幸福的已婚男人，有许多孩子。然后，他继续不由自主地告诉我，他希望我幸福已婚，因为这样我会更加适合帮助他解决他的性问题。Z 先生纠正地说道，一想到我会与妻子有性行为就让他痛苦，但这样想让他很尴尬，因为这与他无关。我接着向他解释，不回答他的问题，让他猜想答案，可以透露出他所好奇的内容。因此，我告诉他，当我觉得让他对自己的问题进行自由联想会有更多的收获时，我会不做回答或保持沉默。

这时，Z先生有些眼眶湿润，稍作停顿后，他告诉我说在以前的分析中，他会问许多问题，但分析师从未作答，也不解释为何不作答。这让他感觉分析师的沉默是一种贬低和羞辱。现在，他也意识到自己后来的沉默是对分析师的报复，他还意识到他可能部分同意了前任分析师对自己的蔑视。Z先生鄙视前任分析师的道貌岸然，同时，他对自己的性行为充满自责，也把这种自责投射到了分析师身上。

对我来说，能看到病人对前任分析师的贬低和敌意性认同导致了他们工作关系的扭曲，是很有指导意义的。原先分析的整个氛围充满敌意、不信任和报复情绪。最终证明：这是病人重复与其父亲的互动关系，事实上这一点前任分析师曾向病人指出并解释过。不过，这种对移情性阻抗的解释效果极差，部分原因是前任分析师的工作方式，即不断地评判病人童年早期的神经症性行为，结果，这种工作方式下造成的移情性神经症进一步阻碍了工作联盟的形成。

我与Z先生一起工作了大约四年的时间，治疗之初就开始建立起相对有效的工作联盟。我分析的方式，对其真诚的、人性化的关切，对他病人身份的尊重，到分析后期同样激发了重要的移情性阻抗。在治疗的第三年，我开始意识到，尽管有着良好的工作联盟和强烈的移情性神经症，但病人生活的许多方面并没有多大改变，与分析进展似乎不相称。我最终发现病人形成了一种微妙而又特别的抑制：在分析时段之外的抑制。当Z先生在治疗之外忐忑不安时，就会寻找原因，通常他会成功地找到原因，有时甚至会回忆起之前治疗时我给过他的有关那种历史事件的意义的解释，这种解释是外来的、人为的、记忆的，而不是他的内省，是我的，因此对他没有现实意义。因此，他对困扰事件的意义仍然相对一无所知。

显然，尽管他在分析中与我建立了工作联盟，但在分析以外并没有得到保持。分析显示：病人不允许自己在分析时间之外发展出与我相似的态度、方法或观点。他感觉如果这样做了，就等于承认我已进入他的内心世界，这是不可忍受的。因为 Z 先生感觉这是一种同性恋的威胁，让他回想起自己童年期和青春期的几次创伤性经历。逐渐地，我俩都能理解病人是如何将这种内射的过程性欲化和攻击化的。

这个新的内省是个起点，病人由此开始学习区分各种不同的"摄入"。逐渐地，通过分析性观点，病人能与我重新建立起一种不受同性恋观念干扰的认同。由此，曾被移情性神经症干扰的工作联盟得以重建，不再受童年早期神经症的影响。曾经持续很长时间的、无效的内省有了改观，最终促成了病人明显和持续的改变。有关 Z 先生的案例将在第二卷中做更为详细的描述。

最后，我要谈谈那些持久地依附于工作联盟的病人，因为他们害怕移情性神经症的退行性特点。这些病人与分析师保持一种理性的关系，不允许自己存在任何不理性，比如性、攻击冲动或是两者兼有。分析中持久的理性是虚假的理性。病人由于各种潜意识的神经症的动机，才无意识地固守理性。下面举例说明。

一位年轻的职业男士，了解精神分析专业知识，他在两年时间里找我分析治疗，保持着一种正性的、理性的态度。如果他的梦中表现出敌意和同性恋的冲动，他会承认并宣称，他知道他应该会对分析师有这种感觉，但他"真的"没有。如果他迟到了或是忘记付费，他也会承认，这有可能表示他不想来或是不想付钱，但"实际"上不是这样的。他对他认识的其他分析师有着强烈的愤怒，且坚持说对他们应口诛笔伐，而对我却应当别论。他有一段时间迷恋上了另一位男性分析师，他用戏谑的口气告诉我，他"猜想"也许那个人有点像我。

我尽一切努力让病人意识到，他坚持理性是回避深层情感与冲动。我也试图追溯引起这种行为模式的原因，但均无果而终。他在中学时就习惯于这种闹剧式的玩世不恭，现今在分析情景中复现。由于我无法让病人对此有更进一步的认识并进行持久的工作，最终我告诉病人，我们必须面对一个事实：我们的工作毫无结果，我们应该中止精神分析治疗，不得不考虑其他的选择。病人沉默了一会儿，然后"坦诚地"说道，他很失望。他叹了口气，然后继续自由联想式的评论。我打断了他，问他究竟想干什么？他回答说他"猜"我有点恼火。我说他说对了，这不是猜想。他慢慢地看了看我，然后问我是否可以坐起来，我点了点头，他坐了起来。微微颤抖，显得很严肃，脸色苍白，明显看得出很悲伤。

沉默了一会儿，他说也许他可以工作得更努力一点，只要他能看着我，确信我没有笑话他，没有生他的气，也没有性兴奋。最后一点让我很吃惊，然后我追问性兴奋所指。他说他经常猜想我会因为他叙述的内容而有性兴奋，并且瞒着他。他以前从未提及此事，这次这一想法一闪而过。但是这个"瞬间的想法"很快引出许多有关他父亲不必要地、重复地测试他直肠的体温一事，导致他一系列的同性恋与施虐受虐幻想。病人的理性化是对此的防御，同时也是一种玩世不恭的嬉戏，想挑逗我和他一起付诸行动。以上所描述的我在分析中的行为，并没有刻意地控制去达到某种目的，但正是我应有的反应使我认识到病人的工作联盟正被用来回避移情性神经症。

工作联盟变成了移情性神经症的表现。他的症状就表现为神经症性的特征及背后的神经症性冲突。只有当病人的付诸行动得到解释，以及他意识到他将会失去移情客体，他顽固的理性行为才会变成自我不协调，从而可以被识别。他用几周的时间来观察我，测试我的反应是否真正可信。然后他才能区分出他性格性神经症中嘲弄的、怨恨的理性与真正理性之间的区别，分析才开始有了进展。

2. 经典精神分析的工作联盟

"经典的病人"一词是指所有的可以接受经典的精神分析治疗的病人，治疗中无须对技术做重大调整。他们深受各种形式的移情性冲突、神经症症状或性格性适应不良的折磨，但没有明显的自我功能缺陷。在这样的病人身上，工作联盟的形成几乎是无法察觉的、相对悄无声息的，而与分析师特定的行为或干预相对无关。通常，我会在分析 3～6 个月开始观察到工作联盟的初始迹象。大多数情况下，这些迹象是：如果病人出现沉默，他会先于我的干预，自己大胆地猜测他好像在回避着什么；或者他会突然停止杂乱无章的言语，如果我保持沉默，他会继续追问自己：是什么让他逃避，并且他会意识到自己的顾左右而言他，自发地进入自由联想，自主地说出想到的事。

很明显，病人对我产生了部分的、短暂的认同，现在他已学会采用我经常采用的方式，来对自己进行工作了。回顾整个情景将会发现，最初病人经常会出现一些偶发的性、攻击性移情反应，会暂时性地造成强烈的阻抗。如果我耐心地、巧妙地向病人展示这些阻抗，澄清运作的道理，解释它的目的，就能最终解释和重构这些现象的历史来源和相互关系。在对移情性阻抗进行了有效的分析之后，病人才有能力形成部分的工作联盟。为了全面了解工作联盟的形成过程，我们有必要从分析的最初阶段开始叙述。

病人在进入初始访谈时态度各异，这与病人过去的咨询经历、治疗经历和与权威人物、陌生人的关系有关。病人的求医方式、对帮助的需要（Gill, Newman and Redlich, 1954）以及他对精神分析和精神分析师的声望的了解程度也会影响他的初始反应。由此，病人在来分析之前就会预先形成对关系的假想，这种假想中部分是移情性的，部分是现实性的，这取决于他独特的过往经历在多大程度上影响着他的态度。

初始访谈是病人对分析师产生反应的浓墨重彩，这是因为病人开始暴露自己，开始对我的工作方法和人格产生反应。此处，我仍然相信这种反应是移情性和现实性的混杂。病人讲述以往经历时，很容易激起以前在父母或医生面前赤身裸体所伴有的相应情感反应。我的奇怪、难堪和不易理解的访谈技巧也会加剧病人产生同样的反应。当这些访谈方法被病人理解后，才会使他更为现实。访谈中表现出的"分析师"人格同样也会激起移情性的和现实性的反应。我认为治疗师的奇怪、侵犯或不专业的特质会激起更为强烈的焦虑和移情反应，而同情、关切和专业性的特质，将会使病人产生现实性反应和正性移情反应。Z 先生的临床素材向我们展示了在两次分析中，不同分析师的举止、态度和技术是如何决定性地影响了分析情景的。

只有当病人产生移情性神经症，同时又有能力与治疗师建立工作联盟时，才适合选择用精神分析方法做治疗。然后我会与病人讨论为什么我相信精神分析对他来说是最适合的，解释访谈的频率、持续时间、治疗费用等，而病人也将对自己是否符合治疗要求做出评估。这种评估本身对于了解病人建立工作联盟的能力也十分有意义。

治疗开始时，病人躺在长沙发上，尝试着自由联想，这可当作测试与忏悔的结合。病人测试自己自由联想的能力，并尝试暴露出内疚与焦虑的经历。同时，他也在探测分析师对这些素材的反应（Freud, 1915a；Gitelson, 1962）。访谈中会大量谈及病人的过往经历和日常生活。我的目标是向他指出和探究明显的阻抗和不适切的情感。当素材逐渐清晰时，我会试图将病人的过去和现在的行为模式相联系。这样，病人会开始感觉到我对他的理解。然后，病人才敢于退行，允许自己在移情中体验针对我的某种神经症性冲突。如果分析有效，那么我至少暂时成功地帮助病人建立了理性自我和工作联盟，同时并不干扰他的体验自我和移情性神经症。一旦病人体验到这种移情性神经症和工作联盟之间的转换，他就会更自觉地做更深层的退行。然而，随着更深层退行而新浮现出的神经症性冲突，可能会损害工作联盟或导致工作联盟暂时丧失。

例如，一位单纯的中年家庭主妇，已进行分析治疗两年。在分析的头一年，尽管在她的行为和梦境中有许多明显的证据：她对我有浪漫的、性的幻想，但在认识这一点上遇到了非常大的困难。她称自己婚姻幸福，对他人的浪漫幻想就意味着对自己婚姻的不满意。这让她害怕，因为她极度依赖她的丈夫，尽管潜意识中对他含有敌意。我试图让她面对自己的性移情和害怕，但这使她一改善良、合作的态度，成了一个顽固、恶毒的怨妇。对于我的干预，她反唇相讥："难道别人不都是这样的吗？难道这不正常吗？如果你是我，你不也会这样吗？"

当解决了阻碍她自己内省的恐惧问题之后，病人逐渐地能够面对这种性移情，不再以"难道别人不都是……""难道你不会……"的方式来争辩与防御。同时，病人能够承认她婚姻中的缺陷，而不会认为缺陷就意味着不忠诚。病人也逐渐接受和理解我对性移情来源的解释，这些感觉来源于儿时对她父亲和哥哥的性爱冲动。我们已经在异性恋题材上建立起相当稳固的工作联盟。

同样，当攻击性移情明显地呈现于分析情景中时，工作联盟也会受到侵蚀。例如，当我向她解释她的被拒绝感与她月末忘记付费有关时，病人变得异乎寻常地沉默。当她出现严重的胃痛，伴有毫无先兆的腹泻，并且害怕自己得了不治之症时，我向她指出：这是她对我的愤怒的一种表达，她矢口否认。然后我说，因为我的工作只是解释而不是满足或安慰她，因此她对我很失望。她对此立即反应"难道别人不都是这样的吗？难道这不正常吗？如果你是我，你不会这样吗？"稍后，她又加了一句"我想我最好去医院做个检查"。起初异性恋题材方面建立起来的工作联盟在敌意移情的攻击下溃不成军。接着我们花费了好几周的时间对她的阻抗进行工作，才逐渐重建工作联盟。而当同性恋题材进入分析情景时，工作联盟的损害再次发生。

3.5.4 工作联盟的起源

1. 病人的作用

为了使形成工作联盟成为可能，病人必须具备与特定客体建立关系的能力。自恋的病人本质上无法做到这一点。工作联盟是一种相对理性的、非性化和非攻击性的移情现象。病人在他治疗以外的生活中也应该能够形成这种升华的、直达目标的人际关系。在分析过程中，我们期望病人在初级过程思维的基础上，能够退行进入原始和非理性的移情反应中。可是，为了能形成工作联盟，病人又必须有能力恢复次级过程思维，能够从退行的移情反应中分裂出来，形成与分析师相对理性的客体关系。深受自我功能困扰之苦的神经症病人也许有能力退行而产生移情反应，但在建立并维持工作联盟方面相对困难。另外，那些畏惧暂时地、部分地丧失现实检验的病人，以及那些固守于僵化的客体关系的病人都不适合精神分析。临床实践也证实了这一点：对精神病人、边缘型人格障碍病人、冲动控制障碍病人以及年幼儿童进行分析时，都应对精神分析技术做出重大调整（Glover，1955；Gill，1954；Garma（参见 Gitelson et al.，1962））。弗洛伊德在区分移情性神经症和自恋性神经症的分析治疗时，已经提到了这一点。

如前所述，病人对移情反应的易感性源于其本能满足程度和对释放的需求（Ferenczi，1909）。神经症性痛苦迫使病人和分析师建立关系。病痛的无助感激起他对早年全能父母的依恋渴望，而在意识和理性的水平上，治疗师点燃了消除神经症性痛苦的现实希望。因此，工作联盟中既有理性的成分，也有非理性的成分。以上所述表明，可分析的病人必须有移情反应的需求，必须有能力退行并形成神经症性移情反应，然而，还要有自我的力量或者特定的自我应变能力，能够重建理性，有目的地建立工作联盟（Loewald，1960）。

病人的自我能力不但在客体关系中发挥作用，而且在形成工作联盟方面也十分重要。为了使分析工作顺利进行，病人必须能以多种方式进行语言交流，富有情感，并对行为有所控制。他必须能清晰地表达自己，可以理解、符合逻辑、言之有据、自我能部分地退行，能自由地联想。他还必须能仔细倾听、用心理解、适时反馈、思索和内省。在某种程度上，他必须能够审视自己、充分想象，并用语言表达。以上这些只是病人在建立并维持工作联盟中必须具备的部分自我功能。我们希望病人能在此能力的基础上形成移情性神经症。因此，病人对工作联盟的贡献有两个方面：他在分析情景中保持现实接触的能力和退行进入幻想世界的能力。对于分析工作来讲，病人在两者之间穿梭的能力是至关重要的。

2. 分析情景的作用

格里纳克（1954）、玛伽尔派恩（1950）和斯皮茨（1956b）指出了分析设置和分析技术的各种成分是如何退行和促进移情性神经症的形成的。其中有些因素同样也有助于工作联盟的形成。高频率的访谈和长程的治疗不仅激发退行，也意味着长时间的交往和亲密的交流。长沙发和医患双方的心照不宣促使病人产生内省、反思以及幻想。病人身处困扰且无法自持，恰逢冷静的专业人士相助，会激起病人学习和模仿的愿望。此时，分析师全身心地试图理解病人的态度，不管事情大小，不论病人强弱，不畏艰难困苦，这种倾情关注会激发病人了解自己、寻求答案、探查原因的愿望。当然，这种态度也会引起阻抗，这里只是强调这样会激发病人的好奇与探究。

此外，需要补充的是，不断审视病人与分析师的工作关系，关注工作联盟，这样做本身就对工作联盟具有增强作用，并且可以激发病人自我审视和对分析师产生信任。

3. 分析师的作用

分析师的人格特质和理论取向会影响工作联盟的形成。我们可以观察到：一些分析师的理论取向常常与其人格特质琴瑟相和，而有些分析师的理论取向则与他们的人格特质格格不入。分析师会用治疗行为来投射自己的人格或用来防护自己的人格。这一观点并非影射治疗师的人格缺陷，也非评判两种做法的孰是孰非。我曾见过刻板的分析师，他们一方面提倡严格的"节制"，但同时施行随心所欲、纵容满足的所谓"纠正情感"的心理治疗。我也看到过表面轻松随和的分析师，却一丝不苟地严格执行"节制原则"。我还看到过类似情况的分析师诱导出病人的付诸行动，或纵容病人沉溺于互相满足。一些分析师采用了与自己的人格相符的分析方式，一些则利用病人去释放自己压抑的愿望。因此，在考虑建立工作联盟时，要将上述因素纳入其中。下面，我们将简要地叙述：分析师的理论取向、人格特质是如何影响工作联盟和移情性神经症的形成的？

上一节中提到分析情景如何促进移情性神经症的产生。这种分析情景可以浓缩为一句话：通过提供持续剥夺的、类似催眠样的场景，来引导病人退行并发展出移情性神经症。通过提供大量明确的剥夺，经过足够的时间，病人就有可能形成移情性神经症。为了取得良好的治疗结果，我们还必须同时建立良好的工作联盟。

问题是：分析师要有什么样的态度才最有利于建立良好的工作联盟？Z先生的案例展示出病人如何基于对攻击者的认同，通过敌意移情，对前任分析师进行认同（参见3.5.3）。这种认同并没有促进工作联盟，只会产生怨恨与反抗，干扰精神分析工作。究其原因，病人认为前任分析师冷漠无情，就像当年他的父亲，而他无法将前任分析师从他退行的移情情感中分离出来。而他对我的反应从一开始就不同，他能将我与他的父母区分开来，因此他能够对我产生暂时的、部分的认同，这样才能进行分析工作。

精神分析师对建立良好工作联盟的最重要的贡献，来自他在处理病人的素材和行为时，持之以恒地追求提高病人的内省力。这种规律而程式化的工作精神有助于病人排遣精神分析技术与进程中的陌生感（Gill，1954；Stone，1961），这不是说分析师要把日常分析工作变成一种重复的、精确的、单调的仪式动作。虽然重复和单调可以提高可预知性，但不会让人产生信任感。而对内省力的执着追求可减轻病人的不确定感，使这种不确定感不至于明显地干扰工作联盟的建立。分析师对每次治疗时段和整个治疗过程的关注，专心致志，充满兴趣，愿意用数年的时间来关注病人的健康，这样的态度有助于提高病人的合作意愿和能力，有助于工作联盟的建立。我相信如果缺少了以上因素，精神分析将很难奏效。除此之外，建立有效的工作联盟关系，还应注意下列情况。

有些分析师虽然恪尽职守、认真严肃地工作，但仍然难以与病人形成工作联盟。病人对他们形成了一种恭顺与服从的态度，而不是积极参与和形成同盟。分析氛围中弥漫着对分析师的隐晦、持续的焦虑与敬畏。病人也许只能短暂和偶然地感觉到自己的这种状态，因为这种状态并不具有明显的自我失调性。病人的顺从态度对分析师也可能是自我协调的，因此他经常无法识别，也不会对它进行分析性审视。

当我是某个病人的第二位或第三位分析师时，我经常有机会遇到上述情况。

> 例如，一位中年男性病人，是个大学教授，之前已进行5年多的分析治疗，他在分析时段里不敢看手表。在一次治疗开始时，他说他必须比平时早走5分钟。在分析时，我看到他想用眼角瞄一眼手表，他甚至借搓揉前额之际瞥一眼手表。当我指出这一点时，病人张口结舌。他羞于被当场抓获，更为自己胆怯而沮丧。然后他意识到，这种焦虑在他前一次的分析治疗中从未被识别和分析过。

毫无疑问，上述案例表明前一次分析治疗中的分析师有反移情，这可能因为这位分析师过于从字面来理解弗洛伊德的两个原则，即镜像和节制原则，我将在3.9.2中加以讨论（Freud，1912b，1915a，1919a）。弗洛伊德的这两个原则使许多分析师对病人采用严肃的、疏远的甚至是权威样的态度。我相信这是对弗洛伊德观点的错误理解，至少这种态度有损工作联盟的形成。

镜像原则和节制原则，是用于帮助分析师避免对病人的移情形成过程产生干扰，格里纳克（1954）曾详细论述过这一点。镜像是指分析师必须对病人是"映像"的，只是如实反映病人的素材，不能将自己的价值观和行为准则施加到病人身上。这并不意味着分析师就是单调、冷漠和缺乏反应的。节制是强调不应满足病人童年早期的神经症性的愿望。这也并不意味着杜绝病人所有的愿望，有时候，分析师可能不得不暂时地满足病人某个神经症性愿望。即便剥夺满足，也应最大限度地保护病人不致受伤害。

虽然弗洛伊德在他的著作中主要强调了分析情景中剥夺的一面，但我相信：他之所以这么做，是因为在当时（1912～1919），分析中最大的危险来自分析师对病人的过度反应和付诸行动。熟悉弗洛伊德的案例史的人，就不会妄断弗洛伊德的分析治疗是冷漠或严峻的。比如，弗洛伊德在案例老鼠人（Rat Man）的原始记录中，对 12 月 28 日的分析加了一个注释"他饿了，被喂饱了"，在 1 月 2 日："尽管他今天显然只报告了一些琐碎之事，而我能对他说很多的东西。"

显然，如果我们希望与病人形成一种相对现实的、理性的工作联盟，我们必须以既现实又理性的方式来对待病人，必须牢记：精神分析的过程不同于日常会话，形式和内容都很独特，有时甚至须人为地营造某种氛围。任何形式的揶揄讥讽、理论说教、冷漠疏远以及姑息纵容，在分析中都不应有立足之地。

病人不仅会受治疗内容的影响，也会受我们的工作方式、态度、心情、氛围等的影响，特别是还会对我们没有意识到的部分产生反应和认同。弗洛伊德（1913b）声称，为了建立和谐的医患关系，分析师需要持之以恒，并且具备共情性理解的态度。斯特巴（1929）则强调病人对治疗师的认同。分析师不断识别并解释现象，促使病人一定程度上认同分析师。这一过程始于治疗之初，分析师一开始就开宗明义：治疗工作是双方共同努力的结果，语言方面也应注意双方共同的作用，诸如"让我们看一下……"或者"我们能看到……"等。

格洛弗（1955）强调分析师要自然、坦荡，不应装腔作势。例如，有关时间与费用的设置，要为病人的利益着想。费尼谢尔（1941）强调，无论如何，分析师首先要人性化，不应刻板拘谨。他认为，去说服病人尝试接受先前拒绝的事物，分析氛围是最重要的。罗耶尔瓦德（1960）指出，分析师对病人潜力的关注可以激励病人的成长和发展。斯通（1961）更是强调恰当的满足，以及分析师消除病人痛苦的意愿的必要性。

所有的分析师都能意识到精神分析治疗中对剥夺的要求，同时，原则上也同意分析师要人性化，那么，如何确定人性化在分析情景中的边界，如何将其与剥夺性原则协调一致，这一主题将在 3.9、3.10、4.2.2 和 4.2.3 中做进一步的讨论。这里，我只扼要叙述主要观点。

分析师的人性化会渗透于他对病人的同情、关心和消除痛苦的愿望之中。对治疗师而言，重要的是帮助病人摆脱病痛。治疗师不是一个实验者或研究人员，而是富有同情心的医生和治疗师、病痛的治疗者，他的目的是帮助病人康复。他开出的"药物"是内省，他应仔细地斟酌剂量，放眼长远目标，必要时放弃暂时的、眼前的利益。人性化同样表现于这样的态度：病人作为一个独立的个体应得到尊重，应受到正常人的礼遇，不应被粗鲁无礼地对待。如果我们想让病人成为盟友，对他的退行性素材共同进行分析，那么我们就必须通过我们的分析工作不断地滋养病人的理性需求。

我们不能忘记：对病人来说，精神分析的技术与进程是古怪的、不合常理的和不自然的。不论他在理智上对此有多了解，但他实际体验到的是怪异、新奇，不可避免地会产生焦虑。然而，神经症性痛苦的驱使，对专业人士的厚望，使他顺从并试图遵守分析师的命令与要求，至少在意识层面是这样的。

前来求治的病人至少暂时地、部分地不堪神经症性痛苦的纠缠，在相对无助的状态下，病人出于无奈地病急乱投医，会接受可能对他有利的任何帮助。这是格里纳克（1954）和斯通（1961）曾描述的医患之间"倾斜的"或"不对称的"关系。为了防止病人因为焦虑产生顺从和激发受虐倾向，分析师有必要关注病人的自尊需要。顺从的病人常常会因为害怕失去爱和招致嫌弃而掩藏屈辱和愤怒，治疗师也常常会有意无意地对屈从置若罔闻，但优秀的治疗师必须对这种可能保持警惕。

我们不能将原则和规定不加解释地强压给病人，而又期望他能像成熟个体般地和我们合作。如果像对待孩子那样专横独断，那么病人将会退行固着于某种形式的儿童期神经症性移情之中。对于形成工作联盟来说，分析师对病人权利的持续关注是非常重要的，这意味着我们不仅对病人饱受神经症性痛苦的折磨表示关心，而且还对分析情景赋予他的额外痛苦表示关切。任何疏远、权威、冷漠、放任、自满和刻板都必须摈弃。让我用一些典型例子来加以说明。

我总会向病人解释为什么使用对病人来说新奇的、不寻常的技术，为什么要求自由联想，以及为什么使用长沙发。建议使用长沙发之前，我会先等待病人就此提问或说出反应。我的语气表明，我察觉并尊重病人的困惑。我尽量避免高高在上，避免使用专业术语和深奥的理论，我会确信病人是否理解我的陈述。像对待成人般待他，我需要他的合作，而他很快会在精神分析治疗中体验到巨大的困难。

我向病人解释，如果他取消约定的治疗时段，使我不能将那个时段用于其他病人，我仍然会向他收费。我告诉他为了不干扰他的自由联想，我会相对保持沉默。他初始提问时，我会解释为什么我不回答；接着，我会直接保持沉默。如果我对某些事件的意义确实不太理解，我就会如实相告，我不会满腹狐疑地打发病人。如果病人谈论某个话题引起他强烈的尴尬，我会承认那对他是艰难的，但出于治疗的必要，他应尽可能地克服障碍。如果他抱怨我对他的某种情感没有投桃报李，我会告诉他：展示我对此的理解而不是表达自己的情感，对治疗工作会更有益。

对于病人索求保证，我会告诉他我理解他的心情，但是空泛的保证只是暂时的缓解；如他再次索求保证，我多半会保持沉默。我经常坦言我的解释可能是有误的，如果事实证明我真的错了，我定会修正。如果病人感觉我的言辞过于尖锐，或认为我生气了，我会承认他有可能是对的，但是我仍会继续讨论此事以及他对此的反应。

当病人坦露真情或处于强烈的情绪反应之中时，我不会打断，即使有时不得不超时。如果我迟到了，我会在当次或下次补足时间。我会提前告知他我的休假日期，并且要求他尽量提前安排好他的时间（类似的问题会在第二卷中做大量的讨论）。如果他说了个笑话，我会表露相应的情绪，但会与他讨论为什么他要讲这个笑话，以及他对我的反应的预期和实际感受。同样，如果我对他的叙述表现出某种反应，我也会对之加以讨论。我不会在分析时段接听电话，如果必须接，我会道歉并询问他的反应。我时常询问：他如何看待与我的治疗工作？他对工作的进展有何感受？我通常也会告诉他我的相关体会，然后共同讨论他对此体会的反应。

以上是我保障病人权利的一些做法。作为工作联盟中的一个基本元素，我要强调的是，对病人权利的保护并不是废除必要的剥夺。尽管工作联盟对于精神分析至关重要，但要使病人退行到童年期移情性神经症中，剥夺是必不可少的。

分析师必须能够在实施剥夺和展现关怀之间收放自如，必须在两种对立之间权衡妥协。解释带来的痛苦，可以通过分析师关切的语气得以消融；分析师匿名引起的不确定感可以借助对病人权益的尊重而予以抵消。这是精神分析师的辩证能力之一。

虽然我会表达我对病人的深切关注，但这种表达必须是非侵害性的，不会干扰分析情景。我尽量不对他的冲突评判，除非这种冲突是明显的阻抗、破坏性行为以及自我毁灭性行为。在认真、坦诚、同情和节制的治疗氛围中，治疗师本质上应是个理解者与内省的传递者（Greenson，1958b），而不应是个道德评论家。

以上是我关于如何在分析工作中保持距离与形成亲密关系的一些观点。这些观点是高度个人化的，并不能将它当作分析治疗的金科玉律。但我确实坚信：尽管不同的分析师的人格特质各异，但如果我们期望得到良好的分析结果，就必须充分考虑和处理两种对立的元素。在移情现象中，移情性神经症和工作联盟是一对相辅相成的矛盾，对于理想的分析治疗，两者不可偏颇。这个问题将在第 4 章中再次讨论。

3.6 病人与分析师的真实关系

移情反应和工作联盟是发生在分析情景中的最重要的两种客体关系，反映出基本的人类互动类型，比如移情的前身、移情的过渡等。这种原始的反应常常出现于严重退行的状态中，因此需要更多的"管控"而不是内省（Winnicott，1955，1956b；James，1964）。因此，我们在这里对此不做讨论。另外，在分析的过程中，也会出现一种"真实的"关系。这种病人与分析师之间的"真实关系"并不能望文生义，因为"真实"这个词本质上有两种不同的意思与用法，对于病人和分析师都有不同的含义。许多人都曾就这一主题做过探讨，但他们敏锐的临床发现仍无法清晰地定义这一概念（Stone，1954b，1961；A. Freud，1954a，1965）。

"真实的关系"中的"真实"一词意味着现实的、现实取向的或未被扭曲的，而"移情"一词，则意味着非现实的、扭曲的以及不适当的。"真实"一词也指自然的、可靠的和确定的，相对于做作的、虚构的、猜测的。就此而言，我更愿意用"真实的"来指分析师和病人之间现实的和真诚的关系。这种区分是重要的，因为这使得我们能够甄别病人眼中的真实与分析师眼中的真实。对于病人和分析师来说，移情反应都是不现实的和不适当的，但它们是真实的、确定的感受。对病人和分析师来说，工作联盟是现实的和适当的，但这是治疗情景中双方刻意的人为所致。在这两种情况里，病人与分析帅之间的移情关系和工作联盟关系都是确定的、真实的。在治疗中，病人利用工作联盟去理解分析师的观点，但如果这些观点是侵害性的，病人的移情反应将自然优先出现。对分析师来说，不管对病人产生何种反应，工作联盟都会被优先考虑。我将用分析师和病人在临床上的互动来说明这一点。

一位年轻男子，已经进行了5年的分析治疗，在一次分析结束时，听了我做出的一个解释后，他显得有些迟疑，然后告诉我，他有一些事想说，但感到有些困难。他本想避而不谈，但意识到他已经这样回避几年了。他深吸一口气，鼓起勇气说道："你总是说得太多，而且言过其实。我很想生你的气，告诉你你的荒唐、错误、偏执和离题万里。我很害怕说出这些，因为我知道这将伤害到你。"

我相信病人准确地感知到了我的一些特点，但让我意识到这些使我多少有点难堪。我告诉他他是对的，但我接着问他为什么生我的气和为什么向我抱怨对他来说更为困难。他回答道，他知道我不至于为他的诉说而恼怒，因为他是个神经症病人。而指责我说得太多、言过其实是一种人身攻击，会对我造成伤害，因为他知道我很看重身为一个治疗师的自豪感。开始诉说时，他担心我会怀恨在心，但现在他知道我不会，而且即使怀恨在心，也不至于置他于死地。

我用以上这个案例来说明病人对分析师的现实反应。病人对我有精确的感知，并且能不加扭曲地预测我的反应。开始时，他的感知也是有理由的，但他对我的反应的预测是虚幻的，即移情性扭曲。他曾感觉我会怀恨在心，在开始诉说时，因为已和我建立了良好的工作联盟，所以直言相告。但在指责我的方面，尚未形成这种工作联盟，只是在快结束的阶段，才建立起这种联盟。根据上述案例，我们能区分出感知与反应各自的真实性。其中的一方或双方都可能是现实的或不适当的。

就像我在上一节中所说的那样，病人建立工作联盟的能力来自他们想获得帮助的现实动机。另外，在某种程度上，病人在过去生活中应具有建立现实的、非本能化的客体关系的能力。精神分析师的投入与技能有助于工作联盟的形成。分析师持续接纳与宽容的态度、追求内省与坦诚相待以及节制的态度促进了建立现实的客体关系。分析师的这些值得信赖的特征诱导病人形成认同，引导出病人现实的反应和移情性反应，这是工作联盟的核心。在每一个案例中，这些因素都会影响工作联盟的形成。在上一个案例中，我的夸夸其谈使病人得出现实性的评估：我对自己的解释有自恋性的自豪。同时，这一现象也导致了移情反应。经过多年的分析，我的这些特征才不再使病人产生移情，而被病人当作我的缺点，并能加以现实地批评，并且尽管我有这样的缺点，但他仍能与我建立工作联盟。

对成人来说，所有的人际关系都是由移情与现实的各种因素混合而成。如果没有现实的基础，凭空幻想，就不会产生移情反应；反之，现实的人际关系也不可能不带有丝毫的移情性的幻想。在精神分析治疗中的所有病人对分析师都会有现实的、客观的感知与反应，同时伴随有他们的移情反应与工作联盟。这三种与分析师的关系的行为模式是互相关联、互相影响、互相混杂的，也可以互为因果。尽管三者交相重叠，但将这三种反应模式加以区分，对于临床与实践仍然是有价值的。病人从治疗初始，就有着现实的感知与反应，但是通常会隐藏负面的表达。这种隐藏很快就会促成移情反应的形成，要想分析这种移情，常常需要等待。直到建立了某种程度的工作联盟（尽管病人仍有疑虑担心），才能开始工作。如果分析师对病人的某些现实感知和反应缺乏客观的判断，那么建立工作联盟将困难重重。

我曾督导过一个年轻的分析师，他告诉我他的一个病人的情况。一位年轻的妈妈在咨询时大谈她可怕的焦虑：她的宝宝在前一天晚上突然生病了，持续高烧，并伴有抽搐，她急得手足无措，最终她找到了一位儿科医师。她边诉说，边抽泣，直到她说完了她的故事。分析师一直保持沉默，她也开始沉默。双方沉默了好几分钟后，分析师告诉病人：她一定是在阻抗。病人并未作答，此时时间到，治疗结束了。年轻的治疗师对自己的言行感到忐忑。

我问他：回想治疗过程，他对自己的表现是否满意？是否还可以做得更好？他回应道，他认为病人长时间的沉默也许意味着她对儿子死亡愿望的负罪感，但他想等待合适的机会，向她揭示这一点。我告诉他，也许病人深藏着对儿子的死亡愿望，但她的焦虑与悲伤更为明显，值得他在分析中对此有所回应。这个学生一本正经地提醒我，可是弗洛伊德说过，不能满足病人本能的、自恋的愿望。

我克制住自己，不再做进一步的评论，只是问他下一次的治疗中，发生了什么。他回答说，病人前来治疗，一言不发，始终眼泪汪汪。他一次次地追问，她有什么想法？直到治疗结束，都没有实质性的语言交流。我再一次问他：有没有问过她的孩子后来怎么样了？他说，病人没有说，他也没有问。那是病人在那周的最后一次治疗，下次治疗应该是此次督导后的下周一。

我好奇地怀疑，就问这个学生，是否他对孩子的健康真的没有一点关心与好奇。我补充道：也许这个年轻妈妈的沉默和眼泪表明孩子的情况变得更差了。或者,也有可能表示她感觉分析师的行为是一种冷漠与敌意,不愿意参与治疗。这个学生反驳道,是我的感情太丰富了。我告诉这个年轻的治疗师,我觉得他的情感反应的缺失阻碍了工作联盟的形成,除非他能对他的病人感到同情,并向她展现(当然要有所限制),否则他将无法继续治疗。我甚至预测即使她还会回来,恐怕治疗也不会有进展。当病人处于这样悲伤的状态时,对她表示同情不仅是自然而然的,而且也极其重要。到此,我结束了这次的督导。

一周后,这个年轻的分析师报告说他的病人在周一来了,声称要退出治疗。当他询问原因时,她回答道:你比我病得更重。她付了费后即刻离开。过了一会儿,我问他,她的孩子情况如何了?这个年轻的男人脸红了,羞愧地承认他"忘了"问她。我以他的遗忘和脸红为契机,解释说他可能在这方面有些问题,需要进一步的自我分析,他同意了。

这些临床素材说明了一个事实:分析师某些令人不快的特质会引发病人产生现实反应而妨碍治疗(对此及其相关问题的讨论请参见第二卷)。在我看来,这个年轻妈妈的行为是现实的、适当的。我并不否认分析师的行为也同样激起了病人的移情反应,但在这个情景中,移情处于次要的地位。我认为,这个分析师的行为妨碍了工作联盟的建立,因为病人感觉到分析师的行为所隐含的敌意,并且为抵制这种敌意和恐惧产生了反移情。我主张分析师要能够对病人的悲痛展现同情,同时不能过度满足其移情愿望。比如,他也许可以简单地问病人:孩子怎么样了?医生怎么说?只有这样做了之后,才有利于进一步对病人对此的反应做分析。展现同情的程度取决于对病人忍受痛苦的能力的判断。许多分析师都强调:过度的挫折与剥夺对治疗是有危害的(Glover,1955;G. Bibring,1935;Menninger,1958)。

为了进一步说明问题,还可举例说明分析师是如何处理那些被病人觉察到的技术失误的。我认识一些分析师，他们认为，向病人承认犯错了是不正确的，他们隐身于"分析性沉默"的高墙之后。我还认识一些分析师，他们倒是承认自己的失误，还用解释他们失误的潜意识动机来加重病人的负担。对我来说，向发现错误的病人隐瞒事实，是故弄玄虚，是对病人的轻视和侮辱。分析师的这种行为必将激起情有可原的不信任感，这种不信任感会使治疗步履维艰，或使病人一味顺从而使治疗陷入僵局。但分析师对病人坦诚自己失误的潜意识动机，实在是一种可笑的谬误。这是分析师利用病人的困境来满足自己的本能愿望或对惩罚的需要。直接而坦诚地承认错误，然后询问病人对治疗师失误和治疗师承认失误的反应以及相互的自由联想。从某种意义上说，分析情景是一种不对等的情景，一方有病、无助，另一方是治疗专家，但是双方在保障人权方面，应该是平等的。

如果病人问我犯错的原因，我会首先问他对原因的猜想，然后解释我犯错的原因不属于分析的范围，应另做自我分析。我会以同样的方式回答有关我私人生活的问题。我会询问病人对此的自由联想，然后解释我不回答的原因。

为了使分析师在工作中有效而愉快，他们的工作态度必须源自与病人的现实关系。就像我在 1.3.3 和 3.5 中所说并将在第 4 章中做进一步讨论的那样，分析师应能在相对游离的分析态度和专注卷入的治疗姿态间游刃有余，否则他无法进行分析性的工作。分析师必须要能够人性地共情和真诚地同情，但必须恰到好处，必须能够在必要时施与痛苦或允许病人忍受痛苦，但必须适可而止。精神分析治疗不应冷酷无情、拒人千里之外，也不应欢呼雀跃，长时间地沉浸在愉悦之中。分析师必须能够兼顾分析者和疗伤师两种角色，并在这两者间切换自如。

分析师对病人的现实感觉必须屈从于工作联盟。治疗师的任务之一就是限制这些有可能阻碍治疗过程的反应，这并不意味着他要刻意消除自己的感受，而是要聚焦于病人提供的素材和关注病人的神经症性症状，这样才能以分析师或疗伤者或二者兼有的身份进行有效的分析。反移情必须被觉察并加以分析。现实、强烈的反应也应被限制，尽管这样说起来容易，但做起来很难，有时，我们不得不人为地、暂时地克制某些情绪。如果具备上述要素，病人将有机会从这种非同寻常的客体关系中获得体验和内省，在这种关系中，各种爱与恨可以成为促进心理成熟的有建设性意义的工具，而不仅仅是提供满足与痛苦的体验（Winnicott，1949；Stone，1961；Greenson，1966）。

尽管病人和分析师之间能发展出移情反应、工作联盟和真实的治疗关系，但它们在形成过程中的比例与形成次序是可以不同的。对病人来说，移情反应在漫长的分析过程中期居主要地位。真实的关系在分析的开始和终止阶段会显得突出（A. Freud，1954a，1965）。而工作联盟在分析初期阶段的后面部分形成，之后（随着新的阻抗的出现而）周期性地倒退，直到治疗结束。对精神分析师来说，工作联盟必须从始至终都居主导地位。反移情总是时隐时现。只有到分析的最后阶段，更加灵活的真实的关系才会出现。然而有时，在有具体需要时，分析师应允许真实情感较早地表露出来，以上引述的年轻分析师的案例就是如此。在这样的情况下，我会公开表明我对孩子的关切。我相信不会有病人愿意与这种矜持冷漠的分析师保持深度合作的。精神分析师体现出的人文关怀是形成工作联盟的前提。有些病人可能貌似偏好冷峻的像电脑一样的分析师，实际上这可能是在试图逃避真正的分析体验。

有些病人试图将精神分析师看成不食人间烟火的圣贤，想象着他只存在于治疗室，他的情感反应总是温文尔雅、恰到好处的。对这样的病人，允许治疗师向病人展现自己的其他方面更有益处。只是用语言表达通常是不够的。我会允许病人感受我对他缺乏进展的失望；或者让他看出我也同样受环境的影响；我试图克制我的反应强度，但不会总是成功的；每次访谈也会激起我的情绪；我不能左右每天的变化，我只是尽量灵活地与之相处。我的观点是：用合适的行为去展现分析师真实的一面是非常重要的，这包括有时展现出人性的弱点。对于这一点及其相关的问题，斯通（1961）的书中有许多有趣的论述。

有时需要分析师做到非同寻常的率真，我是指：分析师与病人对重要的政治或社会议题有着根本的分歧时。比如，我从自己的经验中得知，对一些持有相当对立的政治或社会观点的病人，我无法与之有效地工作。在这种情况下，我发现最好是坦诚地向病人说出我的感觉，而且越早越好。如果他认为我的观点非常令他困扰，我会建议他随时可以转诊其他分析师。如果我自己有着强烈的情感，并且病人的其他方面也并不与我的治疗风格十分匹配，我会告诉病人我无法与他一起工作的缘由，而且坚持让他另找分析师。我也会向他承认这是我的弱点，但不希望因此让病人再次受到创伤。

有关病人与分析师之间的真实的关系，还有许多话题可以说。在第 4 章中还会涉及其他方面的问题，对此会有更多的说明。

3.7 移情反应的临床分类

没有哪一种分类方法，可以完整合理地涵盖所有的移情现象。不管我们如何努力地加以区分，分类结果仍然不是缺乏系统、挂一漏万，就是包罗万象、互相重叠。我们常常因此不得已而牺牲系统性，从而保证完整性。下面，我将尽力描述一些最重要的移情反应形式，并根据临床重要性对它们进行分类或标识。

必须牢记的是：分类方法并不互相排斥。比如，将一种情景描述为正性移情，同样也可以将之标识为母性移情等。还需注意的是：移情的分类，并不根据是否偶发、短暂或是否形成移情性神经症来划分的。这些区别早在理论章节部分就已描述过，移情的所有类型都应被理解为具有上述两种形式的表现。最后，我们必须意识到，就像客体关系一样，也是多种移情会同时发生。理论上，我们能把各种人际互动描述成不同层面或等级的情感与防御，但下面对移情反应的描述，我仅限于从治疗中占主导地位的、有重要临床意义的现象的角度进行讨论。

3.7.1 正性移情和负性移情

尽管弗洛伊德（1912a）早就意识到，所有的移情现象都具有矛盾性，但正性移情和负性移情仍然是他最喜欢使用的命名法。尽管这种分类有可能以偏概全，但它也仍然是执业的分析师们最常使用的方法。

1. 正性移情

术语"正性移情"是一种缩略表达，用来描述主要由爱组成的移情反应，这里的爱可以是各种形式的爱、爱的征兆或爱的衍生。当病人对他的分析师产生以下任何一种情感体验时，我们就认为病人具有正性移情，这些情感体验有：爱、喜欢、兴趣、信任、关心、虔诚、仰慕、迷恋、激情、渴望、思念、温柔、尊重等。上述情感中非性化的、非浪漫的、温和形式的正性移情可组成工作联盟。这里，我特指类似喜欢、信任和尊重的感觉。

病人爱上分析师，是另一种重要形式的正性移情。这通常发生在异性病人与治疗师之间，除了明显的同性恋病人，同性病人与治疗师之间较少出现这种移情。在分析治疗中爱上分析师与在生活中爱上某个人有明显的相似之处。这种情况之所以如此常见，源自病人长期压抑的过往生活中寻求爱的痛苦经历，而在分析情景中以移情性爱的形式浮现出来。在某种程度上，它也许表现得比较非理性与幼稚。可以参阅弗洛伊德（1915a）对此有关的深刻敏锐的论述。

病人爱上分析师，会给治疗带来许多技术难题。首先，病人的主要目标成了满足某种愿望，并且回避对这些情感进行分析。如果病人处于热恋情感中，就很难依靠理性自我与治疗师建立工作联盟，分析工作就会困难重重。此时治疗必须要放慢速度，等待这种狂热的情感逐渐消退。其次，病人炽热的爱恋也会激起分析师的反移情。这特别容易出现在年轻、缺少经验或个人生活不幸福的分析师身上。潜意识中的被诱惑会以一定方式做出回应，譬如，以某种形式给予满足，或因为她的爱而倍感恼怒。弗洛伊德对这种情况给出了清晰无误的建议（1915a）：对于色情移情不能妥协。容不得任何看似无辜的、部分的满足，任何轻微的满足都会使分析病人的这种移情陷入僵局。这并不意味着分析师一定要绝情绝义，分析师可以关切病人的困境，但始终明确治疗的目标，在这样的移情状态下，保持同情的、有节制的、人性化的和坚定的分析性态度，就显得更为重要。让我举例说明这一点。

一位年轻的妇女胆怯且羞涩,在她分析治疗的第3个月,明白无误地向我表白:她爱上我了。她经过了前些日子的情感挣扎,最终,她哭着向我坦诚了她的爱慕。然后,她恳求我不要用冷酷的分析性态度对待她的这份情感。她请求我不要沉默,不能回避,希望我愉快地做出回应。对她来说,这样倾诉显得是多么卑微。她抽泣着,逐渐安静下来。这时,我说:"我知道这对你很不容易,但因为这对我们双方来说都很重要,希望你能努力去准确地表达你的感觉。"病人沉默了一会儿,然后以恳求和愤怒的语气说:"这不公平,你能藏在分析的背后,而我却必须暴露自己的一切。我知道你不爱我,但至少要告诉我你喜欢我,承认你有点在意我,告诉我对你来说我不仅仅是个数字,一个11点钟的病人。"她再次哭泣,然后沉默。我同样沉默了一会儿,然后说:"是的,这不公平,分析情景是不平等的。你的任务是让你的情感浮现出来,而我的工作是理解你,分析出现的素材。是的,这不公平。"

我的这些话语似乎帮到了病人。接下来,她更多表达出愤怒和受伤的感觉。虽然爱恨交加,但她开始能够对自己的反应进行工作了。我想她能从我的语气和态度中听出我是理解她的痛苦和困惑的,但尽管同情,我还是继续进行我的分析工作。然而,她对我不予满足的态度产生了强烈的被拒绝感和失望感,这必须首先被处理。重要的是,要避免两种倾向:不恰当地满足病人或造成不必要的伤害,这两种行为都可能导致她压抑情感,然后以某种形式逃离分析。

病人的移情性爱总会成为阻抗的来源。病人急切地寻找即刻满足,会阻碍分析工作的进行。分析时段会由此变成病人填补亲密关系空缺的机会,病人也会因此失去对内省和理解的兴趣。更为复杂的是,病人通常会将分析师的干预或缺少干预看作伤害和拒绝,因而有意识地抵制分析工作。上述案例中的病人即是如此。我们的任务是鼓励病人充分展现移情性爱的细节,然后在恰当的时间对病人的阻抗开始工作。

让我们回到上述案例。我向她承认：分析情景确实是不平等的，她必须暴露她自己，而我的工作就是分析这些情绪，她试着继续表达她对我的爱意。但现在她的悲伤、恳求、急切的语气中增加了愤怒的含义，我可以听出她话语中的痛苦。"我知道你是对的，我应该顺其自然，而不去管你怎么想。我为爱而哭泣、恳求，却只得到沉默的回应，这太痛苦了。不过你大概也习惯这些了，我猜其他病人也会对你这样的。我不知道你怎么受得了这一切……毕竟你是忍受这些来赚取报酬的。"

病人沉默了，我也沉默了。这时，她停止哭泣，眼睛睁大，嘴唇紧闭，双手紧紧地交叉在胸前。过了一会儿，我说："我这样的回应方式使你很生气，你能告诉我你有多生气吗？"她开始用语言表达，开头是汹涌的愤怒，然后是爱的洪流，来回重复了好几次。一阵子后，情感的强度慢慢地有所减弱，是时候接受分析治疗了。我对她说："让我们一起来试着理解，为什么你爱？你是怎么爱的？你发现我有什么可爱之处？"通过这样的提问，我作为病人的一个模板，让她来理解自己的爱意源自何处，通过这种方式能帮助病人的理性自我更为稳定、更为可及。由此，我们能重建工作联盟，能够一起根据线索，寻找上述事件中隐含的意义，具体的技术步骤将在3.9中加以说明。

有一些老道的病人，通常在分析早期就会问："医生，我应该爱上你吗？"对于这类问题，像所有分析中的其他问题一样，不必立即回答，而应首先追溯提问的缘由。但最终不可避免地还是要回答这个问题，因为就我看来，病人有权利了解他们"应该"怎么做。对此，较好的回答是：所有的病人都"应该"做的事是遵循自由联想，让自己的思想和情感不受阻碍地、自由地浮现，并且尽可能如实地报告。因为存在个体的差异，不同的病人感受不同，没有一个统一的模式，也没有办法预测在某个时间某个病人会对某个分析师产生什么样的情感。

我曾说过，依我的经验，浪漫的、热恋的移情仅发生在异性病人身上（明显的同性恋除外）。有必要对这一表述做一修正，因为我的一些男性病人常常在分析中爱上在他们幻想中与我有关的女士，比如我的太太、我的女儿、我的同学或我的病人等。这样的爱通常表明，与我间接的关系对于他们很重要。我的男性病人对我也会有性的色彩，但通常不带有爱的成分。或者有时会体验到一些爱意，但不带有性色彩。例外的是在梦中，我的病人可以同时体验到对我爱与性的感觉，特别是当我在梦中的形象稍有改变的时候。

将分析师理想化是另一种正性移情形式，男、女病人中都会出现（Greenacre，1966b）。有时，这是潜伏期的英雄崇拜的再现。在离异或单亲家庭中长大的个体，特别容易出现理想化移情。就我的经验，理想化是病人保护分析师免遭其原始毁灭冲动伤害的防御。对于所有固定、不变的移情反应来说，都具有这样的性质，而刻板、顽固不化表明相反性质的情感和冲动正被压抑着。崇拜的后面隐藏着压抑的原始怨恨。表面的仰慕是为了遮蔽蔑视，这种蔑视后面可能隐藏着一种更为退行的仰慕。

所有的移情反应都有矛盾性，因为用于置换的客体关系本质上或多或少带有童年早期的特点，而所有的童年早期的客体关系都是矛盾的。然而，每个人对矛盾情感的处理方式是不同的，并且病人同时存在着多种不同类型的矛盾情感。比如，我们可以看到某个病人对分析师表现出强烈的爱与仰慕，同时对分析师闪现出隐晦的讽刺与愤怒。或者，同一病人先前几周充满热情与爱，而在之后几周，则表现出明显的敌意与愤怒。

有时，病人会将矛盾情绪中的某个方面分裂并投射给另一客体，经常是另一个分析师或医生（Greenacre，1966a）。病人通常会保留对自己的分析师的正性情感，而将负面的情感置换到另一个分析师身上，反之亦然。这种情况在临床实践中，识别较为困难。这种分裂和投射性移情在神经症性抑郁病人和受训的分析师学员中经常发生。分析的任务就是，首先识别出这种矛盾情感如何被分割并投射，并将其展示给病人。有时，这种内省足够引起病人的某种改变。然而，更为经常的是，尽管有所识别，但移情现象依旧。这意味着这种分裂性防御机制满足了重要的防御需要，这时，阻碍分析分裂的阻抗就应成为分析工作的主要对象。

例如，一位受训分析师在我这儿已做了好几年的分析。在一段时间里，他对我表现出持续稳定的正性移情。他尊敬、崇拜我，尽管我偶有失误，他仍然理解并赞赏。但是，他对其他分析师的缺点十分苛责和挑剔。我向他指出这种极端的偏颇表现，但他固执地坚持己见。我反复地解释：这是他在阻抗他对我的敌意，并且在相当一段时间内，坚持这一解释。最终，这个学员不再回避他的敌意，爆发出对我的强烈愤怒，指责我像其他的培训师一样，教条、专横和不可理喻。他对自己情感的激烈程度感到吃惊。之后他意识到，多年来，他一直无意识地保护我免受他的攻击，而把这种攻击情绪置换到其他的分析培训师身上。他还能够意识到他对他父亲也用了类似的模式，他对父亲保持着意识层面的理想化，同时对周围其他的权威人物不断地挑衅和攻击。

正性移情可能出现在性心理发育的各个阶段，这一点将在 3.7.3 中做详细的讨论。此处，我只简要勾勒正性移情和负性移情的框架。分析师可以成为病人温柔、有爱心、给予食物的母亲，或严厉、拒绝、过度喂养或不予喂养的母亲。无论男女，病人都会出现上述反应。病人对治疗师解释的反应就好像儿童期被喂食好的或坏的食物，而治疗师的沉默则会被理解为抛弃或祝福。这时，病人可能会顺从和依赖，或抱怨没有得到任何有价值的东西。抑郁、疑病和偏执式的反应会在这个阶段出现。

分析师可以成为肛欲期善意溺爱的父母，病人大量的自由联想就像孩子随意的便溺。相反，分析师也可成为严厉的、冷酷的寻找素材者，巧取豪夺病人有价值的资产。在这种情况下，病人会变得固执、挑衅和拒绝。或者将这些投射到分析师身上，分析师成为固执、可恨和拒绝的人。分析师也会成为俄狄浦斯期的人物，病人对他充满嫉妒和乱伦的欲念，并伴随着负罪感和焦虑。我们也可以观察到病人潜伏期英雄崇拜式的爱和青春期迷恋式的爱。对于每种情况，分析师都要保持戒备，这些正性移情之下潜伏着暂时休眠的负面情感，而后者终将露出端倪。

正性移情中性的成分值得被特别提及，因为这经常是强烈和顽固性阻抗的来源。病人能够认识到他们对分析师的情感反应，但是不情愿承认这些情感中性欲的部分。然而，所有的正性移情，除了升华和去性化的情感之外，都会伴随有某种性的驱力，这意味着身体区域、本能冲动和躯体感受的参与。分析的任务就是去澄清这些不同的元素，引发与这些感觉和行为有关的幻想。梦经常可以提供潜隐的性驱力的蛛丝马迹。

男性病人 Z 先生（参见 2.5.2、2.5.4、2.7.1 和 3.5.3）在他第二年的分析中，一直与自己的同性恋愿望和恐惧做抗争，他做了如下的一个梦："我在一辆卡车上，从一个大山坡上沿山而下。我坐在后面，开车的男人像车队的队长。中途休息时，他助我下车，将舌头伸进了我的耳朵。"在克服了某些阻抗后，病人对这个素材的自由联想是：卡车的后部和大山坡暗示强壮男人的屁股和肛门。我向他指出了这一点，这导致他自由联想到他儿时在浴室里看到过父亲的裸体。舌头伸进耳朵里首先让他想起了与他弟弟的挠痒痒游戏。然后，他意识到几天前，他曾愤怒地指责我往他耳朵里强塞我的解释。慢慢地，我能够展示给病人：他害怕，但也希望我会捅他的"后面"（r-ear）。这种感受是他父亲对他灌肠，使他从中体验到顺从与性受虐的肛门快感的延续。

要记住的是，在移情中重现的不仅是真实的事件，也是对过去的幻想。性欲移情所重复的内容常常是病人以前体验到的对父母的幻想（Freud，1914b）。上一个案例向大家展示了病人对真实经历的重复。让我再举一个 Z 先生对幻想的再体验。

> 我曾在 2.5.2 中提到，这个病人有被吊死的强迫幻想。他可以想象出事情发生时每个非常生动的细节，甚至包括他脖子被折断的感觉，在身体里蔓延的电击感和麻木感。在分析中的某个时点，我成了刽子手，他想象我将绞索套在他脖子上，并且他能看到我弹开活板门，使他掉下去，不断地晃动，然后被脖子上收紧的绞索固定而停止晃动。我是这些绞紧、折断、晃动、电击和麻木的感觉的制造者。刽子手戴着面罩，第一眼看上去有些像我；当揭开面罩后，变成了他的父亲。这个强迫幻想再现了他童年期的幻想、他的受虐想象和扭曲的顺从以及希望被父亲入侵的愿望。同时也是想对父亲施虐冲动的投射，被我，也就是被他父亲绞死，是他对父亲的部分认同投射到了治疗师身上，他父亲对他所做的这些事情，是他等待父亲这样对待他的企盼，也正是他，有想对他父亲这样施暴的冲动（Freud，1919b）。这里，我主要想强调的是，病人在移情中重演了他过去生活中的幻想。

有时，如果病人感觉正性移情的某个方面是一种危险，那么他就会回避。比如，男性通常会戒备同性恋冲动，对此强烈地防御。弗洛伊德（1937a）称之为分析治疗中最顽固的阻抗。其他的情感也有可能被视为危险。一些病人畏惧浪漫和色情的情感，形成防御。这时分析治疗会出现顽固的"合理化"移情，或者他们会防御性地遁入一种表面的、持续的敌意或讽刺。正性移情长时间的缺失通常是防御的结果，这些将会在防御性移情章节中加以讨论（参见 3.8.2）。但也一定不能忘记，除了移情反应之外，分析氛围本身也能导致长时间的负性反应。因此，我们必须面对两个方面：分析师的反移情和忍受反移情的受虐性病人。

当正性移情表现为自我协调性时，将在分析中产生强烈的阻抗。当移情反应被病人意识到之后，首先应使它们变成自我不协调性的。应使病人的理性自我意识到移情情感是不现实的、基于幻想的，有着隐藏动机的，然后病人才会更愿意对之进行工作，试图探究，追根溯源。

自我不协调性正性移情也能导致阻抗。病人也许会对爱或性的欲望感到尴尬与害羞，或者会害怕被拒绝或受羞辱，因此试图隐藏情感。这时，阻抗将会突显。我们必须首先揭露并分析阻抗，才有可能分析移情反应。我们必须先分析病人的尴尬和被拒绝的恐惧，然后才能分析移情本身。这将在 3.8.2 中进行详细讨论。

2. 负性移情

术语"负性移情"是指那些基于各种形式的恨以及与敌意相关的情感。负性移情可以表现为：厌恶、反感、憎恨、愤怒、仇恨、怀疑、反叛、抱怨、嫉妒、轻蔑等。尽管它们通常比正性移情更不易察觉，但它们总与治疗如影随形。不仅病人会防御性地回避负性移情，精神分析师本人也会潜意识地倾向于同流合污。而对负性移情缺乏充分的分析是导致分析陷入僵局的最常见原因（Freud, 1937a, ; Glove, 1955; Nacht, 1954; Haak, 1957）。

对正性移情适用的大部分内容，对负性移情也同样适用。最重要的不同在于负性移情引发的阻抗是不同的。

从工作联盟的角度看，对分析师非性化的喜欢、信任和尊敬会使病人更愿意克服畏惧去获得内省。如果从负性移情的角度看，长期的、潜在的不信任会使整个分析过程变得苦不堪言，并最终导致脱落。就算病人能够忍受负性移情的折磨，没有屈服而中断分析，但也会继而出现逐渐的、顺从的、受虐的移情反应。病人忍受严酷的分析工作，只是期盼能扛过去，早日结束分析工作，根本谈不上共同工作的愉悦感、成就感或满足感。病人屈从于分析，是因为他无力中断治疗，无法承受中断治疗这一刺激，这是一种逃避，参与分析是抵制分析的一种付诸行动。相比放弃治疗的内疚和独自承受神经症性痛苦，屈从于分析也许相对比较良性，但这种态度会影响整个分析。

这种移情状态下的病人会循规蹈矩，甚至在相当长的时间里很有效果，但迟早这种移情性阻抗会水落石出。这种移情性阻抗要么是一种微妙的、潜隐的、偏执的防御，要么就是暗暗的受虐性享受，或是一种对正性移情的防御，或是三者的混合。这也有可能是针对分析师未被识别的负性情绪的反应，这种负性情绪可以是现实的或是反移情的。对于一个可分析的神经症病人，受虐和对爱的防御占据主导地位，而偏执常常处于次要地位。

我治疗过这样一位病人，一位35岁的妇女，她在治疗中努力工作，但在顺从的、怀疑的工作联盟的影响下，分析过程充满了痛苦。在表面上，我不被信任，因为我跟她的信仰不同，然而我是帮她逃离无法忍受的痛苦——强迫性神经症的最佳人选。在较深的层面上，她受虐式地享受她的幻想——我给她的治疗痛苦。而在更深的层面上，她非常害怕爱上我，这会让她依赖我的仁慈，使她显得很脆弱。在最下层，她害怕一旦她的爱遭到拒绝，她的原始愤怒和破坏欲望会使我们双方玉石俱焚。不过在很长一段时期内，这种本质上负性的顺从移情显然相当富有成效，尽管比起真正的工作联盟来说远远不够。之后，我们用了两年半的时间才修通了受虐性移情，使得分析过程进展加速。

随着受虐性服从的修通，病人再度变得极端阻抗，她固有的怀疑态度再度肆虐。之所以如此，是因为与她的信仰有关的一些事情无法告诉我。她很想知道如果她对我坦言，我将会如何。我很简单地告诉她，我觉得在这种情况下我无法再与她工作，因为我会在对病人的职责和对国家的忠诚之间饱受折磨。她似乎对我的回答感到宽慰，因为她觉得这听起来很诚实，而其他任何回答都令人怀疑。但我的印象是，她的不信任感从未离开，而我们的工作进展再度踌躇不前。不久，我去军队服役，我将她转诊，也许这对我们双方都是最好的解决方法。

相比分析早期短暂的移情性爱，早期短暂的负性移情更具有威胁性。在工作联盟建立之前，早期的敌意和愤怒可能会诱使病人付诸行动和中断分析。为了防止这种情况发生，应及时对早期的负性移情不懈地追究，而对正性移情可以相对舒缓被动一些。

一旦工作联盟建立，负性移情的出现反而可以被看作分析取得进展的重要信号。一旦建立起良好的工作联盟，在移情中重现对童年早期重要人物的敌意与憎恨就是分析工作取得成效的指征。我相信：这样的过程是每一个成功的分析治疗所必不可少的。负性移情的缺失，或是只有短暂的、偶尔的反应，都是分析不完整的表现。基于对儿童性心理发育理论的深入理解，我们认为：在分析治疗过程中，对分析师的强烈持久的憎恨反应肯定会出现，也一定要进行分析。

弗洛伊德在他的文章《分析的有限与无限》中提出：分析师是否应激发出病人潜在的未知冲突？他认为精神分析师没有权利去担当侵犯性角色，不能操控移情。尽管我理解弗氏的总体态度，但我不同意他的这一观点。我认为，他当时尚未充分地意识到负性移情的重要性。对移情性恨的分析应该和对移情性爱的分析一样重要。我同意侵犯和操控不应成为分析师的工作因素，但是弗洛伊德关于攻击本能的重要论述，使多数分析师都认为：在结束分析之前，对负性移情的分析是必不可少的。尽管我对梅兰妮·克莱因及其追随者的学术观点持保留意见，但我必须说，他们在强调这一点上是卓有成效的。以我的经验，冗长的分析和负性的治疗反应，都是对移情性恨没有充分分析的例证。

负性移情在其他方面也担当重要角色，它经常被用作防御，即对正性移情的阻抗。许多病人，特别是与分析师同性别的病人，会坚持敌意情感，用它来防御对分析师的爱慕，特别是对唤起的同性恋情感。许多病人宁愿对我恶语相向，因为他们觉得表达怨恨比隐含爱意更为顺畅。对我的憎恨和厌恶是种防御，是对口欲期内射冲动的反向形成。

缺乏明显的负性移情本质上可被视为防御或阻抗。在一个进展顺利的分析中，负性移情最终一定会图穷匕见。使得现象复杂化的原因可能是分析师的反移情参与其中，因而阻碍了某种形式的仇恨情绪的形成或被识别。分析师的反移情会以某种方式致使病人难以表达敌意，或者在分析师和病人的共谋下，言传意会地共同忽略敌意。有时病人会用幽默、揶揄来欲盖弥彰，掩饰敌意。更为常见的是移情的分裂性防御。病人对其他分析师、医生或父母式的人物表达出强烈的敌意，那是因为出于防御的目的，病人将憎恨从自己的分析师身上置换到了辅助客体身上。

相对于正性移情，病人更经常地使用辅助客体来应对负性移情。尽管病人会意识到这种做法的偏差，但还是不可能把移情情感直接指向分析师本人。一些病人会顽固地维持这种分裂防御机制，因为如果放弃这种防御机制会带来更大的危害。从我的临床经验来看，在那些早年丧亲的病人身上，较易出现这种情况。在移情性神经症中，这些病人似乎更易于将他们的仇恨分裂出来，投向辅助性移情客体，以保护分析师免受他们的憎恨所害。要想克服这种阻抗，常常事倍功半。我的一位女病人，她的父亲在她两岁时抛弃了家庭，在分析中，她将对男人的怨恨置换到分析之外的父母式的人物身上，只是偶尔直接表露对我的恨意。她对母亲的仇恨也如此。我还有几个这种类似背景的病人。

持久的正性移情总是预示着隐藏的负性移情。分析师必须透过现象看本质，必须让病人感受到这种负性移情直接指向的是分析师。这意味着，分析的理想状态是病人应能在不同的性驱力水平，体验针对分析师的不同形式的仇恨。最重要的是，在深层的分析中，病人必须能体验到对母亲的早期原始的仇恨。

负性移情还有另一个值得强调的方面，即对分析师的畏惧，不管是害怕分析师的批评，还是深深的怀疑，都应看作攻击和敌意的变形。关于负性移情，克莱因学派强调：这种焦虑反应本质上来源于攻击冲动。尽管我不认可他们的幻想式的理论架构，但我认为他们对此的假设是对的：对分析师的畏惧最终来源于被投射的敌意。

3.7.2 以客体关系划分移情反应

另一个划分移情现象的实用方式，是根据移情产生的根源，即童年早期的客体关系来标记，因此我们会说：父性移情、母性移情、兄弟移情等。这种标记方式意味着病人的移情反应主要由他对父亲、母亲、兄弟等不同客体的潜意识和冲动所决定。在分析过程中，决定着移情反应的客体对象会随着分析工作的进展而改变。比如，在分析开始时，病人主要呈现出父性移情，而后逐渐变成一种母性移情。

产生移情反应的客体的本质主要由病人的生活经历所决定（Freud, 1912a）。病人会依据对早年客体的被压抑需求而产生移情。然而，当被压抑的需求逐渐接近意识时，需求会发生相应的改变，移情反应的性质也将相应地发生改变。比如，如果成功地分析了移情中对父亲的情感，就可能会唤起对母亲的移情反应。另外，分析师本人同样影响着移情反应中客体的性质。在分析早期产生的移情尤其如此（A. Freud, 1954a）。我发现我的大部分病人在早期和初期的移情反应中，都会把我当成父亲式的人物。而在分析的晚期，我的影响就没有那么大了。然而，对于一些很难在移情情景中充分退行的病人，分析师的人格特质确实常常会影响他们的退行过程。这些病人为了能再现某些压抑的早年经历，必须寻找辅助的移情性客体。因此，在成功的分析中，分析师可以成为既是父亲式又是母亲式的人物。

对于父性移情或母性移情，还可以通过正性移情或负性移情来加以修饰。重要的是：不同性质的移情常常相互并存，在不同意识层面相互渗透，在不同的情绪强度下相互消长，治疗师应分清主次及轻重缓急。并且同时要知道：移情现象正反交织，藏头隐尾。

例如，在一次分析中，一个病人表达了前来分析的愉悦之情，因为他刚度过了一个悲惨的周末。在字里行间，我能听出一种怨恨的语气。病人继续详细描述工作中对主管的敌意与害怕。那个主管令人敬畏，而自己是如此渺小。沉默一阵后，他诉说自己对小儿子的失望，在和别的孩子嬉戏时，他的孩子显得胆小拘谨。他想替孩子换所学校，这样孩子可能会变得好点。（沉默）他很享受上次分析时对梦所做的工作。虽然那似乎没有帮助，但很有趣。他听人说过，被分析是一种折磨，但他现在认为不是。他是幸运的，因为遇到了我这样的好分析师。他期待着分析时间……（停顿）"大部分时候……是这样的。"

我想，如果仔细观察上述素材，我们就可以了解到，病人正在与负性的父性移情抗争。我们可以直观地看到他的正性移情、他的愉悦、他对梦的解释的享受、他对分析不是折磨的放松、他的幸运等，但是同样明白无误的信号是他的负性的父性移情，以及对此的恐惧。例如，他悲惨的周末和隐含的责备、他对主管恐惧的敬畏、他的沉默、他对小儿子的失望、换学校的可能、他的分析进展的缺乏，以及他回避性的说话语气等。尽管正性的父性移情明确存在，但仍然可以揣摩出字里行间透出的负性的父性移情的气息，以及病人对这种移情的畏惧。

根据我的临床经验，我发现男性病人在体验到对我具有早年对母亲的口欲期–施虐性的攻击时，会唤起特别强烈的阻抗。另外，女性病人如果把我看作慈爱的、提供哺乳的母亲式人物时，会由此产生很难处理的阻抗。弗洛伊德在他的文章《分析的有限与无限》中指出，分析男性最困难的是他们内心对男性被动的、同性恋的态度的恐惧；对于女人，则是女性的阴茎嫉妒。而我的临床经验让我有着不同的结论：对男性病人来说，处理起来最困难的是对母亲原始的仇恨；对女性病人来说，则是对母亲原始的爱。

在这一点上，我要指出这一事实：工作联盟是由潜意识中的母性和父性元素混合组成的。分析师一方面作为医生式的人物，像个护士，照顾相对无助的病人，满足原始的亲密需要；另一方面像个父亲，勇于面对令人恐惧的危险，处置纷繁复杂的周围环境（Stone，1961）。

3.7.3 以性心理发育期划分移情反应

有时，根据特定的性心理发育阶段来划分移情反应是有道理的（A. Freud，1936）。这意味着我们能按照病人移情所投射的本能目标、本能的躯体对应区域以及相关的焦虑、态度和价值,来认识移情。

例如,有位病人,聆听分析师的每句话语都好像在被喂食,对分析师的沉默感觉是被抛弃,贪婪地汲取分析师的每句话,永不满足并且担心分离,这显然是口欲期内射防御方式。病人对爱与恨、信任或不信任品质的发育程度,将决定这种口欲期的母亲移情是正性的还是负性的。

我的一位病人闭着眼听我说话,脸上露出陶醉的表情。很显然,她没有听我说的内容,而只是在追随我说话的声音。当我提出这一点时,她告诉我,我的声音让她想起她小时候,每天早上赖在被窝里,闻着从厨房传来的咖啡香味。

同样,分析也有可能产生肛欲期如厕训练式的情景,病人会感到他不得不产生和排出素材,他的自由联想弥足珍贵,需要被分享和珍藏,或者只是肮脏的排泄,只配唾弃或藏匿。这时的病人对分析师的反应犹如被灌肠,既痛苦又快乐。很明显,这种情景属于肛欲期移情。除了以上提及的表现外,我们还可以看到:对控制和独立的焦虑、羞愧和轻蔑的态度,以及顽固、顺从、守纪、整洁、吝啬等行为表现。隔离是这一阶段居优势地位的防御机制。

当分析师和分析情景激发病人退行至性器期时,会导致病人产生戏剧般充满激情的移情体验。病人可能通过多种方式对此强烈地防御。一旦防御被突破,乱伦的爱和阉割焦虑、竞争嫉妒和死本能、对婴儿和阴茎的渴望、俄狄浦斯期性的幻想以及与之相关的负罪感,就会组成生动的移情反应。

力比多发展的所有阶段都可以形成具有特色的移情反应。为了更好地理解这一主题,读者可以参阅一些基础著作(Freud, 1905d; Abraham, 1924; Fenichel, 1945a; Erikson, 1950; A. Freud, 1965)。

3.7.4　以人格结构划分移情反应

有时,我们可以根据人格结构来描述病人对分析师的移情反应,分析师有可能成为病人超我、本我和自我的表征。在 3.4.1 中,我们曾质疑:按照我们的定义,这种现象能否算是移情反应。尽管如此,这样的划分还是具有很重大的临床意义的。在分析早期,分析师通常会扮演病人的超我式的人物。这种情况可长可短,可轻可重。分析师执行超我的功能时,给病人的感觉是苛刻的、敌意的、拒绝的和负面的,这符合超我可用以疏泄攻击冲动的理论观点(Hartmann, Kris, and Loewenstein, 1946)。克莱因学派相信病人把分析师作为超我的这种内射和投射现象基本在所有的分析中都会发生,但他们认为超我的核心是:母亲的乳房,既好又坏(Klein, 1952)。

然而,着眼于病人的过往经历还是病人在分析情景中再次体验(性心理)发育阶段,使得对临床素材有着不同的解释。当分析师确实成为病人超我的表征时,他会深受病人的敌意冲动、态度和幻想的影响。分析师会成为病人过往经历中遇到的批评性人物,或者成为病人对此人物的敌意的投射对象。而且,病人对分析师的敌意也同样会投射到这个超我表征上。但上述情况在分析过程中不断变化,分析师应避免千篇一律的理解。

一位中年男性病人,因强迫性幻想和神经症性抑郁前来咨询。在分析的早期,他一直感觉我不赞同他的咨询态度。他自然地将此与童年期严厉的父亲联系起来。之后,逐渐清楚,他父亲的不赞同与我的不赞同有很大的不同。我解释道:他把对父亲的敌意转移到了我的身上。我接受了两个方面的敌意:病人把他记忆中批评性的父亲置换到了我身上;病人将他对自己的愤怒投射到了我身上。之后,我们又发现了敌意的第三个来源。

他感觉我不是一个真正的专业人士,而是一个功利主义者和好色之徒。我说话的方式、穿着打扮以及他的道听途说,都让他确信:我是一个"贪图钱财"的人,是精神分析师中的"汤姆·琼斯"(美国1963年影片《汤姆·琼斯》中一花花公子)。对这些感觉的分析揭示出他对我的蔑视背后是深深的嫉妒。他的嫉妒使他把他的轻蔑投射给我。他认为我内心谴责他中产阶级的品行。当病人开始改变时,这种症状也随之改变。病人允许自己体验在性生活中的挫折和寻找婚外情的内疚，这种婚外情是付诸行动。起先他感觉我谴责他这种行为，但他不在乎。他厌倦做一个虚伪的道学者。他有享受快乐的权利，如果我不喜欢，那么"滚你的吧，医生！我厌倦了这种追求完美，实际上，我恨它，就像恨你们这些高高在上的道德家一样。我也是个调情高手，不想成为道貌岸然的人。我对我妻子和孩子都很好。现在我担心你会让它改变，将这一切从我身边拿走，我要为此和你争斗。我警告你，我很生气，没有哪个可恶的精神分析师可以干扰我的快乐！"

我相信这个案例向我们展示了，分析师代表的超我人物不同，以及置换和投射到分析师身上的内容不同，病人的移情反应可以呈现出各种变化。开始时，我是一个苛刻的父亲的替代者；后来，我是病人对自己敌意的投射对象；然后，我成了可鄙的、本能的父亲和病人非常嫉妒的精神分析师中的"汤姆·琼斯"。此时，病人有一个转变，他的超我允许他稍稍释放他的本能，以表达嫉妒和放纵的渴望。他的新超我与固有的自我冲突，因此，病人将其固有的苛刻成分转移到了我身上，变成他害怕我会干预他的放纵享乐。现在，他感到他必须为此与我抗争。

这个案例说明了：我们有必要对病人的自我、超我和与分析师的关系之间的可能的变化保持足够的敏感。刻板的解释与狭隘的观点都将限制分析师对这种错综复杂关系的理解。

有时，我们在分析中可以观察到病人将他的超我投射到分析师身上之后，而自己就不受超我的约束了。这常常发生在病人感觉在一周的分析中被仔细审视和干预后，因此在周末或分析师不在场时，纵容各种本能释放。他们退行到了：借由超我的投射，他们宁愿畏惧某个外在人物，从而避免面对自己内心的负罪感。

当超我退行到较早期的阶段，超我功能常常由外在的、强有力的父母式人物执行时，会出现另一种情形：移情中的超我式人物是无所不能的、无处不在的、具有强烈的攻击性和破坏性，病人在清晰区分这种超我和自我之前，会先将这些对早年父母的敌意、愤怒和害怕置换和投射到分析师身上（Jacobson，1964）。

分析师也可以被感知为一个本我式人物，而不是超我式人物。当病人将自己的本我冲动置换和投射给分析师时，就会出现这种情况。病人会觉得分析师纵容他的手淫、攻击、乱交和变态性行为等。病人会感到分析师正在诱惑和挑逗，这会诱使病人付诸行动，并且看上去只是顺从分析师。或者，也会导致假性的性行为和攻击行为，其目的在于迎合和取悦分析师。这种互动模式非常复杂，因为这些行为看似出于本能，而实际上掩盖了真正的本能冲动。

> 例如，一个相对保守的病人，与一个陌生女人在一晚的艳遇中尝试了多种招式的性行为，而这些形式他以前从未尝试过。开始时，他声称他只是酒后失态。之后，他意识到这么做原来是为了取悦于我，他认为如果他这么做了，我将会停止对他内心的探究。很久之后，他才逐渐意识到，这些形式的性行为表明了他内心某种潜在的渴望。

分析师同样可以作为病人自我的延伸。病人经常以这种方式进行现实检验：在这种情况下，我的分析师会怎么看？会怎么做呢？对于现实检验有困难的病人，特别是对边缘型人格障碍的病人来说，将分析师作为辅助自我的方法非常有效，可以帮助病人渡过危机。这时，病人对分析师的模仿，可以是认同的前驱形式。借助这种过渡，可以促进工作联盟的形成，使病人由此熟悉解决问题的分析性方法。当然，如果没有识别这种现象，它也有可能被滥用而具有病理性，病人只是成为分析师的复制品。在下一节中，我们将对此做更详细的讨论。

3.7.5 把认同作为移情

在客体关系的形成过程中，认同发挥了重要而复杂的作用。早期认同先于客体关系，对客体的认同先取代了客体关系（Jacobson，1964）。这些认同似乎有许多相对性：可以是部分的或完全的；可以是短暂的或永久的；可以是可被意识到的或意识不到的；可以是自我协调的或自我不协调的。客体关系的方方面面都会在移情中重复，认同也是如此。此处只讨论临床上最重要的移情性认同。有关这一主题的经典文献，读者可参阅弗洛伊德（1921）、费尼谢尔（1945a）、哈特曼、克里斯和卢文斯坦（Loewenstein, 1946）、雅各布森（1964）和亨德里克（Hendrick, 1951）等人的著作。

认同对于有效的分析来说是绝对必要的，这在讨论工作联盟的形成时已经被提及。再重复一遍：当分析师对病人做出一个解释或面质时，他要求病人暂时地放弃自己的体验、自由联想，和他一同观察当下的体验。换句话说，病人被要求暂时地、部分地认同分析师（Sterba, 1929）。开始时，他只在分析师要求时这么做，必须有意识地启动这一过程。而后，这一过程会变得自发和前意识。在对阻抗进行分析时，这一点体现得最为生动。开始时，分析师必须指出阻抗的存在，然后探究病人为什么阻抗和阻抗什么。

而后，病人应该会自己识别出阻抗，并且扪心自问：为什么阻抗和阻抗什么。这种对分析师暂时的、部分的认同有利于工作联盟的建立。当分析达到这种状态时，我们说"病人正处于分析中"。这种认同甚至在分析结束后仍能维持很长时间。在遇到问题时，接受过精神分析的人常会不由自主地进行自我分析。

在分析过程中，病人对治疗师认同是为了能像治疗师那样，更好地处理焦虑。我见到过这样的病人，他们在家中和工作中焦虑时，行为会产生明显的改变。

> 一位喜怒无常、好冲动的病人，突然出现得体的、理性的、周到的举止。他的家人和朋友对他的突然变化感到惊奇。他在分析时段内的表现也急转直下。心浮气躁、瞬息善变似乎销声匿迹了。然而，他的自由联想却仍然停滞不前，毫无进展。有一次，当他描述他的孩子怒火爆发的情形时，明显地缺失情感和若无其事，他只是询问是什么

惹怒了孩子。病人这种叙述方式与病人的性格完全不符。我听到他叙述这些事时频繁地使用我惯用的词汇和短语，我终于意识到是怎么回事了。他对我的认同是对攻击者认同，安娜·弗洛伊德将这种机制描述为对令人害怕的客体的防御。

病人试图通过叙述儿子愤怒的情景，使得自己平静，以先发制人。这是一种阻抗、一种防御。他在过去也用同样的认同方式，去克服权威人物带给他的焦虑。对分析师的这种认同在治疗过程中经常出现，病人会在与家人、朋友甚至是分析师的互动中扮演分析师的角色。

病人也会因其他理由而认同分析师，比如试图表达亲近的渴望。这有点类似于费伦齐（1909）描述过的移情性渴望。受正性移情的影响，病人会表现出与分析师相似的举止、性格和习惯，以表达他们的爱意，更重要的是作为一种与客体相联系的基本方法。我们要牢记：认同是客体关系的最初形态，在建立自我表征和自我结构中发挥决定性作用。因此，认同的各种功能也不总是能一一加以区分的（Fenichel，1945a）。我曾见过一个穿着讲究的男病人，在治疗过程中，逐渐变得像我一样不修边幅，改抽我抽的牌子的雪茄，或在我抽烟时也抽烟。还有位病人突然开始欣赏音乐，是因为他听信了我喜欢室内乐的传闻。这些认同基本上来源于口欲期对客体渴求的内射，一种想成为理想中的分析师的渴望，或被他所爱，或在更深的层面上与他成为一体。这种认同的动机还有另一种可能：有时病人会迫切快速地认同分析师，以建立一种认同来掩盖他们真正的认同。这就是所谓的"屏蔽性认同"，给人以与治疗师"很像"的错觉（Greenson，1958a）。

有些病人的表现刚好相反，他们似乎无法与分析师形成有效的认同，他们只能形成部分的、短暂的工作联盟。我曾有位分析治疗多年的病人，他在治疗中工作很努力，但对我没有产生任何的认同，即便那些对他有帮助的认同。还有：有口头表达困难的病人很难接受我的能言善辩；腼腆羞怯的病人不会接受我的直言不讳。他们会在一些无足轻重的方面对我认同，比如，买一支和我同样的钢笔，或是穿相同款式的衬衫，但他们不会在任何重要的性格特征上对我认同。这些病人深受对人认同之苦，不断地抵制认同。对他们来说，对他人认同意味着被压垮，被管制，被吞没，失去自己的身份。这些病人抑制对分析师的认同，就像青春期抵制对父母的认同一样（Greenson，1954）。

我们可以在严重的边缘型人格障碍和精神病患者身上看到怪异的、短暂的和急剧的认同现象。对他们来说，认同是与现实和客体保持某种关系的孤注一掷。

> 许多年前，我会见了一位已婚妇女，她有两个年幼的孩子，她希望能得到我的治疗。她的行为与过往经历似乎没显示出任何使用精神分析治疗的禁忌。在第一次访谈中，我给了她一根雪茄，她拒绝了，说她不抽烟。接着下一次的治疗中，我惊讶地看到她拿出烟，和我抽的一模一样，并且连抽了几根。对此，我的第一印象是：这可能是开始显露出来的精神病早期征兆。

3.8 移情性阻抗

实际上，移情性阻抗应该属于移情反应的一个类别。然而，这种移情现象在临床上特别重要，值得高度重视和单独讨论。如前所述，移情性阻抗是分析工作中最重要和常见的阻碍（Freud，1912a）。相比分析工作的其他方面，我们在分析移情性阻抗方面所花费的时间是最多的。未经充分分析的移情性阻抗是造成脱落或治疗僵局的首要原因。另外，对移情性阻抗有效地分析将产生卓有成效的分析结果。

移情性阻抗是一种简称，指许多不同的临床现象。在不同的临床个案中，这些临床现象以不同的方式导致了阻抗，例如病人的移情性情感可能是寻求满足而非分析治疗。或者病人因为害怕某种移情反应而抵制分析过程；或者病人会过分依赖某种移情性情感，以防止产生其他形式的移情反应；或者为了保护自己而回避自由联想。

从临床和技术出发，对移情性阻抗进行分类是有价值的，因为它们在动力学和结构上以及技术处理难度上悬殊。移情性阻抗的形式与结构也会在分析过程中不断变化，每个病人的变化次序也不尽相同。不同的病人，移情性阻抗的主导类型也各有特色。我们要牢记的是：不同类型的移情性阻抗可能同时并存，分析过程中应确定在某一特定的时间里，选择哪一种移情性阻抗作为分析的主要对象。以下类型是较常见、边界相对清晰的移情性阻抗。

3.8.1 移情性满足

移情性满足是最简捷、最常见的移情性阻抗，是指病人对分析师产生了强烈的情感和本能冲动，并专注于满足这些情感和冲动，而懈怠分析工作。这种移情可能来源于性和攻击本能，或来源于爱或恨的强烈情感集团。或者说涉及本能和情感发育的所有阶段。例如，病人有可能会在性器期（俄狄浦斯期）发育阶段对分析师产生性渴望，伴随着乱伦期望与阉割焦虑，或者病人对分析师产生被动－肛欲期式的冲动，或是口欲期寻求被喂养、被照顾的愿望等。这些性冲动因素中的任何成分都会迫使病人寻求获得某种形式的即刻满足，拒绝参与分析工作。

让我引用一个分别受性冲动多种成分驱使的案例来加以说明。在分析的开始（她是位抑郁患者，伴有过度进食的问题），她经常陷入悲伤的沉默，因为她希望我能多多对她说话。她认为如果我真那样做了，意味着我愿意照顾她，喂养她，不抛弃她。这些希望如被满足了，她才会有能力参与治疗，产生素材。否则，她感觉空虚和被遗弃，无法交流。在分析的后期，她对我有着明显乱伦性质的、强烈的性冲动。她举止轻浮，语言暧昧。很长一段时间，她抵制对这些行为的分析，她希望我首先对她的情感有所回应。她几乎拒绝工作，催促下才勉强敷衍。她坚持要我在她沉默时发表意见，然后她才把储存的素材全盘托出。所有这些她的渴望都成了阻抗的来源，直到她放弃寻求这样的满足之后，才能建立起工作联盟，开始分析她对我的多种本能冲动。

正如以上案例所显示的那样，常见的阻抗来源于病人被爱的愿望与需求。所有的病人都会在不同程度上以不同方式体验这样的经历：希望被分析师所爱的愿望替代和阻碍了寻求分析治疗的渴望，而担心失去分析师的爱与尊重成了普遍存在的潜在阻抗来源。这种情绪可能单独形成阻抗，也可能明显或隐秘地存在于各种移情性阻抗之中，性心理发育过程中经历的爱和挫折也会在移情现象中重复 (Freud, 1905d; Frosch, 1959)。

让我们用 K 女士的案例（参见 1.2.4、2.6.5、2.7.1、3.2.5、3.4.2）来说明这一点。病人从小被缺乏责任感的母亲带大，两岁时父亲离家出走，她的既往经历驱使我关注病人对爱的巨大的需要。她的第一个梦就有所显示。我们在初始访谈中达成一致，因为我的时间安排，约两个月后才开始分析治疗。第一次咨询时，我向她简要介绍咨询情况和躺椅的使用。她很急切地想马上开始，随即躺下就开始报告梦境："我第一次去分析治疗，你看上去与众不同，有点像 M 医生。你带我走进一个小房间，告诉我脱下衣服。我很惊讶，问你是否经典的弗洛伊德学派就是这样做的？你回应说完全正确。我开始脱衣服，你吻遍我全身。最后你'移到我的下体'，我很愉悦，但仍旧怀疑这样是否合适？"

病人承认她对梦境很尴尬。M 医生是转介她给我的医生，她曾迷恋过他。他看上去很有能力，但她也觉得他有缺点。他似乎很享受她的挑逗，这证明他的婚姻状态一定有问题。她知道我已婚，这一点让她放心。她很愿意躺在长沙发上做精神分析。她很担心我不接受她作为病人，她听说我只接受几个自费的病人。也许当我发现她其实没啥毛病时，会终止治疗。她感觉我上次见她时有些唐突无礼，不像前几次那么热情了，但她决定让我给她治疗。如果必要，她会一直等我同意，她很讨厌被拒绝和被抛弃。"我想要最好的，（停顿）我想要最好的，但我能保持多久？我凭什么能让我拥有最好的呢？（停顿）我得到过有价值的东西，是因为我有吸引力。也许那就是你会接受我的原因。但为什么我会梦到你'移到我的下体'？我甚至不知道该怎样得体地说这事。也许你能教我如何说话得体，或者你早就对我的胡言乱语感到厌烦。（停顿）我在性方面有问题。我喜欢想象，但我无法在性交中获得高潮。只有我丈夫用嘴口交时，我才会达到高潮。我想那可能不太好。"

这个梦境涉及几个难题，其中充满性和阻抗，而且这是病人的第一次分析。梦的显义好像是说：我让她想起了某个她曾心仪的男性，我，而不是她，想用嘴和她做性事。而她一直担心这样做是否合适，而我热衷于使她获得性愉悦。读者可以看到，我们的角色是如何被互换的。她的自由联想不断围绕我是否愿意接受她，让她做我的病人这个问题。这表明她感觉自己无价值、空虚、没教养，而我看上去是有教养的、"最好的"。梦境也同样暗示了她只能通过口交获得兴奋。

技术上的难点是：如何将梦境中大量的性内容引导指向病人对咨询的害怕？我决定指出她对被爱的需求、对被我拒绝的恐惧以及这些与性的关联。如果访谈内容中忽略性的内容，可能使病人觉得性看上去像"坏的"，而谈论性又会模糊阻抗的元素，并且显得分析进行得过早过深。然而，既然病人已经梦到并且谈论性，我决定必须对性活动有所评论。我大概是这样说的："你说上次见面时我显得有点唐突无礼，你一定对此非常担忧，而且你很想知道我是否真的会接纳你这个病人。然后你梦到我用嘴和你做性事，以此来证明我真的接受你了。"以上是我对她的梦境的重建,就像柏塔·伯恩斯坦(Berta Bornstein, 1949)和卢文斯坦(1951)所描述的那样。

病人仔细地听完后,回应道:"真不好意思,你看出来了,我一直认为如果男人爱你的话,他一定会愿意用嘴和你做性事的。许多男人对爱都夸夸其谈,但到做'那事儿'时,他们就不一样了。开始时,他们那样对我做时我很尴尬,因为我怀疑他们怎么能忍受得了,但我猜那样才能证明他真爱我,至少在性方面是这样。"

对爱的需要和害怕被拒绝是 K 女士移情性阻抗的主要问题。她将拒绝等同于抛弃。抛弃激起了愤怒,而愤怒又深藏于心,使 K 女士意识层面上感觉"空虚"。这样做一部分是因为能够保护和拥有理想的分析师,不至于让自己的敌意毁灭他,否则她就真的孤独了,真的"空虚"了。

我同样能从攻击性的角度说明移情的功用。有些病人内心充满了敌意和毁灭冲动,他们无意识地屈从于破坏欲望,对分析师和分析过程充满攻击,而回避对自己攻击冲动的分析。

一位神经症性抑郁的男性病人,患有溃疡性结肠炎,他因妻子没有为他准备晚餐而大吵一场。他气冲冲地前来咨询。在我看来很清楚,他将对母亲的敌意转换到了妻子身上。当他稍微平息一点后,我向他指出了这一点。他对此解释的反应是:我站在他妻子那边推波助澜。那个晚上吵架后,他独自去餐馆,不顾多年来严格节食的习惯,猛吃猛喝,喝了大量白兰地和咖啡。当晚上吐下泻,折腾整晚。作为一种报复方式,他让自己对母亲、妻子和我的愤怒发泄在自己身上,他设想:"我杀了自己,让你们所有人都将为此难过。"除此之外,这个行为也意味着想破坏治疗,伤害分析师。

深受"色情化"移情折磨的病人易于出现具有破坏性的付诸行动（Rappaport，1956）。这也常见于患有冲动控制障碍、性变态和边缘型人格障碍等的病人身上。所有这些病人的移情性阻抗都来源于潜在的仇恨冲动。冲动旨在寻求释放，反对分析工作。对这种状态的处理，就是去激发病人的理性自我。通常，当强烈的情感逐渐消退，本能不再那么紧迫时，理性自我就会浮现。

较轻微的、微妙和持续的寻求满足的愿望很难被觉察，很难展示。只有病人能够意识到，分析治疗才能水到渠成。

3.8.2　防御性移情

另一种典型的移情性阻抗形式是：病人通过分析师重复体验对本能冲动和情感的防御（A. Freud，1936）。这是防御性移情反应的显著特点和功能，因此称之为防御性移情反应。这些反应总归是移情性阻抗，其结果是掩盖了移情反应的其他内容和形式。临床上经常出现的一些类型，我们会在这里单独讨论（Fenichel，1941）。

最常出现的防御性移情反应是对分析师保持合理理性的行为。或者说非理性行为的长时间、明显的缺失应看作一种移情性缺失，这种缺失实际上本身就是一种移情反应、一种防御性移情反应。坚守理性行为具有防御功能，背后常常隐藏着本能冲动、优势情感和非理性。例如，一个努力成为"好病人"的人，常会在分析一开始就呈现出这种防御性移情反应（Gitelson，1948，1954）。

让我举例说明。一位近40岁的病人，因为长达8年的性无能问题前来就诊。他只对妻子性无能，与其他女性则不会，他因此对自己的不忠和性无能倍感焦虑。尽管他爱妻子，却又无法放弃婚外的风流韵事。

他事业有成，工作中能力很强，在他从事的那个竞争激烈的领域里，他相当成功，积极进取，好胜善斗。

他对分析治疗很认真,积极合作。他很努力地自由联想、回忆梦境和努力跟随我的解释,他谈话时情感适切,不卑不亢。有时会陷入沉默,希望我能提问,但也理解分析师的保持沉默。他经常感到自己取得了一些小的进步,但会责怪自己进度太慢,特别是与我这个如此有能力的分析师一起工作。当他叙述尴尬的素材时,他责备自己太幼稚,尽管他知道我不会责怪他,因为分析师早就见怪不怪了。当他不认同或不理解我的解释时,他认为我一定是对的,只是他太迟钝而已。

我向他指出他的理性行为,并且问他对我曾有过何种情感或幻想,他回答说除了觉得我很有能力,分析很棒之外,没有任何其他的感觉。我向他指出:在他的某些梦境中,我的形象是死气沉沉的,或是残缺的,这个形象一定来自他的想法。他承认这么说挺有道理,但他觉得自己没有这样的感觉。当我试图发掘在他过往生活中有无类似反应时,发现病人与他父亲有类似的交往模式。他父亲是一个体面的、认真的、勤奋工作的人,他对父亲保持一种合理的、热情的态度。他对父亲的缺点总是忍气吞声,但他对其他权威或竞争对手充满敌意并善争好斗,两者反差明显。他似乎在努力保护我和他的父亲,免受他潜意识中攻击冲动的伤害,但是,为什么会这样呢?

他的一个梦似乎给出了答案。他在一艘帆船上。帆悬挂在一个图腾柱上,柱上面有三个人,两个男人和一个婴儿。最上面的人像我,接下来是婴儿,最底下是他的父亲。他对此的自由联想是:他7岁时,他父亲有次心脏病发作,他认为这是由于自己发脾气惹的祸,差点要了父亲的命。这个梦并不是个新素材,但此时似乎对病人来说有新的意义。他犹豫了一会儿,慢慢地告诉我说,他听说我有过心脏病发作。他继续真诚地说道,他确信我作为医生会照顾好自己。我觉察到他试图放松的谈话中隐伏着忧心忡忡。我问道:"好像你在担心着什么,你在想什么?"病人叹了口气,勉强笑了笑说,听说我50多岁了,这让他很震惊。他本以为我只有40多岁,因为我看上去年轻且有活力。

我继续问道:"我50多岁了这事让你震惊。你想到了什么?"病人很快地回答道:"我父亲53岁那年死了,我不能看着你也这样死去。我的良心受不了。我本来不想和你说这些,但图腾柱上的婴儿让我想到了我们死掉的第一个孩子。我告诉过你,我妻子怀孕时胎位不正,我刚刚才意识到,我们当时性生活不久,她就大出血,也许就是这才导致了孩子的死,我为此感到内疚。"

我干预道:"因此你对妻子变得性无能了,这样就可以保证不会再伤害另一个孩子了。"他回答说:"是的,我不配和好女人上床。当我放开去做时,就会发生不好的事情。你应该觉得高兴,因为我在这儿控制得这么好。"停顿,沉默。

现在我们清楚了:病人长期保持理性,他的防御性移情背后是强烈的情感与冲动。他对我的理性行为是保护我免受其破坏性敌意的伤害。分析过程中追溯其防御性理性行为的根源,最终能使病人体验到隐藏在保护性屏障背后强烈的冲动。

移情反应表面上的缺失实际上是一种防御性移情。病人对分析师使用了习惯性的防御,就如同以此处理与父亲和妻子的关系一样。这种反应是一种阻抗,阻止去揭露隐藏在背后的本能冲动与强烈情感。

在以上案例中,病人将一整套防御转移到了分析师身上,但在其他案例中,可能只有部分防御态度的转移。有些病人对解释似乎总是接受的,这也许是重复过去的顺从态度,以回避其攻击性。我的一位病人从未自己主动做过任何解释,不管素材是多么明显,他总是等待我的解释。这种防御性行为来源于他儿时与他哥哥的激烈竞争,一旦有超过哥哥的迹象,就会招致哥哥猛烈的攻击。由此,病人在我面前显出幼稚无知的姿态,是他采用了应对童年期竞争同样的防御方法。

到目前为止，上述的案例都是防御行为在移情现象中充任主角的例子。然而，也有防御性移情反应是用本能和情感来防御另一种本能和情感。例如，有位女性病人，长期持有强烈的性与色情移情，她是为了回避更深层的敌意、攻击移情。对那些与分析师同一性别的病人，持久的敌意移情有可能是用来防御同性恋情感冲动。持续的态度也存在类似的情况：持续的顺从是对反抗的防御，或者反抗是对被动的同性恋性顺从的防御等。这些都是移情中反向形成的例子。

防御性移情反应总是表明对隐藏的本能和情感的恐惧。防御性移情通常是自我协调性的，从而增加了技术上的处理难度。因此，有必要使防御性移情转变为自我不协调性的，只有这样，才能进行有效的分析。防御性移情反应经常见于正常性格的病人、正接受培训的分析师、不用付费的临床案例中，也常见于那些需要维持正常外表的神经症性人格障碍的病人之中。这些病人造成的额外技术难题是：更难让他们意识到防御性移情是种阻抗，更难将之转变成自我不协调性的，更难使他们将之作为一种症状（Reider，1950；Gitelson，1954）。而唯有如此，才能开始分析隐藏其后的冲动与情感。

3.8.3 移情泛化

我们讨论了不同类型的移情现象和移情性阻抗，描述了移情中针对分析师的反应与病人和童年早期重要人物交往的体验的关系。病人对分析师爱恨交加或害怕恐惧，就像他曾在儿时对特定人物如父母或兄弟姐妹那样。病人对分析师的这种移情行为通常与他对日常生活中其他人（少数与移情人物类似的人除外）的行为有着相当大的差异。移情反应通常是特殊的、有限定性的。

然而，在本节中，我将描述一种移情现象，它与前面所有的形式都不一样，是非特殊的、非限定性的。病人对分析师的反应，就像他在日常生活中对其他人的反应一样，这种移情行为习以为常，一如既往。这种行为表现被威廉·赖希（1928，1929）称为"人格性移情"，但其他学者认为这一术语有误导性，定义不明（A. Freud，1936；Sterba，1951）。

这种移情与其他形式移情的不同之处在于：对分析师的反应是病人习惯性、代表性、典型性的行为反应。通常，这种移情体现出病人客体关系的总体特征。正是因为它的非特定性、特征性，被称为"人格性移情"。然而，鉴于"人格"还有其他的含义，因此"泛化性移情"一词可能更为精确。

对分析师有"泛化性移情"的病人，他们拥有的情感、态度、冲动、期待、渴望、恐惧和防御已经融入其人格之中，形成了他们应对外界环境的习惯模式。这些特性相对固定，是各种冲突互相妥协后的最终结果。同时显现出防御与本能两个方面的妥协特点，表现出经二者浓缩后的行为。在分析过程中，这种移情总是具有重要的阻抗作用。读者可参阅有关人格形成的著作，以全面了解这一主题的动力学描述（W. Reich，1928，1929；Fenichel，1945a）。

例如，一位 50 多岁的男子因失眠和害怕安眠药成瘾前来就诊。无论事业、家庭还是社会生活，他都非常成功。取得这些成功的关键因素是他性格热情、待人友好、风趣、热心、慷慨、直率、合群，喜欢抛头露面。

就像他参与社会活动一样，他急切地、充满活力地、乐观地开始了他的分析治疗。每次他都以热情的招呼作为开始，在自由联想中穿插着笑话，将生活经历编织成动人的故事，他称赞我的解释精湛、出其不意，让人愉悦。如果我的评论使他痛苦，他就显得相当敬畏，急于顺从。他崇拜我，奉承我，向别人夸耀我的品德，并且为我招徕新病人。虽然他知道精神分析治疗的要求，但还是不断地邀请我参加他的聚会，甚至邀请我参加他认为我会感兴趣的名流聚会。尽管我一再拒绝，他还是毫不气馁。他确信自己是我最喜欢的病人，而我没有这样直说只是出于精神分析的规定。他对我的奉承是他对其他大部分人的典型的、具有鲜明人格特色的反应方式，通常这样做会增加更多成功的可能。他生活中的所有人，包括家人、雇员、情人、主管和艺术家同道，都认为他可亲近、有魅力。

这种泛化性移情反应很难处理。首先，我必须克制我的真实的反感，同时必须不断地向他指出这些自然的行为，广泛地交友、持续地亢奋其实正是为了隐藏深深的不满。慢慢地，我能向他展示：这种长期的热情、受人欢迎的感觉是一种虚构的幻想，是他试图永久藏身的防护屏。只有在睡眠和梦境中，当他不得不放弃意识层面的控制时，这种防护才会失效。在经过数月的分析之后，他的热情开始出现自我不协调，他不再这么做了，他意识到这具有欺骗性，他也开始敢于让自己面对潜隐的抑郁。这时，他的移情反应也出现改变，我一会儿变成可恨的、虚伪的、诱惑他又拒绝他的母亲，一会儿又变成他的父亲等。在治疗之外，他的行为也相应有所变化。尽管他仍旧热情迷人，但更为适切。他最终能够对人产生必要的恨意，也能忍受不那么人见人爱的孤寂，他开始能熟睡和做梦了。

在技术问题上，对泛化性移情的处理和防御性移情一样，因为泛化性移情具有重要的防御目的，而且通常是自我协调的，所以分析的首要任务就是将其转变成自我不协调的，让病人感受到矛盾，从而让他主动地参与分析工作，而不是试图保留这种盔甲。性格性阻抗必须被转变为移情性阻抗（Fenichel, 1941），这样，移情性神经症才会形成，分析工作才会变得卓有成效。有关的技术问题将在 3.10 中做进一步讨论。

泛化性移情也会出现在患有人格障碍的病人身上。每种特殊的人格障碍病人都会有其典型的泛化性移情，例如，强迫性人格障碍的病人会对分析师形成这样的泛化性移情，即强迫性地重复他惯常的、隔离的客体关系。

3.8.4 移情性付诸行动

从 1900 年朵拉的案例开始，弗洛伊德就意识到识别和分析移情、移情性阻抗，特别是移情性付诸行动的重要性。朵拉中断治疗是因为弗氏当时没能识别出她的移情反应来源于她的情人而不是她的父亲。另外，病人将她的移情反应部分地付诸了行动。她对弗氏，就像对待自己的情人 K 先生（Herr K）一样，她同样离开了 K 先生。在对这个案例进行回顾时，弗洛伊德（1905a）才意识到移情和移情性付诸行动的特殊重要性。他后来在几个不同场合多次提及了付诸行动的问题，特别是在有关强迫性重复的论述中（1914c，1920，1937a）。最近几年，其他研究者就移情反应中的付诸行动问题也做了许多有意义的贡献（参见 Fenichel，1945a，1945b；Greenacre，1950；Spiegel，1954；Bird，1957，以及补充阅读资料）。

不仅是在移情反应中，在许多其他情况下也都会出现付诸行动。在第二卷中，我将对此做进一步的探讨。在本节中，我们仅将付诸行动当作在分析过程中发生的移情这种特殊形式来加以讨论。

付诸行动是一系列组织良好、彼此连接、有目的、有意识、自我协调的行为，它是对过往现象的重现，是对过往经历的改版再现。病人无法回忆起这些过往的经历，但会在行动上重复而不是大脑的回忆，这是对记忆的防御。在分析过程中，表现为病人将他们的移情反应付诸行动，而不是通过语言和情感活动来表达。付诸行动可以针对分析师，也可以针对分析之外日常生活中的其他人。

有些付诸行动在分析中是不可避免的。首先，这一定程度上是因为分析师攻击了病人的神经症性防御，由此鼓励病人的情感和冲动以较少扭曲的方式获得释放，使这种释放突破阻碍而进入了行为层面。其次，移情本身是对过往的一种重演和再现，这会激活以前通过行为表达的冲动和动作。而且，有时对移情的处理不当也会导致付诸行动。解释的程度、时间、策略上的失误经常会导致病人的付诸行动。分析师对病人的反移情也会导致病人的付诸行动。在治疗过程中，当治疗涉及非语言或语言前期的内容，或触及创伤性素材时，将不可避免地出现行为的重复，而不是记忆的再现。

尽管有时付诸行动会暂时地缓解自我的张力，但它仍是一种阻抗。它防御记忆，阻滞思考，影响体验、记忆与行为的整合，以此来反抗自我结构的重建。然而，某些形式的付诸行动可以具有一定的建设性作用。此处，我指的是在瓦解刻板的、抑制的防御机制过程中出现的暂时的、零星的付诸行动，这种付诸行动要与那些长期重复的习惯性付诸行动区别开来。此时，付诸行动是一种尝试性的再现，是种敢于回忆的尝试（Ekstein and Friedman，1957）。在这种意义上，这种付诸行动是通往回忆道路上必要的迂回。我的临床经验表明，这种再现是一种选择性尝试（Greenson，1958a）。付诸行动所固有的扭曲总是选择指向愿望的满足，此时表现出来的行为就像梦境中的行为一样，洋溢着试图满足愿望的气息（Lewin，1955）。最终，尽管它是种阻抗，但付诸行动也还是一种非语言的交流形式，是病人向客体伸出的乞求之手（Bird，1957；Greenson，1959a），也可能是抗争的绝唱（Winnicott，1956b）。

付诸行动是唯一会在分析内外都可能出现的神经症性重复行为。尽管有时在临床上很难区分，但它还是有别于再体验或症状性行为。再体验只是对过往事件的简单重复，很少扭曲，并且会迅速导向记忆。通常，这会发生在强烈的情感或药物的影响下、梦游状态中、自我状态发生转换时。症状性行为缺乏良好的组织，不一致、不连贯，病人对此感觉奇怪，自我不协调，自我功能低下。过往事件被扭曲，症状性行为常常只能反映片段事件。让我举例说明付诸行动、再体验和症状性行为之间的区别。

K女士（参见1.2.4、2.6.5、2.7.1、3.2.5、3.4.2、3.8.1）在每次咨询结束时，都会站起来，取走她枕边的纸巾，边走边将纸巾弄成一团放在手心里，刻意地避开我的视线，小心翼翼地将纸团扔进我桌子下的垃圾桶内，或塞进她的皮包里。她敏捷的动作使我感觉她不想让我注意到她的行为。当我向她指出这点时，她很快地承认了，但似乎很奇怪我的提问。她表示：不都是这样的吗？她觉得她的行为不用解释，因为这是一种通常的礼貌行为。她无视我想探讨这种行为背后的意义，继续我行我素。

在一次咨询中，我要求她对试图向我隐藏"弄脏的纸巾"进行自由联想，事情有了进展。她回忆起令她羞耻的痛经经历，但"纸巾"

行为依然继续着。最终，我们开始涉及她肛欲期的强烈的羞耻感，她竭尽全力地隐藏她的排泄行为。当家里有陌生人时，她不能排便，因为她害怕客人会无意中听到，或是闻到。每次排便后，她在厕所里花很长时间来收拾，确保不留下任何痕迹。我向她指出，她对待纸巾就好像她必须要隐藏的如厕行为一样。然后，她回忆起许多有关她母亲对厕所的洁癖行为。从那时起，她每次结束咨询时的"纸巾"行为消失了。

K女士在每次咨询结束时的"纸巾"行为，属于付诸行动，这是使自己确信：我是个干净的姑娘，我要确保如厕行为没有被其他人看到。没人知道我会做这些事，做这种肮脏的事情，没有任何痕迹会表明我做过这事。这组行为是一系列组织良好、彼此联系、有目的、有意识、自我协调的行为，她以此来否认过往获得快感的如厕行为。这就是付诸行动。

在二战期间，一名B-17飞机机尾机枪手刚从战场上回来时，患有失眠、梦魇、震颤、多汗和惊恐反应，准备接受静脉注射硫喷妥钠治疗。他经历过50次战斗任务，否认任何主观的焦虑症状，他也拒绝谈论战争经历。他同意注射硫喷妥钠，是因为有人告诉他那种感觉就像喝醉了酒一样，同时，也意味着他可以不用接受任何长官的训斥了。就在给他静脉注射了5毫升之后，他跳上床，拔掉胳膊上的针头，尖声大叫道："他们从四点钟方向过来了，他们从四点钟方向过来了，干掉他们，干掉他们，不然他们会干掉我们，这些狗娘养的，干掉他们，干掉他们。噢，上帝。干掉他们，干掉他们。他们又从一点钟方向过来了，在一点钟方向，干掉他们，干掉他们，这些杂种，干掉他们，噢，上帝，我受伤了，我不能动了，干掉他们，干掉他们，谁能帮帮我，我中弹了，我中弹了，我不能动了，帮帮我，噢，这些杂种，帮帮我，干掉他们，干掉他们。"

病人像这样喊叫了20分钟，眼睛里充满了恐惧，脸上汗流如注。他的左手紧抓着右臂，整个人不停地颤抖，紧绷着。最后我说："好吧，乔，我干掉他们了，我干掉他们了。"听到我这样说，他瘫倒在床上，进入了深度睡眠。

第二天早上，我见到他时，问他是否还记得注射的情形。他羞怯地回答说只记得自己大喊大叫，但具体情形很模糊。我说他谈到了一个任务，那次任务中他右臂受伤，而且一直大喊"干掉他们，干掉他们"。他打断我说："噢，是的，我记得我们正从施韦因富特返航，敌人追上了我们，他们从四点钟方向过来，然后又从一点钟方向过来，后来我们被机枪击中了……"

病人能够很容易地回忆起注射后所体验的过往事件。这种回忆没有扭曲，也很容易触达，这是典型的再体验。

我用以下案例来说明症状性行为。我的一位中年男性病人，在我的候诊室里无法安坐。他尴尬地站在角落里，一直等到我打开治疗室的门，他立即朝我走来。他知道这很怪异，也很困扰，他试图坐下时，就会被一种强烈的恐惧感压倒，让他无法忍受。他在其他等候室也有类似的反应，他常常通过迟到，或是寻找借口走进踱出来掩盖这种怪异行为。当他定期前来就诊时，这种情况愈演愈烈，我开始着手分析他的迟到倾向。

经过大约一年的分析之后，我们发现他害怕在候诊室坐下是因为：被发现坐着意味着被"束手就擒"，也就是意味着被人发现正在手淫。当他还是孩子时，曾坐在家里马桶上手淫，一听到有人接近，他就因为害怕被发现而马上跳起来，因为卫生间无法关锁。如果他坐着而我站着，这意味着他是幼小的，而我是大人，他感觉我会对他有身体伤害。另外，他父亲一向要求他看到大人进屋时，要立即站起来，这一习惯他至今仍信守不二。当他进入青春期时，曾反抗过他的父亲，当父亲死于中风后，他非常内疚。他父亲死时坐在椅子上，好像在打瞌睡，当他发现父亲已死时，非常恐慌。因此，站立意味着活着，而坐下意味着就像父亲一样，死了。最后，坐着还意味着小便时的女性姿势，而他必须在我面前站着，显示：看，我是个男人。

案例中的这种行为是自我不协调的、怪异的，不符合病人性格的。他无法忍受地上演这种行为，这是症状性行为。分析揭示了这一行为背后浓缩的、扭曲的、象征性的许多过往的生活事件。在明确的案例中，付诸行动、再体验和症状性行为很容易被区分开来。但在临床实践中，单一形式的行为很少见，经常要处理的是这三种形式行为的各种混合。让我们回到关于移情反应中付诸行动的讨论。

1. 治疗情景中的付诸行动

最简单的付诸行动是病人在分析过程中就付诸行动。弗洛伊德的例子是：病人对分析师违抗和批评，并且不记得曾有过这种行为。他不仅对分析师有情绪，而且用行为表达出来，如拒绝谈论话题、遗忘梦境等。这是用行为来表达情感，而不是诉诸语言；是自然而然重演了过去的片段，而不是对过去的回忆（Freud，1914c）。另外，病人不仅没有意识到行为的不协调，而且通常还感觉是理所当然的。付诸行动，就像我们说的那样，是自我协调性的。

例如，一位40岁的音乐家因长期失眠、结肠炎和工作压力大前来就诊。他是我在早上8点的第一个病人，他来就诊的方式不同寻常。开始，我就能听到他的到来，因为他像吹小号一样地用力擤他的鼻子，重复地擤完一只鼻孔擤另一只，以此宣告他的到来。进入治疗室后，他会愉快地、动听地问候早安。然后，轻声哼着小曲，脱下夹克，挂在办公室的椅子上。走向躺椅，坐下，继续哼着小曲，然后开始掏口袋。首先从后边的口袋里掏出钱包和手绢，放在旁边的桌子上，然后从其他口袋掏出钥匙和零钱，然后是手上的戒指。之后，他大声地哼一声，弯下腰，脱掉鞋子，将它们整齐地放在一起，解开衬衣的第一个纽扣，松开领带，长叹一声，躺在躺椅上，侧个身，将双手置于枕头与脸颊之间，闭上眼睛，保持沉默。过了一会儿才非常轻声地开始说话。

开始时,我静静地观察着他的表演,觉得很不可思议,他竟然如此认真地程序化操作。之后,我意识到他并没觉察到自己行为的不恰当,我决定尽可能准确地探究这种行为的意义,然后向他面质。很显然,他的这种付诸行动与上床睡觉有关。我逐渐意识到,他在重演他父母准备上床睡觉前的情形,其中,我必定是充当了他父母中的一方,而他要么扮演了父母中的另一方,要么扮演了儿时的自己。在他过往的记忆中充满了父母在卧室争吵的情景,这让他经常从睡梦中惊醒。父母的争吵一般在他入睡后四小时发生,而他现在的失眠有一个特点:入睡后四小时会惊醒。他的付诸行动是:①他多么希望他父母能平静地入睡;②作为一个孩子,他多么期望能和父母其中的一位一起睡。

当我将注意力转移到他开始治疗时的特殊行为上时,他非常愤怒。他认为这无可非议,不必小题大做。他只是努力放松、自由联想,毕竟我曾告诉他,在分析时,他所要做的就是放松和无拘无束地说出浮现在脑海中的事情。他确实觉得有些想睡觉,但那是因为治疗时间较早的缘故。随后,他不情愿地承认,在治疗快结束时对他说话让他感觉讨厌,像是种打搅。他也意识到,不知为什么,他喜欢较早的治疗时间,尽管他很难记住他和我都说了些什么。我告诉他:所有这一切是因为他想用这段治疗时间在我这儿继续他的睡眠。他宽衣解带就好像准备上床睡觉,他幸福地闭上双眼躺着,是因为他仿佛和我睡在一起,这是他希望父母能拥有的,或是他能与父母其中一位拥有的平静睡眠。分析到此,病人才能够回忆起他对父母在夜里持续争吵的憎恨,以及想取代双人床上的父母中的一方的竞争、性方面的幻想。我对希望平静睡眠的解释是重构他俄狄浦斯前期对父母的幻想的第一步(Lewin, 1955)。

在上述三个案例中,病人都无法用语言表达对分析师的感觉,只能通过行为来表达。一个秘密地处理纸巾，一个行为违抗，一个想睡觉。在三个案例中，过往事件都被重演了，但病人无法记起它们，也不想分析这些行为。

最终的分析表明，这些行为是过往事件的扭曲性重复，是试图满足之前未能满足的愿望。病人将过去希望能做的事情在分析师身上付诸行动。以我的临床经验来看，付诸行动总是对过往未能满足的愿望的重演。付诸行动是对过往愿望的延迟性满足。

付诸行动可能不仅局限于治疗中偶尔出现或单独的事件，也可能贯穿于相当长时间的分析过程。我曾见过病人，特别是正接受培训的分析师，竭力要表现得像个"好"病人，或把我当成"完美的"分析师。这种情况会持续数月，甚至数年之久，直到分析师察觉到分析中存在某种荒谬与阻碍。此时，分析的任务就是：揭露这种行为的阻抗和防御的本质，以及隐藏其后的敌意。我遇到过这样的情景，病人一直以我最喜爱的病人的身份自居。我的"8点钟睡眠"病人即是如此。他在意识层面相信他是我最喜爱的病人，当我向他解释这只是他的希望和需要时，他回应道：他知道由于我受弗洛伊德学派的规定所限，不能显露真实感受。当我做出了一些对任何病人来说都会感到痛苦的解释后，他却口口声声地佩服我的机敏，并感同身受地分享我胜利后的喜悦。他喜欢被分析，特别是被我分析。他感觉我俩是非凡的组合，我的大脑和他的想象。尽管他的症状没有改善，获得的内省也少得可怜，但对分析感到由衷满意。我努力地反复向他指出：他似乎不是来寻求分析治疗，而是希望重演那种受人欢迎的感觉。逐渐地，他开始回忆起当初如何被父母宠爱，这些记忆一直被用来屏蔽他对父母深深的失望。

2. 治疗情景外的付诸行动

一位年轻的已婚妇女在分析期间出人意料地发生了一段婚外情。我确信这是她的移情情感的付诸行动，因为她几乎不了解这个男人，而且这个人与她通常喜欢的男人风格相差甚远。这个人很有艺术气息，举止像个教授，外表像古罗马人，这些吸引了她。这段风流韵事发生在我因为外出参加会议不得不取消的几次分析治疗时间段。回想她刚开始治疗时，她产生了正性移情，随后转变为色情的、性的移情。这些移情已被分析和做出解释，问题似乎暂时被解决了。我回忆起在她对我热恋的那个阶段，她曾形容我像一位艺术家和教授。她还有次梦到我穿着古罗马的长袍，她对这个梦的自由联想是，我有古罗马人一样的发型，我的昵称是"Romi"。很明显，这位年轻女士将其性的、浪漫的情感在这个年轻男人身上付诸行动了。所有她对我想做而不能做的事，在这个男人身上实施了。这些愿望是她被压抑了的对继父的情感的再现。

一位男性病人在分析过程中突然与他的家庭医生关系密切。他与这个男医生从未有过社交性接触，但频繁地邀请他一起晚餐，并与他促膝交谈。显然，他想与我亲密的愿望在治疗情景之外被付诸行动了，也说明想与我亲密的愿望在分析中没有表达出来。通过对这种付诸行动的解释，这些潜意识的愿望被带回到分析场景中。

当移情情感在分析情景之外付诸行动时，其特点是：这些付诸行动的冲动与情感在分析中无法恰当地得到表达。一个接受我分析的学生，不断地指责他的指导老师，称他愚蠢、懒惰和无能。同时，他对我的移情情感始终保持正面。他一方面对我缺少敌意移情，另一方面对老师抱有持续的敌意，使我意识到他将对我的负性移情付诸行动了。

将矛盾的移情情感分裂开来，并将其中一种情感在分析之外付诸行动，这是常见的付诸行动的形式，常见于正接受培训的分析师学员。通常自我不协调性的移情会被投向分析外的其他分析师身上，而自我协调性的情感投向自己的分析师。因此，敌意和同性恋的情感可能会投向其他分析师，而不那么令人困扰的情感与冲动则留给自己的分析师。这种分裂防御也会体现在评判"好的""坏的"培训老师的情形中，分析培训之外的其他分析师充当了辅助的投射对象。

需要牢记的是：在治疗过程中发生的付诸行动，不仅可以由移情情景触发，而且我们也经常会发现，这种付诸行动早在分析之前就已存在。在这种情形中，之前付诸行动的对象不证自明地成了移情性对象（Bird, 1956）。这一点将在第二卷中讨论。

现在，我举例说明移情中付诸行动与症状性行为混而为一。在分析中，有位男病人，不论我做什么，他都能挑出毛病。他发现我的沉默会造成压迫感，我的解释中含有敌意与激惹。实际上，在治疗时段我说话之前，或是预料到我要说话之前，他还是挺喜欢分析的。他能预料到我何时将要干预，因为他能听到我椅子发生咯吱咯吱的响声和我呼吸的改变。病人报告了一个简短的梦并对此自由联想，这对理解他的反应提供了一些重要的线索。在梦中，收音机正播放电台评论员加布里埃尔·希特的广播，他有一种审判员式的声音。病人对此的自由联想是：这是他父亲最喜爱的播音员，任何时候只要他父亲回家吃晚饭，全家就被迫听这个男人的广播。这让他回忆起，父亲的回家是如何改变了家里愉悦的气氛，他真是一个扫兴的人。他让全家都不开心，至少对病人是如此。病人总是能估算出父亲何时回家，因为父亲总在7点差20分左右吹着口哨到家。一旦病人意识到快到7点了或是听到口哨声，他就会变得愤怒，充满敌意。

我很惊讶，病人在分析中对我的反应与他儿时对父亲回家的反应如此相似。于是，我做了如下设想：我在分析早期保持沉默，让病人自由说话，病人喜欢这样的分析情景，就如同他享受在家与宠爱他的母亲和姐妹们在一起，平静而愉悦。但当距治疗时间结束还有20分钟时，病人开始预期我将打扰家里那种秘密的快乐。我椅子的响声、呼吸频率的改变使他联想起预示父亲回家的口哨。我的解释听起来像"审判员式的声音"，父亲回到家里，结束了他与母亲和姐妹们的欢乐。病人同意我的这种设想，并且补充道：他不得不承认对父亲的回家只有他一人感到痛苦而已，母亲和姐妹们倒是欢呼雀跃。这个案例展示了，病人在分析情景中是如何重演了他与家人的一段过往经历的。在分析一开始，他夸夸其谈，我扮演了安静的、赞赏他的母亲与姐妹们。在分析结束时，轮到我说话的时候，我变成了专横的、扫兴的父亲。因为这些治疗中的情形对病人来说是自我不协调的，充满痛苦，所以他工作得非常努力，对隐藏在神经症性再现背后的过往事件进行追忆和重构。

如前所述，所有形式的神经症性重演可能以单纯的形式展现，但更经常的是再体验、症状性行为和付诸行动的混合。问题的关键是应判断这种神经症性重演是自我协调的还是自我不协调的。当重演是自我协调的时，它总表现为较为顽固的阻抗。在这种情况下，要争取病人的理性自我，建立工作联盟，才能揭露或重构被压抑的记忆。

3.9 分析移情的技术

3.9.1 分析原则

要注意的是：本节的标题是"分析移情的技术"而非"移情的解释或处理"，之所以定这样的标题，是因为尽管解释是处理移情的关键性技术，但其他的技术手段也同样重要。对移情反应的解释是处理移情现象的最终步骤，但为了做到有效地解释，之前还须一些必要的前期步骤。爱德华·比布林（1954）强调：随着对自我功能的进一步了解，精神分析师越来越意识到在解释某个特定的心理现象之前，必须对这一心理现象做仔细的澄清。费尼谢尔（1941）和克里斯（1951）同样强调了使潜意识内容意识化之前，有必要先对心理现象进行深思熟虑的甄别并清晰地加以展示。就像我之前所说的，对一个心理现象的分析须经过展示、澄清、解释和修通，所有这些技术步骤的结合才称之为"分析"。

将"处理"这个概念引入对移情分析的原因是：为了处理好移情，要求精神分析师做的远不只是"分析"。这么说绝不是否定分析在精神分析治疗中不可替代的核心地位，而是为了使一个心理事件可被分析，必要时应运用一些其他的技术（参见 E. Bibring, 1954；Eissler, 1953；Menninger, 1958 以及 1.3.4）。

例如，精神分析是为了最大程度地促进各种移情反应的形成与发展，而且移情现象应由病人自主产生，因此，分析师必须克制忍让、耐心等待。策略性地沉默，是促进移情发展的重要方法之一。然而，严格地说，这是一种操控。分析师的沉默有助于病人发展和感受到自己强烈的移情反应。情感的疏泄可以帮助病人最大程度地确认自己情感的现实性。然而，分析师的沉默和病人的情感宣泄，在严格意义上来说都属于非分析性方法，除非治疗师在适当时机对此进行"分析"，否则它们同样有可能导致创伤体验和强烈阻抗。只有通过这种分析，分析师才能处理好移情反应，并迎接下一个不同类型和强度的移情反应。

暗示在处理移情方面占有一席之地。我们要求病人自由联想，让感觉不由自主地发展。我们用语言暗示他的情感是被允许的、可控的。我们的沉默也同样暗示他应能置身这样的情感中，也暗示也许这会感到痛苦，但这样做是有治疗意义的。当我们询问病人是否记得梦境时，我们暗示他一定做了梦，并且能回忆起来。特别是在分析开始时，病人对精神分析所知甚少，是我们的暗示鼓励了病人不畏艰险，参与分析治疗。当然，致使病人易被暗示和操控的移情最终必须被分析和处理。读者可以参阅查尔斯·费希尔（Charles Fisher，1953）对此及相关问题所做的研究。

对于其他非分析性干预措施，也同样如此。对病人产生的非意识化的影响最终都必须被意识化并被彻底分析。我们必须知道：非分析性方法在某种程度上对分析治疗是必要的补充。暗示与操控在精神分析圈内名声不佳，只是滥用的结果。它们不能取代分析，但它们是对分析的准备，是分析的附属技术。单独的解释、"纯粹的"分析，无法用于治疗，只能作为学术研究。尽管本节聚焦在对移情现象的分析上，但临床案例将更清晰地表明分析与非分析技术之间的交互关系，两者间的水乳交融恰如其分地体现了精神分析的艺术。

还有几个原因，使对移情的分析变得如此复杂而又如此重要。首先，移情现象总是互相矛盾的。其次，移情本身就是阻抗的巨大来源。再次，致病性防御本身同样也具有移情性质,因此,我们同时面对移情矛盾和移情性阻抗的混合体。

　　始终需要我们关注的是:何时移情促进分析,何时移情阻碍了分析?对于不同的情况,干预的方式也有所不同。经验告诉我们:导致病人脱落最常见的原因就是对移情的不恰当处理(Freud,1905a)。更进一步的问题是:为了治疗需要,应促进病人形成移情性神经症;为了进行分析性工作,应与病人形成工作联盟。这两种要求彼此对立,我们怎样才能同时满足这两方面的要求呢?(参见3.5)

　　有关移情的分析必须关注以下问题:①如何确保病人移情的自然发展?②决定何时允许移情自由发展,何时必须加以干预?③如必须干预,需要哪些步骤?④如何促进工作联盟的形成?

　　我将依次讨论前3个问题,而在每个问题中都将涉及工作联盟的内容,对工作联盟必须保持持续的关注。

3.9.2　发展移情

　　确保移情的发展是指确保病人与分析师在建立关系的基础上,使病人能依据自身独特的过往经历和自身需要,最大限度地形成不同形式和强度的移情反应。纵观弗洛伊德有关技术问题的著作,他对于如何做到这一点有许多见解与忠告(Freud,1912b,1915a,1919a)。格里纳克在1954年发表的一篇重要的论文中对其中一些要点做了澄清和强调。她的文章在当时具有深远意义,因为当时美国一些知名的精神分析师对于是否应该奉行精神分析经典技术的必要性存在着许多疑虑。

1. 镜像作用

　　弗洛伊德(1912b)曾告诫:精神分析师对于病人来说犹如一面镜子,这一建议曾被误读为精神分析师必须对病人冷漠和无动于衷。我相信弗氏的原意实际上不是如此。他用镜子来比喻分析师对于病人的神经症性冲突必须是"不被渗透"的,以此向病人如实映照他所呈现出来的东西。分析师个人的价值观和喜好不应影响这些冲突的呈现。分析师应保持中立态度，以致使病人的扭曲与非现实性反应得以最大程度地展现。分析师克制和隐藏自身反应的相对匿名，使得病人无法根据他们的好恶来做出相应反应（Freud，1912）。只有这样，病人的移情反应才会清晰地、如实地呈现出来，才会与现实性反应有所不同。促进移情发展，关键是要确保病人与分析师持续互动，不受利益和人为因素的影响。分析师应保持一贯的、人性化的非侵害性行为或态度，任何形式的固定行为或态度模式都会模糊和扭曲移情的发展和对移情的识别。让我举例说明。

  数年前，一位病人因胃痛和抑郁前来就诊，很长时间里毫无进展。在治疗期间，他的症状波动起伏。我们双方都意识到一定是某种阻抗在起作用，但我们对症状波动和阻抗都束手无策。过了几个月之后，我逐渐地意识到，病人对我的态度有所改变。之前，他喜欢对我无伤大雅地取笑、嘲弄或刁难，现在他更多的是顺从，但显得沉闷和忧虑。之前他偶尔显露他的冷嘲热讽，现在他表面俯首帖耳，但暗地里却顽固不化。有一天他告诉我，他梦到一个傻瓜，接着对话陷入沉闷的沉默之中。一段时间后，我问他梦境中发生了什么。他叹着气答道：他想也许我们两个是一对傻瓜。停顿了一下，他补充道："你我都不愿意让步。你不会改变，我也不会改变。（沉默）我曾试图改变，但那让我难受。"我有点迷惑，不知道他所指为何，因此问他试图改变什么，病人回答道，他试图改变他的政治信仰以与我保持一致。他一直是个共和党人（我知道这一点），在最近几个月，他试图采纳更开明的观点，因为他知道我希望他如此。我问他是怎么知道我信奉开明主义，并且反对共和党的？他说在交谈时，他一旦谈到他喜爱的共和党政治家，我总是会让他自由联想，而一旦他表达对共和党人的敌意，尽管我认为他说得对，我也只是保持沉默。每当他称颂罗斯福总统时，我都不反对，一旦他攻击罗斯福，我就会问罗斯福让他想起了谁，好像想证明憎恨罗斯福是多么幼稚。

我大吃一惊，因为我对此毫无觉察，但当病人指出时，我不得不同意：尽管毫不知晓，但事实确实如此。之后，我们继续分析：他感觉需要迎合我的政治观点，这是他想讨好我的一种方式，但正是这种方式让他无法接受，降低了他的自尊，导致了他的胃痛和抑郁（梦到傻瓜是用一种非常浓缩的形式表达了他对民主党的敌意，因为民主党的标志符号是头驴，也表达了对我持久无视他的需求的怨恨，即愚蠢和固执的傻瓜。这也是他自我形象的写照）。

数年前，我的另一个病人在一位分析师那儿经历了一段时期的治疗僵局，最后中断了治疗。其直接原因是她知道了这位治疗师定期去犹太教堂，是位虔诚的宗教人士。这是她的朋友告诉她的，随后她想验证这一点。当病人当面问分析师此事时，他既不承认也不否认，但他认为他们仍应该继续一起工作。不幸的是，病人开始对他的干预和解释越来越反感，因为她感觉这些干预和解释像要劝说她改变信仰。那位分析师对此否认，但病人对此更加怀疑。最终，她再也无法与他一起有效地工作了。

这位女士问我信仰何种教派，我告诉她，我不会回答她的问题，因为任何回答都将影响治疗关系，她同意这个观点。在随后的分析治疗中发现，她无法尊重任何人，更不用说之前接受一位有宗教信仰人士的分析。而且，在她发现事实后，那位分析师的躲躲闪闪导致了她的不信任感。

在以上两个案例中，对移情的干扰影响了移情性神经症的全面发展，形成了顽固的阻抗。案例中分析师的个人特质（政治的、宗教的）造成了病人的痛苦和焦虑。我必须强调处理这种情景的重要性。这种干扰不被分析师意识到，将会出现严重的后果。分析师拒绝承认业已发生的事实，也具有同等破坏性。分析师的坦诚以及对病人反应的分析，才能保持分析师的匿名性。

毫无疑问，病人对分析师所知越少，就越倾向于用幻想来填补空缺。分析师也越容易让病人理解他自己的反应是出于置换和投射。切记：分析师的所谓匿名性只是相对而言，因为分析室内的布置、治疗的例行程序都会暴露出分析师的某些个人信息。甚至分析师保持匿名的特性也能唤起病人的遐想。另外，治疗师冰冷的、呆板的、被动的行为只会干扰工作联盟的形成。病人怎么可能将他最隐秘的幻想展现给一个麻木不仁、墨守成规的分析师呢？确实，对分析师的了解会阻碍移情性幻想的形成，但绝对的疏远和过度的被动也会阻碍工作联盟的建立。在这种情形下，也可能会产生强烈的移情性神经症，且通常内容狭隘，并且难以处理。

格里纳克曾建议分析师应该处于公众视线之外，不应出现在社交、政治和公众场合（1954；1966b）。可是，只要你在一个地方居住较长时间，就很难做到无人知晓。当精神分析培训师在本单位培训受训者时，总会出现同样的问题，而且通常会造成复杂的情况。然而，这并不必然无法克服。知名分析师总会遇到移情受影响的场景。病人经常在首次访谈之前就已经形成了某种移情反应，这些反应可能基于分析师的名望或病人对此的幻想。成为公众对象的分析师会干扰分析师的镜像作用，但也同时可以为病人提供某种移情性满足。在这种情况下，如果分析师对此有所觉察，那么分析不是不可能进行的。被干扰的移情必须尽早进行持续地分析，病人对这些分析的反应也应被彻底地分析。（对于受训的分析师来说，这一点更为重要，因为这会影响受训者今后的职业生涯。）

需要指出的是：许多病人有极强的直觉，从日常的治疗工作中可以得到大量有关分析师的个人信息。或迟或早，所有的病人都可能会根据现实，对他们的分析师产生相当程度的了解。这种了解无论是通过什么途径，一旦成为潜意识幻想的载体，就必须立即成为分析的主题（参见3.6）。

如果过分强调"镜像原则"，那么也会危及工作联盟的建立。弗洛伊德本人曾说：治疗的第一步是与病人互相理解，只有对病人的"共情性理解"态度才能帮助治疗师做到这一点（1913b），具体可参见3.5.4对此的进一步讨论。

2. 节制原则

弗洛伊德（1915a）曾提出忠告：治疗应该尽可能地使病人的寻求满足处于节制状态。他清晰地阐述："分析性治疗应该尽可能地在一种剥夺－节制状态下进行。"（Freud，1919a）他补充道："也许听上去有点残酷，但我们必须在某种程度上，以某种方式确保病人的痛苦不会过早结束。"驱使病人前来就诊症状中的一部分是由被压抑的本能需求所组成。如果分析师不给病人提供替代性满足，那么这些本能冲动将不断促使病人寻求分析治疗。长时间得不到满足可导致病人退行，以致病人神经症形成的完整过程将通过移情重新再现，形成移情性神经症。无论分析治疗内外，对症状或神经症性愿望的任何替代性满足都将削弱病人的神经症性痛苦，从而削弱寻求治疗的动机（Glover，1955；Fenichel，1941）。

节制原则曾被误解为：禁止病人在分析过程中有任何的本能满足。实际上，弗氏只是试图防止病人过早"逃入健康"以获得所谓的"移情性痊愈"。

为了保证病人有足够的治疗动机，①分析师有必要持续向病人指出寻求本能满足的幼稚性与不现实性，②确保分析师在意识和潜意识层面没有满足病人幼稚的神经症性愿望。为了确保移情，我们尤其要关注第二点。

任何类型的移情性满足，只要没有被意识到和被分析，都将会影响病人移情性神经症的顺利发展。最常出现的现象就是病人的移情反应固定不变。例如，如果分析师对病人保持热情开放、充满情感，那么病人将会倾向于产生持续的正性、顺从的移情反应。这些病人的工作联盟发展迅速，但略显脆弱，他们对于自己的情感在深度和广度上超出了早年正性的、顺从的范围而心存疑虑。他们从热忱的分析师那里得到的移情性满足延续了他们对这种满足的依赖，使他们乐此不疲地回避负性移情。

另外，那些举止疏远和态度严厉的分析师经常会与病人很快形成并保持负性的敌意移情。在这种情况下，病人很难深入而充分地形成其他移情反应。他们对分析师缺乏信任，使得移情性神经症的发展举步维艰。如果这种状况持续时间过长，病人会发展为施虐－受虐性移情关系，这种移情关系可以十分强烈，对分析治疗造成阻抗。

最近，我治疗的一位病人已在其他城市接受另一位分析师长达6年的分析。尽管病人和分析师都很努力，但这位年轻的女士始终抱怨不断。我意识到他们的咨访关系一定出了问题，是因为我发现她经常逐字逐句地引用前一位分析师的解释，比如，我曾问她为何在治疗时段有时显得躲躲闪闪，她立即回应说这是她试图想阉割我，因为我在上次治疗中拒绝了她的依赖需求。我让她解释阉割的确切意思，她不知所措，最后承认她不太清楚，这是因为她的前一位分析师时常对她这样说。她不愿意问清楚这些话语的含义，因为她曾在之前的治疗中遭受过那位分析师的嘲笑，他说："如果你来了又不仔细听，这样白扔你的钱真可惜。"或者"如果我不满足你对我解答的依赖，也许你就会记住了"。

还有一种形式的移情性满足，是来源于分析师潜意识中希望成为病人的导师、良师益友或父母。这样的分析师通常乐于给予建议、高谈阔论，过度保证或乐善好施。

当分析师在意识或潜意识层面具有诱惑性时，将引发严重的复杂情况。这不仅会激起病人的乱伦渴望，还会同时引发巨大的负罪感或将分析师持久地理想化。当这些幻想最终破灭时，病人会产生强烈的愤怒和焦虑（Greenacre，1966b）。

总的来说，分析师必须保持警觉，不可满足病人幼儿期的本能愿望，因为这样会阻碍移情性神经症的形成。病人将会要么中断治疗，要么使治疗旷日持久，陷入僵局。

然而，如果将"节制原则"推向极致，将与工作联盟的建立产生冲突。尽管临床证据证明，产生退行性移情的先决条件是病人幼儿期的希望持续得不到满足，但过度的挫折同样会导致分析的中断或陷入僵局（Stone，1961；

Glover，1955；Fenichel，1941；Menninger，1958）。因此，基本的技术任务之一就是：协调这两种互相对立的矛盾（Greenson，1966）。这一点需要详加说明，因为这些对立的矛盾要求病人与分析师都必须具有不同寻常的能力。

我们须意识到：经典精神分析师处理咨访关系的方式既独特又非出于自然而然，与人们通常的人际交往截然不同。这种关系是单向的、不对等的，病人被要求感受和表达所有内心的情感、冲动和幻想，而分析师则相对保持匿名（Greenacre，1954；Stone，1961）。在分析的早期，病人会时常抗议这种不对等的情形。（如果没有抱怨，也要对此进行探究。）病人的抱怨首先必须被分析，但分析师不必否认这种关系的不对等性。我的看法是，病人有权利理解这种不对等。分析进程中不可避免地会出现痛苦的、不平等的、被贬低的体验。如果我们希望病人表现出独立自主和合作精神，就需要解释治疗的工作方法，对待病人应像对待成熟的个体，确保病人的权利与自尊。我已在3.5的临床案例中说明了这些观点。

最生动、最有说服力的是Z先生的案例（参见2.5.2、2.5.4、2.7.1、3.5.3和3.7.1）。这个年轻男子曾在另一个城市经历了几年相对没有成效的分析。其中，没有成效的部分原因是前任分析师的工作氛围。这个年轻男子在我这里进行第一次治疗时，掏出一根雪茄并且点上，我问他，当他决定抽烟时，是怎么想的？他回答道：从前一个分析师那儿知道分析时他不该抽烟，他猜我是否同样会禁止。我立即告诉他，我在此时此刻所想知道的是：他在决定点烟的那一刻心中的情感、想法和感觉。

在之后的治疗中，病人问我是否结婚了。我反问他对此有何想法，接着，我向他解释了我不回答此问题的原因和价值。这时，病人才告诉我，他问了他的前任分析师很多问题，但分析师从不回答，也未解释不回答的原因。

他认为分析师的沉默是一种贬低和羞辱，现在他意识到自己随后的沉默是一种报复。他也开始明白，他认同了自己猜想中前任分析师的蔑视。Z先生把前任分析师的矜持看作蔑视，同时把对自己性的蔑视投射到了分析师身上。治疗师确定何时向病人做出解释，将在第二卷中加以讨论。

分析师有必要与病人保持亲近，进而能对病人最私密的情感细节产生共情，但同时也要保持距离，以便能冷静地思考与理解。这是精神分析工作最具有难度的要求之一：要在暂时、部分共情性认同与客观、审视的评估者之间游刃有余。对分析师来说，对病人生活中的细枝末节都洞若观火，但这种身临其境不应发展成友情与亲昵。分析师介入病人的生活，对病人的亲密需要与痛苦产生相应情绪必须优先服从于理解病人的需要。如果病人察觉到分析师的同情或不恰当的情绪，将会视之为奖励或惩罚。这会干扰分析师的匿名与镜像原则，而分析师的匿名与镜像使之能向病人展示：治疗期间，病人的反应实际上是一种移情。然而，如果分析师缺乏对病人的同情，又怎么能期望病人能袒露自己情感生活中最私密、最脆弱的部分呢？

答案是复杂的。分析师对病人的治疗承诺是分析的基础。这不一定要溢于言表，病人的理性自我应该能感觉到。

分析师是治病救人的医者，不是冷峻的研究者或数据收集员。分析是一种治疗，分析的对象是活生生的人。为了达到共情，我们必须对病人正在经历的情感与冲动有某种程度的感同身受。我们运用共情搜集素材，但我们的反应必须有节有度。我们是在两种状态之间摇摆和平衡：我们是投入的共情者、清醒的观察者以及具有节制但富含同情的内省者。这需要精神分析治疗的艺术性与科学性完美结合。

通过保持匿名性和节制原则，分析师才能够促进移情反应的发展。然而，精神分析师同样也具有弱点和局限，要在长达数年的分析时段中，始终同时保持节制和同情是极其困难的。从精神分析技术角度来看，最重要的是分析师要能够意识到自己的弱点，他必须对自己可能犯错的情景保持高度警惕。如果出错，分析师必须能够意识到，并且在恰当的时机勇于承认。同时，对于病人对错误的反应进行彻底的分析。

承认错误的一种不良倾向是文过饰非，仅仅就事论事地承认错误。另一种危险是过度强调错误的成因，出于内疚，试图对病人做出补偿，而忽视了分析病人对错误的反应。如果错误重复出现，就表明：①分析师需要就同一原因进行分析；②有可能病人应该被转介（参见 3.10.4）。

促进病人移情的发展，同时促进工作联盟的形成，这是经典精神分析治疗最关键的核心。格里纳克曾说：精神分析应是殚精竭虑（1954）。分析师除了要对病人的言行保持高度敏锐外，同时应认真反思自己的举止，对自己保持诚实与谦逊。

总结一下：分析师应同时保持两种彼此对立的态度，他必须同时促进移情性神经症与工作联盟的形成与发展。为了促进移情的形式，他必须保持匿名性，并节制对病人神经症性愿望的满足。为了促进工作联盟的形成，他必须维护病人的权利，保持始终如一的治疗态度和人性化的行为，这些要求是必需的。在分析治疗中，治疗师的犯错在所难免，但必须被及时识别，并加以分析。

3.9.3 分析时机

1. 当移情成为阻抗时

对移情和阻抗的讨论使我们可以清楚地认识到：这两种现象是如此互为因果。某些移情导致了阻抗，某些移情本身即阻抗，某些移情是用来阻抗另一种移情的，或者某些阻抗是用来回避移情反应的。技术上的要点是：当任何一种移情对立于分析工作，当移情的主要功能表现为阻抗，或者虽然移情的主要目的不是阻抗，但阻抗表现显著时，移情必须被分析。

为了与工作联盟相协调，有必要对这一规则做些修正，即只有当理性自我、工作联盟存在的前提下，才能分析移情性阻抗。当移情性阻抗不够明显时，应首先使其明显到足以展示。换句话说，在分析之前，必须确保理性自我、工作联盟的存在足以识别移情性阻抗，对移情性阻抗的技术处理与之前对其他阻抗的处理一样。

通常，分析师的沉默会导致移情性阻抗渐趋明显。如果这样做效果不彰，那么，治疗师可使用面质促使病人意识到移情性阻抗，诸如"你好像害怕与我开诚布公地谈论这样的事"或者"你好像在回避对我的某些情感"等。

如果上述两种方法还不足矣，分析师可以提问病人努力回避的相关问题，来增强移情性阻抗。

> 例如，一位年轻的女性病人在经过几个月的分析后，在一次治疗开始不久，指出我当天早晨看起来不太一样。"我甚至可以说有点被你吸引了。"停顿了一会儿，她说她"猜"她已对我产生了"正面的情感"。然后，她开始谈论一些琐碎的事。我指出了这个问题，并且提示她可能在回避什么。她一脸迷惘，半信半疑。过了一会儿，我们回到她开始想逃离时的话题：她"猜"她对我有"正面的情感"。我请她就此做些澄清：她所说的对我的"正面的情感"指的是什么。这时，病人缄口不语，在沙发上扭动，双脚交叉，双手紧扣。我能看到她的脸颊泛红。然后，她结巴地说："你知道的，正面的情感，你知道的，我不恨你，我猜，我有那么点儿喜欢你，类似于……你知道的……"现在，移情性阻抗变得显而易见了。我继续追问为何她做解释会如此困难，这样，她对被嘲笑的担心就浮现了出来。接着，在确信不会受到嘲笑之后，她开始具体地描述被我吸引的情感。

让阻抗变得明显远远没有这么简单。我们还要根据阻抗的强弱，决定"何时解释"来体现阻抗。通常，解释或证实较强的阻抗心理事件要比证实较弱的心理事件容易得多。一个心理现象的强度越高，当被面质时，病人就越容易确信。因此，分析师通常会等到移情性阻抗达到无可否认的强度，确保病人能识别。关于强度的适宜水平问题，将在3.9.3中做进一步的讨论。

哪种类型的移情最容易产生阻抗呢？不能一概而论，因为所有性质和强度的移情都可能产生重要的阻抗。然而，我们可以归纳出几个有帮助的要点。自我协调性的移情容易产生阻抗，因为病人移情的自我协调性会阻碍他的自我分裂出观察自我。简而言之，病人产生的自认为合情合理的情感使他无法与治疗师形成工作联盟。病人会对这些移情反应防御、合理化或否认，这种状况特别容易出现于长期、隐晦的移情反应中。K 女士（参见 1.2.4、2.6.5、2.7.1、3.2.5、3.4.2、3.8.1 和 3.8.4）的案例就出现了这种情况。

K 女士在好几年时间里对我保持着理想化的印象，她认为我是一个完美的人。对于分析治疗带来的痛苦与剥夺，她归咎于：这是一门科学本身带来的结果。她感觉我只是不情愿地忠实执行严厉而苛刻的治疗形式。当我试图证明这种防御性分裂是一种移情时，她耐心地听着，但根本不相信。甚至，她进一步证明了我的谦逊。对于我偶尔的失误，她视之为我的诚实与直率。病人拒绝将这些执着的情感看作移情性阻抗，尽管她的梦与口误都清晰地显示出潜在的愤怒与仇恨。她最多只是在口头上承认，理智上认为应该同意我的观点，但她在内心无法感觉到任何对我的敌意。分析了很久，当她对同性恋的恐惧降低之后，以及开始能够与丈夫分享性生活的乐趣时，她才开始感受到对我有某种深层的仇恨。只有到那时，通过认识她对我的敌意，我们才建立起有效的工作联盟。

任何强烈情感的移情反应都会产生阻抗。处于强烈的爱恨之中的病人，会将之发泄朝向分析师，而对分析和获得内省缺乏动力。只要这些情感是强烈的或自我协调性的，病人就会寻求释放与宣泄。只有当这种移情的强度减弱到一定程度，或产生自我不协调时，病人才会有分析和理解的愿望。有时，强烈的情感如果并没有危害工作联盟，那么作为移情反应的强烈的爱与恨也可以对治疗富有成效。

与爱和正性移情相比，敌意、攻击性、负性移情更容易产生阻抗，从而干扰工作联盟。性冲动或浪漫的情感与友谊或其他非性化的爱相比，更容易激起阻抗。性前期的冲动比相对成熟期的冲动会产生更强烈的阻抗。受虐倾向是最大的阻抗来源，对男性受虐者来说，最容易引起阻抗的是被动的同性恋倾向和对母亲原始的仇恨；对女性来说，是阴茎嫉妒和对母亲原始的爱。

回到技术上的问题：何时需要对移情反应进行干预？答案是：当移情产生了阻抗时。我们应首先确定病人的理性自我和治疗的工作联盟是否存在，无论移情的强度与性质如何，只要有明显的阻抗指征，只要分析工作没有成效，陷入僵局或缺乏相应的情感，就应进行干预。

2. 当移情达到最佳强度时

在考虑何时对移情进行干预时，另一个有益的原则是：让移情反应的强度达到最佳水平。当然，我们必须清楚"最佳强度"指的是什么，这并不是指某种固定的强度，而是取决于某个时刻病人的自我强度和分析师所要探索的内容所需要的病人的自我强度。从本质上说，我们要评估病人自我的承受能力。我们希望体验移情给病人带来情感上的领悟，但不希望病人对这种体验不堪重负；我们希望有冲击力，但不希望有创伤。

通常，分析师让病人的移情情感自由发展，自然增加强度，除非某种阻抗阻碍了这些情感的自然发展，否则分析师将一直等待，直到移情的强度使病人能感觉到这种情感的真实和生动性。这种体验也显示出治疗过程中咨访关系的不对等性，我们应确信病人情感强度的适合性。移情反应强度较低会导致否认、隔离、理智化或其他的防御性阻抗，而强度过高会导致创伤状态、恐慌反应，以及随后的退行和回避。最佳强度会使病人意识到移情反应的真实性和反应的意义，只有这样，病人才愿意对移情体验进行分析性工作。

例如，在一位女性病人分析的早期，她开玩笑地提出了一个问题，"我应该在何时爱上你"。她的提问本身表明了某种轻微的正性移情已经存在，但尚欠生动与真实。如果此时我向她指出某种情感的存在，她多半可能否认，或半真半假地承认，然后玩笑式地自由联想。

缺乏经验的治疗师过早地向病人解释正性移情，常会发生类似情况。在这个案例中，我没有做解释，只是问她，这个想法从哪儿来。她说她从一个接受过分析的朋友那里知道会发生这样的事情。然后我说，没有任何规定限制病人要对分析师产生什么样的感情，她所要做的就是让自己的情感以本来的样子浮现出来，这样我们才能试图理解她独特的、个性化的情感。在这次治疗之后，我能体验到病人对我的正性移情的增长。她似乎更在意她的外表。她进入和离开治疗室时，留恋的眼神似乎更有风情了。她的评论中也时常夹杂着轻微的调情。因为我确信这种情感的强度将会增强，而且到目前为止病人的参与治疗工作还算不错，所以我并没有着手对这种移情进行分析。

几天以后，病人说她似乎对工作、家庭和丈夫的兴趣减弱了，成天想着她的"分析"，甚至在性交时，她也会想着她的"分析"。这时，我感到病人移情情感的强度已足够真实生动了，对它们的分析将会具有治疗意义。因此，我干预道："我感觉你对我的情感已经干扰到了你的日常生活，影响到了你生活的各个方面，甚至你的性生活。"我鼓励她与我讨论，因为这很重要。病人开始认真严肃地工作，她很好奇对我的爱是如何变得如此强烈的。她轻率的、游戏式的态度消失了，她更为认真严肃地开始工作。

重要的是，我们要认识到：病人对移情情感的承受能力会随着移情情绪的波动和工作联盟的牢固程度而有所不同。病人在分析早期承受移情情感的能力较弱。一般来说，当一种特定的情感首次出现在移情之中时，病人对此的承受能力相对较弱；当这种情感逐渐形成阻抗或病人逐渐退行时，承受能力逐渐增强。在分析早期，非常有必要对病人的承受能力和承受强度做出评估。一方面，过早地干预将剥夺情感对病人的冲击力，使得揭示移情变为一种智力游戏；另一方面，太晚的干预会让病人过分承受情感的冲击，导致退行。为了评估病人的自我力量，判断干预的时机，分析师必须设身处地为病人着想。对于分析中首次出现的某些移情反应，我们会尽早干预，特定的情感集团在移情中出现得越频繁，就越应该让其强度进一步加强。阻抗现象显而易见时，理应干预；而阻抗并不明显时，切忌冒进。

移情的性质可作为病人承受情感强度的指征。一般来说，移情反应越接近童年早期，越应尽早干预。某些敌对和同性恋性移情也需要尽早干预。

病人自我功能的状态和防御方式也可作为病人承受情感强度的指标。突然出现了新的移情情感，并且激起了病人的焦虑和羞耻，这种情况须优先干预。当病人的自我因外界刺激而削弱时，更有可能被强烈的移情情感所影响。比如，病中的孩子更易被内心的内疚与潜意识的敌意所击垮。

另一个有关判断移情的最佳强度的问题是：在下次治疗时间到达之前，病人需忍受多长时间的移情情绪？换句话说，最佳强度同样有赖于访谈频率和访谈的间隔。相比于病人第二天就会接受分析的情况而言，当遇到假期或是周末时，须早做干预，并提前处理那些过于强烈的移情反应。对于一周五次的分析治疗来说，可以允许移情反应强烈一点，这有利于追溯童年早期神经症相关的重要事件。如果访谈频率是一周三次或间隔更长，那么病人对强烈的移情反应带来的痛苦可能超载，具有创伤性。这时，他们会有意无意地回避形成如此强烈的情感。结果，他们的移情性神经症永远没法达到预期的强度，童年早期的某些方面也将永远无法触及。

3. 几点建议

有时，向病人指出移情的蛛丝马迹，对病人来说可能具有非同寻常的意义。当我们沿着某种强度的移情反应顺藤摸瓜时，会觉察到另一种相反的移情存在的迹象。例如，病人表现出强烈的正性移情时，我们可以听出弦外之音中的敌意。爱的移情可以用来阻碍潜在的、敌意的被发现，此时，正性移情具有阻抗的功能。当然，出现这种状况并不一定是出于阻抗的目的，可以只是某种至今为止我们不知道的矛盾情感的早期呈现。在这种情况下，正确的方法是向病人指出这种敌意的矛盾迹象。这种指出也有赖于工作联盟的状态，病人是否愿意识别此类矛盾情感，以及是否准备探究它的缘由。如果面质只会导致否认与拒绝，说明工作联盟并不牢固，那么我们最好还是等待时机，加大移情强度，或等待阻抗变得进一步明显。

有时，我们也会向病人指出他长期缺乏某种特定的移情反应。如果这种情感的缺乏显而易见，那么病人也会获得有意义的情感体验。显然，移情性阻抗在发挥作用。在分析时，重要的是要把握时机，克制过早干预的冲动，以使得面质对病人具有足够的冲击力，并带来新的认识。过早的解释总会增强阻抗，并使分析工作演变成智力竞赛。

有时，最佳情感强度的移情情感并不是适度的移情情感，而是一种极端强烈的情感。这常发生在整个分析治疗临近尾声时，当病人已在治疗中多次体验过中度的移情反应，但从未体验过来源于童年早期神经症最活跃时的极度强烈的情感反应时，就会出现这种情况。分析帅必须判断是否有必要提高移情反应的强度（甚至到难以承受的地步），以使病人能感受到童年期的强烈情感。这时应该鼓励病人自由地表达，这些童年早期的情感才能够进入分析的舞台。为了让这些能发生，适度的退行是必要的，而强烈的情感爆发常常会导致退行。在良好的工作联盟基础上，这种退行是暂时的，而且是有治疗价值的。

例如，一位经过 5 年分析的女性病人，在一次治疗的开始，描述了在上一次治疗结束离开时是如何焦虑烦躁。因为当时我给了她一个解释：她正在努力隐藏她的阴茎嫉妒，她当时害怕向我承认这个话题令她不安。回到家里后，她既愤怒又兴奋，整晚无法安眠。她带着一种害怕与热望的混杂情感等待此次治疗。她很害怕在分析中做自由联想，她觉得像要失去控制。她害怕自己会尖叫，甚至会从沙发上站起来，对我做某些事。

我的沉默没有如往常那样使她平静下来。当她的焦虑烦躁愈演愈烈时，我觉得有必要对她说，她可以放松对自己的控制，让事情自然发生，因为我不会让任何可怕的结果发生在她身上。病人扭动着身体，双手绞在一起，出汗。她开始对我大喊："我恨你，我恨你。都是你的错。我想要你的阴茎，给我，那是我的。"然后，她停了下来。她将双手放在阴部说："我突然很想小便，弄得到处都是尿，只为了向你证明我也可以像你一样……只为了向你证明我恨你、鄙视你……都是你的错……我想要你的阴茎，它真的属于我，是我的，我要得到它，拿来……求你把它给我，求你，求你，我请求你……"然后，病人开始歇斯底里地大哭。沉默了几分钟后，我向她解释了她刚才是如何通过我再次体验了至今一直被压抑的童年早期神经症的残碎，一种深埋在心中的童年早期的阴茎嫉妒。

4. 当干预可以提高领悟力时

到目前为止，至少有两种指征可以决定何时对移情情景进行干预：①当出现阻抗时；②当移情情感已经达到最佳强度时。这两种指征有时重叠出现，有时单独出现。还有第三种指征，即干预可增加病人对移情情景的新的领悟。有时分析移情性阻抗或当移情达到最佳强度时，新的领悟就可能自然显现。然而，当阻抗或移情强度不是决定性的因素时，需要通过干预才能获得对移情的认识和理解。此处特指那些对分析师意义明确，而对病人意义模糊的移情情景，如果此时施以干预，促成病人新的领悟，病人就会彻悟其中的意义。

对移情现象的澄清和解释类似于对其他素材的澄清和解释，我们将在 3.9.4 中系统地讨论移情的解释。就目前而言，讨论仅限于：如何才能对移情情景增加新的有意义的领悟？需要考虑两个基本因素：一是工作联盟的状态；二是将要被澄清或解释的素材的明晰程度。病人理性自我的状态取决于阻抗的性质和强度，这一点我们之前已经讨论过。而要分析的移情素材的清晰度取决于多种因素，其中最重要的一个因素就是针对分析师的情感或冲动的强度和复杂程度。这一点我们也已经讨论过了。

K 女士（参见 1.2.4、2.6.51、2.7.1、3.2.5、3.4.2、3.8.1、3.8.4 和 3.9.3）的案例就很好地说明了这个问题。在分析初期，她就具有一定的理性自我和工作联盟。就自己对于我的性和浪漫的移情情感，她认真分析且富有成效。她确实有过强烈的阻抗，也确实将部分情感付诸行动，但从未危及她的日常生活或影响分析治疗。她对于我的原始的敌意很难触及，这对分析来说隐伏着巨大的威胁。曾有一个阶段，她几次出现意外事故的倾向，险些就要发生交通事故。她从未打算中断治疗，直到分析治疗的第五年，她对我的口欲期施虐性敌意浮现出来。这时，她对我和所有男性深藏着的敌意逐渐明朗，同时伴随着她对母亲强烈的口欲期施虐冲动和同性恋倾向，这使治疗工作变得十分复杂，工作联盟变得十分脆弱。

幸运的是，之前的治疗进展使她能够取得并保持相对稳定和满意的与异性的交往。另外，她与幼小的女儿的关系也相对和睦，富有成效。这两个因素加上过去工作联盟的基础，支撑着她与我共同工作，使她能够修通这些负性移情。

在这一点上，我想简要描述那些能带来新领悟的移情素材的其他特征。例如，病人素材的激情、矛盾、重复、相似、象征以及主要联想。上述这些是赋予移情新的意义的重要线索。下面，我举例说明。

(1) 激情

当移情包含了强烈情感时，是解释移情的重要时机。当我们倾听病人的叙述时，我们必须同时判断：哪个对象或哪种情景中病人应该会倾注大量情感，我们时刻都应对伴有强烈情感的移情加以关注。分析情景之中的情感比梦境中的情感更加可靠。或者本来应该有的情感的缺失，也表明强烈情感的存在。而情感的不合时宜，也常常是异曲同工。

例如，病人用了大部分的治疗时间来谈论工作以及他对失业的害怕，尽管他工作努力，但老板似乎对他挺冷淡。他不知道原因，但觉得已经竭尽全力。他也担忧婚姻，自己是个好丈夫、好父亲吗？妻子会移情别恋吗？接着，他继续说自己接受精神分析治疗是如何幸运。这会消除他的压抑和不安全感，他不想总是不必要地担忧。在治疗结束时，他提到前一天午餐时偶遇一位老朋友，交谈热烈。他告诉朋友他正在接受格林森的治疗，朋友说他曾听说如果病人不合作，格林森常常会抛弃他们。但是他不相信，毕竟，如果病人在分析中不努力，那也是因为阻抗，应该对此加以分析。分析师不可以因此惩罚病人，把他们踢走。（沉默）

我能觉察到这次治疗中病人语气的变化。起初，他听上去有那么一点抑郁和烦躁，尽管只是有一点。当他谈到朋友和格林森时，声调升高，几乎有些诙谐的味道，但给人做作的感觉。我能看到他额头冒汗。当他沉默时，双手在裤子上擦拭，好像在擦干。很清楚，此时此刻他最害怕的不是失去工作或妻子，而是我，他的分析师。我将这点向他说明。他即回忆起当他听到分析师会抛弃病人时，很是吃惊。他从未经历过这种事。他努力想将这个荒谬的想法排出脑海。他停下来，充满忧虑地问道："这是真的吗？分析师真的会让病人离开吗？"

我问他，他对此是怎么想的？他沉默了一会儿，然后自由联想到一片田园风光，无边的草地，宁静祥和，但在远处天边有翻滚的乌云。这让他想到英国画家特纳，他的画第一眼看上去总是那么平静祥和，但仔细琢磨会发现有些不祥之兆。此时，我干预道："格林森会'抛弃'病人，这听起来是如此荒谬，但你仔细琢磨，发现这个想法挺让人害怕的。"

（2）矛盾

一年多以来，一位女性病人一直对我有一种强烈的、正性的父性移情，带着俄狄浦斯期和性器期的特点。在这期间，女儿对母亲充满敌意、嫉妒和厌恶。在治疗中，她开始不恰当地将丈夫与我做比较。她丈夫似乎显得粗鲁、迟钝，甚至对她有些无情，而我则对她很温柔、体贴和关心。除此之外，她还感觉我很勇敢，富有想象力。她仰慕并渴望与温柔而有男子气的男人相伴。她的情感更多的是爱而不是性欲，更多的是想朝夕相处而不只是性行为。她希望得到的爱是完整的、无处不在的、能置身其中的。她向往男人只是激情地抱着她，爱抚她，使她陶醉在他的温情之中。此时，我解释道，尽管她好像声称喜欢有男子气的男人，但从对我的渴望可以看出，她更希望得到某些母性气质与温暖。这个干预让她开始意识到对我的性前期的冲动，类似于她曾对母亲的期望。

（3）重复

在一次治疗中，有位病人抱怨现在找到合适的家庭医生是如何难，似乎那些家庭医生总是很忙，不再像以前那样关心病人了。然后他继续谈到美国悲惨的教育现状，很少有人愿意当老师，人们只想着赚钱等。然后，病人开始谈论他的父亲，尽管父母仍保持着婚姻，但父亲对母亲的不忠是显而易见的，而且父亲装出一副道貌岸然的虚伪样子。然后，病人开始沉默。我干预并问他："你害怕在我身上发生什么？"在经过一些无力的辩解之后，病人承认害怕在分析之外听到别人议论我，担心听到某些让他幻想破灭的事情。

（4）相似

在一次治疗中，一位很温顺的病人描述了他如何对一位朋友发脾气。他们一起开着车差不多快一个小时，病人想让他的朋友说点什么来打发时间，但他的朋友持续沉默，只是咕噜了几句，就是不愿挑起话题。多么自私，多么冷漠，多么不近人情啊！他诉说着，余怒未息。当他安静下来后，我指出我也花了几乎一个小时的时间陪他，也很少说话，除了偶尔会咕噜几句。病人先是不好意思地笑了出来，然后陷入沉默。在停顿了一会儿之后，他无可奈何地说道："好吧，你说中了。"他讪笑着补充道："一起待了快一个小时，没有交谈，只是咕噜几句，就是不愿挑起话题。是的，你真是说中了。"然后我回应道："你能够对你朋友发火，但似乎不能为同样的事情对我生气？"这时，病人停止了讪笑，严肃地开始了工作。

（5）象征

一位病人梦到正在书店里挑旧书，他挑了一本棕色皮质封皮的书，但分不清前后。他打开了那本书，从里面跳出一只绿色小甲虫。他想用报纸打死它，但它一直在跳动。这吓醒了他。病人联想到了卡夫卡的《变形记》，而他，病人，就是那只甲虫，因为分析治疗让他成了令人讨厌的生物。在治疗之前，他的生活似乎简单得多，但如今他反而忧心忡忡。做治疗之前，他只知道自己很难与女性相爱。经过治疗，他首先发现自己依恋母亲，后来发现也依恋父亲。近来，他发现自己性欲下降，也许是害怕将性话题带入分析中。书的封皮就像我桌上的皮垫，颜色像我治疗预约本的颜色。他不害怕虫子，除了在晚上，当他看不见虫子，但能感觉到虫子的存在时。有时晚上躺在床上读书，能感到蛾子扇动翅膀拍打他的脸，这既让人害怕又让人感觉愉快，给他某种东西在他身上突然颤动的感觉，这是一种惊奇的感觉，就像一阵兴奋的激动。然而，这也令人害怕，因为他不知道这种感觉来自何处。颤抖有点像射精或性高潮时的感觉。不知道书的前后让他想到犹太人读书都是从后面开始读的，我刚好是一名犹太裔分析师，而他的前任分析师是非犹太人。

这些片段通过象征和自由联想揭示了病人的同性恋移情。在他先前的许多梦境中，"绿色"被证明是指"格林森医生"（英语中绿色 Green 与医生的姓 Greenson，在拼写上部分重叠）。我向他指出：他好像想要打死他对格林森医生"颤抖"的性感觉，因为这是令人害怕的东西，它从"后面"而来。他对此联想道：当我在沙发后面说话时，他常会感到一种兴奋的颤动。

（6）主要联想

有时，判断是否要解释，解释哪部分移情，是由突破性的联想所决定的。这样的联想比其他联想更为重要，其价值甚至超出所有联想的总和，因为这种联想似乎导致并开启了治疗的新领域。这种突破性联想比起其他联想更为自发、更为出人意料。有时，病人的这种联想与治疗师的联想不谋而合，这时这个联想就显得格外重要。

有位病人只能回忆起梦境的一个片段，她知道梦的内容与她乳房上有个肿块有关。在自由联想中，她谈到了她的几个患有肿瘤的朋友，谈到了她对癌症的恐惧，以及感觉癌细胞在体内四处扩散等。这让她回想起父母对她的虐待、她的仇恨、她对好父母的渴望、对不讲信誉的恐惧等。我一边倾听，一边考虑：谁会是她乳房上的肿瘤？仇恨他人的和招人恨的母亲？父亲？还是我？然后病人开始谈论当她来月经时，乳房会胀大变软。我的联想一下子跳到她对怀孕的矛盾心理上来。这时，病人说饿了，想吃些甜的东西。她玩笑式地说她猜我这儿不会有巧克力蛋糕。

最后一个突然感觉饥饿和想吃甜食的联想与她梦中的乳房肿瘤有关，有关怀孕的联想使得我问她："你有没有想过将来会怀孕？"她回答道：她三岁的女儿曾问过她，妇女是不是真的用乳房怀孩子的？妈妈，你为什么不再生一个呢？这个问题使病人倍感抑郁，因为她的婚姻正在恶化，她觉得自己再也不会怀孕了。这还让她想起了在婚后不久，她曾流过产，这太令人遗憾了，不然她的女儿就不会是个独生女了。然后，她半开玩笑地说道："如果能和你在一起，我会再要一个的。但我知道我只能听你说话，当你去度假时，我只能挥手道别，想到不可能拥有你真让人伤感。这让我回想起，上次去医生那儿做体检，当他用手检查我的乳房肿块时，我真希望那医生是你。"

我回答道，我想她的乳房肿块是她未被解决的对我的渴望与怨恨。她大笑道："我希望这有可能治疗。你可能猜对了。我忘了说了，肿块在我的左边乳房上，就在心脏的上方。"

这个案例中关键的联想是：病人突然想吃甜食，象征着对喜爱的渴望。

上述临床素材展示了分析师如何干预，如何唤起新的领悟。在上述移情情景中，如果素材相对明显，病人的理性自我和工作联盟也适合获得新的领悟，分析师就应抓住机遇进行干预以增加新的领悟。

3.9.4 分析移情的技术步骤

到目前为止，在有关处理移情的讨论中，着重讨论了两个因素：为何以及何时分析移情。现在，我们进入技术问题的核心：如何分析移情。本节将主要讨论分析移情所要求的技术手段及其运用次序。这些步骤是必不可少的，但其中有些步骤病人会自发地完成。

下面，我将概述我所认为的、理想的、简要的技术步骤。当然，每一个步骤都将激起新的阻抗，每一个阻抗都需要先被处理，因此技术步骤的理想次序会被打乱。又或者每个技术手段也会拓展治疗的新主题，占用主要的时间，使得移情因素不再是治疗的重点。然而，尽管临床实践中情况千变万化，但这个简要的技术步骤仍然可以起到规范与指南的作用。

分析移情现象具有一些基本步骤，这是分析任何心理现象所必需的，移情心理现象必须被展示、澄清、解释和修通。当然，除了这些基本的技术程序外，一些特殊的移情现象还需一些额外的技术步骤。以下是分析移情的一般技术步骤。

1. 展示移情

在对移情进行进一步的探究之前，有必要让病人了解他对分析师某个确实的反应将作为讨论的内容。也许这个反应已足够明显，无须多此一举，他已能意识到这一点。多数情况下，病人很难觉察自己的移情情感。对于分析移情来说，将移情反应展示并让病人识别，是必不可少的第一步。如果病人对将要探究的移情反应一无所知，就必须加以展示。以下是几种有帮助的展示技术。

（1）沉默和耐心

如果分析师能耐心地等待移情反应逐渐增加强度，那么病人常常会自动地识别移情反应的存在。分析师只要持续地让病人自由联想，不加干预，移情强度就会自然提升。分析中常会出现这样的情况：病人自己意识到了他的移情反应，此时分析师的展示是多余的。当移情情感足够强烈，或病人熟能生巧，或病人消极工作，享受被动满足时，移情反应常常昭然若揭。另外，分析师的沉默和耐心同样会使得有意义的阻抗凸显，如果分析师急功近利，治疗则欲速不达。

不同分析师的分析风格悬殊，在如何使用沉默和耐心方面表现得尤为明显。在经典精神分析治疗框架内，各个治疗师也风格迥异。但是，每位分析师都必须能够娴熟地使用沉默或者积极干预，二者兼而有之。分析师必须知道每种技术手段的适用范围和适用时间。过度沉默或过分积极都很难使精神分析奏效。经典的精神分析要求分析师掌握使用语言与沉默的分寸。有关解释的度、时机和策略将在第二卷中详加讨论。

（2）面质

如果足够耐心地等待，移情反应就会变得触手可及，即对病人来说足够鲜明生动，此时，如果没有明显的阻抗，那么分析师应试图就此移情反应与病人面质，例如，你看上去似乎对我有愤怒/怨恨，或亲切/爱意等。此时，使用的语言必须简洁明了，词必达意，之前曾多次强调过这一点。

我喜欢使用生动、普通的语言，避免模棱两可和模糊。我会直接用"愤怒""仇恨""亲切""爱慕""性欲"等词来试图精准捷达，力图避免粗鲁庸俗。我一般用"你似乎""你看上去有点"作为开头，因为我并不总是确定，这样能避免武断和片面，并且也让病人能有回旋的余地。但当我确实相当有把握，并且我觉得病人应该直面我的观点时，我会说："我确信你的感觉是……"

有时，只要与病人面质其表达移情的方式，就能暂时地缓解阻抗。宽容的态度和鼓励的言语，能帮助病人认识到处心积虑地防御的不适当和不必要。面质常常是分析阻抗的第一步。之后才能进一步地澄清和解释。关键是：在分析阻抗的时序上，治疗师应审时度势地运用分析阻抗的不同步骤。

如果需要向病人展示某个特别的移情反应是一种移情性阻抗，我会根据事实向他指出，他似乎正在回避某些对我的情感。如果我对他所回避的情感判断得更为准确，我会直指这种情感。换句话说，我面质的内容既可以是阻抗，也可以包括导致阻抗的情感，并且常常从阻抗的形式入手。例如，"你看上去似乎对我的爱（恨或性欲）很纠结"，或者"你看上去似乎很难表达对我的爱意（恨或性欲）"等。请再次注意措辞与语气。另外，我总会加上短语"对我的"或"针对我的"，这样提醒病人注意这种感觉实际上是针对我个人，而不是针对泛泛的"分析师"或某个人群。

如果我不确定移情的性质，但确信治疗中的主要问题是移情，而且保持沉默也不恰当，这时我会询问病人"我觉得你有某种情感想对我表达"，或者"我感觉你的思想和感觉正影响着我"，或只是简单地问"你有什么想对我说的吗"，或"此时此刻，对我有何感想"。

（3）依据

只有当感觉有必要让病人明晰他的阻抗时，才有必要明示阻抗的依据。然后，应继续聚焦于分析阻抗，而不应纠缠于依据的细枝末节。为了避免病人将分析师神秘化，认为治疗师有超能力，也应用证据使病人信服自己的移情反应。治疗师应在分析开始时向病人说明分析性治疗的原理，以此防范对分析师魔幻般的幻想，促进工作联盟的建立。例如，可以对一位女性病人说："你对丈夫缺乏性欲，而对我有浪漫的感觉，这表明了你对我的性幻想。"

证据的使用对病人的智力是个挑战，这有助于培养和建立工作联盟；同时，这也可以是个不利因素，因为有可能会使病人高估智力的作用，从而削弱对移情现象的情感认知。分析师必须谨慎，仔细地辨识病人对阻抗证据的智力和情感反应。

不管任何时候向病人展示某种移情时，病人都会出现阻抗，或使某种阻抗更为明显。这时，要优先分析阻抗。在分析的早期，向病人指出负性移情时，特别容易引起阻抗。病人可能会抵赖或拒绝承认，而且倍感委屈。在分析师进一步展示移情之前，应先处理病人的委屈感。下面让我举例说明。

一位经过几个月分析治疗的年轻男子，在一次治疗开始时，谈起他研究生班上的一位教授，表现得极为愤怒。"他只管自己讲，也不考虑学生能否跟得上。他好像在对空气讲课，不是对我们。多么糟糕的老师！我下学期不想再见到他。我非常讨厌他的治疗，我的意思是，教课。"（停顿）"我猜你能理解。"

病人继续谈论着，但我把他拉回到刚才的口误，问道："你是不是在逃避你对我的愤怒？你的口误显示了你的愤怒，而且你想躲避。"病人想了一会儿，答道："我猜你是对的。我猜你是对的。我知道你已尽力而为，但那个教授是极蠢的家伙，不应该让他教书。课上了一半我就想离开，但我怕对不起他。我听说他的妻子自杀了。也许除了教书，他什么也没有了。但为什么我要感到对不起他？他是个有名的教授，一个自大的教授，他不会在乎我和任何其他学生的。"病人继续说着。

我又干预道："你是不是为我下周要去休假而生气？"病人突然愤怒地爆发："不！我没有生气！你总是怪我生气。你有权利休假。你努力工作，为什么不可以休息呢？为什么我要生气呢？听上去你像在背书本上的教条。每当分析师去度假时，他就会认为他的病人一定会生气。"最后他挖苦道："这令我发疯。"停顿。沉默。我说道："当我向你指出你在生气时,你甚至更生气了,但我感觉你真正的愤怒是因为我的离去。"

病人回答道:"也许吧。我一直在想,当你离开后,我会去开个房间,找个女人,让你的一切见鬼去吧。"我回应道:"是的,让抛弃你的我和这一切的工作都见鬼去吧。你不需要治疗中的那些关系,你可以找人亲近。"病人沉默了一会儿,然后说道:"是的,我不需要你。去度你的见鬼的假期吧。我好得很。"

这是一个相对简单的例子,说明了分析师是如何展示和澄清移情反应的。分析师必须中止常规进程,去处理突然明显的阻抗。病人的口误反映了他的愤怒,但他拒绝在意识层面接受它,而代之以感到对不起教授。接着,转到被抛弃感。我试图将其与我的休假联系起来,但被愤怒地拒绝了。我指出这种阻抗及其证据,最终,他承认了对休假的幻想以及对被抛弃的愤怒。我紧抓阻抗不放,直到激起病人的理性自我。

让病人有充裕的时间对干预做出反应同样很重要。在治疗中,只要有可能,我总会确认对于病人做出反应时间是否足够。这对任何干预都十分有效,对移情的解释和干预尤其如此。上述例子中,我并没有对他的第一反应立即给予回应,因为病人常常会冲动性地即刻对干预做出是或否的回答,但如果仔细聆听,你会发现这种第一反应既没深思熟虑,又词不达意,通常不过是习惯性的顺从或者习惯性的反抗。

许多时候,病人对移情面质会产生自相矛盾的反应,所有这些反应都应详加分析。然而,重要的是,给病人足够的时间对分析师的干预进行消化,做出确切的反应。这里,我想强调的是:病人处理面质时需要时间,甚至沉默。分析师不仅要关注他的反应性质,也要关注他的反应方式,即不仅关注病人说什么,还要关注他怎么说。如果我的面质是正确的,他会同意,不仅在口头上,而且在情感上也会接受,他还将会在我面质的基础上产生联想,补充某些细节或对我的面质做出进一步的理解。如果病人接受了面质,就能够进一步分析移情了。

许多时候，病人需要时间来沉思，探究面质的正确性以及产生相应的联想。如果我的干预是错误的，病人将不仅会口头否认，而且会出现阻抗和回避行为。有时，面质可能在内容上是对的，但是在时间上错了。此时，分析师须先处理阻抗。另外，同样有必要的是：分析师也要有充裕的时间来评估病人的反应，要对反应做出准确的判断并不总是那么容易，病人的反应意味着接受还是拒绝、深思熟虑还是逃避现实，或是所有这些的混合。

2. 澄清移情

一旦病人识别出自己的移情反应，分析师就应着手进行下一个技术步骤：澄清，即希望病人能聚焦、突显、细化和描绘移情的全景。澄清有两种主要途径。

（1）追根溯源

对移情反应进行分析的最终目标是解释这一现象的起源。获取线索的最有成效的媒介是移情反应的隐秘细节，这些细节可以引导我们追溯移情反应的潜意识源头。这些细节也会引发病人的情感、冲动和幻想。在治疗中，我们促使病人尽最大可能地去提炼、辨识、详尽阐明他的情感。同时，也要求病人叙述伴随这些情感可能出现的联想。下面让我举例说明。

病人 K 女士（参见 1.2.4、2.6.5、2.7.1、3.2.5、3.4.2、3.8.1、3.8.4、3.9.3 和 3.9.3）在她分析的第三个月，在经过了相当长时间的犹豫后告诉我，她发现自己对我有性冲动。这让她很尴尬，毕竟她是个已婚妇女。她知道我也已婚，况且我也根本不会在意她。（沉默）她还说这都是合理化，她只是太尴尬了，无法说出她的性冲动，这太丢脸了。（停顿，沉默，叹气）当她开车时，她会突然闪现我拥她在怀里的画面。当她读书或看电影时，她会想象我像其中的英雄人物或情人，同时，她是我的情人。晚上入睡前，她会想我，想呼唤我。病人继续这么说着，描述着不同场景中对我的性渴望，而我意识到她的叙述尽管范围宽广，但不够有深度和聚焦，同样感觉到尽管她尴尬和胆怯，但仍维持着良好的工作联盟。因此我向她指出:"你似乎对我充满了性的渴望,一再地出现,但似乎你没有确切地描述你和我究竟发生了什么,请试试看。"

病人道:"我想让你把我紧搂在你的臂膀里,紧紧的,以至于我无法呼吸,抱起我把我扔到床上。然后,我们做爱。"(长久的停顿)我问道:"'做爱'指的是什么?""我指的是,"病人回答道:"撕破我的睡袍,狂吻我的唇,如此用力,弄痛了我,让我无法呼吸。强迫我分开双腿,并且将你的阴茎猛插入我的里面。它很大,它会伤害我,我喜欢它。(停顿)当我这样说时,我会想到一个有趣的细节,你的脸没刮,胡子扎痛了我。奇怪,你似乎总是刮得很干净。"

当病人描述性幻想细节时,我注意到:有两处提到"无法呼吸",受虐愿望,被抱起来扔到床上,巨大的阴茎。我回想起她在 6 岁时曾有过几次哮喘发作,当时她的母亲嫁给了一位有点施虐的继父。对这个移情幻想的解释似乎变得清楚了:我是这个施虐的继父,满足着她的有受虐倾向的、内疚的、俄狄浦斯期的愿望。我可以自己做出解释,但我希望让她来发现,因此我问她:"当你是个小女孩时,谁会常用他的胡子扎你?"病人此时完全是在喊:"我的继父!我的继父!他常爱用胡子扎我来戏弄我,他会抓起我,挤捏我,把我扔到空中,我几乎不能呼吸。但我想我喜欢这样。"

回到澄清的技术。当我感觉到病人尚未形成完整移情画面,而且我想尝试让她继续补充时,我就此向她面质。同时,我告诉她我能理解这对她有多难,但我希望她能更为准确细致地描述细节。我的提问直接、开放,但不强求,却很坚定。当她说"做爱"时,我以同样的方式请她解释"做爱"指的是什么。我的语言和语调既不冒犯,也不羞怯。

一位病人告诉我,她曾想过要"亲吻"我的"性器官"。我在恰当的时候请她解释:亲我的阴茎是什么意思?我发现她的回答模棱两可,试图逃避。我的提问表明我想了解私密的细节，可以用现实的口吻进行讨论。既不粗俗也不遮掩，我的谈话方式向她展示了这一点。通过将她的"性器官"翻译为"阴茎"，我提示了讨论细节应有的态度，而"亲吻"，应该轮到她自己来翻译了。

一位男性病人告诉我，他对我有"口交"的幻想。我告诉他我不理解他所说的"口交"的意思，请他解释。当他支支吾吾时，我指出他似乎很难谈论用嘴对阴茎做某些性事。通过这样的方式，我不仅指出了他的移情性阻抗，也表明了我多希望他能用具体的、日常化的、生动的语言来谈论这些素材。

在处理攻击性情感时，这种方法同样有效。一个病人告诉我他对我有敌意，我的回应是：我不理解敌意这个词，它抽象乏味、定义不明。他到底指的是什么？如果我也感觉到这种冲动或情绪，我会尽可能用精确的语言来描述。我会告诉我的病人，你今天似乎有点抱怨我或讨厌我，请和我谈一谈，在谈吐中让情感随着描述浮现出来。我帮助他们区别生气（anger）、愤怒（rage）、仇恨（hatred）、怨恨（resentment）和恼怒（annoyance）的不同，因为每种情感有其不同的历史起源，来自病人过往经历的不同部分。我鼓励病人描述攻击的具体幻想、敌意的实际目标以及破坏性行为，因为这些同样是反映过去不同时段经历的线索。让我举例说明。

一位年轻男子 Z（参见 2.5.2、2.5.4、2.7.1、3.5.3、3.7.1 和 3.9.2），报告说他因缺席而我仍然收费而感到恼怒。我追问"恼怒"的意思，问他是否真的恼怒？他说：他"猜"自己不只是恼怒。此时，我保持沉默，他更加激烈地斥责我是个道貌岸然的伪君子，我只不过是个吝啬的生意人，他希望有一天能有勇气对这种"精神分析的胡言乱语"嗤之以鼻，这会是个不错的报复，他将对我以牙还牙。我问："我对你做了什么？"他答道："你让我在狗屎堆中爬着，从不让我抬头，一而再，再而三。你从不满足，不停地说，就像拉屎，永远不够。"可以看出，在他莫名的恼怒背后，存在着肛欲期施虐性的愤怒与童年期的羞辱感。

在之后的分析时间中，病人声称他本来就不想来，他憎恨分析以及和我在一起。当我问他："你今天有多恨我？"他回答道：十分仇恨，是一种冷酷的恨。他不想杀了我，那样太不文明了。他想把我砸烂，碾碎，捣成肉酱，混成血淋淋的黏液，然后他会"咕噜"地吞了我，就像儿时他妈妈要他吃的该死的燕麦片一样。然后，他把我像一坨臭烘烘的、难闻的屎一样拉出来。当我问他："那你会对这坨臭烘烘的、难闻的屎做些什么？"他回答道："我会将它碾成尘土，这样你就可以加入我那亲爱的、死去的母亲的行列了。"

现在，我们可以很清楚地看到，对攻击性、破坏性冲动细节的追问是如何追根溯源，为进一步的解释做准备的。一旦在分析过程中发现移情性冲动，我们就应该帮助病人澄清：本能冲动的性质、目的、性敏感区和客体对象。

除了攻击冲动，我们也以类似方式来处理其他情感，比如焦虑、抑郁、厌恶和嫉妒等。我们追寻情感的确切性质，试图聚焦、细分和详查情感的特定性质与强度。在澄清中，应该不懈地追问：病人确切的感受是什么，他的想象是什么。治疗师的态度是开放、直接、率真的，既不粗暴也不羞怯。治疗师是探索者，但必须保护而不是扼杀正在探索的内容。治疗师必须成为病人的榜样，教育病人最终有能力问自己相同的问题。

我认为有必要再次重复，在试图澄清时，任何阶段都有可能突然出现阻抗。如果阻抗明显并且确实阻碍了分析，那么必须暂停澄清，转而分析阻抗。不论需澄清的内容是如何具有吸引力，分析阻抗必须优先，否则，澄清唤起的内省对病人就毫无意义。治疗始终应以病人的整体性为目标，有效的治疗手段应以治疗目标为目的，而不能以拼凑有趣的素材为乐趣。

（2）追寻促发因素

澄清移情反应的另一个有价值的方法是：揭示分析师的哪个行为或哪个特征促发了移情反应的发生。病人常常会自发地意识到分析师的某种行为或人格特征激起了自己的某个特殊行为。在多数情况下，病人不仅没有意识到移情的促发点，而且还会对识别促发点充满阻抗。分析师的行为激起病人反应并不总是出于移情，有可能只是个恰当的回应。最后，分析师也应该意识到，分析师也常常会有意无意地阻碍病人和我们一起探索我们的哪种特质充当了移情的促发因素。

有些分析师坚持要对每个移情反应都追根溯源，找寻来自分析师的哪些人格或行为特征。这种做法也许太过自恋，或片面追求技术成效。分析促发因素的目的是澄清，以便能解释病人潜意识的过往经历对现今的影响。移情的促发因素有可能极有价值，但这只是一种通向终点的手段，而不是终点本身。在许多临床情景中，追溯移情的促发因素毫无必要，或者不是最有成效的方法。下面，我举几个例子说明。

一位女性病人在一次分析开始时，安静地躺在沙发上，一言不发，闭着眼睛，似乎很平静与满足。沉默了几分钟后，我说："可以了吗？"她微笑着，叹了口气，然后继续保持沉默，又过了很长时间。她呈现出来的宁静幸福给我留下了深刻的印象。通常她很健谈，当她沉默时，一般是由于紧张不安。我的思绪回到了上次的治疗，想从中找到她这种不同寻常的缘由。记得因为我的日程有变，所以这次她的治疗时间被安排在下午的晚些时候，而通常她是在上午接受治疗的。现在外面天黑了，治疗室的灯已打开。

病人继续沉默，我越来越被她平静中的愉悦所惊讶。大约20分钟后，我说道："这次的治疗似乎有点不一样。你正独自尽情享受着什么？"她以一种轻柔的、梦呓般的声音回答道："我正躺着品味这房间里的平静。这里是天堂。我呼吸着你雪茄的芳香，想象着你正坐在大椅子上，舒适而又若有所思地吐着烟圈。你的声音像咖啡和高档雪茄的味道，温暖而又令人振奋。我感觉被保护，安全，被照顾。就像在午夜时分，家里每个人都睡了，除了父亲和我。他在学习，我能闻到他的雪茄的味道，听到他在冲咖啡。我总是趴在他的书房，蜷曲在他身旁，尽量安静不打扰他，但他总是把我抱回床上。"

在之后的治疗中，病人自己意识到是治疗室的灯、雪茄的气味、我的沉默和我的声音激起了她对童年的回忆：渴望与有保护力的、充满爱意的父亲单独在一起。她让自己在躺椅上感觉那种愉悦，那是她童年的渴望和幻想，但当年却被剥夺了。

病人 Z 先生（参见 2.5.2、2.5.4、2.7.1、3.5.3、3.7.1、3.9.2 和 3.9.4），他的分析进入了某个阶段，他发现很难和我谈他的性幻想。他已接受了数年的分析，我们也修通过他的移情性阻抗的多个方面，但这次的阻抗好像有点不一样。在治疗中有太多肤浅的对话，缺少梦，多沉默。值得一提的是：他说我最近让他感觉有些不一样。我让他试着说说看我哪儿不一样了，他说不知道，无法描述，但最终他犹犹豫豫地告诉我，我有点令他反感。我直接地、坦率地答道："好的，我有点令你反感。试着尽量描述一下我哪些地方让你反感？"病人断断续续地开始说道："我看到你的嘴、你的唇，又厚又湿，嘴角还有唾液。我不想对你说这个，格林森医生，我只是随便说说。"我说："请继续。""你的嘴张开着，我想它一定有气味，我能看到你用舌头舔湿你的嘴唇。最近，当我想和你谈论性方面的事时，我看到这幅画面，就不知道该说啥了。现在我担心你对此的反应。（停顿）我似乎把你看成了一个淫荡好色的老头。（停顿）"

我说："现在，让你的思绪沿着这个有着又厚又湿嘴唇的、淫荡好色的老头继续联想下去。"病人说了一会儿，突然回想起在他青春期早期，当他在街头游荡、寻找妓女时，既感到兴奋，又有点害怕和尴尬。在一个黑乎乎的胡同里，有人找上了他，显然也是寻找性刺激。那人抚摸并吮吸他的阴茎。作为小男孩的他惊慌失措，在兴奋和恐惧中六神无主，顺从地让事情发生了。开始时，他都不确定对方是男是女，一切来得那么突然，那是条黑乎乎的胡同，他又那么软弱无力。但他确实记得对方的嘴，嘴唇又厚又湿，半张开着。他越想越肯定对方是个男的，一个同性恋妓男。（一年前病人报告过这个记忆片段，但没有任何细节。）

很明显，病人通过我重新体验了青春期早期的同性恋事件，激起事件再现的促发因素是我又厚又湿的嘴唇。我权且将自己当成一个有着又厚又湿嘴唇的、淫荡好色的老头，通过这种姿态，有助于他处理这个题材。而如果我对此羞羞答答，将增加他的焦虑，我的抱怨或者沉默都将被他视为一种指责。

分析师对促发因素的处理与其他素材一样。当病人告诉我她感觉到我有性吸引力时，我会问她，我身上的什么对她有性吸引力？如果病人告诉我她爱上了我，我会问她，她认为我哪点可爱？如果病人说我令人厌恶，我会问是什么令人厌恶？我小心翼翼地保持既不过分矜持也不过分主动，因为技术上的任何不得当都将会被病人认为我有某种程度的意乱情迷。我以一如既往的方式不懈地挖掘病人的移情反应细节，我尽量做到一视同仁地处理爱和性的移情反应，或不因病人的特征差异而改变风格。这样做并不容易，也不总会成功。

以上描述表明分析师个人的人格特质和外貌、行为特征甚至治疗室的布置特点、语音、语调，以及分析师话语中的情感性质，都有可能激发移情反应。有些病人，会感觉到我的态度是在贬低他们，从而激起严重的愤怒－抑郁反应。病人的反应就像我的态度真是责备的、挖苦的、引诱的、施虐的、粗鲁的、轻率的等。对于每种情况，都有必要识别并澄清是我的哪些特征或行为促发了这种反应。如果病人的指责有任何确切的成分，就必须承认和纠正，但无论如何，病人的反应首先必须被分析，即澄清和解释。

从某种意义上说，所有的移情反应都是由分析情景所激起。分析情景有利于促进退行，激发病人遗忘了的对以往重要客体的情感。有时，澄清激发移情反应的因素既无必要，也无效果，分析移情现象就已足矣。而有时，揭示和分析促发因素被证明是相当有价值的。我再次强调它的重要性，是因为我在督导工作中经常发现许多分析师常常对此掉以轻心。

3. 解释移情

现在，我们要讨论解释移情了，解释是精神分析有别于其他的心理治疗方法的分水岭，也是分析治疗最终的目的和有着决定性意义的分析手段。分析治疗的其他技术都是解释的必要辅助手段，或者说其他的技术手段必须成为分析的对象，分析这些技术手段对病人的影响。

在精神分析的框架内，解释意味着将潜意识的内容意识化，最终目标是使病人在意识层面理解心理现象的意义。通过揭示移情的潜意识历史起源、演化过程、表达目的以及与其他心理现象的相互影响，我们来解释移情的意义。这不是一蹴而就的，而是一个持续往复的过程。通过展示和澄清，使得病人的自我能观察到前意识的心理情景，从而进一步识别和理解。这样，病人的自我需要分裂，其中的一部分能用来观察自身，而其他部分仍处于体验和感知之中。在解释时，要求病人能超越可观察的心理表象，赋予这些表象以意义与因果联系（E. Bibring，1954）。

展示和澄清是为解释做准备。为了使解释富有成效，展示和澄清应该不超过病人的理解能力和承受能力。解释是种假设，需要得到病人的验证，需要病人承受这种假设并积极工作，努力理解假设的合理性或不合理性（Waelder，1960）。澄清导致解释，解释也利于更进一步的澄清。通常情况下，当向病人澄清某个心理现象时，解释其潜意识的意义会水到渠成。

> 一位女性病人在分析治疗的第三年，开始出现一种阻抗，不愿来诊，她感觉我身上有某种不祥的东西。我说服病人澄清这种不祥之兆。她开始犹豫地描绘出一个表面和善但实际对女人有敌意的男子的形象。她继续描绘一个看上去有男子气概、性情主动，但实际上女性化的、被动性格的男子形象。她形容道：他是如此缺乏主动，会让女人流血致死，仍无动于衷。当她说到"流血致死"时，突然急喘了口气说："噢，天呐，我知道那是谁了，那是我父亲！我把你和他搞混了。"病人回忆起在她4岁那年，她发现自己的阴道流血，吓坏了，

慌忙跑去告诉父亲。他反而轻松地说："没关系，会没事的，别放在心上。"基于许多复杂的原因，我的病人对此一直耿耿于怀。

在之前的分析过程中，这个事件多次被提及，但从未与父亲的不祥意图相联系。只有当她开始澄清对我的感觉时，她才感觉到这种出血后的不祥之感，并且自然地把它与父亲相联系。接着，病人进一步意识到她幻想和善被动的父亲隐藏着的施虐冲动。

如果对移情反应的展示和澄清并没有直接引导出解释，那么分析师有必要采取相应的技术步骤，直接朝向揭示移情反应的历史根源。

对移情反应的根源进行探索的最佳途径是：追溯任何形成这种移情反应的客体关系元素。通常，首先会挑选那些容易被病人的理性自我识别和理解的移情反应进行探索。因此，通常从较重要而明显的阻抗开始（参见2.7.1）。在解除了这样的阻抗之后，继续寻找对病人来说最为急迫的移情反应。

尽管方法有许多种，但探究移情根源有三种方法最有价值：①追问被卷入的情感、冲动和态度；②追溯产生移情的早年重要人物或原型；③探究移情性幻想。这三种技术常常彼此重叠。为了表述清楚，我将逐一描述。

(1) 追问被卷入的情感、冲动和态度

探究移情反应的潜意识来源时，追问被卷入的情感和冲动是十分有效的。我们通常会问病人："之前你曾有过这种感觉或冲动吗？"或者类似："如果你让自己的思绪随着这种感觉或冲动漂浮，脑海里会出现什么？"有时，我们并不明确提出上述问题，仅是默不作声，病人就会自发地联想，给出答案。在分析的早期，我们通常使用提问的方式，到后期，我们更多保持沉默，而病人更倾向于自己回答问题。我将用几个简单的例子来说明这一点。

案例一

X 教授（参见2.6.4、2.6.5 和 3.4.1）在分析早期承认他在回避某些联想，因为他害怕被我指责，他甚至能想象出我冷嘲热讽的样子，他无法忍受被贬的感受，他憎恨被羞辱的感觉。在沉默一段时间后，我问他："之前你遇到过这样的事吗？"病人回答道："我年轻时，母亲常这样对我。她狠狠地嘲笑我，通过取笑我的缺点而获得快乐。"他说了许多这样的情况。在那次治疗结束前，我解释道："所以你对我回避某些想法是因为害怕我会像你母亲一样让你痛苦。"病人停顿了一下后，承认："是的，我想是这样的，尽管这样想似乎有些蠢。"

案例二

同是这位病人，在一年后，有次治疗他迟到了几分钟，我想知道迟到意味着什么。他躺在沙发上，叹了口气，说最近的分析似乎对他是个负担。今天他犹豫是否要来，来后也没有愉快或期待。当我休假时，他自己挺开心，与妻子的性生活更自如了。自从我回来后，他的肛门痒痒和手淫的欲望又像以前一样了。他担心他父亲的健康，父亲写信说他自己有痔疮，他的父亲也总是担心病人的直肠，总是反复测量孩子的肛温。最近，病人在前戏时想将手指插进妻子的肛门。他没这么做，是因为知道自己做后会不得不告诉我这些，尽管他猜我会乐意听他说这些素材，但也许我根本不感兴趣，只是他的瞎猜而已。我向病人解释道：他似乎感觉我会像他父亲那样想知道他的肛门的情况。病人回答道：只要他做一些能有肛门快感的事情，就会想到我。他因此犹豫是否要再来治疗，因为自从我度假归来，他似乎有更多关于肛门快感的冲动，他为自己内心的同性恋倾向惶惶不已。

在第一个案例中，我必须向病人直接提问以追踪情感。在第二个案例中，病人自发地将肛门瘙痒、分析师的归来与他父亲对肛门的兴趣联想到了一起，就像他在默默地扪心自问我曾问过他的问题。

对移情态度的探索，与情感和冲动的探索方法类似，从而帮助我们弄清这些态度（被动、顺从、轻蔑等）隐含的历史，以及它们何时及如何重复出现在病人的生活中。对态度的揭示更为困难，因为这些态度经常是自我协调性的。

通常，在探索过程中，如果希望病人的联想具有意义，就有必要先将态度转变成自我不协调性的。

（2）追溯产生移情的早年重要人物或原型

与移情反应如何形成同样重要的是：判断移情反应所针对的对象。换句话说，我们试图回答：在以往经历中，是谁最初唤起了这种情感？这也是前一个主题在重点上的转换：你在何时对谁产生了如此的情绪/冲动？通常，这两个问题彼此交织，不可分割。然而，两个问题引导的方向不同，在不同的治疗时段有不同的意义。如果能成功地识别和解释某个移情反应，那么我们最终希望能够确认这种反应以前在何种情形下对何种客体是恰如其分的。

病人对分析师的移情反应总归是不恰当的，但在过去某时对某人是合适的。我们并不总是能够立即找到客体的原型，但我们确实希望能发现某些中间过渡性客体，最终将带领我们找到始作俑者。过渡性客体的出现没有固定的时间顺序。我的观点与费尼谢尔（1941）一致，他称之为"错误"，即不同的过渡性客体可以在时间上错误地先后出现。我不同意威廉·赖希（1928，1929）的观点，他强调要按相反的时序，从过渡性客体由近到远直至找到原始客体。病人可能会在一次治疗中从当前到过去不断往复。或者病人的情感会长时间地固着在某个过渡性客体上，然后才转移到另一个客体上。移情反应通常有着多个过渡性客体，为了完整揭示移情反应的强度与复杂性，必须逐个被分析。分析的技术问题之一是判断移情反应何时改变了来源。有时，移情反应来源的改变十分细微，但能直接提示引发移情的客体有了改变。

在 X 先生（参见 2.6.4、2.6.5 和 3.4.1 和 3.9.3）的案例中，他因为害怕我会羞辱他而回避了某些联想，我对此首先指出：他的反应就像对爱嘲讽他的母亲一样。这种嘲讽主要通过她的语言和嘲笑体现出来。而他对嘲讽的恐惧则与他害怕被某个人指责蔑视有关，这与他的姐姐有关系。同时，他对被羞辱的恐惧也伴有躯体反应。这个变化表明了害怕的客体对象正转向他的父亲。在另一些情景中，他面对我略显害羞，这来源于与老师、叔叔、婶婶和同学的交往经历。

简单来说，他害怕被治疗师羞辱的情感可追溯到以上众多来源或原型。这些来源促使他移情性地将我看作羞辱者，每一来源都创造、修饰、增加他的被羞辱幻想。我们不仅识别出了那些让他感到被羞辱的客体，而且追溯到了每个客体的变体和原型。一方面，母亲在他3岁时嘲讽他尿床是原型，在5岁时嘲笑他的生殖器，在14岁时笑话他缺少阴毛是雪上加霜。当母亲离世后，姐姐取代了母亲的位置，继续嘲笑他性能力不足，直到他17岁。另一方面，从他5岁一直到青春期，他的父亲总是嘲笑他对性的好奇。

"在过去，你还对谁有过这样的感觉？"这是在分析移情反应中最常见的提问。可以直接发问，也可以默默暗示，但是只要有重要的移情反应存在，分析师就应不懈地提出这类问题。毫不奇怪，所有的移情现象都源自早年重要人物以及经过后期相应重要客体的修饰与变形。

（3）探究移情性幻想

回顾以上案例，在探索如何解释移情的过程中，我们也在探究病人对于分析师的想象。这种探究并不总是显而易见的，常常是隐含其中的。比如，分析师询问病人为什么回避某些联想，病人可能回答：他害怕分析师会羞辱他。实际上是他有羞愧的感觉，来源于被我羞辱的幻想。病人自然地将幻想与儿时被母亲嘲笑尿床相联系，通过这种方式，揭示了幻想的含义，而我并不需要详细地追问。

然而有时候，有必要敦促病人聚焦于幻想，特别是当移情的情感、冲动或客体关系不太清晰、无法理解或没有成效时。

例如，年轻男子Z先生（参见2.5.2、2.5.4、2.7.1、3.5.3、3.7.1、3.9.2、3.9.4）已经分析治疗三年，他无法或不愿将已获得的对焦虑的领悟运用到实际生活中去。很明显，他意识地和潜意识地害怕与我保持一致。他同意这个解释，但是仍然没有任何改变。我让他试着想象"变得像我"，并且描述这个想法激起的想象。病人回答道："我不想变得像你，不想变成你希望的那样，有感悟力，能内省。我不想内心有任何你的东西。这好像把你吞下去，消化着你的身体，呼吸着你的语言，使我内心有你的思想或身体的一部分。这是种性的交往，像在舔你的阴茎或吸食你的精液。我不想这样，我不想向你屈服。"他在说这些话时，逐字逐句，神情严肃，紧握双拳，双脚紧紧地交叉，胳膊紧贴在身体两侧。

通过描述这些幻想，病人揭示了他拒绝认同我的背后所隐藏的同性恋焦虑。之后我可以继续同他一起处理：他的同性恋倾向为何、如何与认同交织在一起。这种开放的讨论促进了病人的内省，而开放的讨论起始于病人对我幻想的描述。

通常，当分析师对某个阻抗工作一段时间后，可以用提问的方式将阻抗显化："我今天怎么会使你……"实际的意思是：今天你对我有什么幻想？

以上描述了三种探究病人移情根源的方法，即：追问被卷入的情感、冲动和态度；追溯产生移情的早年重要人物或原型；探究移情性幻想。当然还有许多其他方法，以我的经验来看，这三种是最有成效的。

本书中应用的临床案例有可能给读者造成错误的印象，即每个干预都能让病人或分析师成功地揭示出隐藏的情感、冲动、态度、客体或幻想。在实际工作中的许多时候，治疗师的思路并不清晰，只是朦胧地感到：好像病人在为某种情感和自己做斗争。病人也许会觉察，也许并不会觉察，联想产物也许不能立即引导出清晰的潜意识素材。对某一素材的移情常常需要反复假设，反复验证，反复矫正，最终才能使移情的某个方面变得依稀可辨。

4. 修通移情

经验告诉我们，治疗过程中没有哪个解释可以一劳永逸，即便解释入木三分，也很难维持长久。必须重复多次，才能渐入佳境。另外，任何解释都不能解释病人移情反应的全部。移情的解释只是部分的解释。为了使病人理解解释并持久地改变行为，必须对解释进行修通。在本书的第二卷里会全面讨论修通，此处我只是对移情解释的修通做简要的解说。建议读者阅读关于这个主题的经典的精神分析文献（Freud，1914c，1916～1917，1917b，1926a；Fenichel，1941；Lewin，1950；Greenacre，1956和补充阅读材料）。

（1）理论

修通是指对解释后获得的领悟进行重复和详细说明。重复是必要的，特别是对于分析处理移情性阻抗尤为如此，这是因为自我不愿意放弃习惯性防御，抵制尝试新的冒险。自我需要时间去克服焦虑和适应习惯。经验告诉我们：第一次向病人解释移情性阻抗的意义时，病人很少改变。之后，当某种日常"事件"改变了病人的自我、本我和超我三者间的平衡，阻抗行为重现时，相同的解释可能会给病人带来明显的改变。阻抗是顽固的，自我需要时间积聚力量，奋力搏击。

为了获得对移情反应的深层次理解，我们有必要揭示和追溯移情的多种形式和变形。移情的形式多变取决于移情的主观性和移情的功能的多样性。比如，我们除了必须解释当前移情情景中的行为的意义外，还要追溯移情情感对原始客体和过渡性移情客体的多种功能和意义。另外，我们还须揭示：移情行为在一种情景中促成了本能的释放，而在另一种情景中则起到了防御的功能。或者我们须确定移情源自力比多的哪个阶段，自我、本我和超我又如何相互作用、妥协，产生移情。解释得到领悟之后的上述这些工作，以及由此产生的态度和行为上的明显变化，都可以被视为修通的过程（Greenson，1965b）。

（2）临床例证

现在，以临床资料来说明移情反应的解释和部分的修通。这些材料来源于一个精神分析治疗案例中三周时间的治疗情况。

> 年轻男子Z先生（参见2.5.2、2.5.4、2.7.1、3.5.3、3.7.1、3.9.2、3.9.4），已经过了三年的分析治疗。他的移情反应可以概括如下：我基本上是个热心的、和善的、道学家式的父亲，但对性和攻击非常苛责。病人在道德和性方面都觉得不够好。自己是弱小的、发育不良的，性欲是肮脏的。我就像他曾羡慕并效仿的伟大的、有能力的、干净的父亲。在接下来的几次治疗中，出现了顽固的阻抗。Z先生不是忘记了梦，就是无法自由联想。他的陈述缺乏生气，很少幻想，没有

新的记忆和领悟。在一次治疗中，他报告了一个梦：他在一个大屋子里，从一个房间走到另一个房间。有个侍者跟着他，不断给他食物吃。最后他遇到了女主人，她说很高兴他能来，因为她知道他生意经营得不错，运气也挺好。她问他是否喜欢那里的室内装修。病人嘟哝作答，因为他不想直接表达负面意见。

对这个梦的自由联想如下：他讨厌大型聚会，这会让他觉得不自在。他的父母常举办大型聚会，而他总是能逃则逃。他的父亲十分好客，热衷于给客人们提供食物与酒水，实际上他的父亲总是过分热心，会坚持让客人品尝食物，这让病人感到尴尬。梦中的侍者也是如此好客，侍者跟着病人，让他无法摆脱侍者。奇怪的是，他在梦里一直吃，而实际上他在聚会中吃得很少。最近他食欲不振，他归因于分析中的困难所致。最近治疗似乎毫无进展，我对此解释道："最近我给过你一些解释，但你没有接受。我到处跟着给你，但你不愿接受我的提供。"

病人同意，并且说：他感觉有种东西让他害怕接受这些解释。他好像陷入了困局中。他很沮丧，因为他刚开始与我一起工作时，感觉比他的前任分析师要相处得好，那个分析师疏远而又冷漠。我问他有关梦中装修的情况。他回答说他对装修很有见地。他很关注那个屋子的室内装修。（长时间的停顿）他害怕我会认为这太过女子气。他听说室内装修人员通常是同性恋。（停顿）我向他解释："你好像担心与我谈论同性恋感觉，所以闭口不谈。能不能冒险试试？"

病人回应：正因为我的热情而不是冷漠，才导致了他的害怕。如果我是冷漠的、疏远的，那么他会感觉相对安全一点。在某个方面，我像他的父亲，给得太多。他无法回忆是否曾对父亲表达过热情和爱意。他喜欢父亲，但总是保持距离。在青春期，病人视父亲为粗俗的人。"你也热情，但你不粗俗。"我解释道："也许你担心，如果让思绪和感觉沿着同性恋方向走下去，我也许会变得粗俗。毕竟，我在梦中就是女主人。"

病人回答说：他从不会让男性朋友和他过于亲密，无论他多喜欢对方。不过，他不确定他到底在害怕什么。

在下一次治疗中，病人报告他在凌晨4点醒来，再也睡不着。他试着手淫，像往常一样幻想着有个大块头女人在抚摸他的阴茎，但没能唤起他的兴奋。这时，脑海里跳出和一男一女在床上的情景。他感到那种情景令人恶心。和一个硕大的、肥胖的、花白头发的、有着肥肚腩的老男人躺在一起令人作呕。他感觉是我将这样的想法塞给了他。（沉默）我说道："而你不会吞下。"病人在这次治疗的剩余时间里一直在阻抗。

在接下来的又一次治疗中，他的阻抗仍然很严重。最终，在长时间的沉默之后，他说，在上次治疗结束时，他急着想小便，冲到我办公室的卫生间里，但他很难解小便。他停顿了一会儿。我说："也许你害怕我会进去。"对于我的这句话，病人先是感到愤怒，平静一会儿后，承认我是对的，他确实有这个想法。（沉默）接着我问他："当你是个小男孩时，你和父亲一起洗澡时是什么情景？"病人开始叙述他的父亲在浴室中如何光着身子炫耀地在他面前走来走去，随地小便。然而，他无法回忆起当时的感觉。

在接下来的几次治疗中，他告诉我他与前女友恢复了性关系，但不太满意。我向他指出，他寻找异性恋性行为，是为了逃避分析中浮现出来的同性恋感觉。病人对此只是唯唯诺诺。他的阻抗变得更加严重，形式多样。最后，他承认，我现在像个粗鲁的、令人讨厌的老头。我早先描述过那次治疗（参见3.9.4），其中：分析师成了激起病人移情反应的促发因素。

回忆起青春期与男性卖淫者的同性恋记忆使他感到沮丧，但也帮助他克服了一些移情性阻抗，在工作中变得更有成效。

接下来，在一次治疗中，他报告了两个梦：①他正在骑摩托车；

②在一所古旧建筑物内。他看到一个年轻男子想将钥匙插进他的房间锁内。病人很恼怒,但却说:让我帮你吧。他由此联想到在牙买加的一家旧旅馆,他5岁那年母亲曾独自一人在那里度长假。后来,当他在海军服役时,也曾去过这家旅馆。他不喜欢我办公室的风格,太现代化了。最近治疗时我只是坐在那里,似乎什么也没做。难道我指望他独立完成所有的工作吗?他从未骑过摩托车,但听说我儿子骑过。有一个精神分析师的父亲会怎样?会在孩子面前光着身子走来走去吗?对以上内容的自由联想,我做了重构:当他5岁时,母亲离家去度假,他单独陪着父亲留在家里。也许就是在那时,浴室里裸体的父亲激起了他的某种同性恋感觉。

病人回应道,他想不起来了,但他记得儿时在夏令营时看到小男孩的阴茎时会变得兴奋。他还回忆起9岁或10岁那年,他抚摸了一个小男孩的阴茎。当时事情发生得很突然,因为生病,他和那男孩单独留在营地的医务室,其他的孩子都出去玩了。那个小男孩很孤独,一直哭。病人爬到小男孩的床上去安慰他,突然冲动地抚摸了他的阴茎。病人十分恐慌,害怕男孩会说出去。后来,病人回忆起在学校集体游泳脱衣时,也会产生类似的冲动,且都针对小男孩。我解释道:他似乎对小男孩做了他希望父亲对他做的事情。

病人惊慌失措,说道:"你是不是认为我说的硕大、肥胖、大肚腩的形象是一种掩盖?"我说:"是这样的。你用那种形象来掩盖一个更年轻的、更有吸引力的形象。你认为他粗鲁以及和他保持距离,都是一种防御。"病人想了一会儿之后,说道:"也许那就是为什么我从不和热情的男人发展友谊,尽管我喜欢他们。我肯定是害怕过于亲近。(停顿)这也许就是分析中你我之间发生的事情。"

(3)技术:追踪和重构

我认为之前引用的例子是一个典型,说明了分析师如何解释和(部分地)

修通病人的移情反应。我再重复一次：有效且全面的解释无法通过单次干预完成，它需要不断重复和详细地阐述，即修通。上述案例时间跨度大约为三周。让我们将注意力聚焦在技术细节上，对事件加以回顾。

我的第一个解释是：他拒绝接受（吞下）我的解释，是因为畏惧同性恋的感觉。病人对此部分同意，他承认从未与男性朋友十分亲近，但他仍不确定到底害怕什么。在下一次的治疗中，他报告了手淫，但手淫幻想时出现肥胖的、花白头发的、大肚腩的男人画面。他发现这令人恶心，感觉是我"将这些想法塞进了他脑中"。在接下来的几次治疗中，他出现阻抗，我向他指出了这一点，但没有任何进展。

当他不得不在我办公室的卫生间小便时，出现了新的转机。他的小便困难被解释为幻想我会进入卫生间，并由此追溯到童年与父亲的类似经历。病人这一次只是从理智层面上接受了这个解释，但与他父亲共浴的经历使得他确信了这个解释。然而，他抵制回忆起任何的情感或冲动。他仍在阻抗，并且试图用异性恋性行为来掩盖同性恋冲动。经过好几次治疗解释这种阻抗，导致了一个新的移情性阻抗的出现。

现在，病人在我身上再次体验了与粗鲁的老男人在一起的经历，正是这个老男人唤起过他同性恋的冲动。病人敢于让他自己这样感受，并加以叙述，这使他回忆起在青春期与一个男性卖淫者的同性恋性行为。在下一次的治疗中，他能够回想他的一个梦，解释这个梦以及相应的移情，使他联想和回忆起裸体父亲和儿子在一起的场景。

然后，我对上述素材进行了重构，从他的行为、梦境、自由联想和记忆，可以做出如下合理的建构：他5岁时，正值俄狄浦斯期，母亲离家度假，他独自与父亲相处。就在那时，父亲裸体的炫耀引起了病人性的冲动，当时病人屏蔽了对他父亲的这种冲动，转而回忆起之后他在夏令营中对小男孩阴茎的兴奋，这种转移也能支持我的重构。然后，他谈及对年轻男孩的性幻想。我的解释是：他希望父亲能这样对他，这是付诸行动。病人似乎相信这个解释，他自发地意识到他用令人讨厌的父亲的形象来保护自己远离同性恋的倾向。紧接着，还意识到他在分析中用我做了同样的事情。

在三周的时间内，对我的移情发生了戏剧性的变化。在起初一段时间内，我被认为是一个道学家式的父亲，也一直受病人这样的对待。这个行为之后被证明是一种掩饰，用来掩盖他将我视为粗鲁的男人。这个粗鲁的男人形象一直顽固地阻碍着分析，直到最终被证明这是更深层的防御，用来抵御我这个有吸引力的同性恋客体。

在修通的过程中，可选用各种技术手段，但有两种技术非常重要，那就是对移情解释的检验和对素材的重构。对移情解释的检验，是指在治疗中，产生解释之后，分析师必须检视解释是否或如何导致移情发生了改变。一个新的解释会产生作用并影响之后的治疗。解释有可能对，也有可能错，有可能过轻，也有可能过重，无论何种情况，在之后的治疗中都会有所反应。唯一的例外是：病人分析治疗之外的生活发生了重大改变，暂时取代了分析的重要地位。否则，新产生的解释必将会使病人的记忆、梦境、联想、幻想或阻抗发生改变。

分析师做出解释之后，他必须对治疗情景的蛛丝马迹保持明察秋毫。如果病人在解释情景下工作得富有成效，治疗师可继续深入解释，可以追踪移情的不同方面和变相表现。如果病人的回应缺乏与解释的实际联系或相应的情绪，治疗师可征询病人对解释的反馈，或者耐心地等待、观察病人如何以自己的方式和速度来处理解释。在任何情况下，分析师都要对解释之后的所有变化高度警觉，同样对变化的缺失也不能掉以轻心。

重构是修通的另一个重要技术（Freud，1937b；Kris，1956a，1956b）。解释与重构关系密切，常常相辅相成。在第二卷的解释与修通章节，我将对之深入探讨。此处，我只强调重构与移情间的特殊关系。移情总是对过去的重复，病人借助分析师重复之前不能也不愿记起的往事。因此，移情行为特别适合被看作目前对过去的重现，移情的这一特点使得重构具有特别的重要性（Freud，1914c，1937b）。

在修通过程中，为了使某个方面更容易被理解，我们对每一个单独的解释都必须详细阐述并逐步深化，并将它们互相关联起来。有时，为了彰显病人的某个行为片段的意义，常常有必要将病人的行为反应、梦、联想等，与病人的过去生活片段进行重新配置。如果这种重构正确，它将促进病人产生新的回忆、行为和引起自我映像的变化。回忆导致内省，内省导致改变，改变导致进一步的回忆，重构就是这个"循环"的起点（Kris，1956a，1956b）。

回顾上述我所提供的修通素材，可以看到两个重构。第一个重构是当病人5岁时，内心充满了对母亲的性欲望。此时她离家去度假，留下他独自与父亲相处。结果他的性冲动转向了父亲，父亲在浴室里炫耀的裸体印象栩栩如生。这个重构似乎是正确的，因为它促使病人回想起对小男孩的同性恋冲动，追忆起他抚摸了小男孩的阴茎，以及类似的冲动与幻想。然后，我做出了第二个重构：病人对小男孩所做的事，正是他希望父亲对他做的。而他用认为父亲是个粗俗下流的男人的方式来抵御与父亲的亲密，然后，他进一步将父亲想象成冷漠的假道学者来防御对父亲的攻击。

此时，病人意识到他避免与男性朋友过于亲密以及与我保持距离的相似性，这说明病人确认了我的重构的正确性。这导致他进一步明确意识到对我的爱与亲密的期望。接着，他对母亲深层的原始敌意开始浮现，这也似乎证实了上述这两个重构的正确性。

解释的目的是将心理事件的潜意识内容意识化，以使我们可以更好地理解具体行为的真正含义。然而，一个解释通常只能就某一现象、某一方面和某一理论做出假设，而在修通过程中应完整地还原这一心理事件的形成与变迁。因此，我们不能囿于单个因素的解释，必须重构那些心理事件发生时病人的内心体验与周围环境变化时的生活片段，来勾勒出心理事件发生的来龙去脉（Freud，1937b）。有时甚至还须重构事件发生当初父母之间的互动状况，以此推论病人当时的处境及内心体验。

正确的重构将促进修通。正确的重构也会产生新的记忆或新的素材，这些新素材可以是梦、联想、思维方式或新的阻抗形式，或自我映像的改变（Reider，1953b）。一方面，重构须循序渐进，切忌刻板教条，必须与所要探索的病人遗忘的过往经历相符合；另一方面，重构也不能随心所欲，颐指气使，这将使治疗无章可循，无法引导病人抵达遗忘的空白地带。最后，分析师必须总是能谦逊地根据病人的反馈，勇于纠正和放弃重构中不符合实情的观点和假设。

5. 补遗

在常规技术讨论结束之前，我想补充一些具有临床和技术价值的个人观点。在病人寻求分析治疗的那一刻起，分析师对于病人就具有重要意义。实际上，在病人认真考虑接受治疗，甚至在实际与分析师相遇之前，分析师就已经成为病人生活中的重要人物了。因此，在每个分析阶段和整个治疗过程中，这种重要性都会淋漓尽致地体现出来。我并不是暗示每次治疗中都有事件与分析师明确有关，而是说分析中所有的素材，分析师都可从中推测出病人对他的想象和投射，都可从表面内容、字里行间或含沙射影中揣摩出病人的醉翁之意。以这种方式收集而来的揣测并不总是能被证明是有效的，但作为一个提示，治疗师可将之储以备用，待时机成熟，这种揣测有时可使原本模糊的内容水落石出。

下面，我举例说明。在一次治疗中，病人欢快地在不同工作话题间跳来跳去，从过去到现在，又从现在到过去。我从这些话题中无法发现任何共同点和任何明显的情感联系。我觉得整个谈论内容好像是种暗示，我似乎看到她的话题欢愉地在我身边飞来飞去，然后离我而去。因为我感觉病人并非不可接近，因此，我试探性地告诉了她这点。她大笑并回应道："在治疗中，我感觉就像沐浴在阳光下，身心荡漾在宁静的田园风光中。这些都只是背景，我要告诉你的前景是：今天早晨当我进来的时候，你看上去春意盎然，我猜那触动了我。当我还是小女孩时，母亲有时会给我一个惊喜，突然带我去公园里野餐，就我们俩。那是多么幸福，只有我们俩，在温暖的阳光里。"

我相信这是一个很好的例子，它提示我们可以根据治疗时段内的总体基调扪心自问：所有的这一切与我何关？

另一个技术要点是费尼谢尔（1941）提出的概念，即关于反向移情的解释。通常当病人针对分析师时，我们应试图推测出病人针对分析师的投射来源于哪个原始客体。费尼谢尔指出：有时病人也会借古讽今，谈论过去人物的目的实际是回避直接谈论分析师，借此与分析师建立距离感。治疗时必须先处理这种阻抗，然后你才能顺藤摸瓜找到阻抗的始作俑者。

最后，伯恩斯坦和卢文斯坦关于"回溯性重构"的观点值得一提。当病人的素材或梦似乎明显指向非常早期的、原始的冲动时，并且考虑到病人无法自行处理时，分析师就有必要对早年经历回溯重构。这就是说，他将部分地使用病人的早年经历，完全忽视具体经历的解释可能会引起病人的焦虑，但治疗师的解释应朝向更为成熟的方向。例如 K 女士，她的初始治疗以分析师对她口交的梦作为开始，我对此的解释是：梦境中她以这种方式向我证明，我早已接受了她（参见 3.8.1）。

3.10 分析移情时的特殊情况

至此为止，我已经描述了分析移情应该采用的技术程序。不过，在分析不同类型的病人时，偶尔会出现一些需要特殊处理的情况。比如，强烈的情感爆发会促使病人的理性自我暂时丧失，危险性地付诸行动。在这种情况下，要求采取非分析技术手段来紧急处理。总体来说，近年来各种特殊问题似乎有所增加。

特殊情况有所增加的原因，可能是二战后，寻求精神分析治疗的病人的类型发生了变化。一方面，精神分析的被接受度逐渐增加；另一方面，精神分析治疗的适用范围也有所扩大，一度被视为不适合治疗的病人也被纳入治疗（Stone，1954b；A. Freud，1954a）。治疗范围的扩大也与自我心理学和儿童早期发展的理论应用于临床有关。不过，特殊问题的增加也来自对病人评估的偏颇或技术的失误。

本节中讨论的分析移情的特殊问题仅限于适合经典精神分析治疗的病人。对于是否适合经典的分析治疗，让我们回顾一下弗洛伊德早期的、基本的观点。以此为基准，我在第二卷中会有更全面的阐明。

弗洛伊德（1916～1917）将移情性神经症与自恋性神经症有所区分，他强调这样的临床事实：那些形成移情性神经症的病人有能力形成并保持连贯的、多样的、可改变的移情反应。他相信这些病人适合精神分析疗法。而那些患有自恋性神经症的病人只能形成片段式的、短暂的移情反应，相对来说不适合精神分析的治疗。尽管对于边缘型人格障碍病人和精神病人来说，应有某些调整，但这一观点至今仍广为接受：不适合分析治疗的病人用主流的精神分析的方法无法得到满意的效果（Fenichel，1945a；Glover，1955；Zetzel，1956；Grenacre，1959）。

在讨论中，明显的边缘型人格障碍病人和精神病人将排除在外，非经典的精神分析治疗方法的治疗问题也将排除在外。上述问题超出了本书的范畴（A. Stern，1948；Knight，1953b；Bychowski，1953；Jacobson，1954；Orr，1954），暂不做讨论。

3.10.1　情感爆发和重现危机

有时，病人的移情情感会达到很高的强度，并持续一段时间，以至于他的理性自我与体验自我混在一起。这通常发生于病人退行至童年早期神经症阶段。此时，治疗任务是帮助病人重建理性自我。最适合的技术就是等待，给病人时间去尽可能充分地演绎情感，通过这样的方式，自我将有机会再次取得对情景的掌控。有时，允许病人治疗超时是有必要和有帮助的。而在其他情况下，有必要向病人指出治疗时间的结束，这样病人就能控制自己的情感，为离开做好准备。尽管从移情性满足的角度来看，让病人超时可能是不利的，但让他带着无法控制的强烈情感离开，会更加危险。分析师必须审时度势，采用最佳处理方式。

通常，上述方法足以处理情感爆发。分析师的态度和语气要富有耐心，同情兼备坚毅，指责伴随鼓励。我通常在治疗临近结束时告诉病人：我很抱歉不得不打断，因为时间快到了。我通常会再补充几句以增加效果，比如：我希望我们能在下次就这个问题做更进一步的分析。

当病人的理性自我缺失或不可触达时，我不会尝试解释。只有当我感觉我能够召唤病人的理性自我，能促使它行动，并且我对自己很有把握时，我才会做出解释。在病人强烈的情感消退时，或者病人的理性自我尚未过度消沉前，这样做才有可能成功。正确的解释也能促进理性的回归。解释的关键是：要理解强烈的情感爆发是过往情景的重演，是一种重复或扭曲地满足愿望。下面，让我举例说明。

> 在一次治疗中，一位女性病人对于我要求她谈论最近的性体验表现出了恐惧。开始，她尚能报告她的恐惧，她觉得我似乎是在要求她脱光衣服。之后她逐渐沉浸在此情景中，表现惊慌失措，仿佛身临其境。她疯狂地喊道："不，我不要，不要，不要。快走开，不然我要喊了。滚开，滚开。救救我，上帝，救救我。停下，停下，停下。求求你停下，来人救救我……"这种情形持续了几分钟，情感的强度似乎没有消退，此时治疗时间快到了，所以我直接说道："史密斯夫人，暂停，史密斯夫人，是园丁吓到你了，史密斯夫人，是园丁，现在你正与我，格林森医生，在一起。"当我叫病人"史密斯夫人"时，她似乎没有听到我的话，因此我重复了几次。当我说"园丁"时，她好像回过神来，听到了我的声音，她好像努力地试图调整自己。这时，我说："现在你正与我，格林森医生，在一起。"她不好意思地笑了笑，好像理解了目前的处境。几分钟后，她平静下来，恢复常态。现在，她能控制住情感，带着对童年创伤性经历的沉思离开了治疗室。

我直接指出了移情体验的意义，是因为我感觉到她的理性自我是可触达的，并且从之前的素材中了解到这个体验来自童年期园丁的性吸引。我知道

"园丁"可以触动她，并且我通过提醒她在哪里，和谁在一起，将她拉回现实。

一位男性病人多年来一直苦于害怕直接向我表达他的愤怒。在一次治疗快结束时，他开始叙述，如果他醉了，他会对我说什么。他越来越出言不逊，并开始用拳头捶墙，用脚踢沙发，最后他从沙发上跳起来，走到我面前，用颤抖的手指着我说："你以为你是谁啊？！"我一言不发，当他跺脚离开办公室时，我叫住了他："终于指出爸爸不是那么伟大，让你感觉如何？"病人听到"爸爸"这个词时，停住了脚步，转身看着我，愤怒慢慢地消失了，他摇了摇头，慢慢地走回到沙发旁，坐下，然后缓慢地说道："是的，我终于做到了，终于，终于，终于，在这么多年以后，我终于说出了一切，向你和我爸、我哥，你们所有的人。我终于感觉自己是个成年男人，不再是个装成男人的男孩了。"接着，眼泪顺着脸颊流了下来。

通常伴随着情感爆发，或作为情感爆发的结果，病人不仅在语言和情感上，而且也在行为上重新体验过往情景。我在此处注明：这种行为必须加以注意，防止意外。这些行为有可能只是简单的发泄，一种轻度扭曲的、自我可接受的付诸行动，或是一种严重扭曲的、自我不协调的症状性行为。上述第一个有关妇女与园丁的案例展示了移情中的性宣泄。愤怒的男人的案例则展示了症状性行为和付诸行动的混合。任何情况下，都应考虑：在病人离开之前，分析师必须尽可能帮助病人建立理性自我，或是巩固工作联盟。

对危险行为的处理过程与情感爆发类似：等待危险行为自行消退，恢复平静。如果理解行为的意义，并且能够激起理性自我，那么，我们可以给予尽可能精确和有冲击力的解释。如果以上两种策略都不适用，必须让病人面对其行为的现实结果和危险可能，从而中止行为。

例如，在愤怒的男人的案例中，当我说"终于指出爸爸不是那么伟大，让你感觉如何？"时，如果他没有中止行为怎么办？那么我会和他说："琼斯先生，请等一会儿。你可以在任何你希望的时候离开，但我认为现在离开不太明智。你对我如此愤怒，我们必须稍做处理，以保证你安全离开。"

在类似情景中，我会这样说："我很抱歉你感觉这么糟糕，我希望我能帮到你，但我好像不太理解是怎么回事。在你离开前，让我们讨论一下。"

一位患有边缘型人格障碍的女性病人，有一次从沙发上站起来，用胳膊搂住我说："别浪费时间了，让我们做爱吧。"我坚定地抓住她的胳膊，正视着她说："琼斯夫人，我想帮你，是通过分析工作来帮你。我们可以一起工作，别再浪费时间了。"

上述情景对病人有着潜在的不利因素，必须在当时做出某种程度的处理。最起码应该使用一切办法阻止病人以特别的方式付诸行动，有时这是防止事态恶化的唯一方法。所以，以坚定但同情的口吻告诉她"我们可以一起工作"，抓住病人的胳膊，那是最后一招。简言之，这种做法就像强大而慈爱的父母对待失控的孩子一样。与付诸行动有关的问题将在第二卷再做讨论。

3.10.2 周一的咨询

实际上，这一节的标题如果是"周五和周一的咨询"或者"病人对于周末与分析师分离的反应"，或许更好一点。弗洛伊德早在1913年就曾提到"周一的艰难"，为了简洁，所以我将标题浓缩为"周一的咨询"。我们知道，病人与分析师的分离会产生各种情感反应。有些病人将周末当作一次度假或一场放纵，而有些病人将之视为一种抛弃。费伦齐（1919c）描述了他的病人在治疗中失去了日常生活的兴趣，而把治疗时段作为欢愉时刻，形成了"周日神经症"。弗洛伊德在《图腾与禁忌》（*Totem and Taboo*，1913）以及之后的《哀伤与抑郁》（*Mourning and Melancholia*，1917b）中，描述了在治疗节假日中出现的某些动力和结构上的心理变化。他在各种著作中进一步阐述了这些观点。对此较全面的综述由格林斯坦（Grinstein）在1955年出版。然而，很少有作者强调病人的周末反应中，移情起到了核心作用。下面，我将探索病人对周末中断分析产生的典型反应。

1. 周末是假期

对某些病人来说，周末是放假，可庆可贺，是一个喘息的机会，是一次中场休息，他可从拘谨、严苛的精神分析治疗中得到调理恢复。显然，如果如此，说明日常的精神分析治疗中出现了持续的阻抗。这也并不令人惊讶，这种情况十分常见：病人从不公开阻抗的存在，直到周五或假期来临前的一次治疗中才渐露端倪。分析师可能惊讶：病人犹如迎接即将到来的庆祝或节日，欢欣鼓舞。这时，分析师有必要推断：病人对分析治疗有种潜在的怨恨，而且一直默默地存在于整个治疗中。分析师也许正扮演着某种严厉的超我的角色，而病人在其中一直处于压力之下，被逼迫、忍气吞声、俯首顺从。病人也许对之有所意识，也许置若罔闻，但他情不自禁的欢欣鼓舞清楚地表明了这一点。在周五的治疗中有这种感觉的病人，以及每次治疗结束时心旷神怡的病人，均属此类。

当分析师对于病人象征着某个超我人物时，病人在周末的行为会包含所有类型的本我释放。比如：大量的力比多和攻击行为，通常伴有退行和童年早期的特点。例如，我们会注意到，病人在分析治疗期间对性行为有某种程度的限制，而到周末，却放纵于各种性前期的性行为中，如性行为之外的性兴奋、手淫和乱交的行为在周末剧增，攻击行为也相应增加。一些病人会将一周时间内压抑的想法付诸行动。分析师仿佛就是超我的象征。到了周一，治疗变成了忏悔与赎罪的时间。他们经常以坦白各种罪恶来作为治疗的开始，充满羞愧自卑，害怕惩罚。有意思的是，这样的病人如果在周末偶遇分析师，他们会表现得非常惊讶，因为在他们的想象中分析师是不可能存在于分析以外的场合的。或者他们会幻想分析师离群索居，不食人间烟火。有些病人在音乐会或剧院遇到分析师时会惊慌失措。有些人甚至装作旁若无人，犹如癔症样失明。识别出这种本我和超我的投射作用非常重要，同时要意识到这种微妙的阻抗一定默默存在于日常的分析工作中。

2. 周末是遗弃

对许多病人来说，周末或治疗间断意味着丧失爱的客体。间断意味着分离、疏远、冷淡或终止，病人的反应就像丧失爱的客体一样。他会感到在周末遭到分析师的拒绝，因此，周五的治疗时间里他常花费大量时间毫无成效地表达愤怒情绪。对这样的病人来说，周一的治疗意味着倾诉被抛弃、受委屈的感觉，与身为拒绝者和攻击者的分析师进行较量。对神经症性抑郁的病人来说，周一的治疗意味着与丧失了的爱的客体的重新团聚，感到无上的荣幸。一些病人感到放松与宽慰，因为发现分析师从他们的死亡诅咒中幸存下来了。对于治疗师个人来说，重要的是要意识到在哪个水平上体验到了这些，或者至少要知道这些反应是在哪个水平上发生的。治疗师是否意识到了其中的驱力与防御？能否识别出病人的攻击行为或修通与补偿的尝试？

对许多病人来说，周末再现了俄狄浦斯情景，再现了他被拒绝排斥的原始场景。他在乱伦的欲望中挣扎，感到内疚、焦虑、压抑，或以某种形式将俄狄浦斯期的某些方面付诸行动。有些病人在周末与其潜意识中的死亡愿望抗争，在周一遇到分析师时，内心装满了焦虑与内疚。有些病人对被遗弃感到悲伤和抑郁，另外一些则感到敌意和嫉妒。这样的病人前来治疗时，内心充满了抑郁或敌意。一些病人会刻意否认这样的感觉，声称："我不在乎这个！"或"谁稀罕你啊？"一些病人在周一努力工作来为邪恶的愿望和行为赎罪，以此对分析师做出补偿。有些病人则以沉默来表达对周末被拒绝的敌意与不满。一些病人在周末期间出现躯体反应，以此释放无法被意识接受的情感或驱力。病人在周一习惯性地早到或迟到，就是一种典型的反应。我曾有位病人，每周一在候诊室里哼歌，夹杂着欢快的口哨，以此试图否认对回到分析情景的敌意与内疚。

周末丧失爱的客体也可以从口欲期和肛欲期的水平被体验。我曾有过病人在周一感到治疗毫无进展，没有任何产出，另一些则在周末存储了大量素材，到周一逐一展现，以博得赞赏。对某些病人来说，周末象征着口欲期的剥夺，周一治疗时，如饥似渴地索要回馈，陶醉在我的回答里而对回答内容置若罔闻。K 夫人就是这样的例子，她常常花整个周末去做日光浴，就像费伦齐（1914d）所描述的那样，她试图以日光浴来取代一个温暖的、有爱心的、阳光般的父亲——治疗师。

从技术角度来看，我们的任务就是识别周末反应与移情的关系，并且促使病人也意识到这一点。不出意料的话，病人一定会拒绝接受对周末反应的移情意义的解释。周五和周一的治疗在揭示和展示重要的移情方面特别重要。我的一个抑郁病人每周五都会便秘，她以保留大便作为我的某种替代，只有到周一恢复治疗后，她才能正常排便。首次认识到这一点，对于理解她对我的口欲期－肛欲期移情，是一种突破。

3. 周末与自我的功能

对于处于严重退行状态的病人来说，分析师的周末缺席相当于自我功能的丧失。这种情况较多出现在有着早期发育阶段移情性神经症的病人之中，或者经常出现在边缘型人格障碍的病人身上。此时，分析师对于病人具有辅助自我的功能，分离会导致病人降低现实检验、人格解体、丧失认同等。对于这样的病人，周末访谈或电话联络是有必要的。有时只要告知分析师的行踪，病人就不会费劲去寻找某种替代物或补偿了。

病人常常以某种方式将分析师作为自己的部分自我，这种移情往往会通过分离显现出来。病人会以分析师来充实其超我的苛刻。这样的病人度周末时，会重现其过度严厉的自我要求。他们在周末或假期时无法忍受虚度时光，必定追求有益的活动，比如公益活动或健康锻炼。对某些病人来说，周末的满足本能能引发严重的内疚与羞耻反应。对于他们来说，周五的治疗意味着即将踏上危险的旅途，而周一的治疗则表示回归安全。

4. 其他状况

有些病人会在周五治疗时缺席，这可能基于这样的逻辑："在你离开我之前，先下手为强。"这种谁离开谁的问题对于问题严重的病人尤为突出。为了缓解病人被忽然抛弃的感觉，我常允许他先于我度一天的短假，或取消我离开前一次的治疗，这并非罕见。我见过在周五持续沉默或毫无诚意的病人，以此来表明："谁稀罕你啊？"他们不惜用最后一次的治疗时间，来显示对分析工作的蔑视。

当分析师被看作一个仇敌时，周五的治疗对于病人意味着奔向自由的序曲，分析师可以观察到病人明显的欣喜。然而，这样的病人会在周末失去敌视的目标而将仇恨转向自己，因而产生抑郁，或会因为潜意识中预期灾难会降临到分析师身上而产生焦虑。

病人周一治疗时的表现取决于他们周末的心理过程。此间，分析师对于病人的移情性象征具有何种意义？苛责的超我？爱的客体？拒绝的客体？部分的自我？或诱惑的本我？分析师令人喜爱还是令人憎恨？仁慈还是严厉？关怀还是遗弃？

无论治疗进展如何，周五的治疗总归是某种程度的即将中断，因此与分析师的分离必须要加以考虑。依此类推，无论周末发生什么，分离期间发生的事件将会影响后续治疗。病人常在周一抱怨："我变得更糟了，都是因为你在周末中断了治疗。"

病人对周五和周一的反应在整个分析过程中也会有所变化。

> 我的一位男性病人 Z 先生，他讨厌周一的治疗，因为他不能接受他会想我这一事实。因为这有同性恋之嫌，所以他在周一常常恶语伤人，工作缺乏成效。之后，他逐渐能够在周五的治疗中表达出对要分离的遗憾，并且在周一能努力工作了。
>
> 一位抑郁的女性病人 K 夫人，每当周五来临，就仿佛感觉生命将要终止，在周末成为"行尸走肉"，因为她不再与我有"连接"。后期，当她在分析之外与某人相恋后，她每次都急切地期待周五的到来，想象她的愉快的周末假期。

我们一定要慎记：周末也常常是一个有价值的预期复制品，为治疗师提供了预估今后治疗结束时的仿真情形。

5. 技术问题

技术问题之一是：周末后如何重续工作联盟，以便分析病人对分离的反应。

我认为弗洛伊德所说的"周一的艰难"指的是周末积攒的情绪、对分离的体验以及分离引起的阻抗，将会干扰工作联盟的重续。一旦这些积攒的情绪及阻抗能被识别和澄清，分析师就能重续工作联盟。

技术问题之二是：治疗过程中解释的时机和程度。分析师必须要预测到：在周五或假期前给出的解释，需要病人独自处理一段时间。因此，相比在常规治疗时段给出的解释强度，此时的强度应该相应减小。分析师必须衡量：病人在这段时期内能否独自承受这些领悟？这让我回想起我在执业初期所犯的一个错误。

一位年轻的女性病人在周五时报告了一个梦，清晰地带有同性恋的象征。她的联想同样涉及这种倾向。我当时给出了一个我认为很谨慎的解释，即她的同性恋对象是一位学校的教师同事。病人当时对此的反应似乎还恰当。当周一返回时，她完全沉默，这样持续了两周余。后来我才知道：她在周末反思我的解释时，出现了人格解体。有关解释程度的问题将在第二卷中做详细讨论。

另一个技术问题比较复杂，即周末对分析师意味着什么。尽管这主要涉及反移情，也将在第二卷中讨论，但此处也值得一提。一些分析师在周五治疗时好像即将离开他们的孩子，感觉心情沉重，喜忧参半，而有些分析师则体验到一种放松与解放。对一些分析师来说，周一的治疗是带着宽慰的心情回到关心的人身边，而另外一些则视之为再沦苦海。有些分析师急切等待周一，有些甚至不得不强迫性地周日也工作，也有些分析师盼望周五，到周二就感到身心疲惫。我必须说：分析治疗是一种职业，但应该是一种令人愉快的职业，而不应令人苦不堪言。令人惊讶的是，分析师们是如此频繁地抱怨这一职业的辛劳。我猜想这种抱怨也许只是一种表达方式、一种障眼法，是一种可以接受的谈论疲劳的方式，就好像分析师羞于承认享受治疗一样，因为承认享受就好像意味着承认对治疗缺乏认真态度（Szasz, 1957）。

我有必要补充：许多精神分析师确实工作负荷过重，这似乎是一种职业危险。有些分析师的工作时间远超过有效思维的限度。令我印象深刻的是，相当多的分析师在工作一整天后，晚上还要参加艰辛的、额外的课程与活动，像委员会会议、学术会议、演讲、研讨会等。他们白天与病人一起工作已精疲力竭，很少有时间和精力留给他们的家人。精神分析治疗是一个高付出的职业，过度负荷不可能保证分析治疗时治疗师的脑力仍然能取之不尽、用之不竭（Greenson，1966）。

总之，有关周一的治疗，有着特殊的临床与技术问题。病人对于周末与分析师分离，反应各异。这取决于分析师象征着病人的哪种童年期的人物。病人对周末的反应必须被识别并加以解释。重续工作联盟十分重要，它有可能遭受分离和积累的外部因素的干扰，而且治疗师对周末分离的反移情意义使上述复杂的一切变得更为扑朔迷离。

3.10.3 难处理的移情

如前所述，精神分析陷入僵局的最常见原因就是难处理的移情反应。此处我指的是特殊类型的移情反应，其特点是：即使似乎得到了正确的处理，但移情现象仍然顽固不化、不可改变和不受影响。同样奇怪的还有，这类病人似乎愿意甚至渴望保持治疗的毫无成效，治疗成了某种微妙的满足与躲藏，使他们宁愿固守治疗，而拒绝寻找解决问题的其他办法。尽管难以处理的移情反应可见于各种诊断类型的病人，但出于技术目的，我会将之分成两类。一类是对病人的临床表现和行为的评估出现失误，初步评估使他们看上去适合精神分析，但治疗后不久，即可发现与事实不符。另一类则由某些隐秘但重要的技术失误而导致。大部分的治疗僵局都是由两种失误的混合所引起。

1. 评估移情的失误

通常，我们评估病人是否满足这样的条件：有神经症症状，但没有明显的精神病性症状，没有明显的客体关系的缺如，自我功能相对良好，能够在分析中有效地工作。然而，经验告诉我们，许多病人在初始访谈中似乎满足以上条件，但之后被证明不适合精神分析治疗——尽管初始访谈时间足够，评估也很谨慎。有时，一些能逃脱评估侦测的因素只有在分析的过程中，特别是在移情的发展中才变得清晰可辨，分析师才能够意识到病人建立客体关系的能力是有缺陷的，不适合经典的精神分析治疗。因为这些缺陷，病人无法形成工作联盟和移情性神经症。这种缺陷使所有其他因素相对逊色，这种能力是否缺如也不取决于临床诊断类型。我见过适合分析的精神分裂症患者，也见过不适合分析的神经症患者。决定一个病人可否分析治疗的关键是：能否与分析师同时建立两种关系的能力（参见3.5）。

因此，只有通过分析治疗的试验治疗，才能真正确定病人是否适合精神分析治疗（Freud，1913b；Ekstein，1950）。一旦治疗开始，尽管很难，但还是可能说服病人中断治疗的。一些病人可能不得不维持看似精神分析的治疗，因为他们需要这种感受来维持其脆弱的心理平衡。他们追寻的只是精神分析的外表，而不是分析治疗的本质。在这种治疗中，病人常常处于俗套的、不自然的状态（Fenichel，1945a）。有些病人在准备进入精神分析治疗之前，需要较长时间的预备治疗。下面几个难处理的案例，说明了对病人可分析性评估的失误导致病人误入分析治疗。

（1）色情性移情

本节所描述的这类病人也许会表现出经典神经症患者的特征，但治疗开始不久，将会发展出难处理的色情性移情。不仅是卷入情感的剧烈程度，而且在卷入情感的特殊性质上都可使这类病人非同寻常。弗洛伊德（1915a）描述过女性神经症病人，她们对分析师形成强烈的、顽强的色情性移情。他将这种情况归因于病人的本能激情、无法替代，以及对爱的不可抗拒。自那以后，布利茨斯坦（Blitzsten）和拉帕波特（Rappaport，1956）也描述过类似的移情问题，共同的特征就是病人执拗的色情化需要。

在我个人的经历中，曾治疗过两个这样的病人，都是女性。（我所听过的色情化移情的案例都是发生在女性病人和男性治疗师之间。）这两个案例的初始访谈，使我有这样的临床印象：病人是癔症和神经症性抑郁的混合。两位病人在初始访谈时与我的关系似乎是恰如其分的。没有发现其自我功能有明显缺陷，她们似乎悟性不错，有想象力，生活中也事业有成，以及社会交往也很充实等。在两个案例中，病人的抱怨包括：婚姻的困境和性生活的不满意，平时有较强的嫉妒心理、性乱交以及睡眠问题。

两位病人开始治疗后不久，就对我形成了强烈的性的移情，其情感的强度和原始性令人惊讶。与病人一起对此素材进行工作显得非常困难。她们并不否认自己的冲动，描述冲动和渴望时充满口欲期的色彩。她们甚至直接要求躯体的亲密接触，这意味着与治疗师合并、占有和融合。她们跃跃欲试，很难约束自己而不将冲动付诸行动，她们对用语言表达这些冲动和渴望具有强烈的失败感和愤怒感。尽管她们强忍着听我的干预和解释，但通常的分析手段对她们无济于事。她们只是口头上唯唯诺诺，或者只是让我尽快闭嘴。她们渴望前来治疗，但不是为了获得领悟，只是享受躯体上的拉近距离，不在乎什么干预。

刚开始，我认为：这些病人有一种急切的、强烈的、退行的色情化移情性神经症，但我无法借助这种移情唤起她们的工作联盟。她们的移情反应完全是自我协调性的，不受观察自我的影响。我从她们对我爱的告白中慢慢体会到了一种无能为力，这种看上去像情欲的冲动，实际上更像一种急迫的、痛苦的渴求。这种冲动不仅有神经症性的扭曲，而更像一种妄想。这种反应曾被称为移情性精神病（Little，1958；Reider，1957）。（在 3.4 中我曾讨论了神经症性移情现象和精神病性移情现象的区别。）

这种强烈的、棘手的情感来自巨大的焦虑。在两个案例中，我都发现病人具有靠向母亲的同性恋倾向。她们的色情化反应表达了她们对自身性身份认同的绝望的最后挣扎。其中一位病人最后还浮现出另外一种元素，她夸张的色情反应也象征着对自己日益与人失去联系的否认。她的内在客体表征的含混不清是导致她无法与人交往的原因。

不久，我意识到，我对这两位病人的初始评估有误。当她们躺在治疗椅上时，缺乏视觉联系，以及由此产生的剥夺感，激起病人脱离现实，唤起了强烈的性渴望与防御。这些病人不适合精神分析治疗，因为她们不能忍受精神分析所要求的剥夺（M. Wexler，1960）。她们建立客体关系的能力如此脆弱，因此无法承担分析中强烈、优势的情感集团在不同重要客体间的转换。在通常的神经症中，包括移情性神经症，病人与分析师建立的客体关系更具现实性，从而形成工作联盟（A. Freud，1954a）。正是这种相对现实的客体关系促使病人敢于冒险形成强烈的移情性神经症。上述两个病人缺乏形成并维持这种关系的能力，因此无法完成与分析师建立既保持亲密又保持距离的复杂分析关系。后来我从诊断的角度意识到，她们的症状更像冲动控制障碍，伴有精神病倾向的偏执型人格特质。

一旦观察到她们形成客体关系的能力严重受限，易于付诸行动，伴有精神病理现象，我就意识到这些病人不适合严格的经典精神分析治疗。她们需要不危及其防御 – 本能平衡的心理治疗（Knight，1953b）。之后，我试图通过将自己作为辅助自我和超我，强化那些相对健康的防御，强化其自我功能的其他方面。这种治疗是面对面的，不强调自由联想。我的态度是稳定、直率、友好的，更重要的是表明愿治她们疾病的态度。我指出她们思维和判断上的错误，并提供正确的答案。我成为她们的医生和指导，既不纵容也不惩罚。逐渐地，通过认同，她们的自我功能逐渐增强，渐渐有能力建立起更为成熟的客体关系。最终，在经过了一年多的心理治疗之后，其中一位病人转诊至另一位分析师那里开始经典的分析治疗。另一位继续在我这儿治疗了 5 年，但到治疗的后期，变得更具分析性。做出不同决定的原因将在 3.10.4 关于更换分析师的章节中加以讨论。

（2）隐匿性精神病

在这个标题下，我指的是另一组有着棘手移情的病人，与色情化移情迥异，但共同之外在于：形成移情的能力极为贫瘠。色情化移情病人会在分析早期就急迫地表达情绪，而这些病人的情绪含而不露，不温不火。分析常常要经历数月甚至数年，分析师才能认识到病人隐秘的、顽固的和固定的移情行为不仅是为了避免重复童年早期的冲突，也常常表明这是一种神经症外表掩盖下的潜在精神病或变态，或是两者的混合（Pious，1950）。

不久之前，一位同事找我督导他的一个用精神分析治疗了 10 年的病人。病人因性无能和工作没有效率而寻求治疗。治疗一直没有太大进展，症状缺乏改变，但病人（或分析师）并不想中断治疗。治疗中，病人经常持续地抱怨和指责，一直牢骚满腹地报告事情，间或爆发出些愤怒与悲伤。分析师耐心地倾听着，将其行为解释为对童年早期事件的重复。这种解释通常会让病人觉得合理，但病人的行为并没有任何改观。病人的这种重复出现的模式，即对痛苦境遇先是施虐般地指责，然后是受虐般地顺从，这种交替的行为模式在治疗之外与他人的交往过程中也经常出现。经过多次督导后，我清楚地指出，病人的整个情感模式反复呈现出带有施虐受虐性质的、肤浅的客体关系。这不仅仅是症状表现，而且是成了一种生活方式，隐藏其中的是潜在强烈的病态同性恋和偏执倾向。

谨慎地对病人童年期经历进行重构后，我们推断出一种合理的可能：他在青春期早期有过急性的精神病样发作，至今从未确诊。之后发展出施虐受虐的客体关系方式是一种尝试与人恢复联系的探索，这是病人习得的在现实中与人建立关系的唯一方式。分析情景对他来说是个天堂，因为与分析师的交往距离足够远，可以确保安全，而且分析师足够宽容，允许他用口头或行为来得到本能的释放。然而，这使得治疗流于形式，病人并不热衷于获得领悟，实际上，他只是沉溺于某种形式的游戏（Glover, 1955; Fenichel, 1945a）。

这样的病人显然不适合精神分析治疗。他们可能需要维持心理治疗来保持稳定，减少恶化。这种病人在药物的辅助下，通过改善人际关系的疗法可能会有所改善。或许，待病人进步到一定程度，也可以进行精神分析治疗。

还有另外一些错误地接受了精神分析而实际上隐含着精神病性症状的其他案例。我曾见过一些病人，分析治疗主要满足了他们的窥阴露阴冲动，治疗提供了一个付诸行动的机会。在另外一些案例中，病人与治疗师和治疗的联系变成了一种依赖关系。这些病人在本质上属于自恋性人格特质,他们顽固地黏着在对治疗师的关系上,因为他们极少或缺如有意义的客体关系。这些病人擅长浅薄的人际交往,在初始访谈中往往会造成适应良好的假象。他们早年与客体的关系是如此贫瘠,以致成年期缺乏相应的情感,无法退行。如若退行,则意味着陷入空虚、无所依持或麻木不仁。他们对于与治疗师的不良治疗关系是满意的、自我协调性的,毫无改变的动机;相反,他们会理直气壮地捍卫这种关系,这是他们生活中迄今最有意义的交往。

如果错误地将他们引入分析性治疗,那么这种治疗的本质会危及他们最基本的、固定的与他人的联系方式。在某种意义上,病人反抗精神分析是明智的,他们牢牢地缠住分析师不放,是因为这对他们意义重大。在此种状态下,分析师有必要认识到自己的评估有误,这样的病人需要与热忱的、支持的分析师建立一种更为直观明确的关系。如果进入相对严酷的分析治疗情景,这些病人可能将会代偿失调,出现急性精神病性发作。

我的这些观点值得商榷。有些分析师仍会坚持用精神分析来治疗这样的病人(Rosenfeld,1952,1958)。另外一些分析师可能会同意,病人需要其他方法的治疗,但仍坚持他们可以退行,治疗师应在他们退行时陪伴和照顾他们。一旦他们自行恢复,就可被分析了。我与温尼科特(1955)的观点更为一致。其他一些观点与方法,请参阅米尔顿·韦克斯勒(1960)、弗里曼(Freeman,1959)和瑟尔斯(1965)。

(3) 其他类型

目前,那些容易出现难以处理的移情因而不适合精神分析的病人,常常患有边缘型人格障碍、性变态或隐匿性精神疾病。他们之所以误入精神分析治疗,是因为初始访谈时,他们的症状并不明显,深入进行分析治疗之后,才渐露端倪。然而,也有一些病人确实是神经症患者,也确实在治疗中形成了难以处理的移情反应。这些案例与上述案例不同,他们也许是移情性阻抗的极端状态,但并不像上述案例那样顽固不化、不可动摇(参见 3.8)。

移情性阻抗的极端状态常常是指那些防御性移情阻抗,或称之为持续性合理化的移情反应。持续性合理化的移情的变形是理想化移情反应。有些病人可以持续数年对分析师保持牢固的、正性的、理想化的移情。这种移情是自我协调的，只有在遇到特殊困难时，才会在治疗中有所改变。这种正性移情之下，常常隐藏着难以证明的潜在敌意。隐藏良好的部分原因是：这些病人精于寻找辅助性移情人物来投射他们的仇恨。而且，这种理想化看上去像一种升华，满足了病人的自恋。另外，将移情人物分裂开来使得病人能够始终将分析师置于理想化状态中。一旦分析师将这种理想化移情作为阻抗来分析，阻断病人的神经症性移情满足，那么，病人的理想化移情终将幻灭，而显露出巨大的愤怒和仇恨以及偏执性猜忌（Klein，1952）。正是理想化移情掩盖了这些负性情感，这种防御性移情也阻碍了负性情感的彰显。

在所有的移情性阻抗中，高度自我协调的移情反应很难受分析性解释所影响。其特征是病人对待分析师的方式是其对待他人的习惯方式，这是一种性格性防御。典型的例证是强迫性人格，这种病人隔离了日常生活中的各种情感，只生活在自己的思维和想象中。这种病人对所有的情感反应有着深深的阻抗，所有自发的情感都会被看作危险。与人交往时只根据理智行事，认为只有控制和理性才是可靠有用的。

在某些案例中，这种习惯的人格方式已经是如此深入生活，以致分析师感觉自己面对的是台已编程的电脑。费尼谢尔（1945a）称这类强迫性人格的病人像"冻僵"了一样，分析师要用数年的时间去"解冻"。有一些刻板而冷漠的强迫性人格病人，其神经症掩盖着巨大的原始焦虑，使得精神分析治疗无法触及。我的经验表明，在这种强迫性控制之后存在着潜隐的、偏执的内核。我还认为：这些病人不适合精神分析治疗，但应接受其他形式的心理治疗。分析师坐在躺椅上之后，适时干预，这样的形式恰恰迎合了病人隔离情感和穷思竭虑的企图。这种病人对于较多约束、面对面的治疗似乎效果更佳。

经常惯于付诸行动的病人同样会形成难以处理的移情。这里再次强调：上述那组有冲动控制障碍、依赖以及精神病性症状的病人，更易产生持续的付诸行动。色情化移情的病人也同样经常付诸行动。第二卷有关付诸行动的章节，将对此类病人做更深入的讨论。

以上这些案例对难处理的移情来说只是挂一漏万。例如，我回想起有位病人的难处理移情，他对同性恋十分畏惧，使他无法对我产生认同，因为他感觉对我认同等于受到同性的性侵犯。数年里，他的这种移情性阻抗很难改变，直到后来我能理解并且也使他理解了这种潜在的焦虑。

以上案例阐明了一些临床技术问题，在多数情况下，难处理的移情是由分析师对病人的移情能力的错误评估所引起。这些病人无法形成工作联盟和移情性神经症。在某些案例中，工作联盟尚能建立，但受到移情性神经症的侵蚀而溃不成军。在另外一些案例中，工作联盟貌似存在，但实际上只是伪装良好的移情性防御。上述案例中，病人形成客体关系的能力和自我功能都存在明显的缺陷（参见 3.4 和 3.5）。

2. 技术上的失误

谈论技术失误总归不免尴尬。讨论他人的失误，会让人觉得吹毛求疵，而讨论自己的失误也常有虚伪卖弄的风险。但是，谈论技术失误也终难规避，因为这并不少见。而且，就我的经验来看，相比其他途径，分析师可以从技术失误，特别是自己的失误中，获益良多。

（1）偶然失误

造成难处理移情的技术失误，常常不知不觉、反复出现，形成失误的原因也非一日之寒。但是，偶然出现的低级错误可能会干扰移情的形成，但因为它们易于发现，所以造成的损失通常是暂时和可修复的。如果这种偶然失误的后果并非如此，那么常常提示应更换分析师或更换治疗方法。

对于偶然失误，我想起在我的执业早期，有一次我没有识别出病人对我的敌意移情，当时她对无能的内科经治医生发泄不满，而对我却充满了性渴望。我将这种情景解释为她抱怨无能的母亲，同时又爱慕有性吸引的父亲。病人理智地接受了这个解释，但就在接下来的每一次治疗中，她的自由联想中都反复出现一个无能的或装模作样的助人者，如老师、医生等，同时仍保持对我的性渴望。当时，我并没有意识到这些重复出现的联想素材，也没意识到解释的不确切。最终，病人变得很难继续工作，没有梦境，少言寡语。当我试图对她的阻抗工作时，她似乎很不情愿，一旦当我坚持，她就会突然大怒并奚落道："你就会唠叨说我不工作，但为什么不从你的象牙塔里走出来，自己做点什么呢？难道那会弄脏你那百合花般洁白的手吗？"

这时，我才意识到我之前从来没有识别出病人对我的敌意，它是与对我的爱意交相辉映的。我还意识到病人自己早就对此有所知觉，因此，我的无知增添了她的愤怒与嘲讽。在停顿一会儿之后，我对她说："我想你在生那个笨医生的气，在最近的每次治疗中出现的那个笨拙的、装模作样的助人者。在此之前，我从未辨别出他是谁，现在才知道那是我。"病人对这个解释既惊愕又不屑，自我解嘲道：她的愤怒和轻蔑不是针对我的，但后来她不得不承认对我的麻木不仁十分反感。她感觉我要么害怕，要么讨厌，因此不屑去探究她的问题。

在这次治疗的后期，我对病人说：即便我没有完全识别出她对我的愤怒，但我仍非常想探究是什么使她对我如此愤怒。一个有着"百合花般洁白双手"的人，能让她脑海里出现什么想法，我让她开始自由联想。我的语言和我的态度似乎有效，病人能够开始进行自由联想了。在之后的治疗中，她的联想开始出现一直隐藏着的父亲的形象，她仰慕、嫉妒和鄙视那个有贵族气质的、傲慢的父亲。之前，我对这个方面的忽视和失误对分析进程造成了轻微的延迟，但除此之外，尚未造成其他的不良影响。

此处，我对如何处理技术失误有几点看法。首先，要留有机会允许病人对失误做出反应。为了消弭病人的反应而匆忙致歉，或闭口不谈以致病人胡乱猜忌，都将错上加错。有错必纠，但承认错误必须有利于治疗或为了获得更进一步的素材，而不是一种安抚或调解。在上述案例中，我没有正式地道歉，因为不必拘礼，也不涉及职业品行，技术失误在所难免，那不是十恶不赦，我很抱歉造成了治疗中病人不必要的痛苦，但这也是治疗必然的风险，不可能完全消除。

我并不是想抵赖失误，那确实是我的问题，需要我自己处理，我并不认为应让病人接受我的忏悔，病人不应成为我的治疗师。我试图用语言、语气和态度向病人表明，我想就他对我的失误的反应进行工作，就像对待发生在病人生活中其他人的失误一样。我对此素材的探究也应像对待其他素材一样彻底，但不必过度。我相信上述例子中处理失误的简要描述，已能够说明我的基本立场。

（2）反移情过久导致的失误

在处理移情时，最严重的失误是：隐晦的、长时间的技术失误未能被分析师觉察。原因可能有两个：①反移情；②对病人的误解（基于反移情之外的原因）。

当分析师潜意识地将病人作为其早年经历中的重要人物时，就自然会出现反移情，因此有可能造成失误。反移情是分析师对病人的移情反应，是病人移情的对应物。反移情指的是对病人的移情产生的对应的情感反应，意味着类同和对应，不是对抗（counteract）或反击（counterattack）。反移情不被识别会导致分析师对病人持续的、不恰当的行为，分析师可能经常理解错误，或有意无意地奖赏、诱导或纵容。我再次说明，这些将在第二卷中做更为详细的讨论，此处我将用一个简短的案例来说明要点。

> 我曾给一位学员分析师做过好几年的督导。他是一个相当有能力和潜质的学员，督导案例的治疗进展顺利，我们也很享受督导的过程。一天，这个受训者告诉我，他在治疗另一个未督导案例的女病人时有困难，他已给她治疗好几年了。她对他有种顽固的、很难消弭的敌意移情。我们用了几个小时讨论了这个病人的治疗。病人是一位年轻美貌的女性，患有强迫性人格障碍，有明显的理智化倾向，带有显

著的肛欲期反应的特征，以及强迫－冲动的假性性冲动。我的第一印象是：这个受训者能较好地理解病人，在这个案例中，主要的技术手段也应用得当。

接着，我注意到，与正接受督导的其他案例相比，受训者向我报告此案例时，不得不频繁地查看他的笔记。他主动地说道：相比其他案例，他更难记住这个案例的细节。然后我注意到他的其中一个策略，他之前从未使用过，即当病人沉默后开始说话时，他会打断她，说道："你确信这是你真正想说的吗？"我指出这话里暗含着指责，他似乎暗示她可能正有意识地扭曲素材。另外，他经常性的打断阻碍了她的自由联想，也许如果他能静观其变，就能更好地了解她是否真的在回避。受训者听后，脸微微泛红，不好意思地说记不清自己是否真的这样对病人说过，也许是报告案例时有误。我当即意识到对这个案例的督导不像前一个案例那样令人愉快，对我们双方都是。

当受训者继续描述工作细节时，我觉察出他的一种倾向：用沉默来应对病人的沉默。他的语言生硬且简短，指责她付费拖延或顾左右而言他时，十分严厉。简要地说，当时分析治疗的气氛拘谨而严厉，甚至有点苛刻和残忍。我还意识到病人的敌意怀疑和轻蔑的反应与受训者的态度很相像，也许是对受训者态度的一种反应，我感觉这个评价可能是正确的。我问自己，如果一个人对待我就像受训者对这个病人一样，我是否会言听计从、委曲求全、心悦诚服？这不是应有的治疗态度，不是医生帮助病人的情景，只是两个愤怒者之间的针尖对麦芒。

我尽可能委婉地告诉受训者，我感觉他不喜欢病人，他更像在与她争斗而不是治疗。我不希望或不想让他告诉我他的行为的原因，但我希望他能因此寻求对自己的分析。当时受训者不能自已，脸色苍白，停顿了一会儿，突然流着泪说：他最近已经开始质疑自己。他意识到如果那个病人取消治疗，他会觉得开心，并且他会有意无意地缩短她的规定治疗时间。还有，他经常梦到她，在梦中她与治疗师姐姐的形象混在一起，而姐姐在儿时曾使他的日子很凄惨等。

重点是：这个敏锐的、有潜质的学员几年来一直无意识地、失误地治疗病人，将其童年遭遇在病人身上进行了偿还。他对病人的反移情使他的富有同情丧失殆尽，转而成为一个严厉惩罚的对手。结果，病人形成了一种对应情感，部分基于她自己的移情，部分基于对潜在危害的现实反应，最终形成难以处理的移情反应。这个学员后来接受了另一位督导师对这个案例的定期督导。显然，解决了他自身的问题之后，这个案例的治疗富有成效，当时也曾考虑过更换分析师，但许多因素排除了这种可能。在 3.10.4 中将对此类问题深入探讨。

（3）其他技术失误

在处理移情时，尽管反移情通常最常见，也最难被觉察，但它不是导致重大技术失误的唯一因素。而缺乏对病人详细的了解和对理论知识掌握不够，以及对病人的背景文化不熟悉也有可能会导致同样的失误。我回想起多年以前，曾听一位同事描述他在处理一位女性病人时持续的困难。对我来说，他的假设是建立在俄狄浦斯期的水平之上的，尽管临床素材很明显，但他没有任何对性前期病人与母亲关系的识别或觉察。当我向同事指出这一点时，他告诉我说他从未读到过这些理论"新观点"，自己也从未从这方面进行分析过。几年以后，他遇见我时羞愧地告诉我，他又接受了一段时间的训练，并且也进行了更广泛的阅读，现在意识到当初在治疗病人时是多么无知。

我在不同的场合经常参加案例报告，在我看来，治疗师中有些人受到错误理论体系的误导。我听说一位年轻的女性病人长时间地被她的治疗师操控，而那个治疗师坚称他这么做是为了避免她的退行性依赖。他相信这不仅有必要，也可以缩短治疗时间，治疗结果不会比"正统"的精神分析差多少。他视自己为"革新派"分析师，号称"新弗洛伊德主义者"。对于这个女性病人，他的技术是不允许她长时间地沉默，治疗中给予了大量的安慰、保证和鼓励，以此消除她的阻抗，在意识层面，他力图使治疗氛围生动欢快。通过这种方式，他感到很成功。可是，病人开始对他形成色情移情，在我看来，这种生动的、安慰保证的场面无疑是一种挑衅和调情。

后来这个病人与一位年龄大她许多的男人发生性事，并且向她那思想传统的父母公开此事，治疗师对此表示祝贺，对她行为中的乱伦倾向和攻击欲望丝毫没有解释。治疗师坚持认为她发展出了一段正确的情感经历，这相对于她之前的性羞涩，是巨大的进步。他没有看到自己的操纵作用，出自他自身本能的需要以及对精神分析的敌意。他也没能识别出病人的乱交行为并不是真正意义上的独立，而是某种形式的对他的顺从，是她的色情移情的付诸行动。在那次案例讨论之后，我再也没有听到有关这个病人的后续消息，直到几年后从报纸上读到她异常越轨的消息。

我见过一些病人，在所谓的"精神分析师"那里治疗多年，他们离经叛道的理论和技术体系与经典的精神分析相去甚远。有时，病人只是出现了"移情性痊愈"，这些病人只要能保持正性移情，表现就相对良好，而当移情改变时，痊愈的表象就会分崩离析。不幸的是，移情的改变是必定会发生的。有一次，像格洛弗（1955）书中所描述的那样，我见到了因为不准确的解释而导致的人为的强迫性神经症。有时没有被充分分析的病人，还会倾向于将其正性移情投注在他们的分析师所属的治疗流派理论上。这些病人会变成某种心理治疗理论的狂热鼓吹者，毕其一生试图让他人接受他们的新信仰。他们炫耀而一知半解地使用精神分析术语，不断用行话来显示与圈内人士的亲密，以及虔诚地游说新的皈依者，以此来见证他们唯一正确的信仰。所谓某种形式的精神分析的"忠诚卫士"和"盲目追星族"一样，都是某种未解决的移情的受害者。这些人的思想和灵魂的真正独立只能来自对移情的彻底分析。

在讨论因失误而导致难以处理的移情的最后，我想简要提一下对病人特殊文化背景缺乏了解而导致的失误。我回想起我第一次治疗一个南方黑人时所遇到的许多移情困境。可想而知，我们文化背景的差异，导致了移情和反移情的复杂化。病人的移情情感除了来自家庭的特定客体之外，同时也来自对白人的总体抵触。加上我自身对南方黑人的看法，使得情况更为复杂。然而，现实的障碍是我对南方黑人文化的不熟悉。在评估病人反应是否恰当时常常如雾里看花，因为我经常无法辨识分析场景中现实与想象的区别。

例如，病人的幻想内容包含着对我的高度怀疑和排斥。在相当长的时间里，我没有意识到每次他来我诊所，犹如赴鸿门宴。他感觉周围人群、附近的警察，甚至大厅和电梯里的其他人都充满敌意。这种感觉使想象油然而生。这不仅是针对我的移情反应，也不仅来源于早年他对父母的情感，在某种程度上来自于现实社会认知及其周围人身上的实际经历。开始时，我感觉这种反应莫名其妙，因为我体验不到他生活中的这一特殊方面。

我在控制解释的度的方面经常犯错，因为我把握不好他的反应中焦虑或敌意的程度。我的共情能力大大地受到限制，因为我不了解南方黑人的整体历史中某些特殊的冲突体验。当我解释病人的某个梦中经过伪装的性客体其实是我的妻子时，我没有意识到自己当时被激起的强烈的焦虑。不仅仅因为她是我的妻子，一个母性人物，还因为她是一个白人女子，绝对是黑人应当避讳的交往对象。我也不仅是一个父性人物，而且也是个强大的白人男子。

这个错误和其他许多的错误导致的结果是，病人在数年内一直保持温和的、顺从的移情反应。之后，我逐渐熟悉了他的文化背景，我的共情能力不断提高，他开始产生足够的信任，允许自己形成真正的、强烈的移情。

以上展示的是一个极端的例子，说明了对黑人病人文化背景缺乏了解会影响对移情的处理。而当我试图分析一位英国贵族男性时，也会有类似的困难，但也许不至于那么严重。我曾见过一些病人经历数年分析但收效甚微，因为他们的美国文化背景对于他们的欧洲分析师来说完全是陌生的。我相信多数分析师都会意识到这种差异，需要转诊时会特别挑选那些与病人文化背景相符的分析师。有时受条件限制无法转诊，那么，分析师必须对文化问题高度敏感，给予特别的关注。如果分析师对之熟视无睹，想当然地夸夸其谈，那么将会对分析造成巨大的损害。

3.10.4 转诊问题

对难以处理的移情和技术失误的讨论将引出一个话题：何时转诊？这个问题既复杂又敏感，相关的文献论述极少，而分析师则经常私下议论。因为移情和治疗困难常常会导致转诊，所以我们至少要清楚：在对可分析性、分析师的选择和反移情等问题讨论完成之后，有必要对转诊进行深入的探讨。

分析师们极不情愿接受这样的事实：自己不可能成功地治愈所有的可被分析的病人。这种不甘心部分是因为儿童期残留的全能感在作祟，同时这种无奈也有可能出自分析师的性别和气质不适合分析病人的移情反应。确实，传统意义上移情的定义强调了移情起源于病人。不过，自体心理学理论更深入地澄清了分析情景在促成移情反应形成上的作用。分析师的人格和治疗风格是分析情景的关键部分，直接影响移情反应的整个过程。换言之：移情是病人过去的移置，但分析师是移置投射的最佳屏幕，是治疗过程中的主动参与者。分析师的个人特征与能力将影响病人移情的次序与强度，以及对分析移情的合作程度。

令人惊讶的是，尽管多数分析师认为与某些病人工作比另一些病人更为得心应手，但他们很少将这种不同与转诊的必要联系起来。格洛弗对这个问题的问卷调查显示，分析师们各持己见（1955）。对于受培训的学员相对不同，根据美国精神分析协会对受训者的规定，如果学员与首位教员培训师合作不善，他有机会与第二位培训分析师一起工作。也许，年长的、有经验的分析师更能意识到自己的局限性。

在转诊时，我们需要考虑：首先，确定病人是否可被分析，否则就应考虑改变治疗方法，而不是转诊。其次，如果治疗解释在很长时间内对移情的改变效果不佳，即遇到了难处理的移情，或重要的移情反应没有形成，此时有必要考虑转诊。正如格洛弗指出的那样，什么是"足够"长的时间不易断定。我认为不应轻易放弃，也不能因为固执己见而耽搁病人。

最后，如果分析师重复出错或某种失误造成了不可挽回的局面，此时必须转诊。上述不同的情况经常彼此重叠，无法区分，即：技术失误导致治疗困境，或者由于分析师的某种特征而使病人难以被分析等。

我的经验使我形成如下转诊原则：治疗 4 年以上的病人，我都要从是否需要转诊的角度审视。如果不是即将准备中止治疗，我都习惯性地会考虑是否转诊。如果可能的话，那么第二次返回分析治疗的病人应该找一个与之前的分析师的性别与人格不同的新分析师。

对于那些在童年早期丧失父母的病人，分析师的性别会特别关键。这些病人常常需要与和失去的父母性别相同的分析师一起工作，否则，病人往往会在治疗之外，使用辅助人物来作为补充性移情对象。如果反复地解释补充性移情，也会有可能将这些移情重新定位于分析师。不过，如果分析师与移情产生的原始客体在人格特征上相去甚远，那么情况就非如此。例如，我的许多病人很难将我当成可恨的母亲来对待，虽然其中的一部分最终能做到这一点。有一位病人，自小丧父，就从来不能将我当成可恨的母亲，只能对其他人物产生类似的情感。问题的另一面是：当分析师与移情产生的原始客体在人格上非常相近时，也可能使移情难以处理和无法分析，这同样需要转诊。格莉特·比布林（1935）和格里纳克（1959）曾提出这个观点。

3.10.5 培训中的准分析师

正接受精神分析培训的受训者的移情现象，因为受多个因素的影响，显得特别复杂。首先，教师在受训者的专业教学上有着现实重要性和权威性。教师对于学生学习方面的回应，是默许还是口头的，都将被感知为重要的满足或惩罚，都将涉及移情。另外，培训教师通常还是学员的指导、督导和其他学员的教师，因此会演化成兄弟姐妹间的竞争情景。通过教学和传授，培训教师向受训者展现了他的人格特质，降低了教师的匿名性，减少了移情产生的促发因素。最后，培训机构本身也可能对移情的产生具有一定的意义（Kairys,

1964)。

对于培训机构中学员的分析治疗，学员在意识层面的动机主要是学习知识，因此相应的各种情感也进一步复杂化了。大部分受训者根本不认为或者否认自己需要治疗，因此他们表现得很正常，对此毫不怀疑，他们的反应成了一种防御。在分析中，急迫而痛苦的情感的缺乏会长时间阻碍移情性神经症的形成（Beider，1950；Gitelson，1948，1954）。另外，学员潜意识中的逢迎倾向使之较易于与培训教师产生认同，这种状态会形成进一步的阻抗。而且，对教员的负性移情也易于缺失，或负性移情经由辅助性移情人物所表达。学员的所有这些反应容易激起分析师自己的反移情，使得受训者治疗中的移情现象无法达到移情现象应有的程度，也不能像对待常规分析治疗中的移情那样进行处理。因此，许多培训教师建议受训者在结训后，寻找另一位分析师重新进行分析治疗（Freud，1937a；A. Freud，1950a；Windholz，1955；Greenacre，1966a 以及补充阅读材料）。

补充阅读材料

The Historical Development of the Concept of Transference

Hoffer (1956), Krapf (1956), Orr (1954), Servadio (1956), Waelder (1956).

The Nature and Origin of Transference Reactions

Fairbairn (1958), Greenacre (1966b), Guntrip (1961, Chapt. 18), Hartmann, Kris, and Loewenstein (1946), Klein (1952), Nunberg (1932, 1951), Segal (1964, Chapt. 1).

Early Object Relations

A. Freud (1965), Greenacre (1958, 1960), Hoffer (1949, 1952), Mahler (1963), Spitz (1965), Winnicott (1957).

The Real Relationship between Patient and Analyst

Alexander, French, et al. (1946), de Forest (1954), Ferenczi (1930),

Weigert (1952, 1954a, 1954b).

Acting Out of Transference Reactions

Altman (1957), Ekstein and Friedman (1957), Kanzer (1957), Rexford (1966), Zeligs (1957).

Working Through of Transference Interpretations

Greenson (1965b), Kris (1956a, 1956b), Novey (1962), Stewart (1963).

Problems of Training Analysis

Balint (1948, 1954), Bernfeld (1962), G. Bibring (1954), Ekstein (1955, 1960a, 1960b), A. Freud (1950a), Gitelson (1954), Glover (1955), Greenacre (1966a), Grotjahn (1954), Heimann (1954), Kairys (1964), Lampl-de Groot (1954), Nacht (1954), Nacht, Lebovici, and Diatkine (1961), Nielsen (1954), Weigert (1955).

第4章
精神分析情境

前面，我们讨论了对阻抗和移情的分析，现在似乎顺理成章地可以把精神分析情境作为讨论的焦点了。对精神分析情境的探讨，给我们提供了一个从更好的角度重新审视之前章节中已讨论的治疗技术和治疗进程的机会。通过将病人、分析师和设置三者相互联系，我们或许可以领略到精神分析情境本身作为一种治疗理念的独特魅力。而且，也给我们另一个契机：从病人、分析师和设置三要素间的复杂相互作用来理解治疗。这三者相互独立又相互依存，分别探索构成精神分析情境的这三个要素想必是相当有益的。然后，我们应该可以回答：每个要素各自在治疗中的作用是什么？它们又是如何互相影响以及影响精神分析结果的？（Stone（1961）关于这一主题的著作具有整体的参考价值）

4.1 精神分析治疗对病人的要求

4.1.1 动机

只有当病人具有强烈的动机时，才可能在精神分析情境中全神贯注和锲而不舍地努力工作。病人的神经症症状或不适切的性格特征必须引起足够的痛苦，才能使他们不得不忍受精神分析治疗的严峻考验。而对精神分析充满好奇，想了解分析治疗的操作或想进一步了解自我，都只能使治疗走马观花、流于肤浅，不足以使病人甘愿忍受被揭示后的焦虑和内疚，也不会让他们愿意花费大量的时间和金钱，或者放弃疾病的额外获益和破除奇迹般痊愈的幻想。

近年来，寻求快速的疗效驱使许多病人去寻求短程心理治疗，包括短程精神分析治疗。这一趋势也迫使越来越多的精神分析治疗师在分析治疗时将精神分析和其他心理治疗相混合，这一状况的出现可能是因为：二战后，接受精神分析培训的精神科医生大量涌现，而当时的精神分析培训师却极少，这种状况导致当时的精神分析学界和精神病学界都产生了极大的混乱和冲突。相关书籍可见于弗朗茨·亚历山大和他的追随者们所著的《精神分析治疗》（1946），以及由弗里达·弗洛姆-赖克曼（1950）所倡导的各种短程的、操控型治疗方法，而这些都堂而皇之地被称为精神分析治疗。（对这些尝试的批判，可参见Eissler，1950b，1956）

在我看来，仔细研究各种形式心理治疗的优劣、局限性和治疗效果都是有价值的。在许多方面，对精神分析的修改和扩展也是必要的，能更恰当地满足病人的需求（Gill，1954）。弗洛伊德（1919a）曾预言，有朝一日需要熔合炼出精神分析的"纯金"以适应更广泛的病人。然而，一旦精神分析被篡改成为安抚病人、回避阻抗的工具，或成为治疗师渔利的工具，那么治疗双方都将承受痛苦的结局。

当然，如果病人要求精神分析治疗，但在心理上尚缺乏准备，那么这会是一个完全不同的问题。例如，一些病人可能还没有意识到自己的症状性行为已导致生活的艰难困苦。此时，他们需要一些预备性的心理治疗，以便提高意识，寻求更为根本的治疗。对于提高儿童病人的意识，安娜·弗洛伊德曾做过详细的描述，我相信她的观点对于越来越多的成年人来说也是适用的（Rappaport，1956）。

让我们回到动机这一议题：病人应具有怎样的动机才能参与治疗？病人的痛苦应该足够强烈，以致他作为一名病人进入精神分析治疗场景中。如果寻求精神分析只是出于探究揭秘、职场发展、智力培训或满足猎奇，都应被视为阻抗，需要在预备性心理治疗过程中加以处理。我的观点是，只有当一个人觉得自己已病入膏肓，才能够被深入分析。这样才能甘愿尝试，面对分析情景的林林总总。

治疗师需要始终萦绕在心的是，病人的动机是否足够强烈，以忍受分析过程中出现的剥夺和退行，以承受精神分析情境中病人与分析师之间地位的不对等。但应注意，在精神分析过程中，病人必然要承受痛苦和挫折，并不意味着我们期望他逆来顺受、克制忍让，甚至喜笑颜开。相反，我们期望他确实出于自然，或怒或怨，或忧或嗔。这些感觉或对其的防御都将成为分析的内容。

我们希望病人在不伤害自己或不破坏分析的状态下，能够最大限度地体验这些情感。缺乏冲动控制和需要即刻满足的口欲期性格特征的病人，难以忍受分析情境的煎熬，他们倾向于使用破坏性的付诸行动来中止治疗。而受虐性人格障碍的病人会表现出病理性的顺从，默默地享受分析的苦楚。这样的病人可能经历多年分析而毫无进展，但毫无怨言。自恋性人格的病人将不能忍受与治疗师之间相对亲密的治疗关系，而严重孤独的病人将无法忍受与分析师之间的距离。在第二卷中，我将对上述主题进行更为详尽的讨论。

4.1.2　能力

目前，相比其他心理治疗方法，精神分析对病人的要求更加严格，而且更为多样。这不仅仅是因为精神分析过程较长，对病人而言，在分析情境中不得不忍受剥夺、挫折、焦虑和抑郁，而精神分析之所以对病人如此要求，是因为分析治疗的技术和进程要求病人在一定程度上具有一些相互对立的自我功能，他能够持续地、反复地在这些对立功能之间自由分离、自由融合。

分析治疗要求病人的自我能够：①退行并成长；②被动并主动；③放弃控制又保持控制；④放弃现实检验同时又保留现实检验。要想具备上述能力，病人的自我功能必须具有弹性和灵活应变，这看似与神经症病人的自我功能相矛盾。然而，可被分析治疗的神经症病人应具有如下特征：自我功能的缺陷一定程度上仅限于与症状和病理性性格相关联的部分；除去症状和性格缺陷部分，病人其余部分的功能相对保持良好（Hartmann，1951）。

因此，只要不触及神经症性冲突的核心，可分析的病人将有能力执行上述相对立的自我功能。由于神经症性冲突持续寻求释放，上述对立的自我功能中的某部分将最终卷入神经症性冲突并受到侵蚀，从而在分析过程中以阻抗的形式呈现。此时，部分自我功能将失去弹性和灵活，而呈现僵化和不适切，甚至出现部分自我功能的暂时丧失。

例如，病人会无法自由联想，无法在初级过程思维层面退行，言论局限，谈吐逻辑有序，或叙述具体经历时，赘述散漫，而且毫无察觉。

精神分析治疗需要神经症病人的自我具有足够的灵活性，能够在对立的自我功能间分合自如，同时在神经症性冲突的压力下也能委曲求全。随着治疗的进展，自我功能应能不断增强其灵活性。现在，让我们通过解释分析过程中的技术和进程，来理解分析情境对病人能力的要求。

为了促成自由联想，病人必须能够部分和暂时地中断与现实世界的联系，但同时又必须能够提供确切的信息和记忆，叙述须能被理解。要做到这一点，他的自我就必须能够在初级过程思维和次级过程思维之间来回切换。病人必须能让思维随着想象自由漂浮，同时竭尽所能地用可理解的语言和情感来交流。因此，他必须具有一定的心理学头脑（psychological minded），以便揣测分析师的理解能力，适切地交流。病人还须能倾听并理解分析师的言行，适时自由联想。病人的自我必须具有足够的弹性，才能灵活地退行，并且能够及时从退行中恢复（A. Freud，1936；Zilboorg，1952b；Loewenstein，1956，1963；Bellak，1961；Kanzer，1961；Altman，1964）。病人也必须具备一定的与分析师合作的能力，同时允许自己在退行中对分析师爱恨交织。简言之，病人必须具有在工作联盟和移情性神经症之间转换的能力。在客体关系领域，意味着病人能够在退行和前行的波动中对客体形成不同的内部成像以及二者的混合。

病人必须有能力承受分析治疗过程中出现的不确定、焦虑、抑郁、挫折和屈辱，而不诉诸破坏性行为。要求病人在分析时沉浸在自己的情绪中，真切地感受体验，但不可降低理智或灵魂出窍。无论如何退行，在分析结束时，应能及时返回现实，适应环境，以免将治疗浸渗于日常生活的某些方面。但同时，病人须能在治疗以外的时间里仔细反刍，回味分析过程中的感想，并将治疗所得转化为新的、有意义的领悟、联想、记忆和梦境。

我们还要求病人在治疗期间，不要对现实生活做重大的改变。除非这种改变十分必要，并且经过详细分析。为此，他必须能够耐心守候、延迟满足，同时又不向无奈和失望屈服。（在对分析师的培训中，这尤为重要。）精神分析要求病人能够尽量自然、坦诚地对待自己和治疗师，同时又要将自己的特殊体验有意识地带入分析情境中。这些都要求病人的自我功能既对立，又统一；既是自我的体验者，又是自我的观察者；既是消极等待者，又是积极行动者；既是相对失控者，又是有效掌控者。

为了达到分析效果，病人必须兼备退行和恢复。在退行中追忆和收集素材，在恢复中将之表达。在获取分析师的解释前，病人会首先检验其有效性，自我反思，深入内省和仔细品味，然后消化吸收。这种自我整合功能与工作联盟相结合，使得治疗中的修通成为可能。经过治疗，不断的领悟导致不断地重新定位和重新调整（E. Bibring, 1954）。

4.1.3 人格特征

病人进入分析治疗，除了动机和能力之外，还与人格特质和性格特征密不可分。在判定病人是否符合精神分析治疗的要求时，判定其不符合的条件比判定其符合的条件来得更容易些。换言之，精神分析的禁忌症比适应症更容易精准（Freud, 1904；Fenichel, 1945a；Knight, 1952；以及补充阅读材料）。

文献表明，大多数分析师认为：与诊断精神疾病不同，诊断分类系统不适合判定病人是否适宜精神分析治疗。评估病人的可分析性，必须包括对其健康资源和病理性的人格特质进行评估。这一议题将在第二卷中详细讨论。在我看来，病人的可分析性特点与精神分析师所需具备的特点在性质上是相类似的，我更愿意从分析师的角度对此加以讨论。

4.2 精神分析治疗对分析师的要求

在精神分析治疗过程中，分析师在技术操作上应该能够对病人和自己一视同仁，即为了能适当地使用分析技术，分析师必须一定程度地利用自己的心理过程。根据自己脑海中的反映，借此洞悉他人的思维过程。因此，精神分析师的技术能力与自己的潜意识及可被意识自我运用的潜意识的程度是密不可分的。

分析师的确要有较高的智力和常识水平，但利用和领悟潜意识的能力更为重要。所有精神分析师的培训都必须先经过自我精神分析体验，其目的不仅是促使分析师对潜意识有更深的理解，而且有助于辨识自身问题导致歪曲判断的可能。分析师进行个人分析更重要的目的是，通过分析师使自己童年期重要的潜意识内容更能被自己的意识所触及，这些内容包括：内驱力、防御、幻想和冲突以及目前的相应行为。这些内容中的一些也许已经得以解决，一些被修整得更具适应性，而其他则仍具冲突性。对于精神分析实践至关重要的是，分析师的潜意识冲突在治疗工作中应该是可控和可及的。

毫无疑问，冲突的解决程度会影响分析师对分析技术的使用。分析师能否无冲突地实现本能的满足，将影响其自我的能力和自我的功能，以及自我的自主性和适应能力。内部系统中其他心理成分引起的冲突也同样如此（Hartmann，1951）。

分析师的精神分析技术能力源于自己的心理过程，也反映出他的个性和性格。其神经症性冲突的解决程度也会影响他的知识和智力水平。更进一步说，分析师选择精神分析作为职业生涯的动机也会影响他的工作态度，因此对分析师而言，技能、知识、性格和动机都是举足轻重的要素。它们相互关联，与精神分析师的意识和潜意识的情感、内驱力、幻想、态度和价值观休戚相关。然而，为了清晰地表述，我人为地将这些因素划分为三组：技能、特质和动机。如果你试图解答：精神分析治疗对精神分析师有何要求，请参阅埃拉·夏普（1930，1947）、斯通（1961）和格林森（1966）所写的关于此主题的两篇文章。

4.2.1 技术要求

1. 理解潜意识的技巧

精神分析师必须具备的最重要的技能是，将病人意识层面的思维、情感、幻想、冲动和行为转译为潜意识原型。根据病人在分析情境中话题背后的含义感悟出完整的主题，这犹如欣赏音乐，必须倾听着主旋律，同时辨识出隐匿的曲调（潜意识）变奏。分析师须连接支离破碎的零星画面，破译出相关联画面之间潜意识的密码。

> 我来举一个典型而简单的例子。一位年轻人在他的治疗时间里，诉说他对姐姐盥洗习惯的愤怒和厌恶。姐姐盥洗时门常虚掩着，因此他会有意无意地瞥见她那裸露的丰满乳房。他也能听见盥洗室内姐姐如厕时令人作呕的声音。当他随后走进浴室时，尽管屏住呼吸，但仍然能闻到她的体味和香水的混合气味。浴缸边散落着她的头发，所有这些都让他有种想要呕吐的感觉。我们可以看到，虽然他在意识层面充满愤怒和厌恶，但显而易见，实际上这位年轻人对他姐姐的身体有着性兴趣。他将她身体的不同部位含在口中的潜意识象征让他觉得厌恶和恶心。他并不是因为她的身体而气愤，恰恰相反，是因为她激起他的兴奋而恼怒。

那么，为什么会这样解释呢？如果我们还记得童年期经历的话，就应该能够记起或很容易想到盥洗室常常是儿童寻求感官满足的场所，同样窥视也是童年的乐趣之一。姐妹或母亲对于男孩具有性的诱惑，随着发育成熟，把逐渐形成的厌恶作为屏障，以此来防御。一个人不会"不经意地"看见虚掩着的门背后的动静，除非有意而为之。被禁忌或可遇不可求，可以导致极具吸引或者深恶痛绝，这看似相反但两者相通。盥洗室的声音除非存心细听，否则不会注意。浴缸中的头发会激起对身体其他部位毛发的幻想，同样，只有当感觉口中有异物时才有想吐的厌恶感。

通常，作呕是看到或想象令人厌恶的身体部位的反应。儿童和成人都会有想将喜爱的物体放入口中的强烈冲动。孩子更会公然地、有意识地表现出来，而成人则表现得更为隐晦或有意无意。不恰当的厌恶常常提示：想要触摸或吞含被禁忌的"肮脏的物体"的压抑冲动。

如果分析师能从自己的身上得出类似推论，在倾听这位年轻人的同时就不难联想到其背后的含义，直至相关的潜在记忆或幻想。在此案例中，稍加联系，我们就能发现对姐姐的身体、浴室场景和声响的特有联想，以及对过去类似情景特有的厌恶反应，使得分析师能很快地联想到其隐藏的冲动和幻想。分析师为了确定自己的联想是否与病人的实际情况相符，还需要从参与者转变为观察者，从共情转变为内省，从思考转变为直觉，以及从更多的卷入转变为更为分离的态度。

为了达成这种转变和波动，分析师应当运用均衡的悬浮注意（evenly suspended attention）来倾听病人的叙述（Freud，1912b）。在这种状态下，分析师既要独立思考，又要参与病人的思维过程，并且根据需要随境转移。费伦齐（1928b）、斯特巴（1929）、夏普（1930）、瑞克（Reik，1948）和弗利斯（Fliess，1953）描述过这种观察者和参与者之间的转换能力。

在上述引用的案例中，我一边倾听，一边任由自己的联想自由驰骋，随着感觉揣摩病人言行背后的潜意识含义。下面我将描述另一个案例，展示一系列复杂的心理过程。

在治疗中，一位女性病人叙述了前一天晚上她与丈夫不太满意的性爱过程。她与丈夫做爱时有很强的性欲望，但不知怎么回事，她却没达到性高潮。她不确定是什么原因，开始时她与丈夫的行为都和以往没什么不同，她的丈夫深情地吻她，然后开始不太对劲了。丈夫的手指和嘴唇轻划过她的肌肤，并爱抚她的乳房，此时她的兴致却骤然消失。病人在描述她的窘况时，听起来既懊恼又难过。紧接着，她的联想转换到最近的一次晚宴，悲伤似乎增加了，联想也继续不下去了，陷入了沉默……

我不理解她的沉默和悲伤，于是我让她退回性爱经历那一段，并且追忆当时她的思绪。她伤心地说，还是那些情况，这不是她丈夫的错，他是体贴的、充满激情和温柔的，所有这些通常她都很欣赏。"他甚至刮了胡子，脸颊很光滑。"她补充道，微笑了一下，又叹了口气，接着就开始哭泣，泪从脸颊滑落。我迷惑不解，迅速地回顾着她的叙述，但毫无头绪。我又回想前一次的治疗内容，也仍然一头雾水。我原以为我们的治疗关系一直保持良好，但现在隐约感到我正逐渐远离她。

我改变了倾听方式，从旁观者的倾听转变为设身处地的倾听。我让自己的一部分成为病人，切身体验她的经历，然后反思事件发生时自己可能存在的感受。此处，我试图描述分析师与病人共情时的心理历程（Fliess，1953；Schafer，1959；Greenson，1960）。我让自己亲历病人描述的事件，使自己设身处地体验这一时刻她似乎正在经历的体验和情感。我按照病人的叙述，并根据她的个性将其叙述转化为画面和感受，然后将这些画面与她的既往经历、记忆和幻想相连接。由于我对这位治疗多年的病人比较熟悉，因此我能根据她的音容笑貌、举手投足、待人处世，及其愿望、情感、防御、观念和态度等组成相应的行为模式。基于病人的这种行为模式，我身临其境地去捕捉她经历中的感受，这样我使自己成为病人，由后台转至前景，而将自己的其余部分暂时淡化和退出前景。

当我以新的姿态再次回顾病人所描述的事件时，一些想法浮出水面。如她所述，她的丈夫用亲吻"沐浴"着她。这对于旁观者而言，并不能引起特别的注意。然而，当我成为病人本人时，童年时的景象闪现在脑海中——与父亲一起淋浴。她父亲平常脾气暴躁，很少关心她，共同淋浴是她对父亲的记忆中仅有的少数欢乐场景之一。她的父亲毛发浓密，看起来既性感又恐怖。她清晰地记得当父亲吻她时那扎人的胡须。病人最后含笑补充的话语又萦绕我的耳边："他甚至刮了胡子，脸颊很光滑。"起初，我以为这象征她的母亲。现在，我才意识到胡须刮得干净、充满爱意和温存体贴的丈夫的亲吻，唤起了相对的情景——对性感而粗暴的父亲的性的欲望。这些想法保留在我脑海中，再联想到那场晚宴，她的同桌男性张着嘴咀嚼满口的食物——这是她厌恶的父亲所具有的一个特征。现在，我确信我的共情帮助我揭示了病人性生活过程中的潜意识困扰。丈夫的吻唤起了潜意识中对父亲的爱恨情绪，使她无法达到性高潮，也因此面对丈夫光滑的脸颊泪流满面。

这一临床案例演示了一个很有价值的方法，用以理解病人微妙而复杂的潜藏情感。共情意味着分享和体验他人的感受。分享指的是分享情感的性质而非数量。共情指的是对病人的切实理解，而非对自己能与病人产生共鸣而沾沾自喜。本质上，共情是一种前意识现象，可以有意识地启动或中止，也可以悄无声息地自动发生，与其他人际关系相依相随。共情的基本原理是，部分地、暂时性地与病人产生认同，这种认同建立在分析师对病人全面了解而形成的对他行为模式的推测基础之上。

通过治疗师的共情将病人的行为模式转至前景，并将治疗师自己的主观和特定的思绪隐入幕后，此时病人的语言和情感能使治疗师身临其境。病人的行为模式与他的思绪、情感、记忆和幻想都在治疗师身上应验。在上述案例中，"沐浴"这个词唤起了模式中的关键情景——与父亲共同淋浴的记忆，以及联想到父亲的毛发和胡须——一个"啊哈"的经历。"啊哈"表明参与病人行为模式的自我，即观察自我正在提醒分析性自我，而分析性自我可以判断潜意识内容的含义究竟是什么。

这涉及如何应用直觉，而直觉与共情密切相关。共情和直觉都是快捷而深入地理解病人的必要手段。共情使分析师与病人在感情和冲动层面建立紧密联结，直觉则是在思维层面异曲同工。共情容易唤起情感和景象，直觉则会产生"啊哈"顿悟，表明你切中要点，或对失误的猛然反省。

在这个临床案例中，共情使我隐约感觉与病人渐行渐远，同时，共情又使我从她丈夫的亲吻沐浴画面转至与父亲同浴的景象。同时直觉告诉我，我的思路是正确的，然后继续从多毛联系到扎人的胡须、光滑的面颊及其后的哭泣。这些共情保证了治疗的正确方向。

共情具有体验自我的功能，而直觉似乎更具观察自我的功能。这两种现象可以互为因果，也可以交互融合。共情具有更高的情感要求，需要情感的卷入，同时自我功能和客体关系方面须相对成熟，要具有控制和逆转退行的能力。这一点在某种程度上与艺术家的创作体验相类似。而直觉对情感的要求相对较少，直觉是对事物逆向的推测，是从结果推断原因，是琐碎的信息聚集到一定程度时产生的顿悟，其本质是一个思维过程。

具有共情和直觉是把握潜意识含义的基本能力，分析师应二者兼备且融会贯通。共情的能力是对分析师的基本要求，因为如果缺乏这项能力，几乎一事无成。直觉的能力使分析师更加机敏，但缺乏共情的直觉有可能产生误导或只是分析师一厢情愿地天马行空。

综上所述，精神分析师所需具备的技能都与前意识和潜意识过程有关。我们会问：精神分析的理论和操作知识在精神分析情境中又起着什么样的作用呢？虽然熟悉和运用潜意识是精神分析治疗最重要的工具，但精神分析的理论知识同样也是不可或缺的。我们都知道，就熟悉和运用潜意识而言，每个人都有自我无法洞察之处，也没有人是完全或完美地被分析过，因此对自己了如指掌。而且，人的本能与防御的平衡，自我功能以及反移情与工作联盟的互相制衡也可以是此消彼长或变幻莫测的，所有这些都会随时削弱自我对潜意识的有效识别。

这样，掌握精神分析的理论知识就显得尤为重要。即使通过共情觉察出某种潜意识现象，也须用理论知识来解释这种特定现象的含义。例如，上述临床案例中通过直觉和共情发现，那位对性生活充满挫败感和为此哭泣的女士，其性兴奋受阻是源于抑制对父亲的性幻想进入意识。此时，临床知识提示：个体意识到乱伦的冲动通常会唤起强烈的内疚从而影响性行为。症状成因的基本理论也有助于解释在分析过程中病人叙述丈夫刮胡子时的悲伤流泪，这意味着病人哀痛丧失原先的挚爱客体——有着扎人胡须的父亲。

在另一个案例中，那位对姐姐的盥洗习惯极其厌恶的年轻人，反向形成的防御机制理论告诉我们，强度不适当的情感有时表明相反的情感被意识所压抑。扎实的理论基础可以使人明察秋毫。对正常性心理发育过程和童年期神经症性冲突的了解，可以帮助我们理解儿童期极其渴望得到的满足是如何转变为成人期强烈的厌恶感，又如何通过补偿去满足外部世界和超我的要求。

共情和理论知识是相辅相成的，或者融为一体的。治疗师应能驾轻就熟，互为印证。共情和直觉让我觉察到那位年轻人对姐姐压抑的性欲望，理论知识则用反向形成的防御原理来解释他的行为，进而验证假设。之后，我又搜寻到病人以前治疗过程中这一主题的相关信息，或者当相关资料呈现时，把它与这一主题相联系，这样进一步丰富理论假设。

精神分析师必须具备神经症理论的专业知识，正如内科医生须具备病理学基础一样（Fenichel，1945a），以便在实际工作中能确认不同病理症候的共同表现，尤其是能确认特殊病症的特殊表现。临床实践、案例研讨和查阅病历，都是提高理论知识水平的有效途径。

理论知识来自临床实践，又归之于临床实践，是经验的总结，是知识的沉淀，也只有运用于实际，才能彰显精华。共情和直觉是无法被教授的，它来源于反复实践的锤炼。理论与直觉也不是对立的，二者对于治疗都不可或缺

（Sharpe，1930；Fenichel，1945a）。

我相信在培训的顺序方面，大多数精神分析机构都会同意，培训生开始对病人进行精神分析治疗之前，必须先接受有效的个人分析，必须完成心理发育阶段、梦的结构和意义、神经症的精神分析理论、精神分析基本理论及精神分析基本技术等课程的学习。只有经过上述理论课程的学习，我们才会觉得他在精神分析治疗方面准备就绪了（Lewin and Ross，1960）。

2. 沟通技术

让我们假设：分析师通过共情、直觉和理论知识理解了病人症状的意义，那么，接下来的任务就是要将这些理解转告给病人。实际上，分析师必须决定将要给病人转达什么、何时转达及如何转达。

假设我们在治疗中的某个时刻，分析师感觉已经理解了病人的潜意识含义。然而，他可能只觉得依稀可辨，在采取任何举措转达之前，需要将依稀的印象形成语言和观点。在分析情境中，分析师贸然将模糊的概念和直觉告知病人常常是不恰当的，只有当告知的内容相对无关紧要和不得已时，才可以这样做。

一般而言，有必要将内容认真组织，以便尽可能清晰地表达。分析师需要与病人交流通畅，避免误解，尤其不能为他的阻抗提供机会。分析师的措辞、语句和语调都可成为病人和分析师之间沟通的桥梁，恰似婴幼儿期母婴间的交流（Sharpe，1940；Greenson，1950；Loewenstein，1956；Rycroft，1956；Stone，1961）。语言措辞是相对自发的自我功能，但易受神经症性冲突影响而出现退行、再度本能化和丧失功能。这类情况常见于那些难以维持成人认同或深陷于退行性移情神经症中的病人（Loewald，1960）。

分析师如果要将告知病人的内容整理成语句表述，就必须将自己的初级过程思维转化为次级过程思维，然后决定何时告知他。此时，分析师的临床判断和共情至关重要，因为把握时机不当常常会使治疗功败垂成。分析师应判断：首先，信息是否具有价值；其次，病人是否能够承受这种解释，分析师的理论功底和经验积累有助于做出正确的判断，分析师也可选择等待进一步的资料，或者等待病人自己做出解释。

一旦分析师已决定对病人进行阐释，就需要考虑如何去构建信息的传递。我必须说明，上述详细解说并不意味着这些过程通常会独立地、缓慢地依次出现，反而它们更可能会迅速、自动地发生和同时发生。我们已经在2.6、3.5.4和3.9.4中讨论过如何将洞察传达给病人。在此重申，共情的应用是解决此类问题的最有价值的工具。合适的措辞和语调可能会最大程度地促进最佳的沟通，削弱病人的阻抗，减少对病人的伤害。

分析师所使用的词汇必须匹配病人的理性自我。在提问之前，分析师必须扪心自问：我所表达的内容与病人的理性自我有多适切。越是敏感的话题，越须慎重地掂字酌句。此外，分析师所使用的词汇还应与病人的日常语言相适应，避免造成语言上的隔阂。同时，措辞必须对病人产生一定的冲击，但无须危言耸听——分析师通过对不同情境中的不同病人的共情来决定取舍。共情所具有的潜移默化作用通常比措辞更为重要。共情伴随下的语音和语调传达着前语言和非语言的情感，直接来源于分析师的潜意识态度。更进一步来说，语音和语调的敏感源于早年的客体关系，在处理分离焦虑的过程中，语音和语调能够象征与重要客体的距离，这种儿童期习得的象征作用，对于成人维持人际间信任–不信任的平衡非常重要（Loewald，1960；Greenson，1961）。

在分析情境中，沟通艺术的另一个重要方面是分析师使用沉默的技巧。分析师的沉默对病人而言有多种含义，含义的定夺取决于病人的移情及分析师的反移情。此外，沉默也会使病人在分析情境中承受巨大的压力，因此使用时应当深思熟虑地权衡沉默的质和量（Stone，1961）。沉默对分析师而言，是一种既被动又主动的干预。病人需要沉默，或许是因为需要时间体会自身呈现出的思绪、情感和幻想。沉默同样也施加压力，迫使病人面对和表达自己的言辞和情感。他可能会认为分析师的沉默是支持和温暖的，或批判和冷漠的（Nacht，1964）。这取决于病人的移情所产生的投射，但也可能取决于他对分析师反移情的觉察（Greenson，1961）。

分析师不仅通过阐释和沉默与病人进行沟通，而且也为了达到不同的治疗目的而使用其他沟通方式。在进行阐释之前，必须对素材详加展示和澄清。例如，我向病人揭示阻抗的潜意识含义之前，首先展示和澄清阻抗的存在。

  一位年轻人，社会科学系的研究生，治疗刚开始就诉说很失望：他希望能做一个很"深层"的梦，呈现自己早期的童年经历，然而与之相悖，他的梦看起来似乎很肤浅。他能记得的梦是，自己置身于一间满是藏书的房间，觉得很开心，因为所有书都是属于他的。有一本书特别显眼，好像是关于执行死刑的。随后，病人谈到他的恐惧——想象自己被判处死刑的感觉。接着又谈到自己的经济问题，不断增加的开支和缩水的银行账户。这时，他停住，忽然询问他的分析治疗还将持续多久，抱怨自己进展缓慢而有挫败感。在前一天的治疗中，他觉得已经取得了一定的进展，但这一切，好像仍然止步不前。他很羡慕那些成天都可以阅读小说的人，而自己却不得不埋头苦读。"哎，赶紧结束这一切，让我自由吧！"

  他伤心地叙述时，我注意到他僵硬地坐在沙发上，用枕头垫着胳膊，以手撑着头。此时，我插话了，询问他现在身体有什么感觉。病人回答道，觉得紧张而疲惫。感觉下腹周围紧紧地绷着，不是吃多了想排便，而是绷紧的感觉。我问，是否感觉像在强忍什么。他回答，是的。他感觉是自己想保持住什么，或者是害怕什么。接着，他问自己在保留什么？为何要这样做？但似乎不得要领。

  我提醒道，梦中那满是书的房间或许是我的房间，也正是我们现在工作的这间屋子。如果他自己拥有这样一间书房，感觉如何？起初，病人对于这样的想象很开心，但很快就否定说自己永远都不可能赚到这么多的钱拥有这样的房间。此时，他的脑海中浮现出一个念头：前一天结束治疗后，他在回家的路上想要询问是否可以跳过感恩节后的那天治疗而不必付费。他想象自己的询问，而我的回答是否定的，他还得付费。随后，他幻想着坚持己见，就是不付。

随后，病人经过反复考虑开始打消这个念头，他先想格林森不会如此坚决吧，后来又想毕竟是应该付费的，这样才合理，如此等等。谈到此处他停顿了一下，然后伤感地说："如果一股不可抗拒的力量击中一个不能移动的物体，将会如何？"当他还是一个小男孩时，父亲经常和他谈论物理学。"你是不可抗拒的冲力，而我是不能移动的物体，"他说道。（令人窒息的沉默）后来我说道："你竭力保留是因为害怕我们之间的对决如果释放出这股力量，我们将玉石俱焚。"他叹了口气。"我可以和我的妻子斗，也可以和我的导师斗，但你才是杀手。""是的，"我补充道，"我是行刑者。"

让我们回到治疗开始：我已察觉到病人的阻抗，但缺乏令人信服的证据用来向其展示，只有等待发现现场可能出现的素材。在此案例中，是病人的姿势。我通过直接询问他的身体感受，使其意识到下腹的紧绷感，即我所指的强忍。紧接着，病人努力寻找却一无所获，恰恰证实了强忍或压抑。随后，我选取梦中他想占有我所拥有的资产的细节，并寻求他对此的联想。病人追溯到上次治疗结束后的幻想，而这些联想是在这之前他从未记得有过的。不可抗拒的力量与不能移动的物体之间的碰撞正是我们之间的对决，这也就是他要抑制的原因——害怕他的攻击冲动可能使我们两败俱伤。如果没有起初对病人躯体语言的识别，没有借助儿时父子间的情感冲击，那么这样的阐释是很难令人信服的（F. Deutsch, 1947, 1952）。

引导便于澄清和阐释，是精神分析技术必要且重要的过程。通过引导病人产生更多素材，形成临床阐释。引导必须审时度势，不能干扰病人的自由联想。同时，引导必须简洁明确，以形成进一步的启示和完善。分析师切不可越俎代庖或放任自流，他应当引导病人循序渐进，调动病人积极参与。在某些情况下，鼓励病人担当重任会更为有效。总之，分析师在思索与病人沟通时，所有这些都应铭记于心。

3. 形成移情性神经症和建立工作联盟的两难

精神分析情境要求分析师与病人建立特殊的联结，即引导他形成移情性神经症，同时与他建立工作联盟。分析师需要有能力维系两种相反的立场，因为推动移情性神经症发展的态度与促进工作联盟形成的立场是互相对立的（Stone，1961；Greenson，1965a）。在3.5中，我们已详细讨论过这一主题。此处，我将重申其中的要点。

为了促进病人移情性神经症的发展，分析师必须做到：既坚持挫败病人寻求神经症性满足的愿望，同时又保持相对的匿名性（参见3.9.2）。然而，如果分析师保持隐逸同时还不断剥夺病人的满足，那又将如何促进与病人的工作联盟呢？答案在于剥夺满足和保持匿名的最佳程度。过度的挫败和匿名将会延长或中止治疗。这已由一些精神分析学家的研究结果所证实，利奥·斯通（1961）、费伦齐（1930）、格洛弗（1955）、费尼谢尔（1941）、克里特·比布林（1935）及门宁格（1958）同时指出过多的挫败和剥夺的危害性。分析师不应使病人的剥夺和挫败感超越其所能承受的范围。如果病人受剥夺和匿名的伤害过重，就可能会中断治疗，破坏性地付诸行动，或固着在难以处理的退行性移情阻抗之中。如果分析师借助精神分析技术来掩盖自己对暴露和卷入的无意识恐惧，那就会误用分析性匿名这一概念。同样，分析师无意识的施虐冲动可能会不知不觉地促使他过度严厉或剥夺，这或许是误用"节制原则"。这些技术性失误都源于未识别出反移情。

分析师自然而然的、剥夺性的态度常常使他真正表现得像父母的角色，也自然会引导病人将他目前的处境与自己过去的经历联系起来（G. Bibring，1935）。为了促进病人的移情性神经症的发展，分析师必须评估病人能够承受自己的隐逸及剥夺性态度的程度，还必须随时根据病人反馈表现出的沮丧和焦虑，调整自己的解析风格。病人张弛之间的区别可能维系于分析师行为的细微差别（Stone，1961）。

精神分析师与病人之间特殊联结的另一方面是：分析师不仅应当促进病人移情性神经症的发展，而且还必须与他建立工作联盟。我已在3.5.4中描述过有关分析师对工作联盟的贡献的内容。此处，我将扼要简述。

（1）分析师必须在日常分析工作中开宗明义：为了增进内省和理解，病人的言谈举止都值得仔细斟酌。不畏琐碎，不嫌牵强。高频率的访谈，冗长的疗程，如期的治疗，争取长远目标的决心，都充分表明分析师积极投身全面了解病人的热情。

（2）在追寻内省及陪伴病人的背后，是治疗师的治疗承诺。关心病人的痛苦，谨慎评估他的处境，直言相告时的小心翼翼，以及照顾他时的无微不至，都体现了这种承诺。

（3）分析师还应充当向导，引领病人进入精神分析治疗这一全新的领域。适时向病人解释精神分析的原理和方法。在某种意义上，他需要教授病人成为一位合格的病人。这并非一蹴而就，而需要反复磨炼。不同的病人需要的时间长短不一，退行越重的病人需时越长。分析师向病人介绍分析治疗的特定方法之前，首先应对病人感受治疗原理的自然反应进行分析，教育则应紧随其后。

（4）分析师必须维护病人的自尊，必须意识到治疗师与病人的治疗地位的不对等性，必须直言相告。不能居高临下地颐指气使，或者故弄玄虚。精神分析治疗基于复杂而独特的人际关系，并非随心所欲，是有章可循的，是具有逻辑性和目的性的一整套规则。分析师还应考虑到治疗施加给病人的额外困境。因此，治疗不但要遵循严谨的科学原则，同时还应常怀尊重和礼遇之心。

（5）分析性关系对双方而言都是一种迷惘而脆弱的人类困境。在这样的情境中，专职人员绝不能肆意妄为，阻碍病人独特的个人反应。分析师应当是克制的、低调的，服务于治疗承诺，其内省力和领悟力是最为有效的工具。在这样的状态下，能营造一种分析情境的氛围。这种氛围应该是接纳、包容和人道的。在这样的氛围中，治疗的其他因素才能淋漓尽致地发挥作用。

我相信以上扼要地说明了分析师应如何处理移情性发展所需的剥夺和隐逸，与形成工作联盟所需的人道包容态度之间的冲突。现在，回顾一下这一领域中其他研究者的观点。

利奥·斯通（1961）明确描述了病人的合理性满足，我基本同意他的观点。但我更愿意将合理性满足理解为保护病人的权利，因为我觉得这是指病人的基本保障需求，而不是可选择的主观意愿。在我看来，分析师做出治疗承诺是绝对必需的，而非可有可无。对病人困境的真切关注也同样如此，这对维系工作联盟至关重要，而同情、兴趣、热情则需适可而止。

我相信精神分析治疗的许多学者都已认识到分析师和病人之间的两种对立成分，但都没有把工作联盟作为移情性神经症的必要互补。例如，弗洛伊德在谈到移情的有利方面时，称其为"精神分析的成功载体……"（1912a）。在论文《治疗的开始》中，他叙述道："如果治疗伊始，分析师就站在共情性理解的立场，那么他就已经获得了最初的成功。"（1913b）费伦齐（1928b）关于策略的论述，讨论了分析师应如何将"好的意愿"展现给病人。在论文《放松与宣泄原则》（The Principles of Relaxation and Neocatharsis）中，费伦齐（1930）描述道"宽容常常同时伴随挫败的出现"。格洛弗（1955）对英国精神分析师的问卷调查显示，其中有三分之一的人坚信在"职业兴趣"之外应给予病人必要的友好态度。类似的观点也出现在许多其他关于技术的著作中（Sharpe，1930；Fenichel，1941；Lorand，1946；A. Freud，1954a，以及补充阅读资料）。

4.2.2 精神分析师的人格特征

精神分析情境需要精神分析师所具备的技能，不仅源于其培训经历和工作经验，而且源于治疗师本身的人格和性格，即他的气质、反应、态度、习惯、价值观和智力水平。无论天赋如何，没有人是天生的精神分析师，也没有人能速成为精神分析师。分析师接受治疗性精神分析的个人经历（即使是出于教学目的）是绝对必要的。禀赋和阅历可以为执业精神分析锦上添花，但仅是锦上添花是远远不够的。分析情境需要从业人员付出艰辛的情感代价，个体的天资除非得到人格结构分析的支持，否则很难持续长久。智慧的光芒和技艺的闪烁仍无法足够照亮精神分析治疗的漫漫长路。

分析技能与人格特质之间的关系是复杂的，因人而异。在下一节中，我将集中讨论精神分析师的治疗动机，动机与技能和特质有着千丝万缕的联系。这里，我仅试举主要的特质，同时概述该特质最典型的成因。一方面，许多特质可能具有共同的来源，虽然来源相同，但各种特质表现迥异；另一方面，一种特质或许可有多个来源。建议读者阅读弗洛伊德的著作《性格与个性》（*Character and Personality*）中有关厄内斯特·琼斯的章节，作为此类探索的借鉴（1955）。

1. 与理解潜意识有关的特征

在精神分析治疗中，对内省和领悟的不懈追求是治疗成功的关键，这种不懈追求源自分析师人格的不同侧面。首先，分析师必须对人类充满浓厚的兴趣，锲而不舍地探究人的生活方式、情感、幻想和思想。分析师应当具有追根究底的精神，去追求知识、探索事物的成因和起源（Jones，1955）。人的这种精神源于好奇，这种好奇应永不枯竭并充满仁慈。贫乏的好奇心会使分析成为机械操作，而过分好奇又会使病人承受无谓的痛苦。分析师追求内省是为了给病人带来领悟，而非满足自身的窥淫或施虐的快感（Sharpe，1930，1947）。只有当好奇心不再受本能的驱使，这种态度才会成为可能。

日复一日地仔细倾听而不致感到乏味，分析师的好奇还应当包含一种聆听的乐趣（Sharpe，1947）。要使分析师能从病人声调的抑扬和语音的节律中辨识出微妙的情感和特殊的弦外之音，他须具有音乐的鉴赏能力。在我看来，五音不全是无法成为良好的治疗师的。分析师也应当持有开放的心态，不能先入为主地伴有焦虑和厌恶，来面对治疗中可能呈现的未知和怪异的事件。

相对不受社会习俗的羁绊和对日常生活的超脱是十分有益的。弗洛伊德的个人生活在很大程度上展现了这些品质（Jones，1955，1957）。分析师应当对自己的潜意识过程足够熟悉，以谦卑的态度接受自己极有可能与病人具有相同的怪异念头，而这些怪异念头往往是一些曾经熟悉后来却被压抑的观念。

分析师对病人言行的直接反应应该是接纳，即使有些内容有待证实。因为只有接纳，才能充分理解病人。即使受骗，也好过因戒备而拒绝。治疗师须暂时停止评判甚至不妨轻信，以便最大限度地与病人达成共情，相信这样最终能获得对他言行背后的潜在动机的理解。顺着这一思路，你会发现有趣的是，弗洛伊德是一位声名狼藉的人类本性的轻信者（Menschenkenner）(Jones，1955）。侦探似的满腹狐疑会造成与病人间的隔阂，从而影响共情和治疗联盟。(然而，也有例外。对罪犯而言，警惕可能有助于说明你的了如指掌；参见 Aichhorn，1925；Eissler，1950a；Redl and Wineman，1951；Geleerd，1957）。分析师有时需持某种怀疑态度，但必须是善意的。分析师应当能够区分可能和希望可能、偶然和幻想及妄想和想象，并且持续探究这些不实的潜意识含义。

不畏劳苦追求内省的能力和意愿及对真相的执着，源于个体早年口欲期的内射和植入以及阴茎崇拜。拥有这种品质的分析师在面对新的、非传统的和未知的事物时，会表现出独立的思想和智慧的勇气。这样的人对领悟的欲求已成为一种自然的、自主的功能（Hartmann，1951，1955）。缺乏这种能力，就会倾向于狭隘偏颇，或者刚愎自用而贻误良机，给病人造成不必要的痛苦和屈辱。

对他人潜意识的理解源于多种不同的能力。迄今为止，最重要的是共情的能力，正如我已经表明的，其本质上是一种前意识现象。对于分析师的临床经验、动力性特征和心理结构因素，我已在 4.2.1 中描述过。此处，我着重讨论产生共情的人格特质。

共情是通过暂时和部分的认同去理解他人的一种方式。为了达到共情，分析师必须暂时搁置部分的自我认同，要做到这一点，他必须持有宽松灵活的自我意象。这不是刻意而为之的角色扮演，共情是更为自觉的现象，更像"心悦诚服地相信"的过程，如同被艺术作品、文学创作深深打动一般（Beres，1960；Rosen，1960）。共情是以一种私密的、难以言表的相互关系而表现（Greenson，1960）。共情是一种退行，或多或少与控制性退行有关，这种控制性退行常见于创造性个体（Kris，1952）。为了达到共情，分析师必须善于利用退行机制，与病人在情感上更为密切。

为了使共情更有效益，分析师应具有丰富的生活阅历，以便对病人全面理解。分析师应对文学、诗歌、戏剧、童话、游戏和民间传说有所了解，对戏剧、音乐、艺术、神话或绘画充满兴趣（Sharpe，1947），所有这些都能丰富分析师生动的想象和幻想空间。这些触及人类普遍体验的虚拟世界，能唤起人心悦诚服地相信，能将人类紧紧连为一体。人类在这些媒介中彼此的亲近程度，远比在意识活动或社会交往中更为密切。

共情所带来的这种亲密感，始见于婴儿生命最初的几个月。这时的交流是非语言的，母亲的语调、皮肤的接触、倾心照料和无微不至的关怀传达着爱的信息（Olden，1953，1958；Schafer，1959）。共情源于原初的母婴关系，自然就蕴含着一种女性的气质（A. Katan, quoted in Greenson，1960；Loewald，1960）。分析师要减少共情的冲突，必须与自身的母性气质和平共处。琼斯（1955）称之为分析师的双性心理。

在某种意义上，共情是与丧失的爱的客体的重续旧缘，是去理解不被理解的病人，在某种程度上是重建失去的联系。以我的经验，最好的共情者应该是那些曾经具有抑郁倾向的分析师。（如需参阅相反观点，见 Sharpe，1930）共情对分析师具有情感上的要求，同时也需分析师具有不断自我反省的能力。为了达到共情，分析师必须能够在退行和回复间切换自如，这样既能从退行中获得资料，同时也能在前行中验证其有效性。这种在共情的亲密无间与验证的保持距离之间的来回切换，是分析工作的特征。具有刻板性格的人很少能产生共情，而冲动型人格者则倾向于一发而不可收，甚至出现付诸行动。因此，这类人格特征者是不适合接受精神分析培训的（Eisendorfer，1959；Greenacre，1961；Langer，1962；Van der Leeuw，1962）。

2. 与病人沟通有关的特征

如果分析师能够理解病人，接踵而至的应该是如何有效地与他沟通以促成他的领悟。权衡解释的程度、时机和策略等问题，在上一节中我们已讨论过。而将理解转达至病人，必须要做到：根据治疗情境与病人产生共情，凭借临床经验和生活常识以及运用精神分析的理论知识，来把握沟通的效能。此处，讨论仅限于那些对沟通至关重要的相关特质。

与病人的交谈和日常会话、盘问或演讲都不相同。口才、博学或逻辑都不是最重要的，关键是分析师的态度，即对朝向治疗目标的潜隐态度。这一态度应当体现或隐含在所有的治疗互动中，贯穿治疗始末。尽管对此具有争议，但我仍想表明我的立场：我相信只有身患疾病的病人，一个承受着神经症性痛苦的病人，才可能经由精神分析治愈。而那些接受精神分析培训的学生、研究人员和科研者都无法进入深层的分析体验，除非他们有切肤之痛的病症。

同时，我认为深层的精神分析本质上是一种治疗，因此只可由那些通过培训并致力于治疗神经症性疾患的治疗师来执行。我不认为获得医学学位就自然而然地成为治疗师，或缺乏医学学位就必定缺之治疗性的态度。我想说的是，分析师明示或隐含的帮助病人的愿望是最基本的要求，这种态度有助于治疗师在精神分析治疗中发展出沟通所必需的微妙而复杂的技巧。我建议读者参考利昂·斯通（1951）、吉尔、纽曼和雷德里克（Redlich, 1954）关于这一主题的相同观点。对于相反观点，请参见由琼斯（1955）援引琼·里维埃（Joan Riviere）关于弗洛伊德的工作方式的描述，以及埃拉·夏普（1930）的观点。这一主题将在 4.2.3 有关分析师的动机中做进一步的探讨。

将理解传达给病人的技巧取决于分析师是否能够组织语句，表达病人尚未完全清晰的思维、幻想和感觉，而且能以病人可以接纳的方式加以表达。分析师必须将自己的习惯思维转换成病人的日常用语。更确切地说，分析师应当使用病人的习惯用语，让他身临其境。

例如，我先前提到的 X 教授（参见 2.6.4、2.6.5、3.4.1 和 3.9.4），患有广场恐惧症。通常，他的习惯用语显示出他的高等教育水平。在一次治疗中，病人关于梦的联想提示他似乎在羞辱中挣扎，这种感觉从他 4～7 岁时就一直困扰着他。在治疗时，他一直诉说着他的羞愧和窘迫，例如，当他在聚会上被介绍时，当他不得不当众演讲时，以及当他一丝不挂地沐浴被妻子瞧见时。我想让病人意识到上述情境中相同性质的羞辱感。我对他说："当你在聚会上被介绍时，当你演讲时，以及当你在浴室里赤裸时，你不再是 X 教授，甚至不是约翰 X，而成了一个当众撒尿者（pischer）。"我所使用的是意第绪文的词汇，是病人的母亲呵斥他儿时尿湿裤子时的蔑视的习惯用语。（在英语中，相当于"撒尿者"）

这一面质正中要害，病人起初有些吃惊，但接着就生动地回忆起儿时被羞辱为撒尿者的事。这并不是一场智力竞猜，也不是望文生义。这样的用词促使病人重新体验了撒尿者的羞辱感，同时再次体验对母亲的愤怒情绪。我的语言并没有使他对我怀恨在心，部分原因是我语气的缓和。我出于自然的语气缓和，是因为我感觉到撒尿者这个词对他而言是极其痛苦的。在后来的治疗中，当他再次回忆起我当时的阐释时，由于回忆中没有再现我的语调，他不由自主地对我产生了恼怒。

如果回顾整个治疗，就会发现我从几个方面转达我的阐释。我选择撒尿者一词是因为它与病人儿时的景象最为吻合，能启发他退行，而他似乎已经做好了退行的准备。这是病人的词汇，从母亲那儿继承而来保留至今，已成为他的私人用语，生动而真切（Ferenczi, 1911; Stone, 1954a）。我以柔和的语调缓解对病人的可能伤害。尽管伤害不可避免，但尽量减至最少。

我们可以看到许多轻车熟路地驾驭语言的例子，如演讲者、游说者、幽默讽刺作家。在此，我想强调的是灵活地应用语言而非高深的文学修养。而且，语言的驾轻就熟必须服务于帮助病人的意图，不应在分析情境中用于揶揄、调侃或变相施虐。精神分析师应具有良好的幽默感、睿智的灵活性和拿捏语言分寸的敏感性。生动而简洁的口语能力是分析师的宝贵财富，犹如外科医生灵巧的双手。语言能力虽不能取代临床判断和理论知识，但可以使治疗师表现得优雅娴熟或者弄巧成拙。深层的精神分析总是充满艰辛和痛苦，笨拙的语言会造成病人额外的、延长的苦痛。在某些情况下，甚至意味着功败垂成。

精神分析师的言语沟通技巧同时也包括运用沉默的能力。理解病人的素材需要时间，分析师应有足够的耐心，通常在治疗中给病人留有充裕的时间，勾勒清楚语境中的形象，重要的意义才会水落石出。有时，治疗最初15分钟内感到有意义的素材，不久之后可能发现只是转移视线的障眼法或微不足道的次要因素。

让我举例说明。前一个例子中（参见2.6.4、2.6.5、3.4.1、3.9.4和4.2.2）患有广场恐惧症的X教授，同时也受同性恋倾向的困扰。他一定程度上具有露阴和窥阴的冲动，他对同性的性渴望造成了对女性的巨大恐惧和敌意。在一次治疗中，病人又开始谈论有关同性恋行为的幻想，他尤其中意处于青春期前期的男孩。起初，他清晰地表明对青春期前期男孩的渴望，正如自己处于青春期前期时幻想父亲对他的行为。这种情况似乎与被动和主动的肛欲期冲动有关。这种状态在之前的治疗时段也出现过，但从未得到完全地修通。

当我正在仔细考虑将如何处理时，突然注意到他话中的一丝细微变化。病人开始转移话题，谈论起可怕的羞辱感，当其他所有男生都进入了青春期，长出阴毛、阴茎变大和嗓音变得低沉，而只有他毫无动静。因此，当他脱光衣服与其他男孩一起洗澡时无地自容，他们嘲笑他是怪胎。现在我才意识到，病人的同性恋幻想的重要功能是抵消小阴茎的烦恼，为早期的屈辱复仇，以此证明自己并非怪物。在接下来的治疗时间，我们基于上述要点，进行了几次富有成效的治疗。这一案例告诉我们，有价值的内容往往会在治疗快要结束时才姗姗来迟。

我必须指出，分析师表面呈现出来的美德，也许实际并非如此。耐心也可能是潜在的对病人被动施虐的态度，或用于掩饰分析师强迫性的优柔寡断，或者是用于遮掩分析师的厌烦和倦怠。只有当耐心以澄清素材为目的，或分析师考虑到长远目标时的欲擒故纵，才是必要的。但须牢记，沉默通常会迫使病人感到压力。分析师的举动会被病人理解成许多不同的含义，理解成何种含义取决于分析情境和移情-反移情的情境（Lewin，1954，1955；Loewenstein，1956；Stone，1961）。

病人也需要沉默以密切关注自己的思绪、幻想和感觉。他需要一定程度上忘记治疗师的存在，或者更确切地说，是让我们的真实存在退居场外，以便能让自己陷入移情性幻想和沉浸在体验之中。有时，病人会觉得我们的沉默是带有敌意的或是无声的抚慰，是一种苛责或是一种体贴，究竟是何种感受取决于他的移情性反应，或者取决于他是否可能察觉到治疗师情感和态度的流露，通常治疗师本人并未察觉到自己的情感和态度。同样，分析师也应当能够不带敌意地忍受病人的沉默。有时，治疗师对病人的沉默不做评判，但病人却能准确地"猜出"治疗师的不耐烦。有些病人也许是通过治疗师的呼吸频率和强度的细微变化，以及身体姿势的略微改变，直觉地思忖出我们的态度。

与病人语言沟通的艺术也包括对解释的审时度势，这部分内容我将会在第二卷中做详细探讨。此处须指出的是，分析师应选择时机进行干预：一是等到有足够的证据向病人的理性自我展示特定的心理现象时；二是等到某种情感或冲动达到最佳强度时；三是应等到治疗中各种心理力量的互动较为清晰时，有时这意味着需要等到治疗师确定自己已经迷失方向时。

选择时机还涉及分析师在不同的分析阶段应如何进行干预。在分析阶段的早期，或是一种新的题材首次出现时，当病人的情感强度并不那么激烈时，分析师适宜早期干预。随着治疗的推进，也许最好等待病人的情感逐渐增强，足以体验到情感和冲动的真实的原始力量时，干预更能奏效。同时，选择时机也意味着分析师应牢记在周末、假期和纪念日等之前的治疗时段，应采取不同力度的干预措施。

3. 与促进移情性神经症和工作联盟的形成有关的特征

正如我先前所指出的，促进移情性神经症发展的态度和性格，在本质上，与促进工作联盟形成的态度和性格是对立的（Stone，1961；Greenson，1965a）。为了促进移情性神经症的发展，分析师必须坚定不移地阻挠病人寻求神经症性满足的愿望，并保持相对的隐逸（参见 4.2.1）。实现这一目标的主要冲突是，阻挠会给病人造成痛苦，治疗师还须与承受痛苦的病人保持距离。这就意味着，分析师必须能够克制自己的治疗冲动，控制自身助人的热望，同时"掩盖"自己通常的个性（Stone，1961）。

在这一点上，弗洛伊德曾建议，分析师应将自己塑造成外科医生，抛开人们的普遍同情，而采取冷静的态度对待疾病（1912b）。在同一篇文章中，他还主张分析师应避免将自己的个性融入治疗，并引入"镜像"这一术语。几年后，他又推崇治疗的节制原则，"对此，我并非只指躯体的节制……"（1915a）。

我刻意选用这些引述，以突出弗洛伊德是如何提倡克制而严肃的分析氛围以促进移情性神经症的发展的。然而，我并不认为这是弗洛伊德心目中的精准画面。他所强调的只是精神分析技术的某些"与众不同"的方面，这是由于在当时，这些提法与通常推崇的医患关系和心理治疗传统是如此背道而驰。

例如，在提出情感冷静和镜像态度观点的同一年发表的另一篇论文中，弗洛伊德阐述道："因此，这样的状况下，病人具有足够的理由对治疗师产生移情，这种移情是用于阻碍治疗的，不管是正性还是负性移情都源于病人压抑的性的冲动。如果我们通过使其意识化而'消除'这些移情，那么我们只是消除了病人对治疗师的这两种情绪成分，而其余移情情绪成分，是被意识所容许的和无可非议的，仍将持续存在，成为精神分析利用的载体，正如其他治疗方法所利用的那样。"（Freud，1912a）

在提出"情感冷静"和"镜像"后第二年发表的一篇技术性论文中，弗洛伊德写道："使病人依恋于治疗和医生本身，仍是治疗的首要目标。为了确保这一点，无须刻意行事，而只需假以时日。如果病人诚挚地表现出对分析治疗的兴趣，治疗师须审慎地注意治疗开始时可能出现的阻抗，避免造成误解。病人自己将会形成这样一种依恋，将治疗师与自己惯常情感联系的人物无意识地联结起来。如果分析师从一开始采取任何其他立场而非共情性的理解，例如说教、渲染或是片面鼓吹，那么当然可能丧失这一最初的成功。"（1913b）

在弗洛伊德所有关于分析技术的论文中，也许最能表达其观点的是《移情之爱的观察》（1915a）这篇文章。我只引述他对病人的关注和投入的节选。"完全投身于分析治疗中的治疗师，将不再能够说谎和伪装，虽然这对于医生通常是不可避免的；如果治疗师带着良好愿望，仍竭力这样去做，那么极可能会背叛他自己……此外，给予病人些许温情并非完全没有风险。因为我们不能完全掌控自己，以致也许突然有一天发现自己比预期走得更远。""分析师所追求的目标并无定规，现实生活也无固定模式。他必须谨慎从事，不要避离移情之爱，或是拒绝，以致让病人觉得那是令人厌恶的，但同时必须坚决抑制对它的任何反应。分析师须坚定地抱持着这份移情之爱，但要将它作为某种不现实，作为治疗过程的必经之路，同时追溯它的无意识起源。"

"此外，当一位女性病人诉求爱恋时，否认和拒绝都会令男性分析师很苦恼。除去神经症和阻抗，一位洁身自好的女性坦诚自己的爱慕，是具有无与伦比的魅力的……然而，分析师的屈从会引发问题。无论他是多么珍视爱情，他都应更加珍视帮助病人度过生命中决定性时刻的机会。她则可以从他身上借鉴以克服享乐原则，不得不放弃近在咫尺却不被社会所认可的满足愿望，而宁可选择保持疏离，这也许并不是完美的结局，但无论从心理还是社会层面，都是无可非议的。"

我认为这些摘自弗洛伊德著作的引文清晰地表明，虽然他认为剥夺和隐逸是移情性神经症的形成所不可或缺的，但他同时也意识到，如果要使精神分析治疗有效，分析师还必须能够保持与之相对的品质。令人印象深刻的是，如果阅读那些致力于解决分析技术问题的学者的著作，会惊讶地发现他们几乎无一例外都会谈及这一议题。剥夺和隐逸是必要条件，但并非充分条件。我觉得有些作者，如费伦齐（1928b）、德·弗莱斯特（de Forest, 1954）、罗兰（Lorand, 1946）和纳克特（1962），在相反方向过分地极端，过于夸大给予病人满足的重要性，而贬低剥夺的价值。弗洛伊德（1913b）曾提出对于所有规则都应灵活运用，费尼谢尔（1941）及许多其他作者，如斯特巴（1934）、罗伊沃尔德（1960）和门宁格（1958）则提倡分析师的切换艺术，并强调做到自如和自然。在我看来，伊丽莎白·蔡策尔（1956）和斯通（1961）的著作恰如其分地强调了剥夺的重要性，并将剥夺从满足中分离出来。

要想真正地了解病人，涉及的不仅仅是知识或理论层面的考量。为了具备精神分析所要求的这种洞察力，分析师必须能够对病人投入情感和许以承诺。他必须喜爱他的病人，长时间的反感或漠不关心，或者过于强烈的爱，都将妨碍治疗（Greenacre，1959；Stone，1961）。他还必须乐于帮助和治疗病人，关注病人目前利益又兼顾长远目标。

恰当的同情、友善、热忱和尊重，是治疗关系中必不可少的。分析师的诊室是治疗场所而非远离情感的研究实验室。我们可以感受到自己对于病人的那份真诚的爱，因为无论病人表现如何，在某种意义上，他们都是生病的、无助的孩子。除非我们能够滋养他们的潜质，维护他们的自信和尊严，同时避免不必要的剥夺和羞辱，否则他们将永远无法成熟。

这将引出议题的核心。分析师如何才能在保持剥夺和隐逸态度的同时，又能始终如一地表明同情和关注呢？在上一节与病人沟通的讨论中，我已列举了部分实例。在第二卷中，我将会对此做进一步的阐述。此处，我只想强调，对于每一种病人感到陌生或不自然的分析方法，我都会适时而谨慎地予以解说。例如，当病人在治疗中首次提出疑问时，我会先试图与其探讨提问的动机，然后再解释探讨动机的目的。这将有助于开启病人好奇的天性，同时我会补充，今后我通常都不会回答问题。然而有时，我会直接作答，只要我觉得问题很现实，解答后能省去不少无关的解释。

一位病人曾经告诉我，他与先前分析师的一次令人非常沮丧的治疗。病人梦见自己在橄榄球队中打四分卫，用的是 T 字阵型，然而令他万分惊诧的是，中锋竟然变成了阿道夫·希特勒。（在 T 字阵型中，四分卫恰好位于弯腰持球置于双腿间地面上的中锋背后。中锋的职责是将球从双腿间向后传给四分卫，四分卫再将球传给其他队员或掷出界外，诸如此类。）这是一个标准的橄榄球队阵型，任何对美式足球有所了解的人都会熟谙此道。

病人先前的分析师是一位 40 岁的美国人，如果他年轻时是一位普通球迷，就能很容易理解球道，但如果他对此完全不感兴趣，那就未必。因此，病人对此的疑惑是合理的。病人想要继续报告自己在梦中对阿道夫·希特勒及自己所处的特殊位置进行的联想。但首先他询问分析师是否知道 T 字阵型，因为这似乎对于理解梦境甚为重要，然而分析师却一言不发。病人只能无奈地向分析师解释 T 字阵型、四分卫以及中锋等。绝大部分治疗时间就这样白白浪费了。将时间用于这些琐事真是太过可惜，分析师原本可以在治疗开始时就直接回答这一现实的问题，告诉病人他是了解这一切的。分明是，分析师表明自己在遵守一项"规则"，但他却没能理解规则背后的真正含义，而宁愿让病人和自己忍受这种不必要的沮丧，同时也错失了治疗的良机。

与病人探讨性生活或是盥洗习惯等私密的生活细节往往是必需的，这令许多病人感到十分尴尬。当我发现有必要探查此类题材，同时觉察出病人的羞辱感时，我会审视他的窘迫，并与其探究原委，或至少明示我已意识到揭开这一话题是令人尴尬的，但却是必需的。我也会直截了当地指出病人对我具有性的欲望或是敌意，然而，如果他对我的干预似乎耿耿于怀，我会在之后设法通过自己的语调和言辞表明，我已意识到并理解他的情绪。这样做并非笼络病人，而是试图确定他能在承受多大痛苦的同时富有成效地工作。

我会尽力维护病人的自尊，但如果感到必要，尽管知道可能会贬低病人，仍会直言不讳，同时也真诚地表达自己的歉意。例如，最近在一次治疗快要结束时，我对一位男性病人说："我知道这样对你说会使你非常尴尬。你最终是想告诉我，让你感到烦恼的事是你爱上了我，并且希望我也能够爱你，我所能做的就是说，看来，我们应当对此做进一步的探讨。"

如果病人再次陷入原有的神经症性行为模式，我会努力克制自己的沮丧或失望，正如当病人取得巨大进步时，我会同样竭力抑制自己的喜悦和自豪。然而，我确实会允许自己呈现某种程度的喜怒哀乐，因为无动于衷会看似冷漠而缺乏人性。我也会通过提醒病人（和自己）治疗的长程目标，力求缓和成功或挫败引起的情绪反应。

为了把握切换的分寸，在阻挠者和满足者及疏远和亲密的对立之间自如选择，以及提高运用这些对立力量的能力，对于分析师而言，具有高度的情感流动性和灵活性是至关重要的。这并不意味着分析师见风使舵或性情乖戾。分析情境要求分析师充满人性地可以依靠和值得信赖，而非不通人情地墨守成规。分析师必须具备能够与病人情感交融的能力，但也应能随时与病人抽身分离。情感投入达成共情理解，抽身分离则利于冷眼旁观，使分析师有机会思考、评估、追忆和估测等。分析师应能随时随地体现对病人的同情、关切和热忱，但也需要时时保持冷静、超然和旁观，或者二者兼有之：予以病人犀利似外科手术之痛苦洞见，举手投足间却转达深深的关切。

分析师的同情和关切并不意味着一旦发现病人的任何不适，就显而易见地指出，而是指分析师应能从分析氛围中感知病人的存在。分析师不应对治疗成果一惊一乍，不应欢呼雀跃，也不应若无其事。分析师刻意地严厉、放任或是气恼，也常常于事无补。而对病人的真诚接纳和包容的态度，不以个人好恶对原始细节的密切关注，对敏感话题不带偏见地倾听，对治疗困惑不伴虚情地坦诚，所有这些都将营造出分析情境的氛围。

治愈病人的良好愿望不应与病理性的治疗热情相混淆。良好愿望应体现在分析师对治疗目标的严谨态度，对领悟的锲而不舍，对专业理论的尊重而非盲目崇拜或是生搬硬套，以及对长程目标的孜孜不倦上。引导病人朝向痛苦的内省，如同关注病人的尊严，都是治疗目标的表征。承受病人迸发的敌意和羞辱却忍让谦恭，接受病人性的挑衅仍泰然自若，都是同等重要的。这并不意味着分析师隔岸观火，道貌岸然，而是指须把握分寸，张弛有节，恰到好处地根据病人的需求而表达。

分析师应能放任病人的移情性情感达到最佳强度而不妄加干涉，这就需要分析师平心静气，处事不惊，默默承受压力、焦虑和沮丧。只有经过深层的精神分析体验，以及持续的自我分析，才能提高这种承受能力。然而，分析治疗的职业风险是巨大的，即便得到最好的治疗结果，分析师的表现仍然离理想标准相距甚远（Freud，1937a；Wheelis，1956b；Greenson，1966）。在这一点上，我想直接引用弗洛伊德对此问题的看法。

"让我们在这里暂停片刻，看看分析师在进行分析治疗时，是否能够严格履行对病人真挚共情的要求。分析治疗看似应当在'不满意'职业中排行第三，即众所周知是无法令人满意的，前两位是教育和管理。显然，我们不能要求未来的分析师在从事分析治疗之前就是个完美的人，换言之，并非只有出类拔萃和尽善尽美的人才能进入这一行业。那么，这个可怜的家伙从何处和如何获得职业生涯中所需具备的理想资质呢？答案在于，分析自己，为以后的分析治疗做准备。出于客观原因，这种自我分析往往只能是简短而有缺憾的……"

"如果说被压抑而寻求释放的冲动，以及对抑制状态的本能的持续关注，会给分析师造成一定程度的扰动，并不令人惊讶。这即是所谓的'分析风险'，尽管对分析师构成了一定的威胁，但这些扰动恰恰是分析师的合作伙伴而并非消极因素，我们不应忽视它的存在。毫无疑问，应加以审视。每一位分析师都应定期地（大约每隔五年）进行自我分析，而无须对自己的被扰动而感到羞愧……"

"我们的宗旨并不是追求千人一面的'标准化'而抹杀性格的独特性，也不要求'被彻底分析过'的受训者不再具有激情或冲突。自我分析的权职是确保自我功能尽可能地完善，以行使其功能。"（Freud，1937a）

由上述可以看出，谦逊是分析情境对于精神分析师的另一个基本要求（Sharpe，1947）。

分析师是内省的承载者，而内省通常都是充满艰辛的，因此应当营造坦诚、同情和克制的氛围来帮助病人。我所描述的只是个人观点，即我是如何设法解决这一矛盾的：既创造剥夺性氛围，又表达关注，以及既保持亲密，又保持距离。同时，我意识到这些方法是高度个体化的，因此并不想将之作为金科玉律对他人谆谆教导。然而，尽管精神分析师之间存在着个体差异，但我仍坚持充分考虑处理这种对立关系的重要。分析师必须具有能力，能够在促进移情性神经症发展的同时促成工作联盟，因为二者对于最佳的分析情境都不可或缺（Greenson，1965a）。

4.2.3 分析工作所需要的分析师的动机

分析师的技能与特质互相依存，而且二者也与分析师的从业动机密切相关。事实上，这正是弗洛伊德的伟大发现之一，即人类的行为和思想是由本能驱力、心理结构和客观经验相互作用而成。我将技能、特质和动机分解逐一叙述，是用以澄清和强调各自在营造分析氛围方面的特定作用。

我将技能和特质作为起始，是由于它们在分析师的日常工作中较易观察和理解。相对而言，动机更加隐晦，因为其根植于原始的无意识本能驱力和早期的客体关系。这些很难用语言精确描述，也几乎无法加以验证。此外，自我和本我的成熟过程及主观体验，可以修饰甚至颠覆早期发育过程中的一切。更甚之，本能和防御有着如此错综复杂的交互层次，使得相同情景的表象隐藏着原因迥异的含义，因此只有全面详细研究个体的独特性，才能揭示特定动机背后所隐伏的本能和防御。然而，有关动机的某些通则还是值得一提的，尽管这样的阐述难免有简单或机械化之嫌。

本能驱力促使人类去寻求释放和满足。随着自我的成长，寻求安全感成为基本目标。生活中所有的继发性动机都可归因于对于满足感或是安全感的追求，或是二者兼有之。此处，关于动机的讨论仅限于精神分析师工作的三个方面：①分析师作为内省和领悟的收集者和传达者；②分析师作为移情性神经症的目标；③分析师作为病患的治疗者（Fleming，1961）。

精神分析治疗所具有的独特性之一，是治疗过程中的阐释、内省和领悟（E. Bibring，1954；Gill，1954；Eissler，1958）。为了能领悟病人的行为、幻想和思绪，分析师应能足够理解病人。随后，将这种领悟所隐藏的含义传达给病人。以如此私密的方式揣测他人的内心，以及对领悟他人言行的渴求，暗含着一种窥探他人内心的倾向（Sharpe，1930）。这种倾向是从性冲动和攻击冲动衍生而来，可以追溯到祈求与母亲共生融合，或是对母亲的内部成像怀有敌意的攻击冲动。

对于内省或领悟的执着或许也是分析师早年追求全能感的残留，或是克服对陌生者焦虑的手段。性心理发育稍晚阶段的性和攻击冲动也对之推波助澜，肛欲期特性的残留也可导致个体沉溺于获取、积攒或收藏，而俄狄浦斯期对于性的好奇会使这类冲动情不自禁，以致不得不代之以获取内省来缓解窥视的欲望，或成为对排除在父母性生活之外的延迟满足（Sharpe，1947）。

共情作为了解他人微妙而复杂心理的一种手段，对于分析治疗十分重要（参见 4.2.1 和 4.2.2）。通过共情的方式以获得内省，有赖于分析师的认同、内射，以及与病人类似于肌肤接触的前语言交流能力，这些能力都源于儿童早期母性的关爱和照料活动。

向病人传达内省和作为领悟承载者的意愿，可能与性或攻击冲动有关，取决于阐释被治疗师无意识地演化为有益的还是有害的行为，或者说引起愉悦还是痛苦。将内省传达给病人还可能使治疗师有意无意地扮演着母性角色，将病人当作孩子来哺育、保护或教诲。将内省传达给病人也可能象征着孕育的过程。从一颗小小的领悟之种，培育出自知的参天大树。领悟也可能不知不觉地被用来与尚未觉察的重要客体重建联系，例如，与丧失的爱的客体再续旧缘。因此，内省的传达也可能成为克服抑郁心态的一种尝试（Greenson，1960）。

将内省传达给他人的热望，也可能作为对伤害弱小的幻想所导致的内疚的一种补偿，例如，对同胞手足或是竞争对手的伤害等。追求和传达领悟或许具有抵消这类内疚和恐惧的功效。分析师通过探索病人的类似状况以修复自己的焦虑或内疚，从这一意义上说，治疗可以是对自身分析的延续（Freud，1937a）。

虽然上述探索是挂一漏万，但我相信这些重要的潜意识力量，能驱使和激励一个人去选择分析治疗职业，这一职业的重要职责之一是作为内省的收集者和承载者。在我看来，确定择业动机的起源并不能决定今后从业的优劣，重要的是动机成分中，本能和其他成分所占比例的多寡（Hartmann，1955）。

其他成分将决定治疗师履行领悟承载者这一职责时，何种程度上能够发挥相对无冲突的、自主而稳定的自我功能。给予病人以领悟，是否意味着哺育、保护和教诲并不重要，关键在于，治疗师的这些行为应当与自己潜在的性冲动或攻击冲动尽量无关，不偏不倚地中立，因此既不会沾沾自喜，也不至于懊悔自责。

进入病人的内心以寻求内省显然也同样有着性的或是攻击的踪影，但问题在于，这一举动是否仍与治疗师的焦虑或内疚样的幻想密切相关。我们必须牢记：有时，治疗师即使能摆脱自己内心冲动的羁绊，但这种升华不会是一劳永逸的，因为来自本我、超我和外部世界的压力常常会造成治疗师前行或退行的变幻。因此，重要考量即为：分析师的意识和理性自我能在多大程度上识别自己的攻击和性的动机。分析师对于反移情的觉察或许可以帮助调整动机，从而弥补中立不足所造成的失误。（对于此议题的不同观点，参见 Winnicott，1956a；Spitz，1956a；Balint，1950a；Khan，1963b，1964）

对于分析师过高的要求是不现实的，即要求他们满怀热忱地去获得和传达领悟，但同时必须避免冲突、内疚和焦虑。治疗工作对于分析师而言应当是愉悦的，而分析治疗的日常工作充满艰辛，因此，需要分析师具有一定程度的宽容态度，以保持积极乐观精神来履行职责，对病人的一举一动保持浓厚的兴趣和关注，保持最佳的工作效率，愉悦地倾听、观察、探究、想象和领会（Sharpe，1947；Szasz，1957）。

精神分析有别于所有其他心理治疗方法的另一显著特征是，强调双方关系的相互特殊建构，在此基础上促进移情性神经症的发展。为此，分析师的行为表现方式必然与其他治疗的医患关系模式不尽相同。这里，我所指的是，精神分析师所持的剥夺–隐逸的态度。就动机而论，究竟什么样的动机才能促使一个人去追求这样的方式：将自己作为一面相对空白的屏幕，促使病人将难以释怀的无意识意象投射其上？

对于此项分析技术，那些善于隔离、回避和淡漠的分析师似乎轻而易举就能做到，但他们无法根据分析情境的要求相应改变自己的态度和行为。我清楚地了解，居然有如此多的分析师在进行初始访谈时，因为需要与病人面对面而感到胆怯和不安。他们往往会尽可能地减少初始访谈的次数，以便尽早进入治疗访谈，回到位于躺椅后安全而舒适的座位上。在存在类似问题的精神分析培训生身上，也可以发现他们以承认暴露恐惧来掩盖被压抑的露阴冲动，以及掩盖由于注视和被注视所产生的攻击和性的冲动。回到躺椅后的位置，恰恰为他们提供了注视却不会被发现的机会。

如此高比例的精神分析师表现出明显的怯场，这一事实令我感到震惊。我不得不推测，精神分析颇具吸引力的原因之一，是分析师处于躺椅后的隐蔽位置。抑制自己的情绪反应和保持自身的相对隐逸，以促进移情性神经症的产生，可能恰恰拨动了这一病理性的心弦。谦逊和私密是与之类似但相对健康的性格特征，也可能会促使人们特别欣赏精神分析这方面的独特魅力（Jones, 1955）。

关键是分析师的羞怯有多么固着、刻板和强烈。只要足够灵活，必要时能战胜自身的怯懦，就不至于成为严重的阻碍。相反，分析师强烈而尚未解决的露阴冲动，可能会导致另一种问题。位于躺椅后的位置，对情绪反应的抑制，都会成为一种慢性挫折，导致不协调行为的爆发，或是对病人产生付诸行动的无意识挑衅。

与剥夺–隐逸态度对应的是，对病人广泛的情感疏离，或对病人若即若离，也都将造成精神分析治疗无法进行。对于身陷此类问题的培训生们，我发现，他们具有强烈的敌意、愤怒和焦虑，必须与病人保持距离，以免引起勃然大怒或惊慌失措。实际上，这类人并不适合精神分析的工作，然而他们选择这一职业的表面原因，是分析治疗的方式似乎能为其提供避风港，可以避免与人直接接触。无动于衷是这一病理性行为的常见变体。虽然暂时和部分地疏离是分析工作的先决条件，特别是对于促进移情性神经症的发展。关键在于暂时和部分。当无动于衷是可控的时，就极有价值；若是强迫性的和一成不变的，则是分析工作的大敌。

分析师能否持续保持剥夺和阻挠的态度，取决于他对病人施加痛苦的能力。分析师的施虐、受虐和憎恨等尚未解决的冲突，可能使自己产生极端行为或不协调的行为。例如，过于沉默的分析师，可能长期深藏着被动攻击的意向（Stone，1961）。喜好严苛肃穆氛围的分析师，常常默默地发泄着敌意，或者挑起无意识争端，这是受虐倾向的隐晦满足形式。持续地阻挠病人寻求症状性满足，对于移情性神经症的形成至关重要。为了实现这一目标，而不致被自己的潜意识的施虐或受虐冲动引入歧途，分析师必须能够调节自己的攻击性和仇恨心理。正如他必须能够适度地爱他的病人，治疗师也应当能够适度地恨他的病人。无论是以冷漠、沉默面质，还是以收费的形式对病人施加痛苦，其实都源于憎恨。重要的是，分析师的这些举动应出于病人的治疗利益，而非自己潜意识的焦虑或是内疚（Winnicott，1949）。

病人往往会成为分析师幻想的投射对象，有时病人或许象征着分析师原先的自己，或是兄弟姐妹，又或是父母等。通过这种方式，经由病人或多或少地间接实现了分析师潜意识的幻想。病人经常在不经意间就成了实施治疗师被压抑渴望的同谋。因此，不足为奇的是：具有付诸行动倾向的分析师，常常会有同样付诸行动的病人。然而，令人诧异却并不罕见的是，那些循规蹈矩的分析师的病人却常常公然地付诸行动。实际上，这些分析师会有意无意地鼓励并加入付诸行动（Greenacre，1950）。

正如分析情境的设置会促使分析师对病人投射自己的幻想，反之亦然。躺椅后的座位脱离病人视线，多数时间的默不作声、躯体的限制活动以及情感的克制，都可能唤起病人对分析师的想象。最为重要的是，病人的神经症性移情的投射赋予分析师以各种各样的角色。在病人的心目中，分析师也许成为挚爱或仇敌，威严的父亲抑或诱惑的母亲。分析师需允许这些现象自然发生，只在对治疗有益时才进行干预。更进一步，分析师还须提炼和重塑病人置换于治疗师身上的角色，以便更好地凸显这些角色对于病人的重要意义。

以这种奇特的方式，分析师在病人的剧本中扮演了一位无声的演员。他并非出演这幕戏剧，但在病人拟想的场景中保持所需的亦幻亦真的形象。更重要的是，分析师也协助病人进行角色的构思，借助自身的内省、共情和直觉勾勒剧情。从某种意义上来说，分析师充任的是舞台导演——这部戏剧的中心，并非仅仅作为演员。或者，他更类似于交响乐团的指挥。虽然不用谱写乐章，却倾注着对整个乐曲的透彻的理解。分析师运用创造性想象，通过澄清和阐释参与到病人的幻想中，而非仅仅对剧情人云亦云或者评头论足（Kris，1950；Beres，1960；Rosen，1960；Stone，1961）。

精神分析师作为病患治疗者这一动机是一个颇具争议性的话题。大多数分析师很可能会赞同分析师工作的前两个动机，即：①作为内省的收集者和传达者；②为了促进移情性神经症的发展而将自身作为空白的屏幕。然而，对于第三个观点的合理性和重要性，即分析师应致力于消除病人的神经症性痛苦，这一领域的学者们莫衷一是（Stone，1961）。为了贴切地表述在精神分析实践中治疗因素的重要性，首先需简要回顾关于此争议的历史和科学背景，以便了解这一议题更为完整的脉络，我推荐阅读弗洛伊德（1926b）和琼斯（1953；1955；1957）的著作。

从弗洛伊德最初的思想问世以来，在整个医学界，尤其是神经学家和精神病学家，对于精神分析一直持敌对和抗拒的态度。那些加入早期精神分析运动的内科医生，也都并非来自传统而保守的医生主流。我相信如今也依然如此。自二战以后，精神分析在精神病学界逐渐含苞待放，但在其他医学分支却仍寒意料峭。

为数不多的内科医生加入弗洛伊德的行列，于 1902 年在维也纳成立精神分析学会，1910 年成立国际精神分析协会时，这一学科仍或多或少地位于医学的非主流。一些杰出的精神分析的早期贡献者也都并非医学人士，他们是：汉斯·萨克斯、赫尔米内·胡格·赫尔穆斯、雷夫·奥斯卡·普菲斯特尔、奥托·兰克、梅兰妮·克莱因、齐格弗里德·贝恩菲尔德、西奥多·雷克和安娜·弗洛伊德。在弗洛伊德"秘密委员会"的五位成员中，有两位是非专业的分析师：汉斯·萨克斯和奥托·兰克（Jones，1955），而弗洛伊德自身的学术背景要比一般内科医生广泛得多。1926 年春，根据奥地利的法律，西奥多·雷克被指控为庸医,同年晚些时候,弗洛伊德专门撰写了为非专业分析师辩护的小册子。在书中,他写道:"经过41年的医疗职业,我心知肚明,我从未成为一名寻常意义上的医生……因为我无法知道我的童年早期是否许下要拯救天下受苦大众的宏愿……然而,我并不认为,由于自己缺乏纯粹的医学气质,会给病人造成很大的危害。而且,如果医生的治疗兴趣带有太过浓厚的感情色彩,对病人并无太多好处。相反,冷静沉着,恪尽职守,则对病人是最好的帮助。"(1926b)

在我看来,弗洛伊德的自我评价并不准确,也许是矫枉过正,是对当时医学界的敌对情绪的反唇相讥。在4.2.2中,我引述了弗洛伊德的工作方式,来演示他非常明确的治疗态度。我的确赞同弗洛伊德及他人的观点:医学院的教学大纲并非十分适合于精神分析师的培训,部分医学课程外加社会科学、人文科学和文学科目所构成的培训组合才为上选(Freud,1926b;Lewin,1946;Fliess,1954)。然而,弗洛伊德在这一点上做出了让步,对此我也完全赞同:"我必须承认,只要我们所憧憬的这种分析师的培训学校尚未问世,那么受过初步医学教育的人将是未来分析师的最佳人选。"(1926b)

尽管弗洛伊德的这些观点尚未得到证实,但我仍坚决主张,如果将精神分析作为一种治疗方法,分析师的治疗意愿将是他的生命线。同时,我并非认为治疗意愿只能从医学培训中获得。其实,治疗意愿无论源于哪里,都将是实践精神分析治疗的一个基本要素。我所认识的治疗有效的精神分析治疗师都有一种消除病人痛苦的强烈愿望。我也曾见过拥有医学博士学位的分析师,但他们实际上就像选错职业的研究者和数据收集者,他们的治疗效果差强人意。但有一些非专业治疗师,却像医生般兢兢业业,病人似乎并没有因为他们缺乏相应的医学文凭而深受其害。我想我已言简意赅地表明了治疗意愿的重要性,正如斯通所称:坦诚而明确的医生般的承诺,以及帮助和治愈病人的深切希求(1961),而非狂热的治疗热情。

分析治疗并不适用于紧急情况,也不适用于精神科的急救处理。如果分析过程中出现紧急状况,有必要进行某种非分析性的心理治疗。训练有素的精神分析师应对紧急处理有备无患，并时常牢记需要打破分析情境的各种可能。精神分析是一种长程的心理治疗，分析师的治疗意图必须细水长流，长时间地使这种意愿保持一定的强度。

在精神分析的文献中，人们会不时发现，消除病人神经症性痛苦的愿望与分析和探究问题的实质是根本对立的（Sharpe，1947）。有时，分析师们似乎更加关注分析过程，维护精神分析的纯粹，而较少关注治疗结果（Waelder，1960；Ramzy，1961；Eissler，1958）。另外一些人则仍然倾向于强调精神分析师作为传递者的被动角色，而轻视主动运用分析的技术技巧（Menninger，1958）。将病人–分析师的关系机械地划分为"甲方"与"乙方"之间的"双方交易"，削弱和掩盖了分析师医生般的治疗态度所起到的重要作用（Menninger，1958）。

我坚信，分析师的治疗态度无论对病人还是分析师而言都是极为重要的。对病人来说，医生似的分析师是移情性神经症和工作联盟的强有力的催化剂（Stone，1961）。医生的形象会唤起病人对童年期的权威、武断、高深莫测而且妙手回春般人物的记忆、幻想和情感，这种人物具备了父母的无所不能和无所不晓。当父母生病或是害怕时，都是由医生来接替的。正是医生才有权去研究赤裸的身体，才不会对血液、黏液、呕吐物和排泄物感到惊慌或是厌恶（Freud，1926b）。医生是拯救痛苦和恐慌的使者：消除混乱，恢复秩序，行使着生命早期母亲所具有的庇护职能。此外，医生对病人施以疼痛，切开并刺穿皮肉，他的身体部分可以侵入病人躯体的每一缝隙。这种躯体的侵入犹如与母亲紧密的身体接触，可能象征着同时对父母双方的施受虐幻想。

对病人的治疗承诺能保证分析师自始至终地运用精神分析所要求的"非自然"治疗方法，而不至于显得刻板教条、盛气凌人或令人厌烦。因为分析治疗存在着可能的职业倦怠，诸如：长年累月地倾听他人的诉说并关注所有细节，默不作声地倾听，调控自己的情绪反应，承受病人突如其来的强烈情感风暴，事事从病人的利益出发，接受病人的口头爱慕而不至被引诱，以及遭到诋毁却不加防御，不以牙还牙。

正是这种帮助和治愈病人的奉献精神，使得分析师在上述情形下仍能乐此不疲，保持对病人持续的关注和同情，同时力戒母亲般的溺爱或研究者般的冷漠。医生似的态度包含了一种对于人类的基本痛苦和悲惨命运的深深关切，以及对取得疗效所必须使用的治疗手段的由衷的尊重。医生评估病人所能承受痛苦的程度，远比母亲、父亲或是研究人员更为可靠。

然而，治疗师的姿态一定程度上带有母亲和研究者的意味。（我忽略了父亲，因为那会使我们离题太远。）我认为理想的分析师应是一位慈母般的父亲，或者是慈父般的母亲，双重性体现在功能方面，而非性别特征。分析治疗师应同病人保持紧密的共情（母亲般的），哺育他们的潜能，保护他们的权益和尊严，掌握有益和有害满足的区别，以及病人对剥夺的忍受限度，日复一日地辛勤耕耘，耐心等候收获的季节。分析治疗师也应能与病人保持距离，以便能够客观"研究"病人的资料，例如，对素材进行回顾、整理、思考、判断、推理及质问。总之，治疗师必须能驾轻就熟地在母亲和研究者之间游刃有余，随时表现出其中之一，但并非二者之一，而是两者兼备。

现在，来回答我们最初的提问：什么样的动机会促使一个人去追求这样的职业，毕生致力于治疗病患及帮助神经症性痛苦的人们。一则流行笑话也许能道出问题的部分答案。谜面：什么是精神分析师？谜底：一位不能见血的犹太医生！弗洛伊德对治疗动机进行了解释（虽然他声称他本人并不赞同），两个极为重要的早期来源是："我那与生俱来的施虐天性并非特别强烈，因此不必用治疗他人来获得解决；我儿时的好奇显然选择了其他满足途径，从未玩过'医生游戏'。"（1926b）

我认为，前生殖器期的施虐冲动在医治动机中起到了重要的作用，齐美尔（Simmel）的开创性文章中关于医生游戏的论述，已完整地说明了这一点（1926）。在临床上，有时可见明显施虐行为的医生对病人施以不必要的痛苦和伤害，在优柔寡断和谨小慎微的医生身上则体现为反向形成，而在充满负疚和强作拯救的医生身上表现为补偿和修复。外科医生是攻击驱力相对平衡的典范，是指那些医生能够根据实际需要做出手术决定，操刀娴熟而敏捷，术后既不会欣喜若狂也不会愧疚万分。

性冲动对于治疗动机的影响源于前生殖器期和俄狄浦斯期。侵入他人躯体或思维的冲动可能出于对亲近和融合的渴望，或是受破坏本能的驱使。肛欲-性爱的愉悦也许会表现为对医治"肮脏/卑鄙"的浓郁兴趣，或是因为反向形成而过分洁净。

齐美尔的主要贡献之一，是透彻地剖析：医生的角色提供了重现自己童年时对性和施虐受虐产生误解的原始场景。医生象征着施虐的父亲，对受害的母亲（病人）进行性的虐待，自己则可能象征着拯救者，或是象征着受害者。在现实中有时会发现，医生会将童年时希望父母对待自己的行为在病人身上付诸行动，这种倾向可能是同性恋和乱伦倾向。治疗动机也可能源于女性的"哺乳"快感，母亲通过给婴儿哺乳以缓解乳房的胀痛。

与动机有关的其他因素可能基于不同的防御机制，如治疗动机可能作为对抗疾病恐惧的手段，或者是为自己的被动寻找惧怕的理由（Fenichel，1939）。防御性行为也可以激发人的升华和中立机制，使探求未知和把身心的危害看成一种非本能性的、焦虑的释放——升华成为对知识和真理的追求。对人类苦难的共情也促发了与疾病和暴虐抗争的愿望。

与其他医学治疗的不同之处在于，精神分析师尽管在言语上与病人高度地亲密，但在身体上没有任何的接触。这种方式与与婴儿躯体分离的母亲更类似（Stone，1961）。此外，分析师与病人分享知识和情感程度远超过其他医生，这一点更接近专职教师。

结束对动机的讨论之前，应重申两点。首先，成为治疗师的动机起源并非决定因素。重要的是，这种动机所衍生的行为中去本能化和中立性占有多大比例。其次，如果无法祛除本能和保持中立，或是只能部分完成，应能使动机的最初起源易于被分析师的理性自我所探知，因而可以对之加以影响和制约。如果是这样的话，那么这些动机不仅是无害的，而且可能成为探查病人内心活动的、极具价值的风向标。

4.3 精神分析对分析设置的要求

"分析设置"这一术语意指精神分析治疗的物理要求和常规程序,构成了精神分析过程不可分割的部分。尽管因为治疗需要,有时设置是可以更改的,但是分析设置也确实会对精神分析治疗中的各种进程有所影响。例如,即使没有接受精神分析治疗,移情反应也是神经症病人中常见的现象。但是,我们也同样知道,分析设置确实会促成和呈现各种移情反应。

弗洛伊德详细描述了他是如何在治疗之初与病人制定各种规则和程序的,但却没有将这些做法的预期作用形成理论(Freud,1912b,1913b)。他的某些期待可见于其关于移情之爱的论文,他在文章中指出病人的坠入爱河是由分析情境所"诱导"和"激发"的(Freud,1915a)。

直到最近,精神分析学者们才强调:病人的经历与分析师的相对中立、隐逸和隐忍的态度决定了移情反应的进程。虽然这种强调令人信服,但我们今天更加意识到分析设置中的某些因素会左右移情反应的发展。玛伽尔派恩(1950)、格里纳克(1954)、勒温(1955)、斯皮茨(1956b)和斯通(1961)的观点,在揭示分析设置对于各种移情反应的重要性方面,具有特殊的价值。

我们将从促进移情性神经症和治疗联盟形成的角度来分析设置对于医患关系的影响,即何种因素会使得病人趋于退行,又是何种因素将有助于病人保持较为成熟的功能水平?需要指出的是,分析设置提供给双方的概率是均等的(Greenson,1965a)。

分析设置使双方长期频频单独会晤,形成一种强烈的情感联结。实际上,其中一方是深陷困境,另一方则擅长帮助,促成了一种不均衡的"倾斜"关系模式,使得深陷困境的一方趋于退行至某种婴儿般的依赖(Greenacre,1954)。病人卧于躺椅的惯例,同样容易形成不同形式的退行。斜倚的姿势由催眠时代延续至今,起初的作用是试图让病人进入睡眠状态(Lewin,1955;Khan,1962)。治疗场合安静的环境、分析师处于视线之外、分析师的相对沉默以及没有任何肢体的碰触,同样会促成近似睡眠的状态(Macalpine,1950;Spitz,1956b)。

斯皮茨（1956b）还指出，病人是斜倚的，位置低于立身于其后的分析师，这样病人的头部和身体的活动就受到限制，他陈述，却看不见倾诉的对象，这些都将使他觉得漫无目的。根据格里纳克（1954）的观点，这些因素再现了生命最初几个月中母婴关系的原型。而自由联想本身就是初级过程思维和梦的退行的触媒（Macalpine，1950；Lewin，1955）。这种情形也类似于让一个天真的孩子不加辨别和无须负责地随意诉说（Spitz，1956b）。

分析师的常规程式也同样促进了分析设置的退行作用。相对的隐逸、克制的情绪反应以及剥夺态度，都会加速移情性神经症的发展（Macalpine，1950；Spitz，1956b）。在此情形下，分析师成为病患的照料者和治疗师，同时会激发病人幼年关于医生的原始幻想（参见 4.2.3）。

上述各种促进病人向儿童神经症退行的规程，如果被长期固定、反复地施行，同样将有助于工作联盟的形成和维持。对治疗进程的可预测会使病人产生安全感，对治疗朝向设定的目标将产生信任感，这些是工作联盟的核心。正是安全和信任使得病人能够允许自己退行，也给予其勇气去冒险放弃神经症性防御，尝试新的适应方式。分析师对病人持续的日常治疗，对内省和领悟的不懈追求，尊重病人的权益，维护病人的尊严，关注病人的潜能，缓解病人的痛苦，以及坦诚而悉心的治疗承诺，都应成为分析设置的一部分。

有时，也会遭遇这样的情况。神经症病人永不满足的本能欲望会将分析师的态度视为一种挫折；冲突心理则可能将分析师的治疗意愿曲解为拒绝，把分析师的克制和忍耐视为冷漠。此时，医患关系的好坏有赖于病人理性自我的强度在该时刻与本我、超我和外部刺激的相互关系。

作为极端现象，任何干预都可能被视为催人欲睡或是幡然省悟。日常生活中的干扰因素也可能起到决定性的作用。尽管分析设置在治疗程序中确实重要，但它并不能取代精神分析技术，即阐释的艺术和人际相处的技巧。同时，我们应永远谦恭地谨记，即使拥有最好的治疗技术，仍需要旷日持久地辛勤工作；即使取得再好的治疗结果，病人的神经症性症状仍有可能卷土重来，再度肆虐（Greenson，1966）。

补充阅读材料

General Considerations

Altman (1964), Greenacre (1954), Greenson (1968), Haak (1957), Khan (1960, 1962), Lewin (1955, 1959), Macalpine (1950), Spitz (1956a, 1956b), Stone (1961).

Required Traits of Personality and Character in Patients

Aarons (1962), Guttman (1960), Knapp, Levin, McCarter, Wermer, and Zetzel (1960), Rosenberg [Zetzel] (1949), Waldhorn (1960).

Gratification and Frustration in the Analytic Situation

Glover (1955), Greenacre (1959), Hoffer (1956), Kubie (1950), Menninger (1958), Nacht (1957).

参考文献

AARONS, Z. A. (1962), Indications for Analysis and Problems of Analyzability. *Psychoanal. Quart.*, 31:514-531.

ABRAHAM, K. (1913), Shall We Have the Patients Write Down Their Dreams? In: *The Psychoanalytic Reader*, ed. R. Fliess. New York: International Universities Press, 1948, 1:326-328.

——— (1919), A Particular Form of Neurotic Resistance against the Psycho-Analytic Method. *Selected Papers on Psycho-Analysis*. London: Hogarth Press, 1948, pp. 303-311.

——— (1924), A Short Study of the Development of the Libido. *Selected Papers on Psycho-Analysis*. London: Hogarth Press, 1948, pp. 418-501.

AICHHORN, A. (1925), *Wayward Youth*. New York: Viking Press, 1945.

ALEXANDER, F. (1925), A Metapsychological Description of the Process of Cure. *Int. J. Psycho-Anal.*, 6:13-34.

——— (1927), *Psychoanalysis of the Total Personality*. New York & Washington: Nervous & Mental Disease Publishing Co., 1930.

——— (1935), The Problem of Psychoanalytic Technique. *Psychoanal. Quart.*, 4:588-611.

——— (1950), Analysis of the Therapeutic Factors in Psychoanalytic Treatment. *Psychoanal. Quart.*, 19:482-500.

——— (1954a), Some Quantitative Aspects of Psychoanalytic Technique. *J. Amer. Psychoanal. Assn.*, 2:685-701.

——— (1954b), Psychoanalysis and Psychotherapy. *J. Amer. Psychoanal. Assn.*, 2:722-733.

——— FRENCH, T. M., ET AL. (1946), *Psychoanalytic Therapy*. New York: Ronald Press.

ALTMAN, L. L. (1957), On the Oral Nature of Acting Out. *J. Amer. Psychoanal. Assn.*, 5:648-662.

——— (1964), Panel report: Theory of Psychoanalytic Therapy. *J. Amer. Psychoanal. Assn.*, 12:620-631.

ARLOW, J. A. (1961), Silence and the Theory of Technique. *J. Amer. Psychoanal. Assn.*, 9:44-55.

――― (1963), Conflict, Regression, and Symptom Formation. *Int. J. Psycho-Anal.*, 44:12-22.
――― & BRENNER, C. (1964), *Psychoanalytic Concepts and the Structural Theory.* New York: International Universities Press.
BALINT, M. (1948), On the Psycho-Analytic Training System. *Int. J. Psycho-Anal.*, 29:163-173.
――― (1950a), Changing Therapeutical Aims and Techniques in Psycho-Analysis. *Int. J. Psycho-Anal.*, 31:117-124.
――― (1950b), On the Termination of Analysis. *Int. J. Psycho-Anal.*, 31:196-199.
――― (1954), Analytic Training and Training Analysis. *Int. J. Psycho-Anal.*, 35:157-162.
BELLAK, L. (1961), Free Association: Conceptual and Clinical Aspects. *Int. J. Psycho-Anal.*, 42:9-20.
BENEDEK, T. (1953), Dynamics of the Countertransference. *Bull. Menninger Clin.*, 17:201-208.
――― (1955), A Contribution to the Problem of Termination of Training Analysis. *J. Amer. Psychoanal. Assn.*, 3:615-629.
BENJAMIN, J. D. (1947), Psychoanalysis and Nonanalytic Psychotherapy. *Psychoanal. Quart.*, 2:169-176.
BERES, D. (1960), Psychoanalytic Psychology of Imagination. *J. Amer. Psychoanal. Assn.*, 8:252-269.
BEREZIN, M. (1957), Note-taking during the Psychoanalytic Session. *Bull. Phila. Assn. Psychoanal.*, 7:96-101.
BERGLER, E. (1949), *The Basic Neurosis.* New York: Grune & Stratton.
BERNFELD, S. (1962 [1952]), On Psychoanalytic Training. *Psychoanal. Quart.*, 31:453-482.
BIBRING, E. (1937), On the Theory of the Results of Psycho-Analysis. *Int. J. Psycho-Anal.*, 18:170-189.
――― (1943), The Conception of the Repetition Compulsion. *Psychoanal. Quart.*, 12:486-519.
――― (1954), Psychoanalysis and the Dynamic Psychotherapies. *J. Amer. Psychoanal. Assn.*, 2:745-770.
BIBRING, G. L. (1935), A Contribution to the Subject of Transference Resistance. *Int. J. Psycho-Anal.*, 17:181, 1936.
――― (1954), The Training Analysis and Its Place in Psycho-Analytic Training. *Int. J. Psycho-Anal.*, 35:169-173.
BIRD, B. (1957), A Specific Peculiarity of Acting Out. *J. Amer. Psychoanal. Assn.*, 5:630-647.
BORNSTEIN, B. (1949), The Analysis of a Phobic Child: Some Problems of Theory and Technique in Child Analysis. *The Psychoanalytic Study of the Child*, 3/4:181-226.*
BOUVET, M. (1958), Technical Variation and the Concept of Distance. *Int. J. Psycho-Anal.*, 39:211-221.
BRAATØY, T. (1954), *Fundamentals of Psychoanalytic Technique.* New York: Wiley.

* *The Psychoanalytic Study of the Child*, currently 21 Volumes, edited by R. S. Eissler, A. Freud, H. Hartmann, & M. Kris. New York: International Universities Press, 1945-1966.

BRENNER, C. (1955), *An Elementary Textbook of Psychoanalysis.* New York: International Universities Press.

BREUER, J. & FREUD, S. (1893-95), Studies on Hysteria. *Standard Edition,* 2. London: Hogarth Press, 1955.

BRIDGER, H. (1950), Criteria for the Termination of Analysis. *Int. J. Psycho-Anal.,* 31:202-203.

BRIERLEY, M. (1951), *Trends in Psycho-Analysis.* London: Hogarth Press.

BYCHOWSKI, G. (1953), The Problem of Latent Psychosis. *J. Amer. Psychoanal. Assn.* 1:484-503.

—— (1954), The Structure of Homosexual Acting Out. *Psychoanal. Quart.,* 23:48-61.

—— (1958), Struggle Against the Introjects. *Int. J. Psycho-Anal.,* 39:182-187.

COLBY, K. M. (1951), *A Primer for Psychotherapists.* New York: Ronald Press.

DE FOREST, I. (1951), Significance of Countertransference in Psychoanalytic Therapy. *Psychoanal. Rev.,* 38:158-171.

—— (1954), *The Leaven of Love: A Development of the Psychoanalytic Theory and Technique of Sandor Ferenczi.* New York: Harper.

DEUTSCH, F. (1939), Associative Anamnesis. *Psychoanal. Quart.,* 8:354-381.

—— (1947), Analysis of Postural Behavior. *Psychoanal. Quart.,* 16:195-213.

—— (1952), Analytic Posturology. *Psychoanal. Quart.,* 21:196-214.

DEUTSCH, H. (1942 [1934]), Some Forms of Emotional Disturbances and Their Relationship to Schizophrenia. In: *Neuroses and Character Types.* New York: International Universities Press, 1965, pp. 262-281.

—— (1944-45), *The Psychology of Women,* 2 Vols. New York: Grune & Stratton.

DEVEREUX, G. (1951), Some Criteria for the Timing of Confrontations and Interpretations. *Int. J. Psycho-Anal.,* 32:19-24.

EISENDORFER, A. (1959), The Selection of Candidates Applying for Psychoanalytic Training. *Psychoanal. Quart.,* 28:374-378.

EISSLER, K. R. (1950a), Ego-Psychological Implications of the Psychoanalytic Treatment of Delinquents. *The Psychoanalytic Study of the Child,* 5:97-121.

—— (1950b), The Chicago Institute of Psychoanalysis and the Sixth Period of the Development of Psychoanalytic Technique. *J. Genet. Psychol.,* 42:103-157.

—— (1953), The Effect of the Structure of the Ego on Psychoanalytic Technique. *J. Amer. Psychoanal. Assn.,* 1:104-143.

—— (1956), Some Comments on Psychoanalysis and Dynamic Psychiatry. *J. Amer. Psychoanal. Assn.,* 4:314-317.

—— (1958), Remarks on Some Variations in Psycho-Analytical Technique. *Int. J. Psycho-Anal.,* 39:222-229.

EKSTEIN, R. (1950), Trial Analysis in the Therapeutic Process. *Psychoanal. Quart.,* 19:52-63.

—— (1955), Termination of the Training Analysis within the Framework of Present-day Institutes. *J. Amer. Psychoanal. Assn.,* 3:600-614.

—— (1956), A Clinical Note on the Therapeutic Use of a Quasi-religious Experience. *J. Amer. Psychoanal. Assn.,* 4:304-313.

——— (1960a), A Historical Survey on the Teaching of Psychoanalytic Technique. *J. Amer. Psychoanal. Assn.*, 8:500-516.

——— (1960b), Panel report: The Teaching of Psychoanalytic Technique. *J. Amer. Psychoanal. Assn.*, 8:167-174.

——— & FRIEDMAN, S. W. (1957), The Function of Acting Out, Play Action and Play Acting in the Psychotherapeutic Process. *J. Amer. Psychoanal. Assn.*, 5:581-629.

——— & WALLERSTEIN, R. S. (1958), *The Teaching and Learning of Psychotherapy.* New York: Basic Books.

ERIKSON, E. H. (1950), *Childhood and Society.* New York: Norton.

EVANS, W. N. (1953), Evasive Speech as a Form of Resistance. *Psychoanal. Quart.*, 22:548-560.

FAIRBAIRN, W. R. D. (1958), On the Nature and Aims of Psycho-Analytical Treatment. *Int. J. Psycho-Anal.*, 39:374-385.

FELDMAN, S. S. (1948), Mannerisms of Speech: A Contribution to the Working Through Process. *Psychoanal. Quart.*, 17:356-367.

——— (1958), Blanket Interpretations. *Psychoanal. Quart.*, 27:205-216.

——— (1959), *Mannerisms of Speech and Gestures in Everyday Life.* New York: International Universities Press.

FENICHEL, O. (1934), On the Psychology of Boredom. *Collected Papers of Otto Fenichel,* 1:292-302. New York: Norton, 1953.

——— (1939), The Counter-Phobic Attitude. *The Collected Papers of Otto Fenichel,* 2:163-173. New York: Norton, 1954.

——— (1941), *Problems of Psychoanalytic Technique.* Albany, N.Y.: The Psychoanalytic Quarterly, Inc.

——— (1945a), *The Psychoanalytic Theory of Neurosis.* New York: Norton.

——— (1945b), Neurotic Acting Out. *Collected Papers of Otto Fenichel,* 2:296-304. New York: Norton, 1954.

FERENCZI, S. (1909), Introjection and Transference. *Sex in Psychoanalysis.* New York: Basic Books, 1950, pp. 35-93.

——— (1911), On Obscene Words. *Sex in Psychoanalysis.* New York: Basic Books, 1950, pp. 132-153.

——— (1912), Transitory Symptom-Construction during the Analysis. *Sex in Psychoanalysis.* New York: Basic Books, 1950, pp. 193-212.

——— (1914a), Discontinuous Analyses. *Further Contributions to the Theory and Technique of Psycho-Analysis.* London: Hogarth Press, 1950, pp. 233-235.

——— (1914b), Sensations of Giddiness at the End of the Psycho-Analytic Session. *Further Contributions to the Theory and Technique of Psycho-Analysis.* London: Hogarth Press, 1950, pp. 239-241.

——— (1914c), On Falling Asleep during Analysis. *Further Contributions to the Theory and Technique of Psycho-Analysis.* London: Hogarth Press, 1950, pp. 249-250.

——— (1914d), The Psychic Effect of the Sunbath. *The Theory and Technique of Psycho-Analysis.* London: Hogarth Press, 1950, p. 365.

——— (1915), Restlessness towards the End of the Hour of Analysis. *Further Contributions to the Theory and Technique of Psycho-Analysis.* London: Hogarth Press, 1950, pp. 238-239.

——— (1916), *Sex in Psychoanalysis.* New York: Basic Books, 1950.

——— (1916-17a), Interchange of Affect in Dreams. *Further Contributions to the Theory and Technique of Psycho-Analysis.* London: Hogarth Press, 1950, p. 345.

——— (1916-17b), Dreams of the Unsuspecting. *Further Contributions to the Theory and Technique of Psycho-Analysis.* London: Hogarth Press, 1950, pp. 346-348.

——— (1916-17c), Silence Is Golden. *Further Contributions to the Theory and Technique of Psycho-Analysis.* London: Hogarth Press, 1950, pp. 250-251.

——— (1919a), On the Technique of Psycho-Analysis. *Further Contributions to the Theory and Technique of Psycho-Analysis.* London: Hogarth Press, 1950, pp. 177-189.

——— (1919b), Technical Difficulties in the Analysis of a Case of Hysteria. *Further Contributions to the Theory and Technique of Psycho-Analysis.* London: Hogarth Press, 1950, pp. 189-197.

——— (1919c), Sunday Neuroses. *Further Contributions to the Theory and Technique of Psycho-Analysis.* London: Hogarth Press, 1950, pp. 174-177.

——— (1921 [1920]), The Further Development of an Active Therapy in Psycho-Analysis. *Further Contributions to the Theory and Technique of Psycho-Analysis.* London: Hogarth Press, 1950, pp. 198-217.

——— (1923), Attention during the Narration of Dreams. *Further Contributions to the Theory and Technique of Psycho-Analysis.* London: Hogarth Press, 1950, p. 238.

——— (1924), On Forced Phantasies. *Further Contributions to the Theory and Technique of Psycho-Analysis.* London: Hogarth Press, 1950, pp. 68-77.

——— (1925), Contra-Indications to the 'Active' Psycho-Analytical Technique. *Further Contributions to the Theory and Technique of Psycho-Analysis.* London: Hogarth Press, 1950, pp. 217-230.

——— (1928a [1927]), The Problem of the Termination of the Analysis. *Final Contributions to the Problems and Methods of Psycho-Analysis.* New York: Basic Books, 1955, pp. 77-86.

——— (1928b [1927]), The Elasticity of Psycho-Analytic Technique. *Final Contributions to the Problems and Methods of Psycho-Analysis.* New York: Basic Books, 1955, pp. 87-101.

——— (1930 [1929]), The Principles of Relaxation and Neocatharsis. *Final Contributions to the Problems and Methods of Psycho-Analysis.* New York: Basic Books, 1955, pp. 108-125.

——— (1939 [c. 1913]), Laughter. *Final Contributions to the Problem and Methods of Psycho-Analysis.* New York: Basic Books, 1955, pp. 177-182.

——— & RANK, O. (1924), *The Development of Psychoanalysis.* New York & Washington: Nervous and Mental Disease Publishing Co., 1925.

FISHER, C. (1953), Studies on the Nature of Suggestion: Part II. The Transference Meaning of Giving Suggestions. *J. Amer. Psychoanal. Assn.*, 1:406-437.

FLEMING, J. (1946), Observations of the Defenses against a Transference Neurosis. *Psychiatry*, 9:365-374.

——— (1961), What Analytic Work Requires of an Analyst: A Job Analysis. *J. Amer. Psychoanal. Assn.*, 9:719-729.

——— & BENEDEK, T. (1964), Supervision: A Method of Teaching Psychoanalysis. *Psychoanal. Quart.*, 33:71-96.

FLIESS, R. (1949), Silence and Verbalization: A Supplement to the Theory of the 'Analytic Rule.' *Int. J. Psycho-Anal.*, 30:21-30.
———— (1953), Countertransference and Counteridentification. *J. Amer. Psychoanal. Assn.*, 1:268-284.
———— (1954), The Autopsic Encumbrance: Some Remarks on an Unconscious Interference with the Management of the Analytic Situation. *Int. J. Psycho-Anal.*, 35:8-12.
FRAIBERG, S. (1951), Clinical Notes on the Nature of Transference in Child Analysis. *The Psychoanalytic Study of the Child*, 6:286-306.
———— (1966), Further Considerations of the Role of Transference in Latency. *The Psychoanalytic Study of the Child*, 21:213-236.
FRANK, J. (1956), Indications and Contraindications for the Application of the "Standard Technique." *J. Amer. Psychoanal. Assn.*, 4:266-284.
FREEMAN, T. (1959), Aspects of Defence in Neurosis and Psychosis. *Int. J. Psycho-Anal.*, 40:199-212.
FRENCH, T. M. (1946), The Transference Phenomena. In: F. Alexander, T. M. French, et al., *Psychoanalytic Therapy*. New York: Ronald Press.
FREUD, A. (1928 [1946]), *The Psycho-Analytical Treatment of Children*. New York: International Universities Press, 1955.
———— (1936), *The Ego and the Mechanisms of Defense*. New York: International Universities Press, 1946.
———— (1950a), Probleme der Lehranalyse. In: *Max Eitingon in Memoriam*. Jerusalem: Israeli Psychoanalytic Society.
———— (1950b), The Significance of the Evolution of Psychoanalytic Child Psychology. *Congrès International de Psychiatrie, Paris 1950*, 5:29-36. Abstr. in: *The Annual Survey of Psychoanalysis*, 1:200-203. New York: International Universities Press, 1952.
———— (1954a), The Widening Scope of Indications for Psychoanalysis: Discussion. *J. Amer. Psychoanal. Assn.*, 2:607-620.
———— (1954b), Problems of Technique in Adult Analysis. *Bull. Phila. Assn. Psychoanal.*, 4:44-69.
———— (1959), The Nature of the Psychotherapeutic Process (unpublished manuscript) quoted by Ekstein (1960a).
———— (1965), *Normality and Pathology in Childhood: Assessments of Development*. New York: International Universities Press.
———— NAGERA, H., & FREUD, W. E. (1965), Metapsychological Assessment of the Adult Personality: The Adult Profile. *The Psychoanalytic Study of the Child*, 20:9-41.
FREUD, S. (1894), The Neuro-Psychoses of Defence. *Standard Edition*, 3:43-68.*
———— (1896), Further Remarks on the Neuro-Psychoses of Defence. *Standard Edition*, 3:159-185.
———— (1898), Sexuality and the Aetiology of the Neuroses. *Standard Edition*, 3:261-285.
———— (1900), The Interpretation of Dreams. *Standard Edition*, 4 & 5.
———— (1904 [1903]), Freud's Psycho-Analytic Procedure. *Standard Edition*, 7:249-254.

* *The Standard Edition of the Complete Psychological Works of Sigmund Freud*, 24 Volumes, translated and edited by James Strachey. London: Hogarth Press and the Institute of Psycho-Analysis, 1953-

—— (1905a [1901]), Fragment of an Analysis of a Case of Hysteria. *Standard Edition*, 7:3-122.
—— (1905b [1904]), On Psychotherapy. *Standard Edition*, 7:257-268.
—— (1905c), Psychical (or Mental) Treatment. *Standard Edition*, 7:283-302.
—— (1905d), Three Essays on the Theory of Sexuality. *Standard Edition*, 7:125-245.
—— (1908), Character and Anal Erotism. *Standard Edition*, 9:169-175.
—— (1909), Notes upon a Case of Obsessional Neurosis. *Standard Edition*, 10:153-318.
—— (1910a), The Future Prospects of Psycho-Analytic Therapy. *Standard Edition*, 11:139-151.
—— (1910b), 'Wild' Psycho-Analysis. *Standard Edition*, 11:219-227.
—— (1911a), Psycho-Analytic Notes on an Autobiographical Account of a Case of Paranoia (Dementia Paranoides). *Standard Edition*, 12:3-82.
—— (1911b), The Handling of Dream-Interpretation in Psycho-Analysis. *Standard Edition*, 12:89-96.
—— (1912a), The Dynamics of Transference. *Standard Edition*, 12:97-108.
—— (1912b), Recommendations to Physicians Practising Psycho-Analysis. *Standard Edition*, 12:109-120.
—— (1913a), [1912-13]), Totem and Taboo. *Standard Edition*, 13:1-161.
—— (1913b), On Beginning the Treatment. *Standard Edition*, 12:121-144.
—— (1914a), Fausse Reconnaissance (*Déjà Raconté*) in Psycho-Analytic Treatment. *Standard Edition*, 13:201-207.
—— (1914b), On the History of the Psycho-Analytic Movement. *Standard Edition*, 14:3-66.
—— (1914c), Remembering, Repeating, and Working-Through. *Standard Edition*, 12:145-156.
—— (1915a [1914]), Observations on Transference-Love. *Standard Edition*, 12:157-171.
—— (1915b), The Unconscious. *Standard Edition*, 14:159-215.
—— (1915c), Repression. *Standard Edition*, 14:141-158.
—— (1915d), Instincts and Their Vicissitudes. *Standard Edition*, 14:109-140.
—— (1916-17 [1915-17]), Introductory Lectures on Psycho-Analysis. *Standard Edition*, 15 & 16.
—— (1917a [1915]), A Metapsychological Supplement to the Theory of Dreams. *Standard Edition*, 14:217-235.
—— (1917b [1915]), Mourning and Melancholia. *Standard Edition*, 14:237-260.
—— (1919a [1918]), Lines of Advance in Psycho-Analytic Therapy. *Standard Edition*, 17:157-168.
—— (1919b), 'A Child Is Being Beaten.' *Standard Edition*, 17:175-204.
—— (1920), Beyond the Pleasure Principle. *Standard Edition*, 18:3-64.
—— (1921), Group Psychology and the Analysis of the Ego. *Standard Edition*, 18:67-143.
—— (1923a [1922]), Two Encyclopedic Articles: Psycho-Analysis. *Standard Edition*, 18:235-254.
—— (1923b), The Ego and the Id. *Standard Edition*, 19:3-66.

―――― (1923c [1922]), Remarks on the Theory and Practice of Dream-Interpretation. *Standard Edition*, 19:109-121.
―――― (1925a [1924]), An Autobiographical Study. *Standard Edition*, 20:3-74.
―――― (1925b), Negation. *Standard Edition*, 19:235-239.
―――― (1925c), Some Additional Notes on Dream-Interpretation as a Whole. *Standard Edition*, 19:125-138.
―――― (1926a [1925]), Inhibitions, Symptoms and Anxiety. *Standard Edition*, 20:77-175.
―――― (1926b), The Question of Lay Analysis. *Standard Edition*, 20:179-258.
―――― (1933 [1932]), New Introductory Lectures in Psycho-Analysis. *Standard Edition*, 22:3-182.
―――― (1937a), Analysis Terminable and Interminable. *Standard Edition*, 23:209-253.
―――― (1937b), Constructions in Analysis. *Standard Edition*, 23:255-269.
―――― (1940a [1938]), Splitting of the Ego in the Defensive Process. *Standard Edition*, 23:271-278.
―――― (1940b [1938]), An Outline of Psycho-Analysis. *Standard Edition*, 23:141-207.
FRIEDMAN, L. J. (1953), Defensive Aspects of Orality. *Int. J. Psycho-Anal.*, 34:304-312.
―――― (1954), Regressive Reaction to the Interpretation of a Dream. *J. Amer. Psychoanal. Assn.*, 2:514-518.
FROMM-REICHMANN, F. (1950), *Principles of Intensive Psychotherapy*. Chicago: University of Chicago Press.
―――― (1954), Psychoanalytic and General Dynamic Conceptions of Theory and of Therapy: Differences and Similarities. *J. Amer. Psychoanal. Assn.*, 2:711-721.
―――― (1955), Clinical Significances of Intuitive Processes of the Psychoanalyst. *J. Amer. Psychoanal. Assn.*, 3:82-88.
FROSCH, J. (1959), Transference Derivatives of the Family Romance. *J. Amer. Psychoanal. Assn.*, 7:503-522.
GELEERD, E. R. (1957), Some Aspects of Psychoanalytic Technique in Adolescence. *The Psychoanalytic Study of the Child*, 12:263-283.
GERO, G. (1951), The Concept of Defense. *Psychoanal. Quart.*, 20:565-578.
―――― (1953), Defenses and Symptom Formation. *J. Amer. Psychoanal. Assn.*, 1:87-103.
GIFFORD, S. (1964), Panel report: Repetition Compulsion. *J. Amer. Psychoanal. Assn.*, 12:632-649.
GILL, M. M. (1951), Ego Psychology and Psychotherapy. *Psychoanal. Quart.*, 20:62-71.
―――― (1954), Psychoanalysis and Exploratory Psychotherapy. *J. Amer. Psychoanal. Assn.*, 2:771-797.
―――― (1963), *Topography and Systems in Psychoanalytic Theory* [*Psychological Issues*, Monogr. 10]. New York: International Universities Press.
―――― NEWMAN, R., & REDLICH, F. C. (1954), *The Initial Interview in Psychiatric Practice*. New York: International Universities Press.
GILLESPIE, W. H. (1958), Neurotic Ego Distortion. *Int. J. Psycho-Anal.*, 39:258-259.

GITELSON, M. (1948), Problems of Psychoanalytic Training. *Psychoanal. Quart.*, 17:198-211.

———— (1951), Psychoanalysis and Dynamic Psychiatry. *Arch. Neurol. & Psychiat.*, 66:280-288.

———— (1952), The Emotional Position of the Analyst in the Psycho-Analytic Situation. *Int. J. Psycho-Anal.*, 33:1-10.

———— (1954), Therapeutic Problems in the Analysis of the 'Normal' Candidate. *Int. J. Psycho-Anal.*, 35:174-183.

———— (1958), On Ego Distortion. *Int. J. Psycho-Anal.*, 39:245-257.

———— (1964), On the Identity Crisis in American Psychoanalysis. *J. Amer. Psychoanal. Assn.*, 12:451-476.

———— ET AL. (1962), The Curative Factors in Psycho-Analysis. *Int. J. Psycho-Anal.*, 43:194-234.

GLOVER, E. (1939), *Psycho-Analysis: A Handbook for Medical Practitioners and Students of Comparative Psychology*. New York & London: Staples Press.

———— (1955 [1928, 1940]), *The Technique of Psycho-Analysis*. New York: International Universities Press.

———— (1958), Ego Distortion. *Int. J. Psycho-Anal.*, 39:260-264.

GOSTYNSKI, E. (1951), A Clinical Contribution to the Analysis of Gestures. *Int. J. Psycho-Anal.*, 32:310-318.

GREENACRE, P. (1948), Symposium on the Evaluation of Therapeutic Results (C. P. Oberndorf, P. Greenacre, L. Kubie). *Int. J. Psycho-Anal.*, 29:11-14, 32.

———— (1950), General Problems of Acting Out. *Trauma, Growth, and Personality*. New York: Norton, 1952, pp. 224-236.

———— (1954), The Role of Transference: Practical Considerations in Relation to Psychoanalytic Therapy. *J. Amer. Psychoanal. Assn.*, 2:671-684.

———— (1956), Re-evaluation of the Process of Working Through. *Int. J. Psycho-Anal.*, 37:439-444.

———— (1958), Toward an Understanding of the Physical Nucleus of Some Defence Reactions. *Int. J. Psycho-Anal.*, 39:69-76.

———— (1959), Certain Technical Problems in the Transference Relationship. *J. Amer. Psychoanal. Assn.*, 7:484-502.

———— (1960), Considerations Regarding the Parent-Infant Relationship. *Int. J. Psycho-Anal.*, 41:571-584.

———— (1961), A Critical Digest of the Literature on Selection of Candidates for Psychoanalytic Training. *Psychoanal. Quart.*, 30:28-55.

———— (1966a), Problems of Training Analysis. *Psychoanal. Quart.*, 35:540-567.

———— (1966b), Problems of Overidealization of the Analyst and of Analysis: Their Manifestations in the Transference and Countertransference Relationship. *The Psychoanalytic Study of the Child*, 21:193-212.

GREENSON, R. R. (1950), The Mother Tongue and the Mother. *Int. J. Psycho-Anal.*, 31:18-23.

———— (1953), On Boredom. *J. Amer. Psychoanal. Assn.*, 1:7-21.

———— (1954), The Struggle against Identification. *J. Amer. Psychoanal. Assn.*, 2:200-217.

——— (1958a), On Screen Defenses, Screen Hunger and Screen Identity. *J. Amer. Psychoanal. Assn.*, 6:242-262.

——— (1958b), Variations in Classical Psycho-Analytic Technique: An Introduction. *Int. J. Psycho-Anal.*, 39:200-201.

——— (1959a), Phobia, Anxiety and Depression. *J. Amer. Psychoanal. Assn.*, 7:663-674.

——— (1959b), The Classic Psychoanalytic Approach. *American Handbook of Psychiatry*, ed. S. Arieti. New York: Basic Books, pp. 1399-1416.

——— (1960), Empathy and Its Vicissitudes. *Int. J. Psycho-Anal.*, 41:418-424.

——— (1961), On the Silence and Sounds of the Analytic Hour. *J. Amer. Psychoanal. Assn.*, 9:79-84.

——— (1962), On Enthusiasm. *J. Amer. Psychoanal. Assn.*, 10:3-21.

——— (1965a), The Working Alliance and the Transference Neurosis. *Psychoanal. Quart.*, 34:155-181.

——— (1965b), The Problem of Working Through. In: *Drives, Affects, Behavior*, ed. M. Schur. New York: International Universities Press, 2:277-314.

——— (1966), That "Impossible" Profession. *J. Amer. Psychoanal. Assn.*, 14:9-27.

——— ET AL. (1958), Variations in Classical Psycho-Analytic Technique. *Int. J. Psycho-Anal.*, 39:200-242.

GRINSTEIN, A. (1955), Vacations: A Psycho-Analytic Study. *Int. J. Psycho-Anal.*, 36:177-186.

GROSS, A. (1951), The Secret. *Bull. Menninger Clin.*, 15:37-44.

GROTJAHN, M. (1950), About the "Third Ear" in Psychoanalysis. *Psychoanal. Rev.*, 37:56-65.

——— (1954), About the Relation between Psycho-Analytic Training and Psycho-Analytic Therapy. *Int. J. Psycho-Anal.*, 35:254-262.

GUNTRIP, H. (1961), *Personality Structure and Human Interaction*. New York: International Universities Press.

GUTTMAN, S. A. (1960), Panel report: Criteria for Analyzability. *J. Amer. Psychoanal. Assn.*, 8:141-151.

HAAK, N. (1957), Comments on the Analytical Situation. *Int. J. Psycho-Anal.*, 38:183-195.

HARTMANN, H. (1939), *Ego Psychology and the Problem of Adaptation*. New York: International Universities Press, 1958.

——— (1947), On Rational and Irrational Action. *Essays on Ego Psychology*. New York: International Universities Press, 1964, pp. 37-68.

——— (1950), Comments on the Psychoanalytic Theory of the Ego. *Essays on Ego Psychology*. New York: International Universities Press, 1964, pp. 113-141.

——— (1951), Technical Implications of Ego Psychology. *Essays on Ego Psychology*. New York: International Universities Press, 1964, pp. 142-154.

——— (1955), Notes on the Theory of Sublimation. *Essays on Ego Psychology*. New York: International Universities Press, 1964, pp. 215-240.

——— (1956), The Development of the Ego Concept in Freud's Work. *Essays on Ego Psychology*. New York: International Universities Press, 1964, pp. 268-296.

———— (1964), *Essays on Ego Psychology: Selected Problems in Psychoanalytic Theory.* New York: International Universities Press.

———— & KRIS, E. (1945), The Genetic Approach in Psychoanalysis. *The Psychoanalytic Study of the Child,* 1:11-30.

———— ———— & LOEWENSTEIN, R. M. (1946), Comments on the Formation of Psychic Structure. *The Psychoanalytic Study of the Child,* 2:11-38.

HEIMANN, P. (1950), On Counter-Transference. *Int. J. Psycho-Anal.,* 31:81-84.

———— (1954), Problems of the Training Analysis. *Int. J. Psycho-Anal.,* 35:163-168.

———— (1956), Dynamics of Transference Interpretations. *Int. J. Psycho-Anal.,* 37:303-310.

HENDRICK, I. (1934), *Facts and Theories of Psychoanalysis.* New York: Knopf.

———— (1942), Instinct and the Ego during Infancy. *Psychoanal. Quart.,* 11:33-58.

———— (1951), Early Development of the Ego: Identification in Infancy. *Psychoanal. Quart.,* 20:44-61.

HILL, L. B. (1951), Anticipation of Arousing Specific Neurotic Feelings in the Psychoanalyst. *Psychiatry,* 14:1-8.

HOFFER, W. (1949), Mouth, Hand, and Ego-Integration. *The Psychoanalytic Study of the Child,* 3/4:49-56.

———— (1950), Three Psychological Criteria for the Termination of Treatment. *Int. J. Psycho-Anal.,* 31:194-195.

———— (1952), The Mutual Influences in the Development of Ego and Id: Earliest Stages. *The Psychoanalytic Study of the Child,* 7:31-41.

———— (1954), Defensive Process and Defensive Organization. *Int. J. Psycho-Anal.,* 35:194-198.

———— (1956), Transference and Transference Neuroses. *Int. J. Psycho-Anal.,* 37:377-379.

ISAACS, S. (1948), The Nature and Function of Phantasy. In: *Developments in Psycho-Analysis,* by M. Klein et al. London: Hogarth Press, 1952, pp. 67-121.

JACOBSON, E. (1950), Contribution to the Metapsychology of Cyclothymic Depression. In: *Affective Disorders,* ed. P. Greenacre. New York: International Universities Press, pp. 49-83.

———— (1954), Transference Problems in the Psychoanalytic Treatment of Severely Depressive Patients. *J. Amer. Psychoanal. Assn.,* 2:595-606.

———— (1964), *The Self and the Object World.* New York: International Universities Press.

JAMES, M. (1964), Interpretation and Management in the Treatment of Preadolescents. *Int. J. Psycho-Anal.,* 45:499-511.

JOKL, R. H. (1950), Psychic Determinism and Preservation of Sublimation in Classical Psychoanalytic Procedure. *Bull. Menninger Clin.,* 14:207-219.

JONES, E. (1953), *The Life and Work of Sigmund Freud, Volume I.* New York: Basic Books.

———— (1955), *The Life and Work of Sigmund Freud, Volume II.* New York: Basic Books.

———— (1957), *The Life and Work of Sigmund Freud, Volume III.* New York: Basic Books.

KAIRYS, D. (1964), The Training Analysis: A Critical Review of the Literature and a Controversial Proposal. *Psychoanal. Quart.*, 33:485-512.

KANZER, M. (1953), Past and Present in the Transference. *J. Amer. Psychoanal. Assn.*, 1:144-154.

—— (1957), Panel report: Acting Out and Its Relation to Impulse Disorders. *J. Amer. Psychoanal. Assn.*, 5:136-145.

—— (1961), Verbal and Nonverbal Aspects of Free Association. *Psychoanal. Quart.* 30:327-350.

KATAN, M. (1954), The Importance of the Non-psychotic Part of the Personality in Schizophrenia. *Int. J. Psycho-Anal.*, 35:119-128.

—— (1958), Contribution to the Panel on Ego-Distortion ('As-If' and 'Pseudo As-If'). *Int. J. Psycho-Anal.*, 39:265-270.

KEISER, S. (1958), Disturbances in Abstract Thinking and Body-Image Formation. *J. Amer. Psychoanal. Assn.*, 6:628-652.

KHAN, M. M. R. (1960), Regression and Integration in the Analytic Setting. *Int. J. Psycho-Anal.*, 41:130-146.

—— (1962), Dream Psychology and the Evolution of the Psycho-Analytic Situation. *Int. J. Psycho-Anal.*, 43:21-31.

—— (1963a), The Concept of Cumulative Trauma. *The Psychoanalytic Study of the Child*, 18:286-306.

—— (1963b), Silence as Communication. *Bull. Menninger Clin.*, 27:300-317.

—— (1964), Ego Distortion, Cumulative Trauma, and the Role of Reconstruction in the Analytic Situation. *Int. J. Psycho-Anal.*, 45:272-278.

KLEIN, M. (1932), *The Psycho-Analysis of Children*. London: Hogarth Press, 1949.

—— (1950), On the Criteria for the Termination of a Psycho-Analysis. *Int. J. Psycho-Anal.*, 31:78-80.

—— (1952), The Origins of Transference. *Int. J. Psycho-Anal.*, 33:433-438.

—— (1961), *Narrative of a Child Analysis*. London: Hogarth Press.

—— HEIMANN, P., ISAACS, S., & RIVIERE, J. (1952), *Developments in Psycho-Analysis*. London: Hogarth Press.

—— —— & MONEY-KYRLE, R., eds. (1955), *New Directions in Psycho-Analysis*. New York: Basic Books.

KNAPP, P. H., LEVIN, S., MCCARTER, R. H., WERMER, H., & ZETZEL, E. R. (1960), Suitability for Psychoanalysis: A Review of 100 Supervised Analytic Cases. *Psychoanal. Quart.*, 29:459-477.

KNIGHT, R. P. (1949), A Critique of the Present Status of the Psychotherapies. *Psychoanalytic Psychiatry and Psychology*, ed. R. P. Knight & C. R. Friedman. New York: International Universities Press, 1954, pp. 52-64.

—— (1952), An Evaluation of Psychotherapeutic Techniques. *Psychoanalytic Psychiatry and Psychology*, ed. R. P. Knight & C. R. Friedman. New York: International Universities Press, 1954, pp. 65-76.

—— (1953a), The Present Status of Organized Psychoanalysis in the United States. *J. Amer. Psychoanal. Assn.*, 1:197-221.

—— (1953b), Borderline States. *Psychoanalytic Psychiatry and Psychology*, ed. R. P. Knight & C. R. Friedman. New York: International Universities Press, 1954, pp. 97-109.

Kohut, H. (1957), Panel report: Clinical and Theoretical Aspects of Resistance. *J. Amer. Psychoanal. Assn.*, 5:548-555.
―― (1959), Introspection, Empathy and Psychoanalysis. *J. Amer. Psychoanal. Assn.*, 7:459-483.
Krapf, E. E. (1955), The Choice of Language in Polyglot Psychoanalysis. *Psychoanal. Quart.*, 24:343-357.
―― (1956), Cold and Warmth in the Transference Experience. *Int. J. Psycho-Anal.*, 37:389-391.
Kris, E. (1934), The Psychology of Caricature. *Psychoanalytic Explorations in Art*. New York: International Universities Press, 1952, pp. 173-188.
―― (1950), On Preconscious Mental Processes. *Psychoanalytic Explorations in Art*. New York: International Universities Press, 1952, pp. 303-318.
―― (1951), Ego Psychology and Interpretation in Psychoanalytic Therapy. *Psychoanal. Quart.*, 20:15-30.
―― (1952), *Explorations in Art*. New York: International Universities Press.
―― (1956a), On Some Vicissitudes of Insight in Psycho-Analysis. *Int. J. Psycho-Anal.*, 37:445-455.
―― (1956b), The Recovery of Childhood Memories in Psychoanalysis. *The Psychoanalytic Study of the Child*, 11:54-88.
Kubie, L. S. (1939), A Critical Analysis of the Concept of a Repetition Compulsion. *Int. J. Psycho-Anal.*, 20:390-402.
―― (1941), The Repetitive Core of Neurosis. *Psychoanal. Quart.*, 10:23-43.
―― (1950), *Practical and Theoretical Aspects of Psychoanalysis*. New York: International Universities Press.
―― (1958), Research into the Process of Supervision in Psychoanalysis. *Psychoanal. Quart.*, 27:226-236.
Kut, S. (1953), The Changing Pattern of Transference in the Analysis of an Eleven-year-old Girl. *The Psychoanalytic Study of the Child*, 8:355-378.
Lagache, D. (1953), Some Aspects of Transference. *Int. J. Psycho-Anal.*, 34:1-10.
Lampl-de Groot, J. (1954), Problems of Psycho-Analytic Training, *Int. J. Psycho-Anal.*, 35:184-187.
―― (1956), The Role of Identification in Psycho-Analytic Procedure. *Int. J. Psycho-Anal.*, 37:456-459.
―― (1957), On Defense and Development: Normal and Pathological. *The Psychoanalytic Study of the Child*, 12:114-126.
―― (1963), Symptom Formation and Character Formation. *Int. J. Psycho-Anal.*, 44:1-11.
Langer, M. (1962), Selection Criteria for the Training of Psycho-Analytic Students. *Int. J. Psycho-Anal.*, 43:272-276.
Levy, K. (1958), Silence in the Analytic Session. *Int. J. Psycho-Anal.*, 39:50-58.
Lewin, B. D. (1946), Training in Psychoanalysis. *Amer. J. Orthopsychiat.*, 16:427-429.
―― (1948), The Nature of Reality, the Meaning of Nothing: With an Addendum on Concentration. *Psychoanal. Quart.*, 17:524-526.
―― (1950), *The Psychoanalysis of Elation*. New York: Norton.

—— (1953), The Forgetting of Dreams. In: *Drives, Affects, Behavior,* ed. R. M. Loewenstein. New York: International Universities Press, 1:191-202.
—— (1954), Sleep, Narcissistic Neurosis, and the Analytic Situation. *Psychoanal. Quart.,* 23:487-510.
—— (1955), Dream Psychology and the Analytic Situation. *Psychoanal. Quart.,* 24:169-199.
—— (1959), The Analytic Situation: Topographic Considerations. *Psychoanal. Quart.,* 28:455-469.
—— & Ross, H. (1960), *Psychoanalytic Education in the United States.* New York: Norton.
LICHTENSTEIN, H. (1961), Identity and Sexuality. *J. Amer. Psychoanal. Assn.,* 9:179-260.
LITTLE, M. (1951), Counter-Transference and the Patient's Response to It. *Int. J. Psycho-Anal.,* 32:32-40.
—— (1958), On Delusional Transference (Transference Psychosis). *Int. J. Psycho-Anal.,* 39:134-138.
LOEWALD, H. W. (1952), The Problem of Defence and the Neurotic Interpretation of Reality. *Int. J. Psycho-Anal.,* 33:444-449.
—— (1955), Hypnoid State, Repression, Abreaction and Recollection. *J. Amer. Psychoanal. Assn.,* 3:201-210.
—— (1960), On the Therapeutic Action of Psycho-Analysis. *Int. J. Psycho-Anal.,* 41:16-33.
LOEWENSTEIN, R. M. (1951), The Problem of Interpretation. *Psychoanal. Quart.,* 20:1-14.
—— (1954), Some Remarks on Defences, Autonomous Ego and Psycho-Analytic Technique. *Int. J. Psycho-Anal.,* 35:188-193.
—— (1956), Some Remarks on the Role of Speech in Psycho-Analytic Technique. *Int. J. Psycho-Anal.,* 37:460-468.
—— (1958a), Remarks on Some Variations in Psycho-Analytic Technique. *Int. J. Psycho-Anal.,* 39:202-210.
—— (1958b), Variations in Classical Technique: Concluding Remarks. *Int. J. Psycho-Anal.,* 39:240-242.
—— (1961), The Silent Patient: Introduction. *J. Amer. Psychoanal. Assn.,* 9:2-6.
—— (1963), Some Considerations on Free Association. *J. Amer. Psychoanal. Assn.,* 11:451-473.
LOOMIE, L. S. (1961), Some Ego Considerations in the Silent Patient. *J. Amer. Psychoanal. Assn.,* 9:56-78.
LORAND, S. (1946), *Technique of Psychoanalytic Therapy.* New York: International Universities Press.
—— & CONSOLE, W. A. (1958), Therapeutic Results in Psycho-Analytic Treatment Without Fee. *Int. J. Psycho-Anal.,* 39:59-64.
MACALPINE, I. (1950), The Development of the Transference. *Psychoanal. Quart.,* 19:501-539.
MAHLER, M. S. (1963), Thoughts about Development and Individuation. *The Psychoanalytic Study of the Child,* 18:307-324.
—— (1965), On the Significance of the Normal Separation-Individuation Phase. In: *Drives, Affects, Behavior,* ed. M. Schur. New York: International Universities Press, 2:161-169.

────── & LA PERRIERE, K. (1965), Mother-Child Interaction during Separation-Individuation. *Psychoanal. Quart.*, 34:483-498.

MARMOR, J. (1958), The Psychodynamics of Realistic Worry. *Psychoanalysis and the Social Sciences*, 5:155-163. New York: International Universities Press.

MARTIN, P. A. (1964), Psychoanalytic Aspects of That Type of Communication Termed "Small Talk." *J. Amer. Psychoanal. Assn.*, 12:392-400.

MEERLOO, J. A. M. & COLEMAN, M. L. (1951), The Transference Function: A Study of Normal and Pathological Transference. *Psychoanal. Rev.*, 38:205-221.

MENNINGER, K. A. (1958), *Theory of Psychoanalytic Technique*. New York: Basic Books.

MILNER, M. (1950), A Note on the Ending of an Analysis. *Int. J. Psycho-Anal.*, 31:191-193.

MITTELMANN, B. (1948), The Concurrent Analysis of Married Couples. *Psychoanal. Quart.*, 17:182-197.

MONEY-KYRLE, R. (1956), Normal Counter-Transference and Some of Its Deviations. *Int. J. Psycho-Anal.*, 37:360-366.

NACHT, S. (1954), The Difficulties of Didactic Psycho-Analysis in Relation to Therapeutic Psycho-Analysis. *Int. J. Psycho-Anal.*, 35:250-253.

────── (1957), Technical Remarks on the Handling of the Transference Neurosis. *Int. J. Psycho-Anal.*, 38:196-202.

────── (1958a), Variations in Technique. *Int. J. Psycho-Anal.*, 39:235-237.

────── (1958b), Causes and Mechanisms of Ego Distortion. *Int. J. Psycho-Anal.*, 39:271-273.

────── (1962), The Curative Factors in Psycho-Analysis. *Int. J. Psycho-Anal.*, 43:206-211.

────── (1964), Silence as an Integrative Factor. *Int. J. Psycho-Anal.*, 45:299-303.

────── LEBOVICI, S., & DIATKINE, R. (1961), Training for Psycho-Analysis. *Int. J. Psycho-Anal.*, 42:110-115.

NAGERA, H. (1966), *Early Childhood Disturbances, the Infantile Neurosis, and the Adulthood Disturbances: Problems of a Developmental Psychoanalytic Psychology* [The Psychoanalytic Study of the Child, Monogr. 2]. New York: International Universities Press.

NIELSEN, N. (1954), The Dynamics of Training Analysis. *Int. J. Psycho-Anal.*, 35:247-249.

NOVEY, S. (1962), The Principle of "Working Through" in Psychoanalysis. *J. Amer. Psychoanal. Assn.*, 10:658-676.

NUNBERG, H. (1932), *Principles of Psychoanalysis*. New York: International Universities Press, 1955.

────── (1951), Transference and Reality. *Int. J. Psycho-Anal.*, 32:1-9.

OLDEN, C. (1953), On Adult Empathy with Children. *The Psychoanalytic Study of the Child*, 8:111-126.

────── (1958), Notes on the Development of Empathy. *The Psychoanalytic Study of the Child*, 13:505-518.

OLINICK, S. L. (1954), Some Considerations of the Use of Questioning as a Psychoanalytic Technique. *J. Amer. Psychoanal. Assn.*, 2:57-66.

ORENS, M. H. (1950), Setting a Termination Date: An Impetus to Analysis. *J. Amer. Psychoanal. Assn.*, 3:651-665.

ORR, D. W. (1954), Transference and Countertransference: A Historical Survey. *J. Amer. Psychoanal. Assn.*, 2:621-670.

PAYNE, S. (1950), Short Communication on Criteria for Terminating of Analysis. *Int. J. Psycho-Anal.*, 31:205.

PIOUS, W. L. (1950), Obsessive-compulsive Symptoms in an Incipient Schizophrenic. *Psychoanal. Quart.*, 19:327-351.

RACKER, H. (1953), A Contribution to the Problem of Counter-Transference. *Int. J. Psycho-Anal.*, 34:313-324.

―――― (1954), Notes on the Theory of Transference. *Psychoanal. Quart.*, 23:78-86.

―――― (1957), The Meanings and Uses of Countertransference. *Psychoanal. Quart.*, 26:303-357.

RAMZY, I. (1961), The Range and Spirit of Psycho-Analytic Technique. *Int. J. Psycho-Anal.*, 42:497-501.

RANGELL, L. (1954), Similarities and Differences between Psychoanalysis and Dynamic Psychotherapy. *J. Amer. Psychoanal. Assn.*, 2:734-744.

―――― (1959), The Nature of Conversion. *J. Amer. Psychoanal. Assn.*, 7:632-662.

RAPAPORT, D. & GILL, M. M. (1959), The Points of View and Assumptions of Metapsychology. *Int. J. Psycho-Anal.*, 40:153-162.

RAPPAPORT, E. A. (1956), The Management of an Eroticized Transference. *Psychoanal. Quart.*, 25:515-529.

REDL, F. & WINEMAN, D. (1951), *Children Who Hate.* Glencoe, Ill.: Free Press.

REICH, A. (1951), On Counter-Transference. *Int. J. Psycho-Anal.*, 32:25-31.

―――― (1958), A Special Variation of Technique. *Int. J. Psycho-Anal.*, 39:230-234.

REICH, W. (1928), On Character Analysis. In: *The Psychoanalytic Reader*, ed. R. Fliess. New York: International Universities Press, 1948, 1:129-147.

―――― (1929), The Genital Character and the Neurotic Character. In: *The Psychoanalytic Reader*, ed. R. Fliess. New York: International Universities Press, 1948, 1:148-169.

REIDER, N. (1950), The Concept of Normality. *Psychoanal. Quart.*, 19:43-51.

―――― (1953a), A Type of Transference to Institutions. *Bull. Menninger Clin.*, 17:58-63.

―――― (1953b), Reconstruction and Screen Function. *J. Amer. Psychoanal. Assn.*, 1:389-405.

―――― (1957), Transference Psychosis. *J. Hillside Hosp.*, 6:131-149.

REIK, T. (1937), *Surprise and the Psychoanalyst.* New York: Dutton.

―――― (1948), *Listening with the Third Ear.* New York: Farrar, Straus.

REXFORD, E. N., ed. (1966), *A Developmental Approach to Problems of Acting Out: A Symposium.* New York: International Universities Press.

RICKMAN, J. (1950), On the Criteria for the Termination of an Analysis. *Int. J. Psycho-Anal.*, 31:200-201.

ROBBINS, L. L. (1956), Panel report: The Borderline Case. *J. Amer. Psychoanal. Assn.*, 4:550-562.

ROSEN, V. H. (1958), The Initial Psychiatric Interview and the Principles of Psychotherapy. *J. Amer. Psychoanal. Assn.*, 6:154-167.

———— (1960), Some Aspects of the Role of Imagination in the Analytic Process. *J. Amer. Psychoanal. Assn.*, 8:229-251.

ROSENBERG [ZETZEL], E. (1949), Anxiety and the Capacity to Bear It. *Int. J. Psycho-Anal.*, 30:1-12.

ROSENFELD, H. (1952), Transference-Phenomena and Transference-Analysis in an Acute Catatonic Schizophrenic Patient. *Int. J. Psycho-Anal.*, 33:457-464.

———— (1954), Considerations Regarding the Psycho-Analytic Approach to Acute and Chronic Schizophrenia. *Int. J. Psycho-Anal.*, 35:135-140.

———— (1958), Contribution to the Discussion on Variations in Classical Technique. *Int. J. Psycho-Anal.*, 39:238-239.

Ross, N. (1960), Panel Report: An Examination of Nosology according to Psychoanalytic Concepts. *J. Amer. Psychoanal. Assn.*, 8:535-551.

ROWLEY, J. L. (1951), Rumpelstilzkin in the Analytical Situation. *Int. J. Psycho-Anal.*, 32:190-195.

RUBINFINE, D. L. (1958), Panel report: Problems of Identity. *J. Amer. Psychoanal. Assn.*, 6:131-142.

RYCROFT, C. (1956), The Nature and Function of the Analyst's Communication to the Patient. *Int. J. Psycho-Anal.*, 37:469-472.

———— (1958), An Enquiry into the Function of Words in the Psycho-Analytical Situation. *Int. J. Psycho-Anal.*, 39:408-415.

SACHS, H. (1947), Observations of a Training Analyst. *Psychoanal. Quart.*, 16:157-168.

SAUL, L. (1958), *Technic and Practice of Psychoanalysis.* New York: J. B. Lippincott.

SCHAFER, R. (1959), Generative Empathy in the Treatment Situation. *Psychoanal. Quart.*, 28:342-373.

———— (1964), The Clinical Analysis of Affects. *J. Amer. Psychoanal. Assn.*, 12:275-299.

SCHMIDEBERG, M. (1950), Infant Memories and Constructions. *Psychoanal. Quart.*, 19:468-481.

———— (1953), A Note on Transference. *Int. J. Psycho-Anal.*, 34:199-201.

SCHUR, M. (1953), The Ego in Anxiety. In: *Drives, Affects, Behavior*, ed. R. M. Loewenstein. New York: International Universities Press, 1:67-103.

———— (1955), Comments on the Metapsychology of Somatization. *The Psychoanalytic Study of the Child*, 10:119-164.

———— (1960), Phylogenesis and Ontogenesis of Affect- and Structure-Formation and the Phenomenon of Repetition Compulsion. *Int. J. Psycho-Anal.*, 41:275-287.

———— (1966), *The Id and the Regulatory Principles of Mental Functioning.* New York: International Universities Press.

SCOTT, W. C. M. (1952), Patients Who Sleep or Look at the Psycho-Analyst during Treatment: Technical Considerations. *Int. J. Psycho-Anal.*, 33:465-469.

———— (1958), Noise, Speech and Technique. *Int. J. Psycho-Anal.*, 39:108-111.

SEARLES, H. F. (1960), *The Nonhuman Environment in Normal Development and in Schizophrenia.* New York: International Universities Press.

———— (1965), *Collected Papers on Schizophrenia and Related Subjects.* New York: International Universities Press.

SECHEHAYE, M. A. (1956), The Transference in Symbolic Realization. *Int. J. Psycho-Anal.*, 37:270-277.
SEGAL, H. (1964), *Introduction to the Work of Melanie Klein.* New York: Basic Books.
SERVADIO, E. (1956), Transference and Thought-Transference. *Int. J. Psycho-Anal.*, 37:392-395.
SHARPE, E. F. (1930), The Technique of Psycho-Analysis. *Collected Papers on Psycho-Analysis.* London: Hogarth Press, 1950, pp. 9-106.
―――― (1940), Psycho-Physical Problems Revealed in Language: An Examination of Metaphor. *Collected Papers on Psycho-Analysis.* London: Hogarth Press, 1950, pp. 155-169.
―――― (1947), The Psycho-Analyst. *Collected Papers on Psycho-Analysis.* London: Hogarth Press, 1950, pp. 109-122.
SILVERBERG, W. V. (1948), The Concept of Transference. *Psychoanal. Quart.*, 17:303-321.
―――― (1955), Acting Out versus Insight: A Problem in Psychoanalytic Technique. *Psychoanal. Quart.*, 24:527-544.
SIMMEL, E. (1926), The "Doctor Game," Illness, and the Profession of Medicine. In: *The Psychoanalytic Reader,* ed. R. Fliess. New York: International Universities Press, 1949, 1:291-305.
SPERLING, S. J. (1958), On Denial and the Essential Nature of Defence. *Int. J. Psycho-Anal.*, 39:25-38.
SPIEGEL, L. A. (1954), Acting Out and Defensive Instinctual Gratification. *J. Amer. Psychoanal. Assn.*, 2:107-119.
SPITZ, R. A. (1956a), Countertransference: Comments on Its Varying Role in the Analytic Situation. *J. Amer. Psychoanal. Assn.*, 4:256-265.
―――― (1956b), Transference: The Analytical Setting and Its Prototype. *Int. J. Psycho-Anal.*, 37:380-385.
―――― (1957), *No and Yes: On the Genesis of Human Communication.* New York: International Universities Press.
―――― (1965), *The First Year of Life.* New York: International Universities Press.
STEIN, M. H. (1958), The Cliché. *J. Amer. Psychoanal. Assn.*, 6:263-277.
STERBA, R. F. (1929), The Dynamics of the Dissolution of the Transference Resistance. *Psychoanal. Quart.* 9:363-379, 1940.
―――― (1934), The Fate of the Ego in Analytic Therapy. *Int. J. Psycho-Anal.*, 15:117-126.
―――― (1951), Character and Resistance. *Psychoanal. Quart.*, 20:72-76.
―――― (1953), Clinical and Therapeutic Aspects of Character Resistance. *Psychoanal. Quart.*, 22:1-20.
STERN, A. (1948), Transference in Borderline Neuroses. *Psychoanal. Quart.*, 17:527-528.
STERN, M. M. (1957), The Ego Aspect of Transference. *Int. J. Psycho-Anal.*, 38:146-157.
STEWART, W. A. (1963), An Inquiry into the Concept of Working Through. *J. Amer. Psychoanal. Assn.*, 11:474-499.
STONE, L. (1951), Psychoanalysis and Brief Psychotherapy. *Psychoanal. Quart.*, 20:215-236.
―――― (1954a), On the Principal Obscene Word of the English Language. *Int. J. Psycho-Anal.*, 35:30-56.

────── (1954b), The Widening Scope of Indications for Psychoanalysis. *J. Amer. Psychoanal. Assn.*, 2:567-594.

────── (1961), *The Psychoanalytic Situation*. New York: International Universities Press.

STRACHEY, J. (1934), The Nature of the Therapeutic Action of Psycho-Analysis. *Int. J. Psycho-Anal.*, 15:127-159.

────── (1958), Editor's Introduction to Freud's Papers on Technique. *Standard Edition*, 12:85-88.

SZASZ, T. S. (1957), On the Experiences of the Analyst in the Psychoanalytic Situation: A Contribution to the Theory of Psychoanalytic Treatment. *J. Amer. Psychoanal. Assn.*, 4:197-223.

TARACHOW, S. (1963), *An Introduction to Psychotherapy*. New York: International Universities Press.

TARTAKOFF, H. H. (1956), Recent Books on Psychoanalytic Technique: A Comparative Study [Glover: The Technique of Psychoanalysis; Wolstein: Transference; de Forest: The Leaven of Love; Braatøy: Fundamentals of Psychoanalytic Technique]. *J. Amer. Psychoanal. Assn.*, 4:318-343.

THORNER, H. A. (1957), Three Defences against Inner Persecution. In: *New Directions in Psychoanalysis*, ed. M. Klein, P. Heimann, & R. Money-Kyrle. New York: Basic Books, pp. 282-306.

TOWER, L. E. (1956), Countertransference. *J. Amer. Psychoanal. Assn.*, 4:224-255.

VAN DER HEIDE, C. (1961), Blank Silence and the Dream Screen. *J. Amer. Psychoanal. Assn.*, 9:85-90.

VAN DER LEEUW, P. J. (1962), Selection Criteria for the Training of Psycho-Analytic Students. *Int. J. Psycho-Anal.*, 43:277-282.

WAELDER, R. (1936), The Problem of the Genesis of Psychical Conflicts in Earliest Infancy. *Int. J. Psycho-Anal.*, 18:406-473, 1937.

────── (1956), Introduction to the Discussion on Problems of Transference. *Int. J. Psycho-Anal.*, 37:367-368.

────── (1958), Neurotic Ego Distortion: Opening Remarks to the Panel Discussion. *Int. J. Psycho-Anal.*, 39:243-244.

────── (1960), *Basic Theory of Psychoanalysis*. New York: International Universities Press.

────── ET AL. (1956), Discussion of Problems of Transference. *Int. J. Psycho-Anal.*, 37:367-395.

WALDHORN, H. F. (1960), Assessment of Analyzability: Technical and Theoretical Observations. *Psychoanal. Quart.*, 29:478-506.

WEIGERT, E. (1952), Contribution to the Problem of Terminating Psychoanalyses. *Psychoanal. Quart.*, 21:465-480.

────── (1954a), Counter-Transference and Self-Analysis of the Psycho-Analyst. *Int. J. Psycho-Anal.*, 35:242-246.

────── (1954b), The Importance of Flexibility in Psychoanalytic Technique. *J. Amer. Psychoanal. Assn.*, 2:702-710.

────── (1955), Special Problems in Connection with Termination of Training Analyses. *J. Amer. Psychoanal. Assn.*, 3:630-640.

WEISS, J. (1966), Panel report: Clinical and Theoretical Aspects of "As If" Characters. *J. Amer. Psychoanal. Assn.*, 14:569-590.

WEXLER, M. (1951), The Structural Problem in Schizophrenia. *Int. J. Psycho-Anal.*, 32:157-166.

────── (1960), Hypotheses Concerning Ego Deficiency in Schizophrenia. *The Out-Patient Treatment of Schizophrenia.* New York: Grune & Stratton, pp. 33-43.
WHEELIS, A. (1956a), Will and Psychoanalysis. *J. Amer. Psychoanal. Assn.,* 4:285-303.
────── (1956b), The Vocational Hazards of Psycho-Analysis. *Int. J. Psycho-Anal.,* 37:171-184.
WINDHOLZ, E. (1955), Problems of Termination of the Training Analysis. *J. Amer. Psychoanal. Assn.,* 3:641-650.
WINNICOTT, D. W. (1949), Hate in the Counter-Transference. *Int. J. Psycho-Anal.,* 30:69-74.
────── (1953), Transitional Objects and Transitional Phenomena. *Int. J. Psycho-Anal.,* 34:89-97.
────── (1955), Metapsychological and Clinical Aspects of Regression within the Psycho-Analytical Set-up. *Collected Papers.* New York: Basic Books, 1958, pp. 278-294.
────── (1956a), On Transference. *Int. J. Psycho-Anal.,* 37:386-388.
────── (1956b), The Antisocial Tendency. *Collected Papers.* New York: Basic Books, 1958, pp. 306-315.
────── (1957), *Mother and Child.* New York: Basic Books.
WOLFENSTEIN, M. & KLIMAN, G. (1965), *Children and the Death of the President.* Garden City, N.Y.: Doubleday.
WORDEN, F. G. (1955), A Problem in Psychoanalytic Technique. *J. Amer. Psychoanal. Assn.,* 3:255-279.
ZELIGS, M. A. (1957), Acting In. *J. Amer. Psychoanal. Assn.,* 5:685-706.
────── (1961), The Psychology of Silence: Its Role in Transference, Countertransference and the Psychoanalytic Process. *J. Amer. Psychoanal. Assn.,* 9:7-43.
ZETZEL, E. R. (1953), Panel report: The Traditional Psychoanalytic Technique and Its Variations. *J. Amer. Psychoanal.,* 1:526-537.
────── (1956), Current Concepts of Transference. *Int. J. Psycho-Anal.,* 37:369-376.
────── (1963), The Significance of the Adaptive Hypothesis for Psychoanalytic Theory and Practice. *J. Amer. Psychoanal. Assn.,* 11:652-660.
────── see also Rosenberg, E.
ZILBOORG, G. (1952a), The Emotional Problem and the Therapeutic Role of Insight. *Psychoanal. Quart.,* 21:1-24.
────── (1952b), Some Sidelights on Free Associations. *Int. J. Psycho-Anal.,* 33:489-495.

《精神分析的技术与实践》是格林森先生的力作。在世界范围内，它被作为精神分析技术与实践的教材广泛使用。在中国，很多重要的精神分析训练项目把它列为精读教材。

从 2013 年开始，深泉心理在北京持续举办两年制的"精神分析治疗连续培训与督导项目（面授）"，目前将启动本项目的第五轮教学，这本书同样被我们列入项目教学大纲的核心教材清单。在所有轮次的教学中，这本教材的内容都被细致地讨论。特别是在每月面授集训的教学督导环节，基于这本教材的治疗原则，不断地在督导中被使用、讨论、澄清，逐步被拓展并融入到受训学员的治疗经验中。

它拥有绿色的封面，因此我们亲切地把它称为"绿皮书"。

它是精神分析治疗技术的一本"圣经"。

张志勇

深泉心理创始人

深泉心理是专注于规划、推广、发展心理学教育训练项目的专业机构，与国内外专业组织、专家合作的心理学教育训练项目广受赞誉，比如"精神分析治疗连续培训与督导项目（面授）""中国比昂培训项目""中国温尼科特培训项目""中英儿童青少年发展与养育连续项目""国际成人依恋访谈（AAI）编码师认证项目"。

网址：www.deepsprings.cn

深泉心理
deepsprings